Richard V. Dietrich
Brian J. Skinner

Die
Gesteine
und ihre Mineralien

Richard V. Dietrich
Brian J. Skinner

Die

Gesteine

und ihre Mineralien

Ein Einführungs- und
Bestimmungsbuch

Aus dem Amerikanischen übersetzt und bearbeitet von:
Dipl. Geol. Werner Knorr und Dr. Helmuth Bögel

Aus dem Amerikanischen übertragen
von Werner Knorr und Helmuth Bögel.
Titel der Originalausgabe:
«Rocks and Rock Minerals»
erschienen bei John Wiley & Sons, Inc.
unter ISBN 0-471-02934-3

© 1979, by John Wiley & Sons, Inc.

CIP-Kurztitelaufnahme der Deutschen Bibliothek

Dietrich, Richard V.:
Die Gesteine und ihre Mineralien: e. Einf.- u.
Bestimmungsbuch / Richard V. Dietrich; Brian
J. Skinner. Aus d. Amerikan. übers. u. bearb. von:
Werner Knorr u. Helmut Bögel. – Thun: Ott, 1984,
2. Auflage 1995
    Einheitssacht.: Rocks and rock minerals ‹dt.›
    ISBN 3-7225-6287-2
NE: Skinner, Brian J.; Knorr, Werner [Bearb.]

Für die deutschsprachige Ausgabe:

© 1984, 2. Auflage 1995, Ott Verlag Thun

ISBN 3-7225-6287-2

Gedruckt in der Schweiz, by Ott Verlag + Druck AG Thun
Printed in Switzerland.
Umschlag: Jean Masset, Basel, unter Verwendung von
Fotos von Dr. Hansgeorg Pape, Clausthal-Zellerfeld

INHALTSVERZEICHNIS

Die erste Auflage dieses Buches unter dem Titel Rocks and Rock Minerals (Gesteine und gesteinsbildende Mineralien) erschien 1908, der Verfasser war Louis V. PIRS-SON; einer ganzen Generation von Erdwissenschaftlern hatte sie als Handbuch der Gesteinskunde gedient. Im Jahre 1926 war, angesichts zahlreicher neuer Kenntnisse in der Petrographie, eine Neuauflage notwendig geworden; diese besorgte Adolf KNOPF, der Nachfolger PIRSSON's an der Yale University. 20 Jahre später erschien eine revidierte 3. Auflage, die wiederum von A. KNOPF, kurz vor seinem Eintritt in den Ruhestand, bearbeitet wurde. – Diese beiden Ausgaben gingen direkt aus dem PIRSSON'schen Buch hervor, Anordnung und Inhalt waren wenig verändert worden, viele Abbildungen und längere Textabschnitte blieben unverändert.

Die hier unter dem alten Titel vorgelegte Bearbeitung ist *ein neues Buch.* Petrographie, Mineralogie und insbesondere die Geologie haben seit 1946 erhebliche Wandlungen erfahren. Mit Ausnahme weniger Abschnitte (Mineralbeschreibungen und einige zugehörige Kristallskizzen) sind Text und Abbildungen völlig neu. Auch unterscheidet sich der Aufbau des Buches von dem der vorhergehenden Auflagen, zudem sind eine Reihe von Gegebenheiten neu hinzugefügt worden. Trotzdem wird der Leser, der die älteren Auflagen kennt, die «verwandtschaftlichen Beziehungen» rasch erkennen und verstehen, daß sich die Autoren der Neufassung L. V. PIRSSON und A. KNOPF gegenüber zu tiefstem Dank verpflichtet fühlen. Einer der Autoren (R. V. DIETRICH) wünscht außerdem hervorzuheben, daß er einige der in dem Buch wiedergegebenen Anekdoten A. KNOPF verdankt. Die Autoren hoffen, daß diese Neuauflage einer weiteren Generation von erdwissenschaftlich Interessierten ebenso behilflich sein wird wie die «Vorläufer».

Das Buch richtet sich an alle, die Gesteine (und die zugehörigen Mineralien) erkennen und bestimmen sollen, ohne daß ihnen bereits ein umfangreicher Apparat zur Verfügung steht. Die Verfasser sind der Meinung, daß dieser Personenkreis in der Lage sein sollte, Gesteine im Handstück richtig anzusprechen. Ein derartiges «Erkennen im Feld» sollte übrigens nicht nur dem Fachstudenten, sondern auch allen anderen möglich sein, soweit sie mit Gesteinen zu tun haben. Leider wird der Erwerb der hierfür einschlägigen Kenntnisse vielfach vernachlässigt; es ist zu hoffen, daß dieses Buch dazu anregt, sich die nötigen Fähigkeiten anzueignen.

Es ist nicht erforderlich, alle Mineralien zu kennen und sich mit sämtlichen mineralogischen Bestimmungsverfahren vertraut zu machen. Der Grundstock an kristallographischen und äußeren physikalischen Eigenschaften, wie er in Kapitel 1 gegeben ist, reicht für die Bestimmung der in Kapitel 2 behandelten Mineralien aus. Jede Gruppe der gesteinsbildenden Mineralien und die wichtigsten Mineralarten sind in ausreichender Form dargestellt. Sobald man sich der diesbezüglichen Kenntnisse sicher ist, kann man sich weitgehend auf die Tabellen in Kapitel 3 beschränken, und muß Kapitel 2 nur noch zum Nachschlagen heranziehen. Somit erscheint zwar ein Teil des Stoffes in Wiederholung, doch sollte dies kein Nachteil sein.

Die Kapitel 4, 5, 6 und 7 sind jeweils den Magmatiten, den Sedimentiten, den Metamorphiten und schließlich besonderen Gesteinen und künstlichen Produkten gewidmet. Kapitel 8 enthält Anleitung und Tabellen zum Bestimmen der Gesteine. – Für alle gängigen Gesteinsarten sind ein oder mehrere Fundorte angegeben, doch stellen die Autoren fest, daß ihnen nicht alle referierten Lokalitäten selbst bekannt sind und Irrtümer daher nicht ausgeschlossen werden können.

Es ist vielfach üblich, Begriffe dann, wenn sie erstmals im Text erscheinen, auch gleich zu erläutern. Da in diesem Buch Mineralien und Gesteine behandelt werden, war es nicht möglich, diese Gepflogenheit beizubehalten. Man wird daher z. B. in Kapitel 2 bereits auf eine Reihe petrographischer Termini stoßen, welche erst in späteren Kapiteln definiert werden. Dies sollte keine Schwierigkeit sein, zumal eine allererste Fühlungnahme des Lesers mit der Gesteinskunde doch schon vorausgesetzt werden dürfte.

Naturgemäß geht in eine derartige Veröffentlichung eine Menge beruflicher Erfahrung der Autoren, aber auch ihrer Freunde und Kollegen mit ein. Wir, die Autoren, sind für Hilfestellung, Durchsicht und Kritik zu herzlichem Dank verpflichtet: Richard Fiske, Robert Ginsburg, Maunu Härme, Brian Mason, J. Stewart Monroe, Raymond Murray, Philip Orville, Jack Rice, John Schilling, A. L. Streckeisen, John Suppe, Tommy Thompson, Marion Whitney und Ray Wilcox.

New Haven, Connecticut   Frühjahr 1984   Richard V. Dietrich
                                                 Brian J. Skinner

Anmerkung der Übersetzer. Im Verlauf der Übersetzung und der Bearbeitung des deutschen Textes ergab sich, daß zwischen einer für nordamerikanische Verhältnisse gedachten Einführung in die Gesteinskunde und einer solchen für Mitteleuropa doch spürbare Unterschiede in so manchem Detail hervortreten. Zum Teil mag dies daran liegen, daß mitteleuropäische Leser, seien es Studierende, seien es Sammler oder sonstige mit Gesteinen sich befassende Interessenten mit den ausgedehnten «Alten Schilden» wenig vertraut sind, dafür aber mit den sehr kleinräumigen Verhältnissen der varistischen und alpidischen Gebirge, mit anderen Klimagegebenheiten (z. B. keine Wüstengebiete) und dergleichen mehr. Sodann liegen im allgemeinen Sprachgebrauch doch erhebliche Verschiedenheiten; viele Begriffe haben im Amerikanischen, Englischen und Deutschen jeweils andere Bedeutung, manche Dinge erscheinen hier wichtiger, dort weniger, usw. Ein Beispiel mag dies erläutern: Die Verfasser sind der Meinung, daß der Gesteinsname «Granulit» aufgelassen werden könnte; in einer deutschen Gesteinskunde würde man damit – angesichts des Sächsischen Granulitgebirges – wohl auf Kritik stoßen (vgl. dazu auch WINKLER 1979). Auch ist es nicht zu vermeiden, die an sich zumindest zum Teil überflüssigen Sondernamen für geologisch alte Vulkanite beizubehalten, denn der Leser wird ja in zahllo-

12

sen deutschsprachigen Veröffentlichungen regionaler Art ständig damit konfrontiert. Diese und ähnliche Überlegungen führten insgesamt zu einer Reihe von Abänderungen und Umstellungen, die in den einzelnen Kapiteln jeweils noch erläutert und besonders begründet sind.

Schließlich ist noch ausdrücklich darauf hinzuweisen, daß das Buch sich nicht nur an Fachstudenten, sondern auch an einen weiteren Kreis von Interessenten wenden soll, und darauf Rücksicht zu nehmen war. So mußte von in deutschsprachigen Lehrbüchern unüblichen Ordnungsprinzipien Abstand genommen werden (Beispiele: «Phanerites» und «Aphanites» für die Magmatite, s. S. 135; «Sedimentary and Diagenetic Rocks» für die Sedimentite, s. S. 203).

Einige Dinge, die in der Originalfassung nicht berücksichtigt waren, wurden eingefügt (so etliche Mineralien, ferner die Begriffe Ophiolith, Tholeiit u.a.m.) und schließlich eine Reihe von Irrtümern, vor allem Schreibfehler bei europäischen Lokalitäten, ausgemerzt. – Selbstverständlich sind in die Literaturverzeichnisse deutschsprachige Publikationen aufgenommen worden.

Die Fundorte, die bei den Gesteinen jeweils angegeben werden, sind im Original naturgemäß überwiegend solche in Nordamerika. Sie sind in der Übersetzung zum guten Teil durch mitteleuropäische Vorkommen ersetzt.

EINFÜHRUNG

Unter einer lockeren Decke von Böden, Vegetation, stehenden und fließenden Gewässern, die wie ein Mantel die Erdoberfläche verhüllen, findet sich der feste Untergrund der *Gesteine.* Da und dort an Steilküsten und Berghängen, auf kahlen Inseln, in Straßeneinschnitten und Steinbrüchen tritt der feste Fels zutage und ist in Aufschlüssen unmittelbar zugänglich. Auf den Proben, die man aus solchen Aufschlüssen entnimmt, ergänzt durch solche aus Bergwerken, Tunnelbauten und Bohrlöchern und dergleichen, beruht ein wichtiges Teilgebiet der Erdwissenschaften, die *Petrographie* oder *Gesteinskunde.* Sie befaßt sich mit der Zusammensetzung, dem Vorkommen, der Entstehung und letztlich auch mit der geologischen Geschichte der *Gesteine.*

Was ist nun eigentlich ein Gestein? Auf den ersten Blick mag diese Frage simpel erscheinen, doch zeigt sich bei genauerem Zusehen sofort, daß ohne eine exakte Definition kein Auskommen ist. Im allgemeinen Sprachgebrauch ist «Gestein» oder auch «Stein» ein harter und fester Körper aus «fest» verbundenen Komponenten. Aber ab welchem Stadium der Verfestigung kann man von «fest» im Sinne des Wortes sprechen? Als was will man einen Schotterkörper oder einen lockeren Wüstensand bezeichnen? Um dem allem auszuweichen, gilt folgende exakte Definition: Unter *Gestein* versteht man ein loses oder festes Gemenge von *Mineralien,* und gegebenenfalls *nichtmineralischen Bestandteilen* ± *Gesteinsbruchstücken* (die ihrerseits wiederum aus Mineralien bestehen).

Ein solches Gemenge muß über einen nicht zu kleinen Bereich hin (chemisch) wenigstens annähernd einheitliche Zusammensetzung haben und auch einigermaßen gleiche physikalische Eigenschaften aufweisen, in der Erdkruste einigermaßen häufig und immer wieder in gleicher Form auftreten und somit geologisch bedeutsame Körper bilden (d.h. eine einmalige Häufung seltener Mineralien bezeichnet man nicht als Gestein; auch die Böden, als hochkomplizierte Bildungen, schließt man definitionsgemäß nicht in den Begriff Gestein mit ein). Es ergibt sich sodann, daß die gesteinsbildenden Mineralien unter wenigen, aber sehr häufigen Mineralarten zu suchen sind. Damit tritt sofort die nächste Frage auf, nämlich: Was ist ein Mineral?

Auch dieser Begriff ist nicht immer eindeutig: z.B. sind die «Mineralstoffe», die Pflanzen und Tiere für ihren Stoffwechsel benötigen, keine Mineralien im Sinne der Mineralogie. Es ist also auch dieser Begriff *Mineral* genauer zu definieren:

Ein *Mineral* ist ein physikalisch und chemisch einheitlicher Körper, der eine ganz bestimmte Kristallstruktur besitzt, und demnach stets eine feste Phase darstellt (die chemische Zusammensetzung darf übrigens innerhalb bestimmter Grenzen schwanken). Die meisten Mineralien sind anorganische Verbindungen, doch gibt es

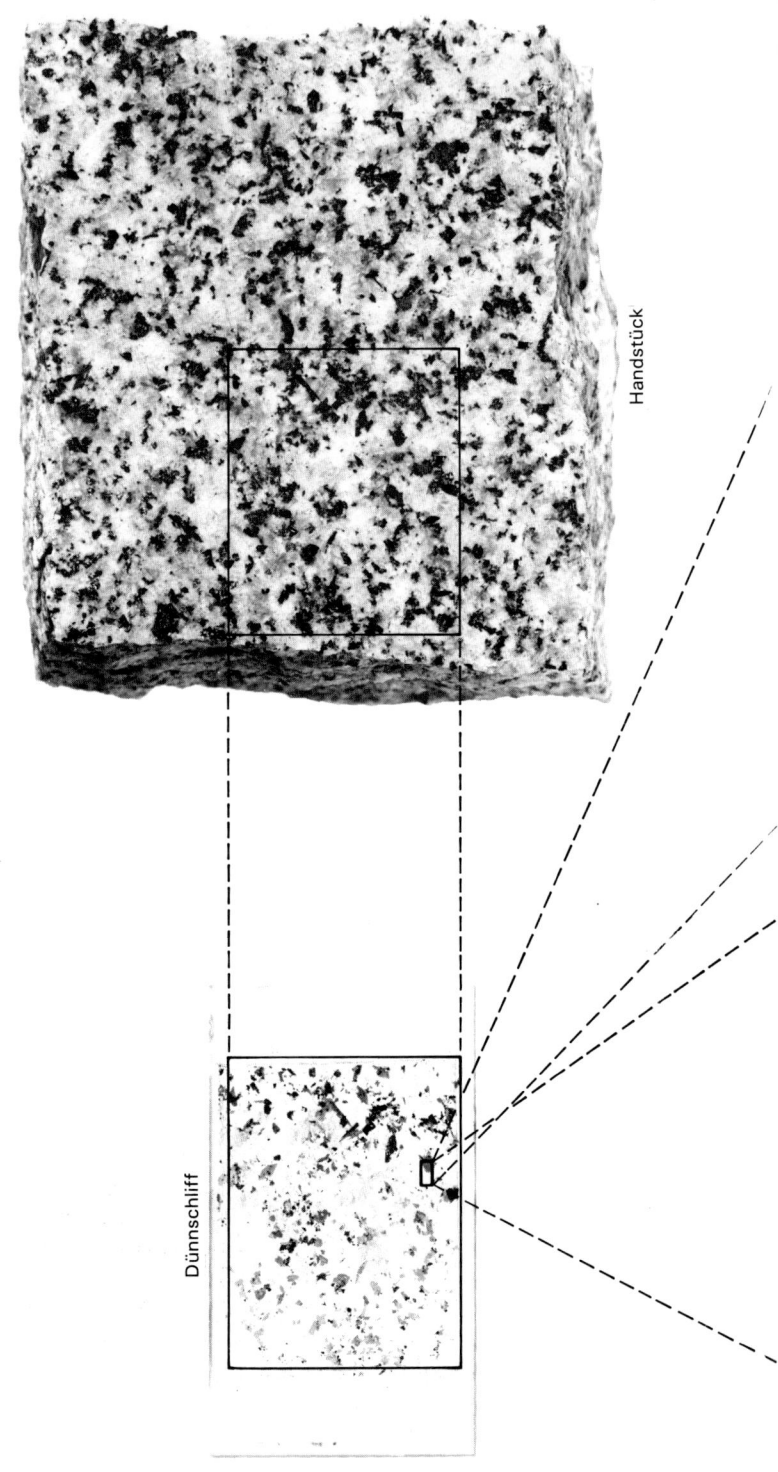

Handstück

Dünnschliff

vergrößerter Ausschnitt

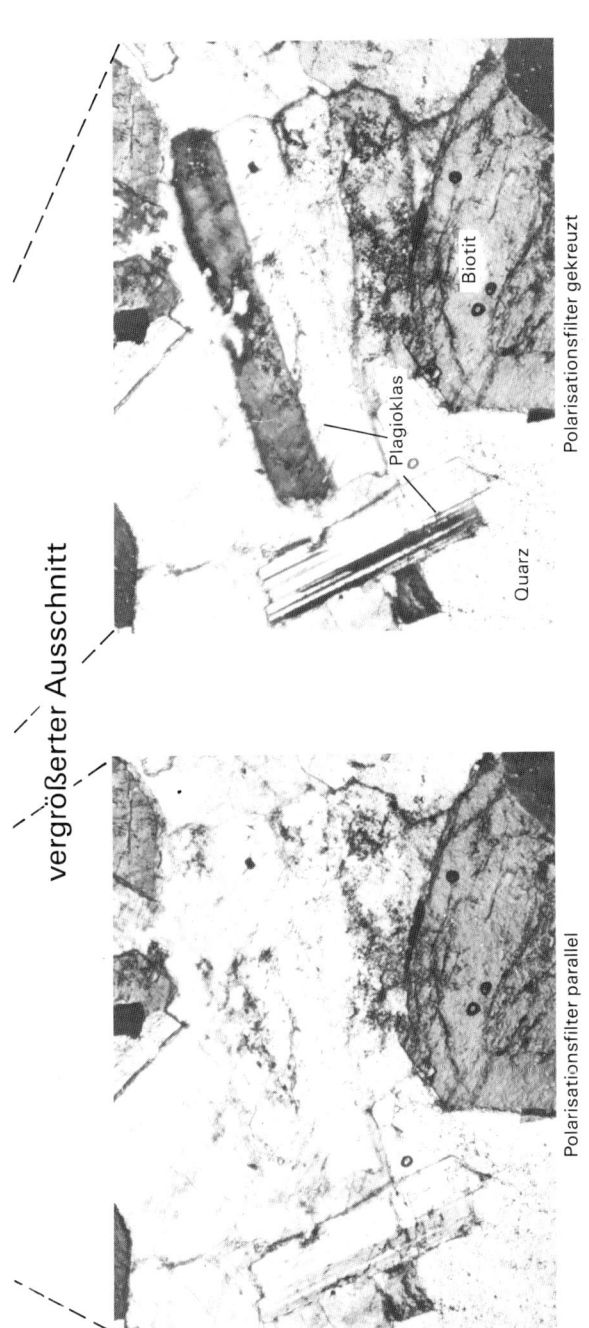

Plagioklas

Quarz

Biotit

Polarisationsfilter parallel

Polarisationsfilter gekreuzt

Abb. I-1 An- und Dünnschliffe sind ein wertvolles Hilfsmittel bei der Untersuchung der Gesteine, denn die beteiligten Mineralien und ihre räumliche Anordnung, das Gefüge, lassen sich so leichter erkennen. Die Abbildung zeigt einen Granodiorit, der aus Quarz, Plagioklas, Hornblende und Biotit besteht; das Gefüge ist gleichkörnig und richtungslos. Von den vergrößerten Ausschnitten ist der linke unter parallelen Polarisationsfiltern aufgenommen. Viele Einzelheiten, so z. B. die Zwillingsbildung der Plagioklase, werden jedoch erst bei gekreuzten Polarisationsfiltern (rechts) sichtbar.

17

auch einige wenige organische Naturkörper, die als Mineralien deklariert werden können. Mehrere Elemente kommen auch in reiner Form vor. Natürliche Gläser oder Harze wie Bernstein sind nichtkristalline, also *amorphe* Substanzen von stark schwankendem Chemismus und demzufolge keine Mineralien. Lediglich den amorphen, aber ziemlich konstant zusammengesetzten *Opal* beläßt man im Mineralreich, ebenso auch das gelegentlich in Tropfenform natürlich vorkommende Quecksilber.

Alle anderen Mineralgemenge (Erze, seltene Mineralien), die in der Natur mehr gelegentlich erscheinen, faßt man unter dem Begriff *Minerallagerstätten* zusammen.

DIE UNTERSUCHUNG DER GESTEINE

Um ein Gestein als solches zu charakterisieren, beginnt man mit der Untersuchung der Mineralien und gegebenenfalls der nichtmineralischen Bestandteile; Art und mengenmäßiger Anteil der Komponenten sowie deren räumliche Anordnung (Gefüge) sind die entscheidenden Kriterien, nach denen die Gesteine im einzelnen klassifiziert werden (die allererste Einteilung in drei große Gruppen erfolgt nach der Bildungsweise; s. u.).

Der erste Schritt zur genauen Untersuchung ist die Entnahme eines Handstückes. Dabei hat man darauf zu achten, daß einmal die Probe nicht zu klein ist, in Abhängigkeit von der Größe der Komponenten, und nach Möglichkeit auch die Struktur erkennen läßt, und zum anderen das Material frisch, d. h. nicht von der Verwitterung angegriffen ist.

Zur Beschreibung kann man die Eigenschaften eines Gesteins unterteilen in solche, die bereits mega- oder makroskopisch zu beobachten sind und andere, die sich nur mikroskopisch erfassen lassen. *Megaskopisch* bedeutet mit unbewaffnetem Auge oder mit einer Lupe (meist 10fach) sichtbar. Zur mikroskopischen Untersuchung ist ein Dünnschliff herzustellen, das ist ein auf ein Glas (Objektträger) aufgekittetes und dann auf 0,03 mm Dicke heruntergeschliffenes Gesteinsplättchen (Abb. I-1). In dieser Dicke sind die meisten Bildungen, abgesehen von opaken Mineralien, durchsichtig. Zur Untersuchung benötigt man ein Polarisationsmikroskop, das im Unterschied zu den sonst üblichen Instrumenten Polarisationsfilter enthält (zur Umwandlung von normalem in polarisiertes Licht). In bestimmter Stellung wird dadurch die Farbe der Mineralien im Dünnschliff verändert, und gerade diese Veränderung stellt ein wesentliches meßbares Merkmal für die Mineralbestimmung dar (Abb. I-1).

Angesichts dieser großen Bedeutung der polarisationsmikroskopischen Verfahren werden im folgenden verschiedentlich Dünnschliffe herangezogen, um bestimmte Gesteinseigenschaften deutlich zu machen, denn der derzeitige Kenntnisstand in der Petrographie beruht zu einem sehr großen Teil auf den mikroskopischen Methoden. Namentlich zu exakter Gesteinsbestimmung schließt sich gemeinhin an die makroskopische die mikroskopische Untersuchung an. Selbstredend ist das Mikroskop als Hilfsmittel zur Klassifizierung der Gesteine im Gelände nicht verwendbar, andererseits ist jedoch deren Erkennung und Einordnung im Feld unerläßlich. Hierzu Hilfestellung zu leisten ist der Hauptzweck dieses Buches: das Bestimmen der Gesteine mit dem Auge und der Lupe, dem Hammer und einigen wenigen sonstigen Hilfsmitteln.

DIE DREI HAUPTGESTEINSGRUPPEN

Die meisten Gesteine können nach ihrer Bildungsweise in drei großen Gruppen untergebracht werden. Die erste umfaßt die magmatischen oder Schmelzfluß-Gesteine *(Magmatite),* die durch die Erstarrung von geschmolzenem, oder wenigstens größtenteils geschmolzenem, Gesteinsmaterial entstehen. In der zweiten sind die sedimentären oder Ablagerungsgesteine *(Sedimentite)* untergebracht, die letztlich auf der Zerstörung bereits vorhandener Gesteine beliebiger Art beruhen. Das dabei anfallende Material wird in fester oder gelöster Form transportiert und an anderer Stelle abgelagert und ausgeschieden. Die letzte Gruppe enthält schließlich die metamorphen oder Umwandlungsgesteine *(Metamorphite),* die unter erheblich veränderten Druck- und Temperaturbedingungen beträchtliche Veränderungen im Mineralbestand, gegebenenfalls auch im Chemismus, und im Gefüge durchmachen, wobei die Vorgänge (weitgehend) im festen Zustand ablaufen.

Einige Gesteine freilich passen nicht so ohne weiteres in die drei großen Gruppen. Sie nehmen dann, genau genommen, Übergangspositionen ein (Abb. I-2). Die *Pyro-*

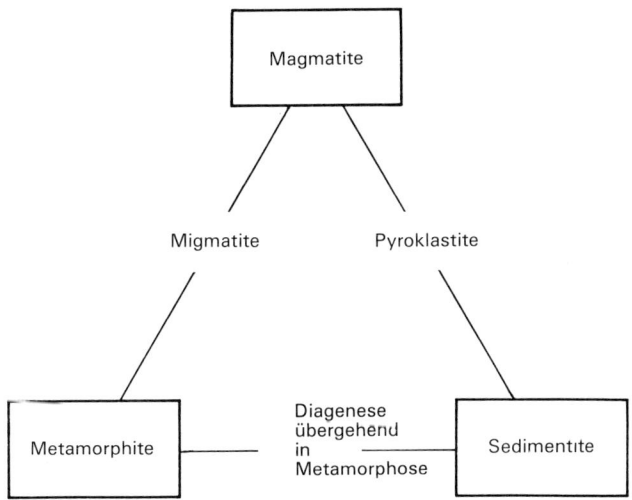

Abb. I-2 Die drei Hauptgruppen der Gesteine, die Magmatite, die Sedimentite und die Metamorphite, sind nicht scharf gegeneinander abzugrenzen, sondern vielmehr durch Gesteinsgruppen, die eine Art Zwischenstellung einnehmen, miteinander verbunden. Solche nicht ganz ohne weiteres einzuordnende Gesteine sind die Pyroklastite und die Migmatite. Die Diagenese leitet zur Metamorphose über, die Trennung beider Vorgänge ist willkürlich festgelegt. Näheres siehe im Text.

klastite oder vulkanischen Tuffe im weiteren Sinne bestehen aus Material magmatischer Herkunft, doch wird dieses ebenso abgelagert und zumindest teilweise auch in gleicher Weise verfestigt wie ein normales Sediment. Eine besonders eigenständige Stellung haben die *Migmatite* («Mischgesteine»), die eine Zwischenposition zwischen Magmatiten und Metamorphiten einnehmen. Sie bestehen im einfachen Fall aus metamorphen Restanteilen einerseits und bereits geschmolzenem, wiedererstarrtem und damit magmatischem Material andererseits. Ihre Bildung erfolgt dann, wenn der Grad der Metamorphose-Bedingungen so hoch wird, daß zumindest ein Teil des Gesteinsbestandes zu schmelzen beginnt. Schließlich ist noch darauf hinzuweisen, daß die Abgrenzung der *Diagenese,* das ist die Verfestigung von zunächst lockerem Sediment (wobei Druck- und Temperaturerhöhung eine Rolle spielen), gegen die Metamorphose willkürlich ist und auch sehr verschieden gehandhabt wird. Bei der Diagenese tritt bereits eine Mineralneubildung ein, dies ist aber eigentlich ein Charakteristikum der Metamorphose. Man behilft sich, indem man bis zu einem Druck von 4 kbar und bis zu einer Temperatur von 200°C noch von Diagenese spricht; alles was darüber liegt, fällt unter den Begriff Metamorphose. Man kann auch eine eigene Gruppe diagenetischer Gesteine abtrennen, doch ist deren Erfassung weit schwieriger (als die der Pyroklastite und Migmatite) und nur mit sehr aufwendigen Methoden möglich. Auch Gesteine aus organischem Material, z.B. Kohlen, kann man ganz streng genommen nicht zu den Sedimentiten rechnen, denn sie bestehen ja nicht aus einem Material, das der Zerstörung vorhandener Gesteine entstammt. Ferner sind die Rückstands- oder Residualgesteine insofern nicht eigentlich Sedimente, als sie weder einen Transport noch eine Ablagerung erfahren haben, sondern vielmehr an Ort und Stelle verblieben sind.

Anmerkung der Übersetzer. In der Originalfassung werden die «diagenetic rocks» eigens behandelt. In der Übersetzung ist dies aus später näher erklärten Gründen unterblieben (vgl. S. 203).

Zur Vereinfachung werden die «Übergangsgesteine» bei den näherliegenden Hauptgruppen belassen. Die Pyroklastite sind bei den Magmatiten, die Migmatite bei den Metamorphiten behandelt.

Schließlich sind der Vollständigkeit halber einige weitere Naturkörper (die nicht Gesteine im engeren Sinne des Wortes sind) sowie eine Reihe von Kunstprodukten in einem eigenen Kapitel zusammengestellt.

Weiterführende Literatur (Nachschlagewerke)

BATES, R. L. & JACKSON, J. A. (ed.): Glossary of Geology. – 2. Auflage, 751 Seiten. American Geological Institute, Falls Church, Virginia 1980. (Dieser Nachschlageband ist das Standardwerk für alle erdwissenschaftlichen Begriffe und auch im deutschsprachigen Raum schlechthin unersetzlich.)

MURAWSKI, H.: Geologisches Wörterbuch. – 8. Auflage, 281 Seiten. Enke Verlag, Stuttgart 1982. (Handliches Nachschlagewerk für alle erdwissenschaftlich Interessierten.)

Weitere wichtige Nachschlageliteratur: ROBERTS et al., STRUNZ, STRÜBEL & ZIMMERMANN (Mineralogie, s. S. 98ff.), TRÖGER (magmatische Gesteine, s. S. 308).

KAPITEL 1

DIE MINERALIEN UND IHRE EIGENSCHAFTEN

Jedes Mineral besteht aus wenigstens einem, meist aber aus mehreren der um 90 in der Natur vorkommenden Elemente. Hunderttausende chemischer Analysen, die im Laufe der vergangenen 200 Jahre an Mineralien ausgeführt wurden, haben den Beweis dafür erbracht. Die chemische Zusammensetzung bildet auch die Grundlage für ihre erste Einteilung.

Chemische Elemente bilden Verbindungen, indem sie die Zahl der ihnen zukommenden Elektronen vermindern oder vermehren. Ein Atom, das Elektronen abgibt, wird dadurch zu einem Kation. Dies wird zum Ausdruck gebracht, indem man dem Elementsymbol Pluszeichen entsprechend der Anzahl der abgegebenen Elektronen beifügt. Zum Beispiel bedeutet Pb^{++} ein Blei-Kation, das zwei Elektronen «verloren» hat und somit zwei positive Ladungseinheiten aufweist. Wenn dagegen ein Atom Elektronen aufnimmt, wird es zum Anion, und man vermerkt die negative Ladung durch Beifügen von Minuszeichen. So symbolisiert das Zeichen S^{--} ein Schwefel-Anion, das zwei Elektronen aufgenommen hat. Die Gründe für die Fähigkeit der Atome, Ladungen abzutreten bzw. zu empfangen, sind in der Beschaffenheit der Elektronen-Umlaufbahnen um den Atomkern zu suchen. Die meisten Elemente bilden entweder nur Kationen oder nur Anionen, einige wenige, z.B. das Antimon, können auch in beiden Formen auftreten. Näheres hierzu findet der Leser in jedem Chemiebuch.

Kationen und Anionen verbinden sich stets so, daß sich die gegensätzlichen Ladungen aufheben. So treten etwa Pb^{++} und S^{--} zu dem Mineral Bleiglanz zusammen. Wichtig ist ferner, daß verschiedene Elemente sogenannte Komplexverbindungen bilden können; solche Komplexe weisen dann insgesamt freie Ladungen auf. Das wichtigste Beispiel im Mineralreich ist das Element Silizium, das als Si^{4+} zusammen mit vier Sauerstoffionen den Komplex SiO_4^{4-} bildet. In der Mineralogie setzt man nach STRUNZ, Mineralogische Tabellen, die Komplexe in eckige Klammern; dies hat den Vorteil, daß die oft sehr komplizierten Mineralformeln leichter lesbar werden. Als Beispiel für ein komplexes Kation wäre das Ammoniumion $(NH_4)^+$ anzuführen. Solche Komplexe treten genauso wie einfache Kat- oder Anionen zu Verbindungen zusammen. Zum Beispiel kann das SiO_4^{4-}-Anion durch zwei Magnesium-Kationen abgesättigt werden; als Mineral wird diese Verbindung Forsterit genannt.

Die Mineralien werden in 9 Klassen eingeteilt, wobei, mit Ausnahme der Elemente, die Klassifizierung auf dem Anion beruht. Dieses Prinzip ist sehr gut anwendbar, da viele Mineraleigenschaften aus der Beschaffenheit des Anions hervorgehen. So ist etwa das Karbonat Calcit $CaCO_3$ dem Magnesit $MgCO_3$ ähnlicher als dem Fluorid CaF_2, dem Flußspat.

Theoretisch würden die natürlichen Elemente viele Millionen Mineralien bilden können – man kennt deren jedoch nur gegen 3000. Die Zahl schwankt, da zur Zeit jährlich etwa vier Dutzend neue Arten beschrieben werden, andererseits jedoch manche «Mineralien» als Gemenge erkannt werden oder als bloße Varietäten ihre Selbständigkeit verlieren. Diese Diskrepanz zwischen der beinahe unbegrenzten Anzahl von möglichen Verbindungen und den tatsächlich vorkommenden Mineralien erklärt sich aus zwei Beobachtungen.

Einmal sind von allen Elementen nur 12 mit mehr als 0,1% am Aufbau der Erdkruste beteiligt. Sie halten mit 99,23 Gewichtsprozent (Tab. 1-1) den Löwenanteil an sämtlichen die Erdkruste aufbauenden Gesteinen. Von diesen 12 Elementen dienen 4 zu Anionen bzw. Anionenkomplexen: Das Silikation SiO_4^{4-}, das Sauerstoffion O^{--}, das Hydroxylion $(OH)^-$ und das Phosphation PO_4^{3-}. Natürlich treten noch andere Elemente als Anionen auf, aber nur wenige bilden eigene Mineralien, zumal solche, die auch in Gesteinen häufig sind: Kohlenstoff, Schwefel, Chlor und Fluor. – Somit richtet sich die Häufigkeit von Mineralien nach der der Elemente. (Einige sind übrigens so selten, daß sie nie als selbständige Mineralien erscheinen.)

Der zweite Faktor, der sich auf die Verbreitung der Mineralien auswirkt, ist der Ionenradius. Wenn zwei Anionen oder zwei Kationen einen ähnlichen Ionenradius besitzen, so kann das eine das andere vertreten, ohne daß sich die Eigenschaften des Minerals grundlegend ändern. Zum Beispiel kann in dem Mineral Forsterit $Mg_2[SiO_4]$ zweiwertiges Eisen an die Stelle des Magnesiums gesetzt werden, da beide Kationen sehr ähnliche Ionenradien und auch gleiche Ladung besitzen. Sind beide Elemente gleichzeitig enthalten, so nennt man das Mineral Olivin und spricht von

Tabelle 1-1   Die häufigsten Elemente in der kontinentalen Kruste in Gewicht-%.
Nach K. K. Turekian 1971

Element	%
Sauerstoff (O)	45,20
Silizium (Si)	27,20
Aluminium (Al)	8,00
Eisen (Fe)	5,80
Calcium (Ca)	5,06
Magnesium (Mg)	2,77
Natrium (Na)	2,32
Kalium (K)	1,68
Titanium (Ti)	0,86
Wasserstoff (H)	0,14
Mangan (Mn)	0,10
Phosphor (P)	0,10
Summe	99,23

einem Mischkristall mit der Formel $(Mg,Fe)_2[SiO_4]$; ist nur Eisen vorhanden, heißt die Verbindung Fayalit.

Man bezeichnet diese Erscheinung auch als Diadochie. Es ist dabei nicht einmal nötig, daß die Ladung der beiden sich vertretenden Elemente gleich bleibt. So kommt z.B. die große Vielfalt der Silikate u.a. dadurch zustande, daß das vierwertige Silizium durch dreiwertiges Aluminium ersetzbar ist – ohne diese Möglichkeit gäbe es überhaupt keine Feldspäte! Durch die Austauschbarkeit ist es ferner möglich, daß seltene Elemente als Spuren in Mineralien erscheinen, indem sie «gewöhnliche» Elemente ersetzen. Analysen von Olivin ergeben häufig winzige Spuren von Nickel, das anstelle von Eisen bzw. Magnesium eingebaut sein kann.

Von den gegen 3000 bekannten Mineralien bauen weniger als 40 den größten Teil unserer Erdkruste auf. Diese sind also die Hauptbestandteile der Gesteine und werden daher *gesteinsbildende Mineralien* genannt. Wenn man die Häufigkeit von Sauerstoff und Silizium betrachtet, so ist es nicht erstaunlich, daß die Silikate den Hauptbestandteil stellen. Neben den gesteinsbildenden Mineralien kennt man ungefähr 30 *Nebengemengteile;* da diese im Normalfall weniger als 5% einnehmen, bezeichnet man sie auch als Akzessorien. Schließlich gibt es noch eine Reihe von an sich ziemlich seltenen Mineralien – hauptsächlich Oxide und Sulfide –, die aber doch recht verbreitet sind. Sie sind örtlich in Lagerstätten konzentriert und können so für industrielle Zwecke gewonnen werden. Man bezeichnet sie gemeinhin als Erzmineralien.

DIE WIEDERGABE DER MINERALZUSAMMENSETZUNG

Da Mineralien chemische Verbindungen sind, gelten die üblichen Regeln bei der Aufstellung der chemischen Formeln. Zuerst wird die Anzahl der Elemente auf ihr kleinstes gemeinsames Vielfaches gebracht. Die Formel für Kupferkies lautet daher $CuFeS_2$ und nicht $Cu_2Fe_2S_4$. Als zweite Regel gilt, daß die Kationen immer vor den Anionen stehen: Bleiglanz schreibt man PbS und nicht SPb.

Sind in einem Mineral Komplexe vorhanden, so werden diese in eckige Klammern gesetzt. Um zu zeigen, daß Dolomit das Karbonat-Anion enthält, lautet dessen Formel $CaMg[CO_3]_2$. Auch wenn zwei oder mehr Anionen oder Anionenkomplexe vorhanden sind, hält man sich an diese Regel, trennt jedoch die einzelnen Anionen der besseren Lesbarkeit halber durch senkrechte Striche. Epidot z.B. enthält nicht weniger als vier verschiedene Anionen bzw. Komplexe; seine Formel lautet: $Ca_2(Fe,Al)Al_2[O\,|\,OH\,|\,SiO_4\,|\,Si_2O_7]$. Man sieht, daß Si und O auch noch andere Komplexe bilden können (vgl. S. 41).

Schreibweise für Mischkristalle

Im Gegensatz zu künstlichen chemischen Verbindungen bilden viele Mineralien komplizierte Mischkristallreihen. Das Vorliegen solcher Mischkristalle muß durch entsprechende Schreibweise der chemischen Formel zum Ausdruck gebracht werden. Wird ein Element teilweise durch ein anderes ersetzt, so schließt man beide

Symbole, durch ein Komma getrennt, in runde Klammern ein. Zum Beispiel sind, wie schon erwähnt, in dem Mineral Olivin Fe und Mg völlig austauschbar, und die Formel lautet dann: $(Mg,Fe)_2[SiO_4]$. Das Komma zwischen Mg und Fe bedeutet, daß diese beiden Elemente in beliebigem Verhältnis vorhanden sein können, die chemische Zusammensetzung des Minerals Olivin also schwankend ist. Hat man durch eine chemische Analyse das genaue Verhältnis Mg:Fe ermittelt, so gibt man dieses durch einen Index an. So bedeutet die Formel $(Mg_{60}Fe_{40})[SiO_4]$, daß 60% der Kationen durch Mg, 40% durch Fe gegeben sind.

Ein anderes Verfahren beruht auf der Angabe, wieviel von den jeweiligen Endgliedern einer Reihe in dem betreffenden Mischkristall enthalten ist (Endglieder sind die «reinen» Verbindungen an den Enden einer Mischkristallreihe). Diese haben oft eigene Namen: der ausschließlich Magnesium führende Olivin, $Mg_2[SiO_4]$, heißt Forsterit, während der eisenreiche Olivin, $Fe_2[SiO_4]$, Fayalit genannt wird. Besteht nun ein Olivin zu 60% aus Forsterit und zu 40% aus Fayalit, so könnte man die Formel mit $Mg_2[SiO_4]_{60} \cdot Fe_2[SiO_4]_{40}$ angeben; bequemer kürzt man Forsterit mit Fo und Fayalit mit Fa ab und schreibt $Fo_{60}Fa_{40}$.

Graphische Darstellung der Mineralzusammensetzung

Die graphische Darstellung der Zusammensetzung von Mischkristallen mit zwei Endgliedern erfolgt mittels einer Geraden (Abb. 1-1). Das eine Ende der Geraden bedeutet 100% des ersten, das andere 100% des zweiten Endgliedes. Die Zusammensetzung $Fo_{60}Fa_{40}$ wird dann wie in Abb. 1-1 angegeben.

Besteht eine Verbindung aus *drei* verschiedenen Komponenten, so arbeitet man, um die Verhältnisse zu veranschaulichen, mit einem gleichseitigen Dreieck. Da Dreiecksdiagramme nicht nur dazu dienen, die Zusammensetzung von Mischkristallen darzustellen, sondern auch bei Gesteinen, die ja meist aus mehr als 2 Mineralien bestehen, Verwendung finden, verdienen sie besondere Aufmerksamkeit.

Bezeichnen wir die Endglieder in Abb. 1-2 als A, B und C. Um sie in dem Dreistoffdiagramm darstellen zu können, muß ihre Summe gleich 100% sein. Jede Ecke des Dreiecks bedeutet 100% der dort vermerkten Substanz. In Abb. 1-2 besteht der Punkt 1 zu 100 Teilen aus Stoff B und zu Null Teilen aus Stoff A und Stoff B. Längs der Seiten des Dreiecks können wir Zweistoffsysteme darstellen, genau wie in Abb. 1-1. Punkt 2 in Abb. 1-2 besteht zu 60% aus A, zu 40% aus B und zu 0% aus C. Punkt 3 besteht zu 70% aus C, 30% aus B und zu 0% aus A.

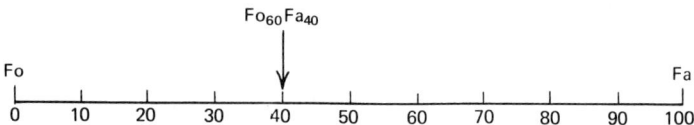

Abb. 1-1   Graphische Darstellung der Olivin-Reihe, die durch Mischkristallbildung gegeben ist. Die reinen Endglieder Forsterit (Fo) bzw. Fayalit (Fa) bestehen zu jeweils 100% aus $Mg_2[SiO_4]$ bzw. $Fe_2[SiO_4]$; der eingetragene Mischkristall (Pfeil) enthält 60% Forsterit und 40% Fayalit und wird $(Mg,Fe)_2[(SiO_4]$ geschrieben.

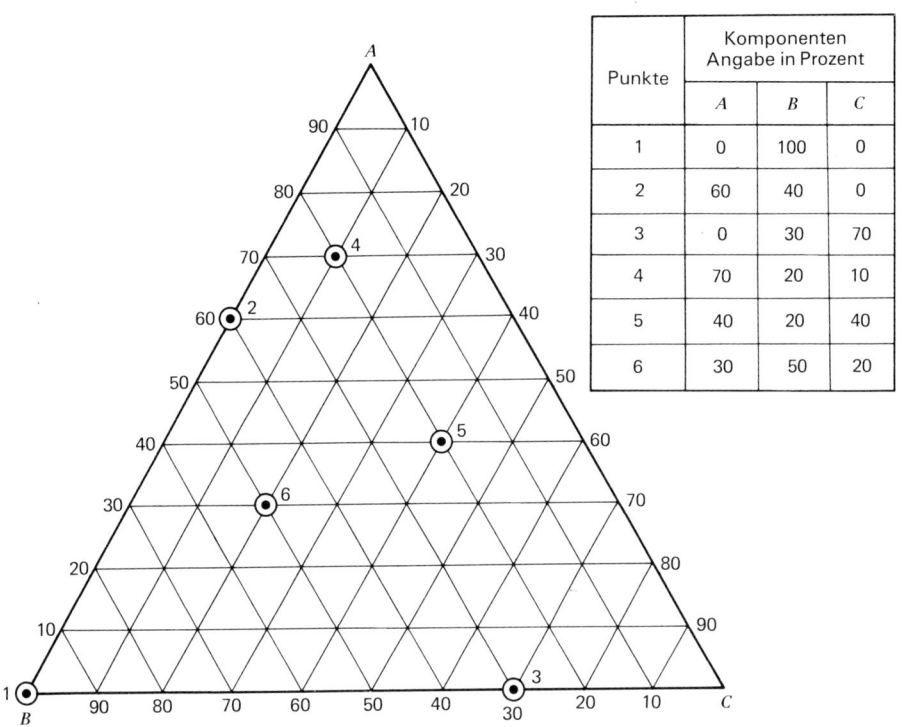

Punkte	Komponenten Angabe in Prozent		
	A	B	C
1	0	100	0
2	60	40	0
3	0	30	70
4	70	20	10
5	40	20	40
6	30	50	20

Abb. 1-2 Zur graphischen Darstellung eines Systems aus drei Komponenten (A, B und C) verwendet man das sogenannte Konzentrationsdreieck. Die Zahlen an den Kanten geben die Anteile in Prozent, an der linken unteren Ecke z. B. sind 100% B und damit 0% A und 0% C eingetragen. Näheres siehe im Text.

Stoffe, die drei Komponenten enthalten, werden im Inneren des Dreiecks aufgetragen. Der Prozentwert einer Komponente wird auf einer Geraden parallel zur Nullinie des Stoffes aufgetragen. Das bedeutet, daß sämtliche Punkte auf der Linie AC Null Prozent B enthalten. Die Geraden gleichen Gehaltes an B liegen alle parallel zu AC. Ebenso enthalten alle Punkte auf AB Null Prozent von C und alle Punkte auf BC Null Prozent von A. Die Punkte 4 und 5 in Abb. 1-2 stellen Zusammensetzungen dar, die zu 20% aus B bestehen, da sie auf der 20-Prozent-Linie parallel zu AC (= 20% B) und gegenüber von B (100% B) liegen. Punkt 4 liegt auf der 10-Prozent-Linie parallel zu AB gegenüber von C und auf der 70-Prozent-Linie parallel zu BC gegenüber von A. Der Stoff in Punkt 4 besteht daher zu 70% aus A, zu 20% aus B und zu 10% aus C (oder durch Endglieder ausgedrückt $A_{70}B_{20}C_{10}$). Die Zusammensetzung in Punkt 5 lautet $A_{40}B_{20}C_{40}$.

Üblicherweise wird nur das äußere Dreieck dargestellt und die Bezeichnung der Eckpunkte gegeben. Die Konzentrationslinien für einen gegebenen Punkt im Inneren des Dreiecks muß man sich dann selbst konstruieren, gegebenenfalls mit Hilfe eines darüberliegenden Transparentes.

Um die Zusammensetzung von Vier- oder Mehrstoffsystemen zu veranschaulichen, muß man sich räumlicher Gebilde bedienen. Für vier Komponenten verwendet man ein Tetraeder, die zeichnerische Darstellung wird dann allerdings schwieriger.

Die chemische Zusammensetzung, also Art und Mengenverhältnis der beteiligten Elemente und die Anordnung der Bausteine im Raum, im Kristallgitter, bestimmen die Eigenschaften eines Minerals – oder anders ausgedrückt: ein bestimmtes Mineral hat eine bestimmte chemische Zusammensetzung und ein bestimmtes Kristallgitter. Die Forderung einer bestimmten chemischen Zusammensetzung schließt allerdings die Mischkristallbildung ein, d.h. Schwankungen im Gehalt an Kat- oder Anionen in gewissen Grenzen ändern die Eigenschaften eines Minerals nicht wesentlich. In einem bestimmten Kristallgitter sind alle Bausteine, seien es Atome, Ionen oder Moleküle, nach einem ganz bestimmten geometrischen Muster angeordnet. Dieses Muster ist für die betreffende Mineralart charakteristisch. Gleiche chemische Zusammensetzungen können in unterschiedlichen Kristallgittern auftreten: dann liegen trotz gleichem Chemismus verschiedenartige Mineralien mit unterschiedlichen Eigenschaften vor. Natürlich bleibt der Aufbau, die Kristallstruktur eines Minerals dem unbewaffneten Auge verborgen; sie kann nur durch röntgenographische Verfahren sichtbar gemacht werden. Jedoch drückt sich die Kristallstruktur in der äußeren Gestalt eines Kristalles aus. Deswegen müssen wir uns zunächst mit der Geometrie der Kristalle befassen.

Die Kristallsymmetrie

Betrachtet man einen gut ausgebildeten Kristall, so wird man feststellen, daß es sich um einen von ebenen Flächen begrenzten Körper handelt, häufig von recht komplizierter Form. Diese Flächen bezeichnet man als Kristallflächen.

Die meisten Mineralkörner, vor allem in Gesteinen, zeigen allerdings nicht ihre eigenen Kristallflächen, da deren Ausbildung durch das Wachstum benachbarter Kristalle behindert wurde (Abb. 1-3). Man bezeichnet sie als xenomorph. Hypidiomorph sind Kristalle, die einige Kristallflächen eher undeutlich erkennen lassen. Ein Kristall, der weitgehend oder allseitig von ebenen Flächen begrenzt ist, wird idiomorph genannt. Natürlich ändert das Vorhandensein oder das Fehlen äußerer, ebener Flächen am geordneten inneren Aufbau des Kristallgitters nichts. Die Gesetze der Kristallsymmetrie lassen sich indessen nur an idiomorphen Kristallen demonstrieren.

Bei oberflächlicher Betrachtung zeigen komplizierte, idiomorphe Kristalle eine verwirrende Flächenvielfalt. Sieht man jedoch genauer zu, so erkennt man bald gleich aussehende, einfache Flächen, die gewisse Symmetriebeziehungen zueinander aufweisen. Weiterhin wird man feststellen, daß bei gleichen Kristallarten auch die gleichen Symmetrieverhältnisse bestehen. Genaue Untersuchungen haben gezeigt, daß es drei verschiedene Symmetrieelemente gibt (Abb. 1-4).

1. Eine *Symmetrieebene* ist eine gedachte Fläche, die den Kristall in zwei zueinander spiegelbildliche Hälften zerteilt. Einige Kristalle (z.B. der Würfel) besitzen neun Symmetrieebenen. Andere Kristallformen haben überhaupt keine.
2. Eine *Symmetrieachse* ist eine gedachte Achse durch einen Kristall. Dreht man den Kristall um diese Achse, so wird der Betrachter während einer vollen Umdrehung zwei- oder mehrmals gleichwertige Flächen wiedererkennen. Es gibt 2-, 3-, 4- und 6zählige Symmetrieachsen. Manche Kristalle haben mehrere verschiedene Symmetrieachsen, andere haben gar keine (der Würfel besitzt sechs 2zählige, vier 3zählige und drei 4zählige Achsen).
3. Das *Symmetriezentrum* spiegelt einen Oberflächenpunkt über eine gedachte Gerade durch das Zentrum auf einen entgegengesetzt gelegenen Oberflächenpunkt. Viele, jedoch bei weitem nicht alle Kristallarten besitzen ein Symmetriezentrum.

Es gibt nur 32 Möglichkeiten, um diese Symmetrieelemente untereinander zu kombinieren: daraus ergeben sich die 32 Kristallklassen. Die meisten Mineralien beschränken sich jedoch auf nur 12 dieser 32 Klassen.

Das Studium eines Kristalls, und vor allem das Erkennen der Symmetrie, macht anfänglich Schwierigkeiten, denn sehr oft hat man zunächst gar nicht den Eindruck, einen regelmäßigen geometrischen Körper vor sich zu haben. Aber wenn auch Form und Größe der Kristallflächen noch so verschieden sind, die Winkel zwischen zwei sich entsprechenden Flächen bleiben immer gleich. In Abb. 1-5 ist ein perfekt ausgebildetes Oktaeder dargestellt, daneben zwei sehr stark verzerrte Oktaeder, alle drei Körper weisen jedoch die selben Symmetrieelemente auf. Um dies erkennen zu können, muß man die Flächen durch Parallelverschiebung auf ihre ursprüngliche Form zurückführen.

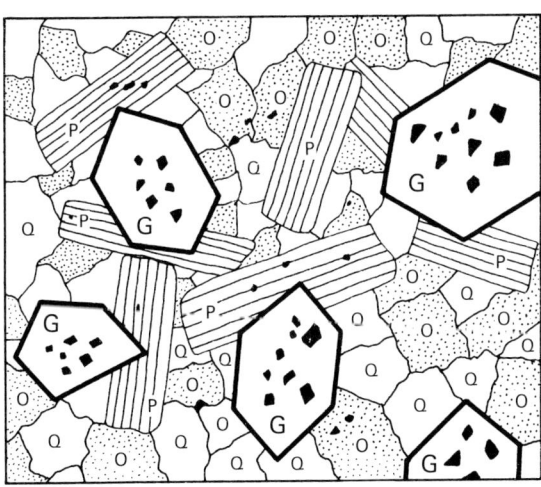

Abb. 1-3   Gefüge eines Gesteins aus teilweise verzahnten Körnern. – Die Glimmer G sind idiomorph, die Plagioklase P hypidiomorph und die stärker verzahnten Orthoklase O und Quarze Q xenomorph. Vgl. Abb. 4-6 (S. 133).

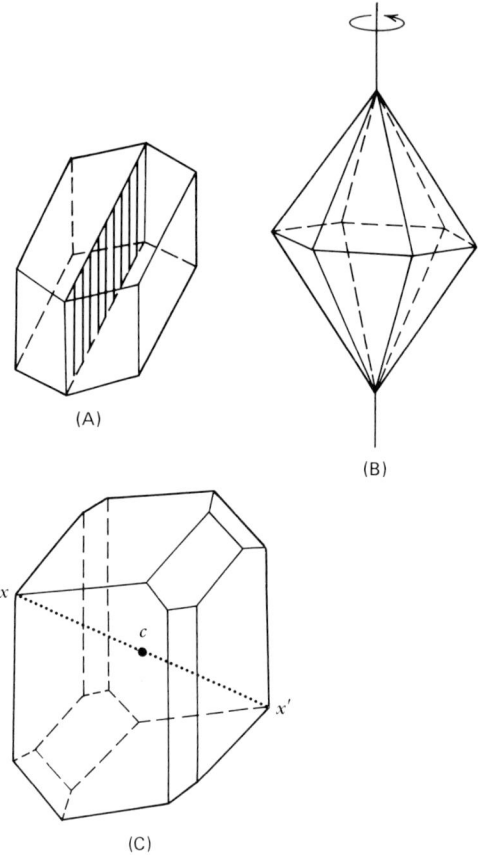

(A)

(B)

(C)

Abb. 1-4 Die drei Hauptsymmetrieelemente. (A) zeigt die Symmetrieebene, durch die der Kristall in zwei spiegelbildlich gleiche Hälften zerlegt wird. In (B) ist die Symmetrieachse dargestellt; durch Drehung um diese kann ein Kristall zwei- oder mehrfach mit sich selbst zur Deckung gebracht werden (das abgebildete Beispiel zeigt eine 6zählige Symmetrieachse). Der Kristall (C) enthält ein Symmetriezentrum, durch das die Ecke x in die Ecke x' überführt werden kann.

Die 32 Kristallklassen gruppiert man in sechs (oder sieben) Kristallsysteme. Die einem System angehörigen Kristalle lassen sich, wenn auch die Anzahl der Symmetrieelemente je nach Klasse verschieden ist, jeweils auf ein kristallographisches Achsenkreuz beziehen. Die sechs verschiedenen Achsenkreuze sind mit je einem Beispiel in Abb. 1-6 zusammengestellt (das hexagonale System wird vielfach in ein hexagonales System i.e.S. und in ein trigonales aufgeteilt).

Nun sind, wie erwähnt, Kristalle in Gesteinen meist xenomorph, und daher scheinen kristallographische Kenntnisse für das Bestimmen von Mineralien in Gesteinen zunächst weniger wichtig zu sein. Indessen sind so manche Eigenschaften der Gesteine durchaus von den kristallographischen Eigenschaften der sie aufbauenden Mineralien abhängig. Es läßt sich daher nicht vermeiden, sich die Grundlagen der

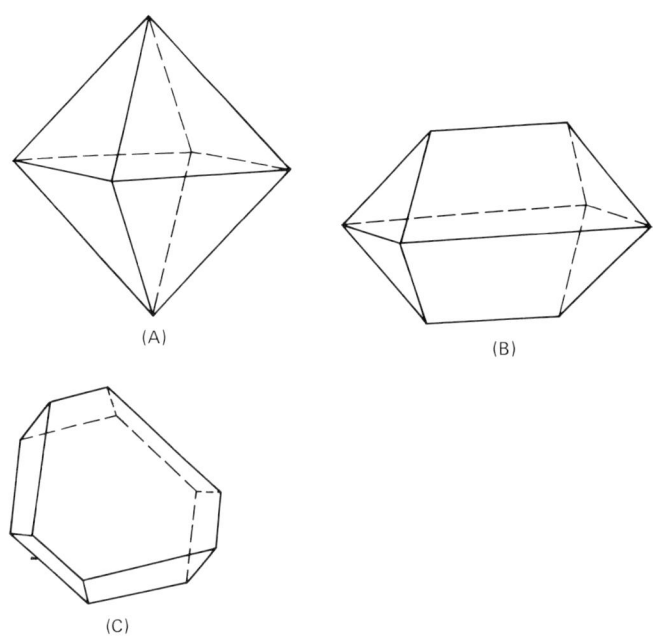

(A)

(B)

(C)

Abb. 1-5   Ideal ausgebildete und verzerrte Kristalle. (A) Ideales Oktaeder, (B), (C) die gleiche Kristallform, jedoch stark verzerrt. Die jeweils sich entsprechenden 8 Flächen sind trotz unterschiedlicher Größe identifizierbar, die Winkel zwischen ihnen verändern sich nicht.

Kristallographie anzueignen. So ist z. B. die äußere Erscheinungsform der Mineralien größtenteils vom inneren Aufbau und der dadurch gegebenen Kristallform abhängig.

Der *Habitus* ist die charakteristische Gestalt, die ein Mineral aufgrund des Wachstums annimmt. Bekannt ist die langfaserige Ausbildung der Asbest-Mineralien oder die schuppig-blättrige der Glimmer. In beiden Fällen bildet sich der Gitterbau in den Wachstumsformen ab. Doch haben nicht alle Mineralien einen charakteristischen Habitus.

Zwillingsbildung liegt vor, wenn ein Kristall aus zwei (oder mehreren) irgendwie symmetrisch zueinander angeordneten Individuen besteht. Die Einzelkristalle können entweder durch eine Symmetrieebene oder durch Drehung um eine Achse ineinander übergeführt werden. Charakteristisch, wenn auch nicht immer vorhanden, sind einspringende Winkel (siehe Abb. 2-9, S. 35). Solche Kristalle nennt man Zwillinge, Drillinge usw. Ihre Bildung erfolgt während des Wachstums eines Kristalls aufgrund geringer Unregelmäßigkeiten in der Kristallstruktur oder nachträglich durch auftretende Spannungen. Die Art der Zwillingsbildung läßt Rückschlüsse auf das Mineral zu, so vor allem bei Feldspäten: Viele lamellare Zwillingsleisten (polysynthetische Verzwillingung) sind typisch für Plagioklase, währen beim Kalifeldspat nur eine einfache Zwillingsbildung auftritt (Abb. 2-6 und 2-7).

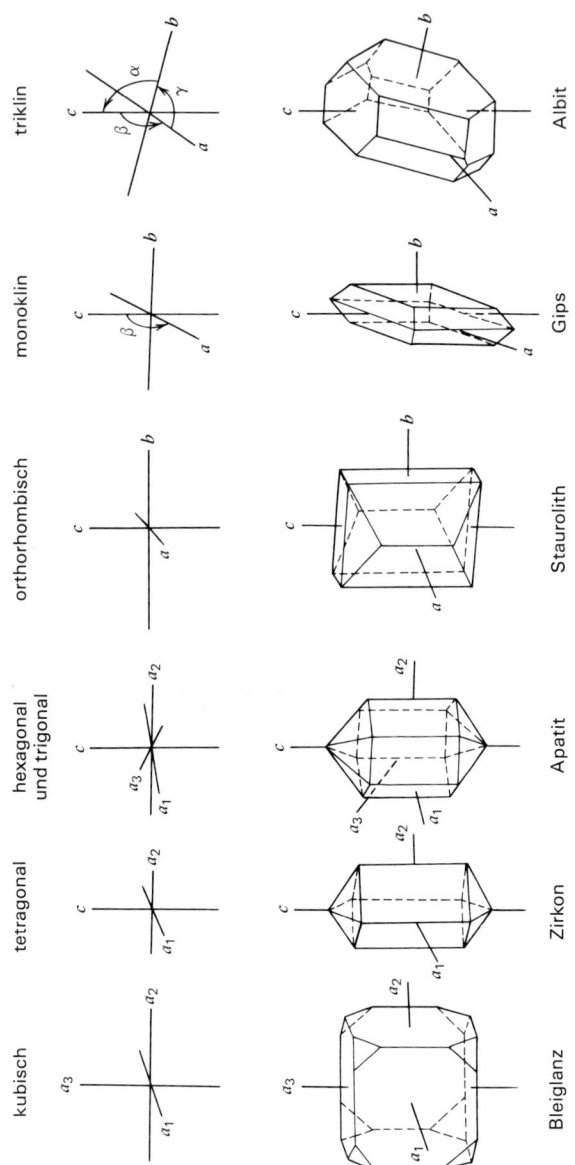

Abb. 1-6 Die kristallographischen Achsenkreuze. – Mit gleichen Buchstaben versehene Achsen sind gleich, mit verschiedenen Buchstaben bezeichnete ungleich lang. Die Winkel zwischen den Achsen ohne Gradangabe sind entweder 90° oder im hexagonalen System zwischen a_1, a_2 und a_3 120°. Solche, die mit griechischen Buchstaben gekennzeichnet sind, weichen von 90° ab. Das hexagonale und trigonale System wird auf ein- und dasselbe Achsenkreuz bezogen. – In der zweiten Reihe sind häufige Beispiele aus dem Mineralbereich wiedergegeben.

Weitere Mineraleigenschaften

Unter *Spaltbarkeit* versteht man die Eigenschaft vieler Mineralien, parallel zu bestimmten Kristallflächen mehr oder weniger glatt zu brechen, d.h. zu spalten. Es liegt im Gitterbau begründet, daß die Kohäsion in bestimmten Richtungen geringer ist als in anderen. Durch einen Hammerschlag oder das Einsetzen einer Messerschneide läßt sich ein spaltbarer Kristall parallel zu bestimmten Richtungen an glatten Flächen zerlegen. Selbstverständlich unterliegen die Spaltflächen den selben kristallographischen Gesetzen wie die «gewachsenen» Flächen. Entsprechend ihrer Anlage im Gitterbau lassen sich (theoretisch) beliebig viele parallele Spaltflächen erzeugen (Abb. 1-7).

Wenn die Spaltbarkeit sehr gut ist, sind die erzeugten Flächen glatt und glänzend und man spricht von vollkommener Spaltbarkeit. Sind die erzeugten Flächen unregelmäßig oder stufig, ist die Spaltbarkeit gut oder deutlich, sind gerade noch Spaltflächen erkennbar, ist sie undeutlich.

Viele Mineralien besitzen mehrere Spaltrichtungen. Der Winkel, unter dem sie sich schneiden, ist ein wichtiges Erkennungsmerkmal. So lassen sich zum Beispiel Pyroxene von Amphibolen unterscheiden. Die Spaltbarkeit in verschiedenen Richtungen muß nicht immer gleich gut sein. Ein Mineral kann drei Spaltrichtungen besitzen, von denen eine vollkommen, die zweite deutlich und die dritte schlecht ausgebildet ist. Im Mineral Calcit Ca[CO_3] sind alle drei Richtungen gleich gut ausgebildet, währenddessen Baryt Ba[SO_4] zwei gleiche und eine davon verschiedene besitzt. Es gibt auch Mineralien mit vier oder sechs Spaltrichtungen. Die Spaltkörper entsprechen dem Kristallsystem, in dem das betreffende Mineral kristallisiert. Eine ausführliche Erörterung ginge über den Rahmen dieses Buches hinaus. Hierzu siehe Tab. 1-2, S. 34.

1. Gute Spaltbarkeit in einer Richtung: Entsprechende Mineralien sind tafelig, blättchenartig oder schuppig; die größte Oberfläche entspricht der besten Spaltrichtung (Abb. 1-7 A). Zu dieser Gruppe gehören die Glimmer und die Chlorite.
2. Gute Spaltbarkeit in zwei Richtungen: Die entsprechenden Mineralien sind prismatisch ausgebildet, die Spaltflächen verlaufen parallel zur Längserstreckung. Vor allem die Amphibole zeigen solche Formen. Die Gestalt wird durch die Schnittgerade der beiden Spaltflächen bestimmt. Parallel zur Spaltrichtung liegen meist auch die größer ausgebildeten Kristallflächen. Speziell die Feldspäte zeigen als Einsprenglinge in vielen Porphyren eine tafelartige bis säulige Form.
3. Gute Spaltbarkeit in drei Richtungen: Liegen die drei Spaltrichtungen rechtwinklig zueinander, so spaltet das Mineral in Würfeln. Dieser Spaltbarkeit mit kubischer Symmetrie steht eine rhomboedrische gegenüber. Hier schneiden sich die Spaltflächen unter einem Winkel verschieden von 90 Grad. Die Spaltkörper stellen Rhomboeder dar, die besonders gut bei Karbonaten wie Calcit Ca[CO_3] (Abb. 1-7) und Dolomit CaMg[CO_3]$_2$ zu beobachten sind. Würfelförmige Spaltbarkeit besitzen Bleiglanz PbS, ein häufig vorkommendes Erzmineral, und Steinsalz NaCl. Fluorit ist eines der wenigen Mineralien, bei denen eine Spaltbarkeit in vier Richtungen, nach dem Oktaeder, gut zu beobachten ist.

(A)

0   2 cm

Abb. 1-7   Darstellung der Spaltbarkeit. – (A) Die höchst vollkommene Spaltbarkeit nach einer Richtung bei den Glimmern erlaubt die Zerteilung eines Kristalls in dünnste Blättchen. (B) Drei gleichwertige, vollkommene Spaltebenen sind kennzeichnend z. B. für Calcit. Die Abbildung zeigt den vergrößerten Ausschnitt einer Bruchfläche. (Foto: Skinner)

Sind die Mineralien eines Gesteins groß genug, um sie mit der Lupe untersuchen zu können, so wird man auf deren Oberfläche eine Vielzahl von winzigen Brüchen und Rissen feststellen, die normalerweise parallel zu den vorhandenen Spaltrichtungen verlaufen. Daneben gibt es noch viele richtungslose Risse: Untersucht man einen Gesteinsdünnschliff unter dem Mikroskop, so wird man außer den makroskopisch sichtbaren Spaltrissen eine Vielzahl mikroskopisch kleinster Haarrisse erkennen, die die Ursache dafür sind, daß ein normalerweise farbloses Mineral milchig weiß erscheint. Die Gründe für die Entstehung können vielfältiger Natur sein. So entstehen bei der Abkühlung von magmatischen oder metamorphen Gesteinen Abkühlungsrisse. Andere sind die Produkte hoher Druck-Spannungsverhältnisse, wie sie im Inneren der Erdkruste herrschen. Trotz ihrer verschwindenden Größe sind diese Haarrisse von nicht geringer geologischer Bedeutung. Kapillarkräfte z. B. ziehen Wasser in das Gestein und in die Mineralien, die dadurch chemisch verändert werden können: Das Gestein beginnt zu verwittern.

Der *Bruch* ist charakteristisch vor allem bei Mineralien, die undeutliche oder gar keine Spaltbarkeit besitzen. Je nach Art des Minerals ist der Bruch faserig, rauh, un-

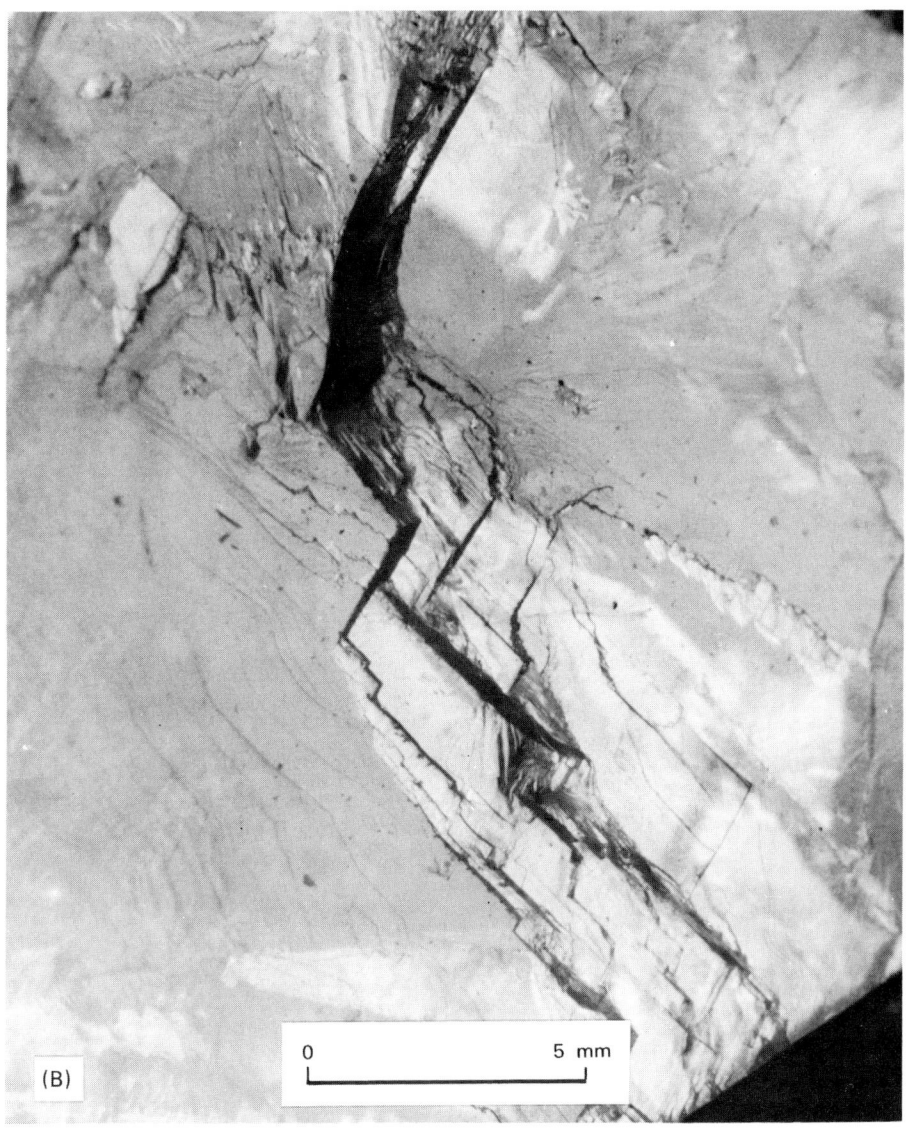

(B)

0   5 mm

eben oder splittrig. Muscheliger Bruch erinnert an zerbrochenes Glas oder an das Innere einer Muschel; er ist besonders typisch für Quarz (Abb. 1-8).

Die *Härte* ist eine sehr wichtige Eigenschaft für die Bestimmung von Mineralien, aber auch für erste Tests an Gesteinen im Gelände. Ritzt ein Mineral ein anderes, so ist es härter als dieses. Die Mohs'sche Härteskala nennt 10 Mineralien, von denen das höher numerierte alle unter ihm stehenden zu ritzen vermag (Tab. 1-3). Ritzt ein Mineral z.B. Calcit, so ist seine Härte größer als 3. Vermag es aber Fluorit nicht mehr zu ritzen, so ist seine Härte geringer als 4, also ungefähr 3,5.

Tabelle 1-2   Häufige Mineralien mit guter Spaltbarkeit.

A.   Eine deutliche bis sehr deutliche Spaltfläche
      Chlorit
      Gips
      Glimmer (Muskovit und Biotit)
      Talk
      Topas

B.   Zwei deutliche bis sehr deutliche Spaltflächen
      Amphibole (um 126° und 54°)
      Kyanit
      Feldspäte (90° oder nahe bei 90°)
      Pyroxene (nahe bei 90°)

C₁.   Drei deutliche bis sehr deutliche Spaltflächen: senkrecht zueinander
      Anhydrit
      Bleiglanz
      Steinsalz

C₂.   Drei deutliche bis sehr deutliche Spaltflächen: nicht senkrecht zueinander
      Calcit   ⎫
      Dolomit   ⎬ (Spaltbarkeit nach dem Rhomboeder)
      Magnesit   ⎪
      Siderit   ⎭
      Baryt (zwei Flächen bei 78°, die dritte senkrecht dazu)

D.   Vier sehr deutliche Spaltflächen
      Fluorit (nach dem Oktaeder)

E.   Sechs sehr deutliche Spaltflächen
      Zinkblende (nach dem Rhombendodekaeder)

Ein Hammer oder eine Taschenmesserklinge besitzen eine Härte von etwas mehr als 5. Normales Fensterglas hat eine Härte von 5,5. Zur Untersuchung von weicheren Mineralien nimmt man einen Kupferpfennig (Härte 3,5) oder den Fingernagel (Härte etwas über 2).

Mit etwas Übung läßt sich die Härte eines Minerals sehr gut bestimmen. Für Mineralien unter der Härte 5 kommt man sehr gut mit einem Taschenmesser aus. Mit etwas Erfahrung läßt sich an Hand der Leichtigkeit, mit der sich ein Mineral ritzen läßt, die Härte abschätzen. Bei der Durchführung des Härtetests mit dem Messer sollte man zwei Dinge beachten: Zuerst darf man nur frische Bruchstellen verwenden. Verwitterte Oberflächen täuschen eine geringere Härte vor. Sodann täuschen feinkörnige oder dichte Aggregate, bei denen die einzelnen Kristalle kaum oder gar nicht erkennbar sind, meist eine geringere Härte vor, weil man den Kornverband zerstört. Manchmal ist es allerdings umgekehrt, so bei sehr dichtem Gipsgestein.

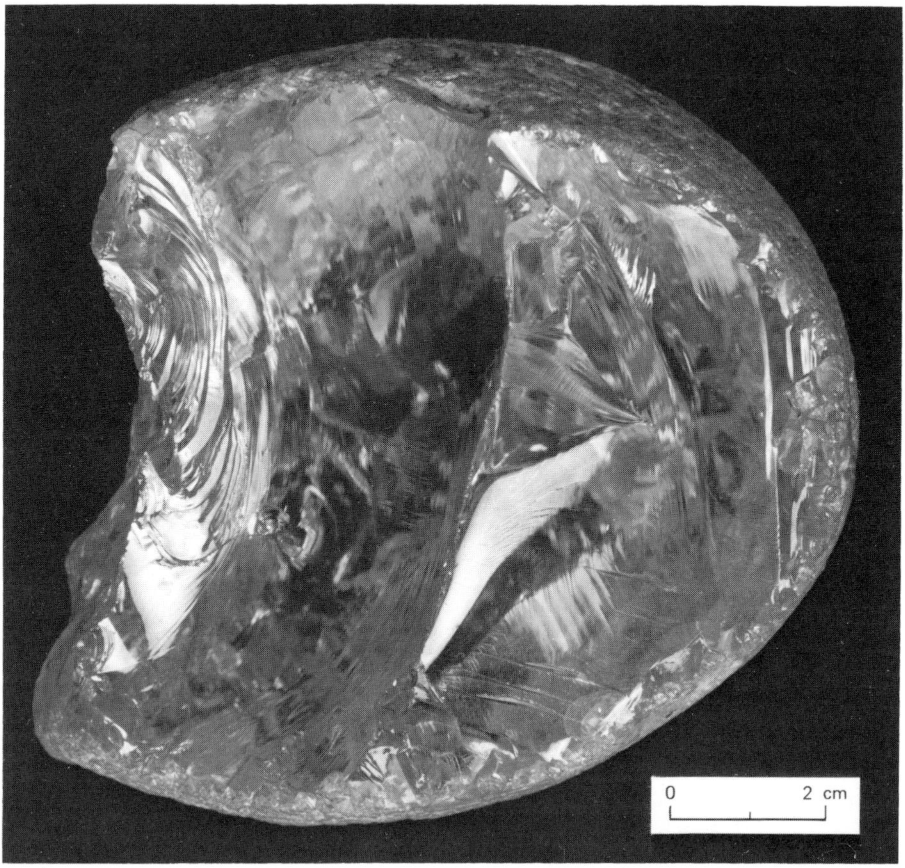

Abb. 1-8 Muscheliger Bruch an einem Geröll aus Bergkristall. – Die Bruchfläche (links im Bild) gleicht der des Glases. (Foto: Skinner)

Abb. 1-9 Zwillingsbildung. – (A) Quarzzwilling nach dem Japaner Gesetz. (B) Durchkreuzungszwilling bei Staurolith. (Fotos: Skinner)

Tabelle 1-3   Die Härteskala nach Mohs.

Mohs-Härte	Typmineral	Vergleichsmaterial
1	Talk	
2	Gips	
(etwas härter als 2)		Fingernagel
3	Calcit	
(3½)		Kupfermünze
4	Fluorit	
5	Apatit	
(4½–5½)		Geologenhammer*, Taschenmesser*
(5½)		Fensterglas
6	Feldspat	
7	Quarz	
8	Topas	
9	Korund	
10	Diamant	

* je nach Qualität des Stahles

Die *Dichte* einer Substanz wird in Masse pro Volumeneinheit gemessen, wobei als Bezugsgröße Wasser von 4°C mit einer Dichte = 1 herangezogen wird. Mit anderen Worten: ein bestimmtes Volumen einer Substanz ist so und soviel mal schwerer als das gleiche Volumen von Wasser. Wiegt man einen Körper an der Luft und dann im Wasser, so ergibt die Differenz der beiden Werte das Gewicht der Menge verdrängten Wassers (Prinzip des Archimedes).

Es gilt: $\dfrac{\text{Gewicht in Luft}}{\text{Gewicht in Luft} - \text{Gewicht in Wasser}} = \text{Dichte}$

Die Bestimmung erfolgt mit einer speziellen Waage (in allen einschlägigen Mineralogiebüchern beschrieben) oder mit einer Laborwaage (Abb. 1-10). Der Körper wird zunächst in der Waagschale gewogen, dann wird er über einen Faden in ein freihängendes Wassergefäß gebracht, und die Messung wiederholt. Normalerweise genügt es, wenn das zu untersuchende Stück einen Durchmesser von 1 cm aufweist. Für genauere Untersuchungen verwendet man jedoch kleinere Exemplare, da dadurch die Reinheit des Minerals, ohne die eine Messung gegenstandslos wird, eher gewährleistet ist. Luft in Rissen oder Hohlräumen stellt eine mögliche Fehlerquelle dar, die durch vorheriges Auskochen des Untersuchungspräparates beseitigt werden kann.

Ein Mineral wie z. B. Quarz SiO_2 hat eine bestimmte chemische Zusammensetzung und gleichbleibende Dichte (2,65). Jede Abweichung davon ist auf irgendwelche Verunreinigungen zurückzuführen. Viele Mineralien bilden jedoch Mischkristallreihen und haben daher wechselnde Zusammensetzung; dementsprechend veränderlich ist damit auch der Wert der Dichte. Die Pyroxene, Amphibole, Granate und Olivine sind Beispiele für Mineralien mit derart schwankender Dichte. Der

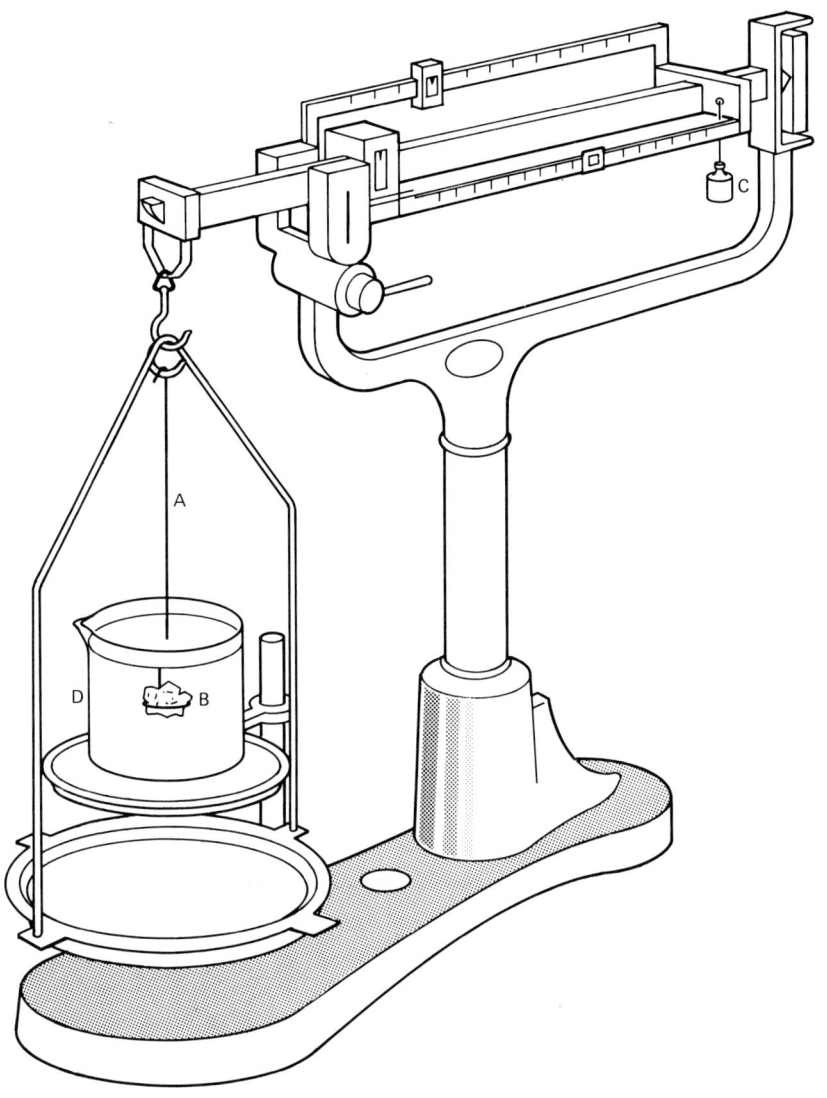

Abb. 1-10 Laborwaage für die Ermittlung der Dichte an Mineralproben. – Die Untersuchung erfolgt in 3 Schritten: (1) die Waage mit eingehängtem Probehalter A wird durch das Gewicht C ausbalanciert, (2) die Probe B wird erst in Luft, (3) dann in Wasser in dem Behälter D gewogen. Näheres im Text.

Spielraum der in Tab. 1-4 angegebenen Werte ist zumeist auf Mischkristallbildung zurückzuführen.

Da die Bestimmung der Dichte instrumentell aufwendig ist, kommt sie für rasche Geländetests nicht in Frage. Allerdings kann man lernen, die Dichte unbekannter

Tabelle 1-4   Die Dichten einiger häufiger Mineralien.
Schwankende Werte (z. B. bei Olivin) beruhen auf Mischkristallbildung.

Ordnung nach der Dichte		Ordnung nach dem Alphabet	
Name	Dichte	Name	Dichte
Steinsalz	2,16	Albit	2,62
Gips	2,32	Amphibole	3,0–3,5
Orthoklas und Mikroklin	2,54	Anhydrit	2,89–2,98
Serpentin	2,5–2,7	Apatit	3,15
Albit	2,62	Beryll	2,65–2,80
Quarz	2,65	Biotit	2,9–3,2
Beryll	2,65–2,80	Bleiglanz	7,5
Calcit	2,71	Calcit	2,71
Labradorit	2,71	Dolomit	2,87
Muskovit	2,7–3,0	Epidot	3,2–3,5
Talk	2,7–2,8	Granat-Gruppe	3,5–4,3
Dolomit	2,87	Gold	19,3
Anhydrit	2,89–2,98	Gips	2,32
Biotit	2,9–3,2	Hämatit	5,26
Turmalin	2,9–3,2	Ilmenit	4,4–4,9
Amphibole	3,0–3,5	Kupfer	8,9
Apatit	3,15	Kyanit	3,56–3,67
Epidot	3,2–3,5	Labradorit	2,71
Olivin-Reihe	3,22–4,39	Magnetit	5,18
Pyroxene	3,2–3,7	Magnetkies	4,58–4,65
Granat-Gruppe	3,5–4,3	Muskovit	2,7–3,0
Kyanit	3,56–3,67	Olivin-Reihe	3,22–4,39
Staurolith	3,75	Orthoklas und Mikroklin	2,54
Ilmenit	4,4–4,9	Pyrit	5,0
Magnetkies	4,58–4,65	Pyroxene	3,2–3,7
Pyrit	5,0	Quarz	2,65
Magnetit	5,18	Serpentin	2,5–2,7
Hämatit	5,26	Staurolith	3,75
Bleiglanz	7,5	Steinsalz	2,16
Kupfer	8,9	Talk	2,7–2,8
Gold	19,3	Turmalin	2,9–3,2

Materialien wenigstens in etwa abzuschätzen, wenn man versucht, sich das Gewicht abgewogener Stücke im Verhältnis zur Größe in der hohlen Hand einzuprägen. Dichten von 2,5 bis 3,5 – bei Gesteinen sind dies die häufigsten – lassen sich auf diese Weise schon einigermaßen unterscheiden.

Die *Farbe* ist, allerdings mit Einschränkungen, ein wichtiges Kennzeichen für die Bestimmung von Mineralien. Man muß unterscheiden zwischen Eigenfarbe, die auf der chemischen Zusammensetzung des Minerals beruht, und Fremdfärbung, für die feinstverteilte Spurenelemente, andere Verunreinigungen oder oberflächliche Farbveränderungen (Anlauffarben) verantwortlich sind. Da Fremdfärbung und Eigenfarbe nicht immer eindeutig als solche erkennbar sind, ist eine gewisse Vorsicht stets geboten, vor allem aber, wenn es sich um durchsichtige und durchscheinende Mineralien handelt. Quarz zum Beispiel ist in reinster Form farblos. Durch geringfügigste Gehalte an anderen Elementen oder sonstige Veränderungen kann er schwarz, rauchgrau, braun, rot, rosa, grün, blau, milchig weiß, violett oder gelb erscheinen.

Die *Strichfarbe* oder einfach der «Strich» – das ist nichts anderes als die Farbe des pulverisierten Minerals – ist oft charakteristischer. Farbeffekte, die auf Spurenelementen oder auch auf Korngrößenunterschieden beruhen, werden dabei beseitigt. Zur Prüfung kann man das Mineral pulverisieren. Den gleichen Effekt erzielt man, indem man mit einer Ecke des Kristalls über eine unglasierte Porzellantafel kratzt. Die Farbe des dabei entstehenden Striches ist die des pulverisierten Minerals. Zwar läßt sich dazu jeder unglasierte Porzellanscherben verwenden, jedoch sind im Handel eigens angefertigte Porzellantäfelchen erhältlich. Meistens ist der Strich viel heller als das Mineral im Ganzen. Bei anderen unterscheidet sich der Strich gänzlich von der scheinbaren Mineralfarbe. Als sehr nützlich erweist er sich für die Unterscheidung von Erzmineralien, die zumeist Oxide oder Sulfide sind. Die Anwendung bei den helleren Karbonaten und Silikaten, den häufigsten gesteinsbildenden Mineralien, ist eher beschränkt. Jedoch läßt sich anhand des Striches die Eigenfarbe von der Fremdfarbe unterscheiden. Da die Eigenfarbe von Calcit weiß ist, wird man auch bei gelben, braunen oder roten Varietäten immer einen weißen Strich feststellen. Feldspäte, normalerweise hell, können in manchen Gesteinen, wie zum Beispiel in Anorthositen, wegen hier beinahe schwarzer Farbe mit anderen Mineralien verwechselt werden. Der weiße Strich bringt ihre wahre Natur zum Vorschein.

Schlägt man im Gelände mit dem Hammer ein Gestein an, so entsteht auf der Schlagfläche ein Gesteinsmehl, das, entsprechend der Eigenfarbe der meisten gesteinsbildenden Mineralien, in der Regel weißlich ist. Man kann auch ein einzelnes Mineralkorn zwischen zwei Hämmern zerreiben und das entstandene Pulver auf ein weißes Blatt Papier streichen. Auf diese Weise erhält man behelfsweise den Strich des Minerals.

Der *Glanz* der Mineralien ist eine charakteristische Eigenschaft, die durch das Licht hervorgerufen wird. Während die Farbe durch die Absorption der Lichtstrahlen hervorgerufen wird, entsteht der Glanz, unabhängig von der Farbe, durch Reflexion des Lichtes. Man unterscheidet verschiedene Arten von Glanz:

1. Der Metallglanz entspricht dem Glanz von Stahl, Kupfer oder Gold. Da metallischer Glanz nur bei opaken Mineralien zu beobachten ist, tritt er häufig bei Sulfiden und Oxiden auf.
2. Nichtmetallischer Glanz tritt bei allen durchsichtigen und durchscheinenden Mineralien auf. Die verschiedenen Bezeichnungen sprechen für sich selber. Man unterscheidet zwischen glasartigem, seidigem, harzartigem, perlmuttartigem, stumpfem und fettigem Glanz sowie dem schwer zu beschreibenden Diamant- oder Blendeglanz.

Der Glanz ist zwar für die meisten Mineralien eine für die Bestimmung sehr wichtige Eigenschaft, leider jedoch nicht für die gewöhnlichen gesteinsbildenden Mineralien, die meist nur Glasglanz aufweisen.

Bezüglich weiterer für die Mineralbestimmung wichtiger Eigenschaften muß auf die einschlägige Literatur verwiesen werden. Auf einige, wie den Magnetismus, wird bei den jeweiligen Mineralbeschreibungen eingegangen.

Weiterführende Literatur

Hierzu siehe Kapitel 2, Seite 108.

KAPITEL 2

I. Die Silikate

EINTEILUNG DER SILIKATE

Sauerstoff und Silizium sind die in der Erdkruste am häufigsten vorkommenden Elemente. Es ist daher nicht verwunderlich, daß die Silikate, mit ihrem Grundbaustein, dem $[SiO_4]^{4-}$-Komplex, die häufigste Gruppe der gesteinsbildenden Mineralien darstellen. Die Einteilung der Silikate erfolgt nach der strukturellen Anordnung der $[SiO_4]^{4-}$-Komplexe im Bauplan der Mineralien. Das Silikatanion darf man sich nun nicht etwa als Kugel vorstellen wie ein einfaches, nicht komplexes Anion; es tritt uns vielmehr als Tetraeder entgegen (Abb. 2-1). Die größeren Sauerstoffionen bilden die Ecken, während das kleinere Siliziumion die Mitte einnimmt; man bezeichnet das Silikatanion üblicherweise als SiO_4-Tetraeder. Die Anordnung der Tetraeder und der zwischensitzenden Kationen bestimmt die Struktur der Silikatmineralien.

Jedes Silikatanion $[SiO_4]^{4-}$ besitzt naturgemäß 4 ungesättigte negative Ladungen, da das Siliziumion vierfach positiv, das Sauerstoffion dagegen zweifach negativ geladen ist. Jedes Sauerstoffion geht eine Bindung mit einer freien Valenz des Siliziumions ein – das damit neutralisiert ist – und besitzt demnach noch eine freie Valenz, die abgesättigt werden muß, um eine stabile chemische Verbindung zu erhalten. Dafür gibt es, und dies ist für die Silikate das Entscheidende, zwei Möglichkeiten.

Einmal können die freien Valenzen Bindungen mit Kationen eingehen. Beim Forsterit $Mg_2[SiO_4]$ sättigen die beiden Mg^{2+}-Kationen die überschüssigen Sauerstoffladungen ab, Forsterit ist also aus «isolierten» SiO_4-Tetraedern aufgebaut. Jedes Sauerstoffion ist einerseits mit einem Magnesiumion, andererseits mit dem Siliziumion verknüpft.

Zum anderen kann durch den Zusammenschluß zweier Tetraeder über ein gemeinsames Sauerstoffion der Ladungsüberschuß abgedeckt werden. Auf diese Weise können immer größere Anionenkomplexe entstehen. Diesen Vorgang nennt man Polymerisation. Je nach der Anzahl der Anionen entstehen mehrzählige Tetraedergruppen wie $[Si_2O_7]^{6-}$, $[Si_3O_9]^{6-}$, $[Si_4O_{12}]^{8-}$ oder $[Si_6O_{18}]^{12-}$. Die meisten Silikatmineralien besitzen nur *einen* Typ der Anionenkomplexe: Beryll $Be_3Al_2[Si_6O_{18}]$ z.B. besteht aus ringbildenden Sechsergruppen $[Si_6O_{18}]^{12-}$. Einige sind jedoch aus *mehreren* Komplexen zusammengesetzt, wie etwa der Epidot, der sowohl $[Si_2O_7]^{6-}$- als auch $[SiO_4]^{4-}$-Tetraedergruppen und zudem noch «freies» O^{2-} und OH^--Gruppen enthält (vgl. S. 44).

Bei der Polymerisation können jeweils zwei Tetraeder höchstens *ein* Sauerstoffion gemeinsam besitzen. Das bedeutet, daß sich die Tetraeder nur an einer Ecke, niemals aber entlang einer Seite oder gar mit einer Fläche berühren können. Es ist nicht notwendig, daß die Anionenkomplexe etwa geschlossene Ringe bilden, vielmehr sind

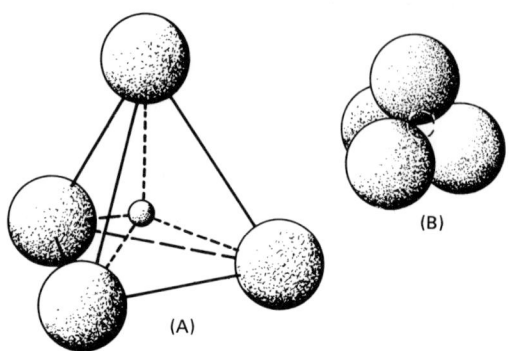

(B)

(A)

Abb. 2-1   SiO$_4$-Tetraeder. – (A) Die relativ großen Sauerstoffionen sind an den vier Ecken, das kleine Siliziumion ist in der Mitte eines Tetraeders angeordnet. (B) Dasselbe, jedoch in natürlichen Größenverhältnissen: die vier Sauerstoffionen berühren sich, das Silizium nimmt den Zwickel dazwischen ein.

auch Ketten, Schichten oder Gerüste möglich. Zum Beispiel entstehen durch die Verbindung über eine Sauerstoffecke Kettensilikate mit der allgemeinen Formel $[SiO_3]_n^{2-}$ (vgl. Abb. 2-2). Bei den Phyllosilikaten mit der Grundformel $[Si_4O_{10}]_n^{4-}$ ist jedes Tetraeder mit drei anderen über eine Sauerstoffbrücke verknüpft. Bei den drei-dimensionalen Gerüstsilikaten schließlich hängen alle vier Ecken mit benachbarten Tetraedern zusammen. Die Formel lautet dann $[SiO_2]_n$, Wertigkeit ist keine mehr frei. Durch den Austausch von Ionen werden die Mineralformeln noch mehr ver-kompliziert als es durch die Polymerisation allein schon geschieht. Da viele Elemen-te ähnliche Ionenradien besitzen, gibt es zahlreiche «verwandte» Mineralien, die man zu Reihen und Gruppen zusammenfaßt.

So besteht innerhalb der Olivin-Reihe, mit der allgemeinen Formel $X_2[SiO_4]$, an Stelle von X für die Kationen Mg^{2+}, Fe^{2+}, Mn^{2+} eine beliebige Austauschbarkeit. Au-ßerdem kann – und dies ist für die Silikatmineralogie von entscheidender Bedeutung – bis zu einem gewissen Maße das Siliziumion durch das etwa gleich große Alumi-niumion Al^{3+} ersetzt werden. Dabei entsteht ein «Aluminiumtetraeder» $[AlO_4]^{5-}$, was natürlich zur Folge hat, daß eine zusätzliche negative Ladung zur Verfügung

Abb. 2-2   Schematische Darstellung der wichtigen Silikatstrukturen. – Die SiO$_4$-Tetraeder ▷ sind vereinfacht, ohne die Sauerstoff- bzw. Siliziumionen, wiedergegeben. Die zusammenge-setzten Strukturen sind in der Aufsicht abgebildet, wobei die Spitzen der ausgezogen gezeich-neten Tetraeder nach oben, die der gestrichelten nach unten zeigen. Die Gerüststrukturen (Tektosilikate) lassen sich nicht einfach darstellen; es wäre eine komplizierte perspektivische Zeichnung erforderlich.

*) Anmerkung. Bei den Gerüstsilikaten ist jede der vier Ecken eines Tetraeders unmittelbar über eine Sauerstoffbrücke mit dem nächsten Tetraeder verbunden. Damit treffen auf jedes Si^{4+}-Ion 4 «halbe» O^{2-}-Ionen und es bleibt keine Wertigkeit mehr frei. So muß stets ein Teil der Si^{4+}-Ionen durch Al^{3+} ersetzt wer-den (vgl. das gegebene Beispiel Orthoklas). Das einzige «reine» Gerüstsilikat wären Quarz, SiO$_2$ und die übrigen SiO$_2$-Modifikationen, die jedoch in der deutschsprachigen Mineralogie stets bei den Oxiden ein-geordnet werden.

Anordnung der SiO₄-Tetraeder		Struktur-einheit	typische Mineralbeispiele	
			Name	Formel
Inselsilikate (Neso-)		$[SiO_4]^{4-}$	Olivin	$(Mg,Fe)_2[SiO_4]$
Gruppen-silikate (Soro-)		$[Si_2O_7]^{6-}$	Lawsonit	$CaAl_2[(OH)_2 \mid Si_2O_7] \cdot H_2O$
		$[Si_3O_9]^{6-}$	Benitoit	$BaTi[Si_3O_9]$
		$[Si_4O_{12}]^{8-}$	Axinit	$Ca_2(Fe,Mn)[OH \mid BO_3 \mid Si_4O_{12}]$
		$[Si_6O_{18}]^{12-}$	Beryll	$Be_3Al_2[Si_6O_{18}]$
Ketten-silikate (Ino-)	einfache Kette	$[SiO_3]^{2-}_n$	Diopsid	$CaMg[SiO_3]_2$
	Doppelkette	$[Si_4O_{11}]^{6-}_n$	Strahlstein	$Ca_2Mg_5[OH \mid Si_4O_{11}]_2$
	Dreifachkette	$[Si_3O_8]^{4-}_n$	Jimthompsonit	$(Mg,Fe)_5[OH \mid (Si_3O_8)]_2$
Schicht-silikate (Phyllo-)		$[Si_4O_{10}]^{4-}_n$	Muskovit	$KAl_2[(OH)_2 \mid AlSi_3O_{10}]$
Gerüst-silikate (Tekto-)	(in einer einfachen Skizze nicht darstellbar)	$[Si_4O_8]^{0*)}$	Orthoklas	$K[AlSi_3O_8]$

Tabelle 2-1   Wichtige Silikatmineralien, nach der Struktur geordnet.
(die als Hauptbestandteile der Gesteine auftretenden Mineralien bzw. Mineralgruppen sind durch Fettdruck hervorgehoben)

Tetraederverbände	Mineral bzw. Mineralgruppe	Chemische Zusammensetzung

Insel-, Gruppen- und Ringsilikate

Inselsilikate (Neso- und Neso-Subsilikate) $[SiO_4]^{4-}$ $[O\,|\,SiO_4]^{6-}$	Aluminiumsilikate: Kyanit Andalusit Sillimanit	$\left.\vphantom{\begin{array}{c}a\\b\\c\end{array}}\right\}$ $Al_2[O\,|\,SiO_4]$
	Chloritoid	$Fe^{2+}Al_2[(OH)_2\,|\,O\,|\,SiO_4]$
	Granat-Gruppe	$Mg_3Al_2[SiO_4]_3$ (Beispiel Pyrop)
	Humit-Gruppe	$Mg_5[(OH,F)_2\,|\,SiO_4)_2]$ (Beispiel Chondrodit)
	Olivin-Gruppe	$(Mg,Fe)_2[SiO_4]$
	Titanit (Sphen)	$CaTi[O\,|\,SiO_4]$
	Staurolith	$2\,FeO\cdot AlOOH\cdot 4\,Al_2SiO_4$
	Topas	$Al_2[(OH,F)_2\,|\,SiO_4]$
	Zirkon	$Zr[SiO_4]$
Gruppensilikate $[Si_2O_7]^{6-}$	Lawsonit	$CaAl_2[(OH)_2\,|\,Si_2O_7]\cdot H_2O$
	Melilith	$Ca_2(Al,Mg)[Al,Si)_2O_7]$ (Beispiel Gehlenit)
Ringsilikate $[Si_4O_{12}]^{8-}$ $[Si_6O_{18}]^{12-}$	Axinit	$Ca_2\,(Fe,Mn)Al_2[OH\,|\,BO_3\,|\,Si_4O_{12}]$
	Beryll	$Be_3Al_2[Si_6O_{18}]$
	Cordierit	$(Mg,Fe)_2Al_3[AlSi_5O_{18}]$
	Turmalin	$NaFe_3^+Al_6[(OH,F)\,|\,(BO_3)_3\,|\,Si_6O_{18}]$ (Beispiel Schörl)
Mischstrukturen $[SiO_4]^{4-}+[Si_2O_7]^{6-}$	**Epidot**	$Ca_2FeAl_2[O\,|\,OH\,|\,SiO_4\,|\,Si_2O_7]$
	Pumpellyit	$Ca_2MgAl_3[(OH)_2\,|\,SiO_4\,|\,Si_2O_7]$
	Vesuvian	$Ca_{10}(Mg,Fe)_2Al_4[(OH)_4\,|\,SiO_4)_5\,|\,(Si_2O_7)_2]$

Kettensilikate

Einfachketten	**Pyroxen-Gruppe**	$CaMg[SiO_3]_2$ (Beispiel Diopsid)
$[SiO_3]_n^{2-}$	Wollastonit	$Ca[SiO_3]$
Doppelketten $[Si_4O_{11}]_n^{6-}$	**Amphibol-Gruppe**	$Ca_2Mg_5[OH\,|\,Si_4O_{11}]_2$ (Beispiel Tremolit)
Dreifachketten $[Si_3O_8]_n^{4-}$	Jimthomsonit	$(Mg,Fe)_5[OH\,|\,(Si_3O_8)]_2$

Schichtsilikate $[Si_4O_{10}]^{4-}$	**Chlorit-Gruppe**	$Mg_3[(OH)_2 \mid Si_4O_{10}]$
		$Mg_3(OH)_6$
	Tonmineralien	$Al_4[(OH)_8 \mid Si_4O_{10}]$
		(Beispiel Kaolinit)
	Glimmer-Gruppe	$KAl_2[(OH,F)_2 \mid AlSi_3O_{10}]$
		(Beispiel Muskovit)
	Prehnit	$Ca_2Al[(OH)_2 \mid AlSi_3O_{10}]$
	Pyrophyllit	$Al_2[(OH)_2 \mid Si_4O_{10}]$
	Stilpnomelan	Formel nur annähernd bekannt
	Serpentin	$Mg_6[(OH)_8 \mid Si_4O_{10}]$
	Talk	$Mg_3[(OH)_2 \mid Si_4O_{10}]$

Gerüstsilikate

Gerüstsilikate SiO_2	Analcim	$Na[AlSi_2O_6] \cdot H_2O$
	Feldspat-Gruppe	$K[AlSi_3O_8]$
		(Beispiel Orthoklas)
	Leucit	$K[AlSi_2O_6]$
	Nephelin	$Na_3K[AlSiO_4]_4$
	Skapolith-Gruppe	$Ca_2[Cl_2 \mid (Al_2Si_2O_8)_6]$
		(Beispiel Mejonit)
	Sodalith-Gruppe	$Na_8[Cl_2 \mid (AlSiO_4)_6]$
		(Beispiel Sodalith)
	Zeolith-Gruppe	$Ca[AlSi_2O_6]_2 \cdot 4\,H_2O$
		(Beispiel Laumontit)

steht und weitere oder höherwertige Kationen aufgenommen werden können. Gerüstsilikate – außer Quarz – werden damit überhaupt erst möglich. Ein Beispiel ist der Albit $Na[AlSi_3O_8]$, bei dem ein Viertel des vierwertigen Si durch dreiwertiges Al ausgetauscht ist und die zusätzlich freie Valenz durch Natrium Na^+ abgesättigt werden kann. Anorthit $Ca[Al_2Si_2O_8]$ und Albit bilden die Mischkristallreihe der Plagioklase. Hierbei sind Na^+ und Si^{4+} jeweils so mit Ca^{2+} und Al^{3+} kombiniert, daß ein Ausgleich der Wertigkeiten zustande kommt.

Die wichtigsten Typen der Silikatstrukturen sind, jeweils mit einem Beispiel, in Abb. 2-2 zusammengestellt. Zwar können durch verschiedenartige Mischkristallbildungen oder durch strukturelle Veränderungen viele hundert verschiedene Mineralarten entstehen, doch beruhen über 95 Prozent der Silikatmineralien auf nur 11 der vielen möglichen Strukturtypen.

Die (mineralogische) Einteilung der Silikate wird nach der Struktur vorgenommen (siehe Abb. 2-2 und Tab. 2-1, Näheres bei STRUNZ 1980). Da in diesem Buch jedoch vor allem die gesteinsbildenden Mineralien zu behandeln sind, werden sie mehr oder weniger in der Reihenfolge ihrer Wichtigkeit besprochen.

Sind alle vier Sauerstoffionen eines Silikations mit vier SiO_4-Tetraedern verbunden, so ist die Gesamtladung ausgeglichen und die Formel lautet SiO_2. Quarz und seine weniger häufigen Modifikationen Tridymit und Cristobalit wären dafür ein Beispiel und könnten daher hier abgehandelt werden. Es ist jedoch in der deutschen Mineralogie gebräuchlich – im Gegensatz zur englischen – diese Mineralien als Oxide anzusehen und dort einzureihen. Zu den Gerüstsilikaten gehören vor allem die Feldspäte, die mit Quarz zusammen die in der Erdkruste häufigsten Mineralien bilden.

Die Gruppe der Feldspäte

Die Feldspäte besitzen alle einen ähnlichen Kristallbau und unterscheiden sich daher durch ihre chemischen und physikalischen Eigenschaften kaum. Megaskopisch sind sie nur unter günstigen Umständen sicher zu bestimmen.

Zusammensetzung. Wird Si^{4+} durch Al^{3+} ausgetauscht, so ist im Tetraedergerüst eine Valenz frei, die dann durch ein zusätzliches Kation abgesättigt werden muß. Dabei entsteht z. B. $Na[AlSi_3O_8]$ Albit oder $K[AlSi_3O_8]$ Kalifeldspat. Wird ein weiteres Silizium durch Aluminium ersetzt, so erhält man den Anorthit $Ca[Al_2Si_2O_8]$. Diese drei Feldspäte stellen die Endglieder eines Mischkristallsystems dar. Als Abkürzung verwendet man Or für $K[AlSi_3O_8]$, Ab für $Na[AlSi_3O_8]$ und An für $Ca[Al_2Si_2O_8]$.

Zwischen Or und Ab besteht eine, allerdings nur bei höherer Temperatur lückenlose, Mischkristallreihe $(K,Na)[AlSi_3O_8]$, d.i. die Gruppe der Alkalifeldspäte. Da die K-reicheren Formen in der Natur vorherrschen, spricht man häufig einfach von Kalifeldspat. Die Mischkristallreihe zwischen Ab und An ist, unabhängig von der Temperatur, lückenlos; Na^+ und Si^{4+} werden durch Ca^{2+} und Al^{3+} ersetzt; die verschiedenen Zwischenglieder faßt man unter dem Namen Plagioklas zusammen. Zwischen Or und An ist kaum eine Mischbarkeit möglich (Abb. 2-3).

Der Austausch von Si durch Al kann einerseits systematisch erfolgen, andererseits rein zufällig. Da nun beide Ionen innerstrukturell ungleich sind, kommt es je nach dem Ordnungsgrad auch zur Bildung unterschiedlicher Symmetrien. Dies ist vor allem bei den Kalifeldspäten zu beobachten: Kristalle, die bei hohen Temperaturen gebildet und rasch abgekühlt wurden – wie das bei Ergußgesteinen der Fall ist –, zeigen geringere Ordnung, das Al ist statistisch verteilt und die Symmetrie ist daher monoklin. Bei tieferen Temperaturen entstandene oder langsam abgekühlte Kristalle weisen einen höheren Ordnungsgrad des Al auf und erlangen dadurch trikline Symmetrie. Auf diese Weise kann man die Feldspäte einerseits nach ihrer chemischen Zusammensetzung, andererseits aufgrund ihres strukturellen Aufbaus klassifizieren.

Die Probleme der Kristallgitterordnung sind sehr weitgehend. Vernachlässigen wir die künstlich hergestellten Feldspäte und beschränken wir uns auf die natürlich vorkommenden, lassen sich die Dinge folgendermaßen zusammenfassen: Die Plagioklase besitzen unabhängig von der Bildungstemperatur einen höheren Ordnungsgrad als die Kalifeldspäte und sind immer triklin. Rasch abgekühlte, bei hoher Temperatur entstandene Alkalifeldspäte sind ungeordnet und daher monoklin, wie

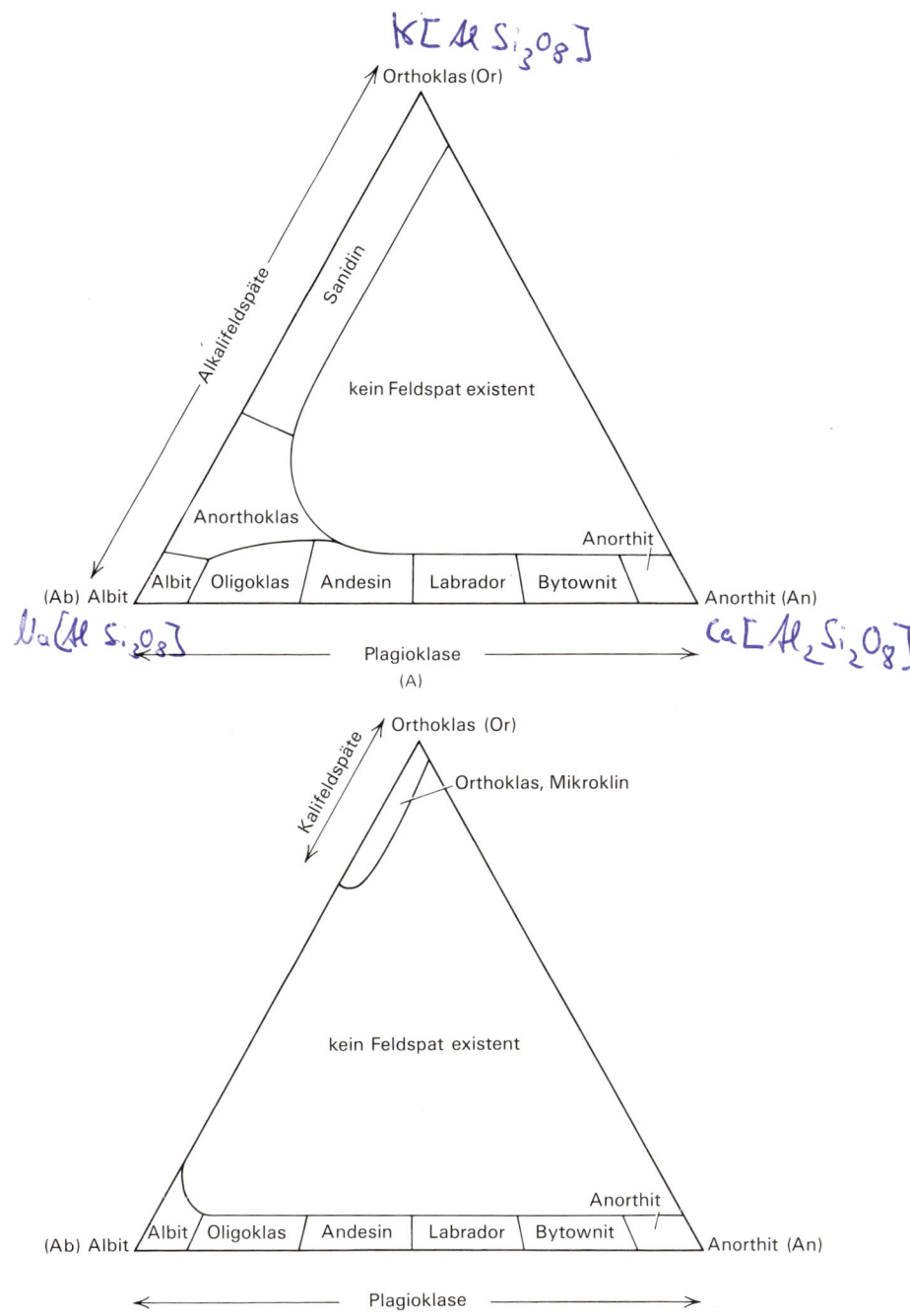

Abb. 2-3 Nomenklatur und Mischkristallbildung bei den Feldspäten, dargestellt im Konzentrationsdreieck (vgl. Abb. 1-2). – (A) Bei hoher Temperatur findet sehr weitgehende Mischkristallbildung statt. (B) Bei stärkerer Abkühlung verschwindet vor allem die Möglichkeit der Mischkristallbildung zwischen K- und Na-Feldspäten weitgehend.

zum Beispiel der Sanidin und der Anorthoklas. Langsam abgekühlte Kalifeldspäte, die sich bei mittleren bis höheren Temperaturen gebildet haben, weisen eine teilweise geordnete Kristallgitterstruktur auf und gehören dem monoklinen Kristallsystem an. Als Beispiel sei hier der Orthoklas angeführt. Den höchsten Ordnungszustand zeigen langsam abgekühlte Niedertemperatur-Kalifeldspäte, wie der trikline Mikroklin.

Die chemische Zusammensetzung der Mischkristalle ist temperaturabhängig. Bei hohen Temperaturen herrscht bei den Plagioklasen sowie bei den Alkalifeldspäten lückenlose Mischkristallbildung (Abb. 2-3 A). Mit abnehmender Temperatur läßt die Mischbarkeit der Alkalifeldspatreihe nach. Bei langsamer Abkühlung von Mittel- bis Hochtemperaturmodifikationen tritt Entmischung ein; der Albit bildet in Kalifeldspat lagen- bis schnurartige Verwachsungen, die man als *Perthit* bezeichnet (Abb. 2-4). Im umgekehrten Fall, bei der Ausscheidung von Kalifeldspat in Plagioklas, spricht man von *Antiperthit*. – Bei der Einteilung der magmatischen Gesteine werden Perthite (bzw. Hochtemperatur-Alkalifeldspäte), Kalifeldspäte und Albite mit 0–5% An-Gehalt als Alkalifeldspäte zusammengefaßt.

Weitere Mischkristallbildungen sind möglich, jedoch selten. Celsian, Bariumfeldspat $Ba[Al_2Si_2O_8]$, bildet eine lückenlose Reihe mit Kalifeldspat; deswegen finden sich in diesem meist auch Spuren von Ba. Weiterhin kann in begrenztem Maße Fe^{3+} für Al^{3+} eintreten. Kalifeldspäte sind daher normalerweise rötlich oder fleischfarben, im Gegensatz zu den Plagioklasen.

Ausbildung und Habitus. Als Einzelkristalle sind die Feldspäte meist recht ähnlich entwickelt; einige häufige Formen zeigt Abb. 2-5. Bei den monoklinen Feldspä-

Abb. 2-4   Bei der langsamen Abkühlung eines Mischkristalles aus Orthoklas und Na-reichem Plagioklas tritt Entmischung ein, dabei treten die Plagioklase zu unregelmäßig geformten Lamellen (im Bild als dunklere Streifen erkennbar) zusammen. Solche entmischten Alkalifeldspäte werden als Perthite bezeichnet. Man darf sie nicht mit lamellaren Zwillingen verwechseln. Limpopo, Simbabwe. (Foto: Dietrich)

ten Orthoklas und Sanidin beträgt der Winkel zwischen c und b genau 90°, und da er nun bei den triklinen nur wenig von 90° abweicht, ist eine Unterscheidung anhand der Kristallform nicht immer möglich. – Ihre Eigengestalt können die Feldspäte in porphyrischen Gesteinen oft behaupten, erst recht natürlich als frei gewachsene Einzelkristalle in miarolithischen Hohlräumen. Ansonsten ist das Wachstum normalerweise durch benachbarte Mineralkörner behindert, und so ist xenomorphe bis hypidiomorphe Ausbildung die Regel.

Zwillingsbildung. Die Feldspäte sind oft verzwillingt; nicht selten beobachtet man an ein und demselben Kristall sogar mehrere Gesetze gleichzeitig. Die häufigste Form ist der Karlsbader Zwilling (Abb. 2-6), benannt nach der gleichnamigen Stadt

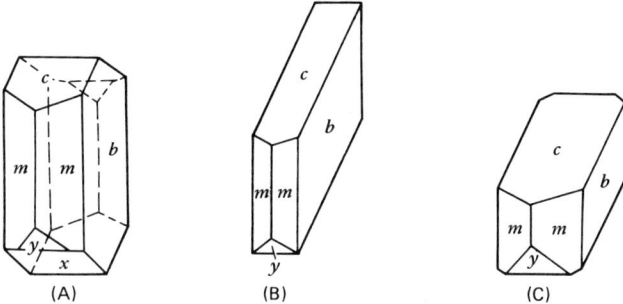

Abb. 2-5 Häufig bei Feldspäten zu beobachtende Formen. – m Prisma parallel c-Achse, b, c, x und y bezeichnen verschiedene Flächenpaare (Pinakoide).

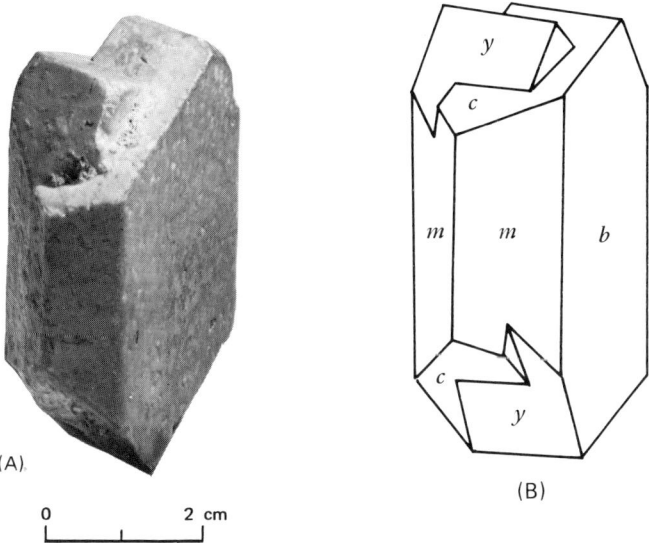

Abb. 2-6 Karlsbader Zwilling bei Orthoklas. – (A) Natürlicher Kristall. Gunnison Co., Colorado. (B) Gleichorientierte Kristallzeichnung. – Buchstaben siehe Abb. 2-5 (Foto: Skinner)

Karlsbad (Karlovy Vary) in der ČSSR. Der Karlsbader Zwilling entsteht, wenn man einen Kristall (Abb. 2-5 A) parallel zur Fläche b halbiert und dann die eine Hälfte um eine Achse parallel der Kante zwischen m und b um 180° dreht. Beide Teile werden dann so zusammengefügt, daß sie sich etwas durchdringen. Da nun die Fläche c einer Spaltrichtung entspricht, läßt sich die Zwillingsbildung an Spaltkörpern gut beobachten: Durch die entgegengesetzte Neigung der beiden c-Flächen entsteht eine deutliche Grenze zwischen den Zwillingshälften. Karlsbader Zwillinge treten sowohl bei monoklinen als auch bei triklinen Feldspäten auf.

Eine weitere auffällige Zwillingsbildung ist nur an triklinen Feldspäten zu beobachten. Es handelt sich um eine meist mehrfache Verzwillingung, die wegen ihres Auftretens bei Albiten und anderen Gliedern der Plagioklasreihe auch als Albitgesetz bezeichnet wird. Im triklinen Kristallsystem schneiden sich die Flächen b und c unter schiefem Winkel, so daß die Fläche a zum Parallelogramm wird (Abb. 2-7 A). Rotiert man die eine Kristallhälfte längs der gestrichelten Linie um 180° (Abb.

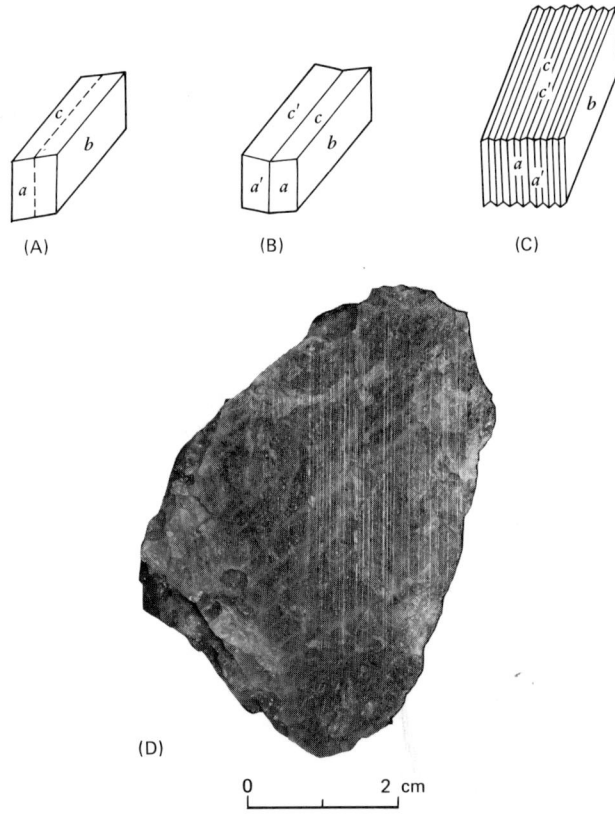

(A)   (B)   (C)

(D)

0   2 cm

Abb. 2-7   Lamellare Zwillingsbildung nach dem Albitgesetz. – (A) Unverzwillingter Kristall, die Zwillingsebene ist gestrichelt eingezeichnet. (B) Zwilling aus nur zwei Individuen. (C) Lamellarer Zwilling (oder Vielling). (D) Plagioklas mit Zwillingslamellen, die auf einer Spaltfläche deutlich sichtbar sind. Tvedestrand, Norwegen. (Foto: Skinner)

2-7 A), so erhält man einen geometrischen Körper wie er in Abb. 2-7 B dargestellt ist. Während sich die Flächen c und c′ an der Oberseite unter einem einspringenden Winkel schneiden, bilden sie an der Unterseite einen «gewöhnlichen» Winkel. Auf diese Weise verzwillingte Kristalle zeigen auf der Spaltfläche, die subparallel zu c und c′ liegt, eine markante Knickung. In der Natur tritt diese Zwillingsbildung meist polysynthetisch auf (Abb. 2-7 C) und kann auf Spaltflächen parallel zu c und c′ als scharfe Streifung gut beobachtet werden (Abb. 2-7 D). Die Lamellen können so fein werden (unter 0,0025 mm), daß sie selbst mit dem Polarisationsmikroskop unter stärkster Vergrößerung nicht mehr wahrzunehmen sind. Bei den calciumreicheren Gliedern der Plagioklasreihe hingegen, etwa beim Labradorit, ist diese Verzwillingung oft so grob ausgebildet, daß sie sogar ohne Lupe erkannt werden kann (Abb. 2-7 D). Läßt man das einfallende Licht an den Spaltflächen reflektieren, so sind, selbst an Körnern im Gesteinsverband, noch sehr dünne Zwillingslamellen auszumachen.

Viele Plagioklase sind sowohl nach dem Albit- als auch nach dem Karlsbader-Gesetz verzwillingt. Im einfallenden Licht kann man in den beiden Karlsbader Zwillingshälften die feine Lamellierung der Albitzwillinge beobachten.

Manchmal sehen die erwähnten perthitischen Entmischungsstrukturen bei Mikroklin, Orthoklas oder Albit der Zwillingsstreifung nach dem Albitgesetz ähnlich. Bei genauer Betrachtung wird man jedoch feststellen, daß die Perthitverflechtungen sehr viel unregelmäßiger sind als die parallel verlaufenden Zwillingslamellen.

Spaltbarkeit. Alle Feldspäte besitzen zwei gute Spaltrichtungen: die beste verläuft parallel c (Abb. 2-5), die zweite parallel der Fläche b. Bei den monoklinen Feldspäten schneiden sich b und c und entsprechend auch die Spaltrichtungen unter rechtem Winkel. Daraus wird der Name des Kalifeldspates Orthoklas abgeleitet (orthos, gerade und klasis, brechen; aus dem Griechischen).

Entsprechende Flächen und Spaltrichtungen schneiden sich bei den triklinen Feldspäten unter schiefen Winkeln (das Wort Plagioklas ist ebenfalls aus dem Griechischen abzuleiten und bedeutet plagios, schief und klasis, brechen). Die Spaltflächen des triklinen Mikroklins schneiden sich unter annähernd 90°.

Die Spaltflächen der Feldspäte werden bei reflektierend einfallendem Licht durch z.T. treppenartige Abstufungen sichtbar, die man auch bei kleinen Kristallen mit der Lupe erkennen kann. Doch kann der schiefe Winkel der Plagioklase und Mikrokline mit dem Auge selbst an gut ausgebildeten Kristallen nicht von den rechten Winkeln der Orthoklase unterschieden werden, auch nicht mit Hilfe einer Lupe.

Farbe, Glanz und Strich. Feldspäte sind unter normalen Verhältnissen durchsichtig, farblos oder weiß. Farblos-durchsichtige Kristalle kommen gewöhnlich nur als Einsprenglinge in unverwitterten Ergußgesteinen vor. Hier zeigen sie Glasglanz. Ansonsten sind die Feldspäte kaum durchsichtig, von grauer, weißer, rötlicher oder gelblicher Farbe und von porzellanartigem Aussehen.

Die Farbe der Kalifeldspäte variiert von zartrosa über fleischfarben zu rot bis rotbraun. Meist zeigen die fleischfarbenen Kristalle einen leichten Stich ins Gelbliche. Als Naturbaustein wird ein Granit mit diesen fleischfarbenen Kalifeldspäten vielfach bevorzugt. Die Farbtönung wird einerseits durch den Austausch von Al^{3+} durch Fe^{3+} hervorgerufen, andererseits durch ein feinstverteiltes Pigment aus Hämatitblättchen. Anhand der Farbe kann man in vielen Fällen Kalifeldspat von Plagioklas unterscheiden: findet man in einem Gestein rötliche und weiße Feldspäte, so kann man ziemlich sicher annehmen, daß es sich bei den fleischfarbenen Kristallen um Orthoklas oder Mikroklin handelt, bei den anderen um Plagioklas.

In miarolithischen Hohlräumen mancher Granite kommen gelegentlich hellbläulich-grüne Feldspatkristalle vor. Es handelt sich meist um eine Varietät des Mikroklins, die Amazonit genannt wird.

Die calciumreichen Endglieder der Plagioklasreihe, vor allem der Labradorit, sind oft von grauer, blaugrauer, violettbrauner oder schwarzer Farbe. Diese Färbung entsteht durch feinstverteilte Partikel von (meist) Ilmenit und Magnetit. Einige Labradorite zeigen ein perlmuttartiges Farbenspiel, das geradezu als Labradorisieren bezeichnet wird. Sie treten in Anorthositen auf, wie sie in der Gegend von Adirondack/New York und auf der Halbinsel Labrador vorkommen, hierzu gehört auch der «Spektrolith» aus Finnland. Die Feldspäte besitzen meist Glas- bis Perlmuttglanz. Eine glasig-durchsichtige Varietät ist der Sanidin. Durch die Verwitterung werden Aussehen und Glanz der Feldspäte wachsartig, völlig zersetzte Feldspäte sind derb, mehlig und matt. Der weiße Strich ist ein nicht sehr kennzeichnendes Merkmal der Feldspäte.

Härte und Dichte. Mit Härte 6 wird Feldspat von Quarz geritzt, nicht aber von Glas oder Stahl. Die Dichte von reinem Orthoklas beträgt 2,539, die von Albit 2,62 und die von Anorthit 2,76. Die Dichten der Mischkristalle liegen natürlich dazwischen: der mittlere Wert für die Alkalifeldspäte bei 2,57, der für die Plagioklase je nach Zusammensetzung zwischen 2,62 und 2,67. Kann man die Dichte eines Feldspats auf zwei Dezimalen genau bestimmen, so lassen sich annähernd genaue Angaben über seine Zusammensetzung machen.

Umwandlungen. Im Kontakt mit leicht sauren Oberflächenwässern oder heißen Tiefenwässern zersetzt sich der Feldspat zu Tonmineralien (und Muskovit), unter gleichzeitiger Ausscheidung von SiO_2 und Wegfuhr von Alkalien. Allgemein gilt, daß sich unter dem Einfluß von Verwitterungslösungen Tonmineralien bilden, währenddessen bei Wechselwirkungen in der Tiefe auch Muskovit entsteht. In manchen Lagerstätten kann man beobachten, wie die erzbringenden Lösungen das umgebende Nebengestein in Kaolinit oder häufiger in einen sehr feinkörnigen Muskovit, den Sericit, umwandeln.

Obwohl alle Feldspäte diesen Veränderungen unterliegen, zerfallen besonders die Plagioklase in die unterschiedlichsten Mineralgemenge. Von den vielen Zersetzungsprodukten sind z. B. Calcit und Epidot zu nennen. Unter gewissen Umständen können auch Zeolithe entstehen. Calciumreiche Feldspäte reagieren unter metamorphen Bedingungen mit anderen Mineralien unter Bildung von Grossular u.a. Calciumsilikaten.

Glänzen die Spaltflächen nicht mehr im einfallenden Licht, so hat die Zersetzung bereits begonnen. Nähert sich die Zersetzung in Muskovit und Tonmineralien einem Endstadium, so verlieren die Feldspäte ihren Glanz gänzlich und werden stumpf und mehlig. Sie können dann mit dem Taschenmesser oder dem Fingernagel zerrieben werden. Die Zersetzung muß nicht den ganzen Kristall erfassen; Ränder oder Zonen mit einem mittleren Anorthitgehalt sind besonders anfällig dafür. Das Resultat ist ein Plagioklas mit einem intakten Kern und einem zersetzten Randbereich. Die Verwitterung der Feldspäte ist im Zusammenhang mit der Bodenbildung ein äußerst wichtiger geologischer Prozeß.

Vorkommen. Feldspäte sind weiter verbreitet als alle anderen Mineralien. Sie sind in großem Umfang am Aufbau der magmatischen und metamorphen Gesteine beteiligt, ja ohne Übertreibung kann man behaupten, daß die Feldspäte die häufigste Substanz in den obersten 20 km der Erdkruste darstellen.

Bestimmung. Wegen der großen Häufigkeit und Vielfalt der Feldspäte können nur die wichtigsten Bestimmungsmerkmale erwähnt werden. Von anderen Mineralien, hauptsächlich von Quarz, unterscheiden sie sich durch das Auftreten sich rechtwinklig schneidender Spaltflächen, durch den perlmuttartigen bis glasigen Glanz und durch die helle, milchige Farbe. Mit dem Messer kann man die Feldspäte, sofern unzersetzt, nicht ritzen. Anhand der Kristallform können sie für gewöhnlich nur bestimmt werden, wenn sie als Einsprenglinge in porphyrischen Gesteinen vorkommen. Immerhin sind in grobkörnigen Magmatiten häufig wenigstens die Umrisse der Kristallformen erkennbar. Zumeist handelt es sich dann allerdings um Alkalifeldspat.

Eine megaskopische Unterscheidung der einzelnen Glieder der Feldspatfamilie, zumal in Gesteinen, ist nicht einfach. Wie schon erwähnt, gibt die Farbe einige Hinweise. Bei Alkalifeldspäten ist häufig eine perthitische Entmischung mit der Lupe sichtbar. Beobachtet man andererseits eine Zwillingsstreifung, so liegt ein Plagioklas vor. Vorsicht ist aber geboten, da die Lamellierung so fein sein kann, daß sie selbst mit der Lupe nicht mehr erkannt werden kann. Auch läßt sie sich an kleinen Kristallkörnern nur schwer ausmachen. Es muß also nicht unbedingt Alkalifeldspat vorliegen, wenn die polysynthetische Zwillingsbildung zu fehlen scheint. Mit etwas Übung kann man seinen Blick so schärfen, daß man die Albitlamellen auch dann erkennen kann, wenn sie im ersten Moment nicht vorhanden zu sein scheinen.

Zusammenfassend läßt sich feststellen, daß perthitische Strukturen für Alkalifeldspat, Zwillingslamellierungen für Plagioklas sprechen. Läßt sich weder das eine noch das andere erkennen, so kann eine definitive Aussage über die Zusammensetzung der Feldspäte nicht gemacht werden.

Durch diverse *Färbetechniken* können Alkalifeldspat und Plagioklas auch dann leicht voneinander unterschieden werden, wenn sie im selben Gestein vorkommen. Die Untersuchung ist im Labor ohne größeren Aufwand durchzuführen. Die dazu benötigten Chemikalien sind im Handel erhältlich.

Als erstes wird die Gesteinsprobe zu einem handlichen Format zersägt. Eine Seite wird angeschliffen, aber nicht poliert. Bei sehr porösen Gesteinen empfiehlt es sich, die Oberfläche mit Paraffin oder einem schnell abbindenden Kunststoff zu imprägnieren. Daraufhin wird die Probe mit Flußsäuredämpfen (HF) geätzt, um sie für chemische Prozesse zu aktivieren.

Hierbei ist besondere Vorsicht angebracht, da Flußsäure eine gefährliche, stark ätzende Säure ist. Da sie selbst Quarzglas zu lösen vermag, ist eine Aufbewahrung nur in speziellen Plastikbehältern möglich. Sämtliche Arbeiten dürfen wegen der auftretenden Dämpfe nur unter dem Abzug durchgeführt werden. Da selbst ein kleiner Tropfen starke Verätzungen verursachen kann, ist es unerläßlich, stets Plastikhandschuhe und Sicherheitsbrille zu tragen.

Bei Anwendung des Verfahrens nach Bailey und Stevens (1960) werden Kalifeldspäte gelb, Plagioklase mit einem Anorthitgehalt über 3 Prozent ziegelrot gefärbt. Die einzelnen Arbeitsgänge hierzu sind:

1. Unter dem Abzug wird ein geeignetes Plastikgefäß bis 5 Millimeter unter dem oberen Rand mit konzentrierter Flußsäure (52% HF) aufgefüllt.
2. Das geschnittene und geschliffene Handstück wird auf das Ätzgefäß gelegt und zwar mit der angeschliffenen Seite nach unten. Die Oberfläche muß frei von Fingerabdrücken sein. Vorsicht, nicht in die Säure greifen!
3. Probe und Ätzgefäß werden mit einer Plastiktüte bedeckt und mindestens 3 Minuten darunter belassen.
4. Mittels einer Metall- oder Plastikzange wird die Probe in kaltes Wasser getaucht und dann zweimal kurz in eine 5prozentige Lösung von Bariumchlorid gehalten.
5. Probe rasch mit Wasser abspülen, eine gesättigte Lösung von Natrium-Kobaltnitrit eine Minute lang einwirken lassen.
6. Unter fließendem Wasser wird die Probe von restlichem Natrium-Kobaltnitrit befreit. Die Kalifeldspäte erscheinen jetzt in einem hellen Gelb, vorausgesetzt, die Schliff-Fläche war vorher stark genug geätzt. Ist dies nicht der Fall, werden die Ätzrückstände durch Reiben unter fließendem Wasser entfernt. Dann muß die Probe getrocknet und die Prozedur ab Punkt 2 wiederholt werden, wobei der Ätzvorgang zu verlängern ist. Sind die Kalifeldspäte schließlich gelb gefärbt, fährt man mit Punkt 7 fort.
7. Die Oberfläche wird gründlich mit destilliertem Wasser gereinigt und danach mit einer frisch hergestellten Lösung von Kaliumrhodizonat benetzt. Hierfür werden 0,05 Gramm Kaliumrhodizonat in 20 Milliliter destilliertem Wasser gelöst. Es empfiehlt sich, die Lösung in eine Spritzflasche zu füllen. Achtung: Das Reagenz ist nicht haltbar und muß stets frisch angesetzt werden!
8. Nach wenigen Sekunden färben sich die Plagioklase blutrot. Ist die Farbe intensiv genug, so wird die restliche Rhodizonatlösung mit Wasser abgespült.

Auch wenn Kalifeldspat nicht vorhanden ist, sind sämtliche Schritte durchzuführen; Punkt 5 und 6 müssen stets vor Punkt 7 erfolgen.

Die Feldspatvertreter

Die Feldspatvertreter, auch Foide genannt, enthalten wie die Feldspäte die Elemente Natrium, Kalium und Calcium. Sie kommen in magmatischen Gesteinen zusammen mit den Feldspäten vor oder ersetzen diese. Es handelt sich ebenfalls um Gerüstsilikate, jedoch treten innerhalb der Gruppe verschiedene Abweichungen in der Anordnung der Silikattetraeder auf – im Gegensatz zum einheitlichen Aufbau der Feldspäte. Die Feldspatvertreter sind wenig verbreitet und finden sich nur in sehr speziellen Gesteinen, die insgesamt nicht mehr als 1% der auf der Erde vorhandenen Magmatite ausmachen. Sie sind daher von weit geringerer Bedeutung als die Feldspäte, spielen jedoch für grundsätzliche Fragen, die Genese der magmatischen Gesteine betreffend, eine sehr wichtige Rolle. Die häufigsten Foide sind Leucit und Nephelin, seltener finden sich Analcim, Cancrinit, Haüyn, Nosean und Sodalith sowie noch einige weitere. Diese Mineralien sind nicht alle nahe verwandt (abgesehen davon, daß es sich um Gerüstsilikate handelt). Gemeinsam ist ihnen, daß sie die Feldspäte in magmatischen Gesteinen teilweise oder ganz vertreten (daher der Name) und daß sie kieselsäureärmer sind als jene. Sie kommen niemals zusammen mit Quarz vor.

Leucit. Von diesem Mineral gibt es eine kubische Hoch- und eine tetragonale Tieftemperaturmodifikation. Die typischen, oft sehr gut ausgebildeten Deltoidikositetraeder («Leucitoeder») sind stets Paramorphosen der Hoch- nach der Tieftemperaturform. Leucit erscheint fast immer in Einzelkristallen, die oft allerdings nur körnig-kugelig ausgebildet sind. Leucit $K[AlSi_2O_6]$ kann anstelle des K etwas Na enthalten. Das Mineral zeigt kaum Spaltbarkeit, hat muscheligen Bruch, graue bis weiße Farbe, stumpfen bis glasigen Glanz, eine Härte von 5,5 bis 6 und eine Dichte von 2,5.

Vielfach sind die «Leucitkristalle», vor allem die weißlich-porzellanartig aussehenden, in Wirklichkeit in ein Gemenge aus Kalifeldspat, Nephelin und Analcim umgewandelt und werden dann richtiger als Pseudoleucit bezeichnet.

Leucit tritt nur in kaliumreichen Magmatiten auf, hauptsächlich in Ergußgesteinen, gelegentlich auch in den entsprechenden Tiefengesteinen.

Nephelin. Nephelin kristallisiert in kurzen, dicken hexagonalen Säulen. Im Gesteinsverband kann er seine Eigengestalt nicht durchsetzen und erscheint gewöhnlich, wie auch Quarz, in xenomorpher Ausbildung. Die Farbe ist meist weiß oder sie variiert von einem rauchigen bis zu einem dunklen Grau. Helle Exemplare gehen leicht ins Gelbliche, graue zeigen einen Stich ins Blaue oder Grüne. Gelegentlich kann man auch fleischfarbene oder ziegelrote Varietäten beobachten. Der weiße Strich ist kein charakteristisches Merkmal. Nephelin ist durchsichtig bis durchscheinend. Unverwitterte Kristalle zeigen Glas- bis Fettglanz. Auch an größeren Formen stellt man so gut wie keine Spaltbarkeit und dafür einen muscheligen Bruch fest: deshalb und auch wegen des Glanzes sind kleinere Körner leicht mit Quarz zu verwechseln. Größere, trübe und ölig glänzende Massen nennt man auch Eläolith. Die Härte liegt mit 6 in der Nähe der Feldspäte. Die Dichte beträgt 2,55 bis 2,61. Die Zusammensetzung ist $Na_3K[AlSiO_4]_4$, wobei der K-Gehalt schwankt. An der Erdoberfläche verwittert Nephelin rasch. Daran kann man dieses Mineral allenfalls von Quarz und Feldspat unterscheiden.

Nephelin und Quarz können niemals nebeneinander im selben magmatischen Gestein vorkommen. Das eine schließt das andere aus, da beide nach folgender Gleichung miteinander reagieren würden:

Nephelin Quarz Albit Kalifeldspat
$$Na_3K[AlSiO_4]_4 \;+\; 8\,SiO_2 \rightarrow 3\,Na[AlSi_3O_8] \;+\; K[AlSi_3O_8]$$

Nephelin ist der wichtigste Feldspatvertreter und kommt in vielen unterkieselten Magmatiten, sowohl Tiefengesteinen wie Vulkaniten, vor.

Analcim. Analcim ist kubisch und kristallisiert wie Leucit in Deltoidikositetraedern, aber auch in radialstrahligen Aggregaten und derben Massen. Die Zusammensetzung ist $Na[AlSi_2O_6] \cdot H_2O$, wobei Kalium und Calcium in geringen Mengen das Natrium ersetzen können. Analcim besitzt eine schlechte Spaltbarkeit und muscheligen Bruch. Die Härte liegt zwischen 5 und 5,5, die Dichte zwischen 2,2 und 2,3. Das Mineral ist weiß oder farblos und zeigt Glasglanz. Analcim und Leucit ähneln sich sehr, ihr Auftreten in Gesteinen ist jedoch unterschiedlich. Obwohl Analcim primär in Vulkaniten, speziell in alkalireichen Basalten auftritt, findet man dieses Mineral viel häufiger sekundär in Drusen, zusammen mit Zeolithen. Leucit hingegen bildet immer einen regulären Bestandteil der betreffenden Gesteine. Analcim entsteht ferner bei der Diagenese vulkanischer Tuffe.

Cancrinit. Der hexagonale Cancrinit ähnelt dem Nephelin im Aussehen. Die Formel ist etwa $Na_6Ca[CO_3 \mid (AlSiO_4)_6] \cdot 2H_2O$. Gelegentlich kann man die gelben Kristalle im Gestein megaskopisch erkennen. Da Cancrinit selten die eigene Kristallform durchsetzen kann und häufig mit Nephelin in alkalireichen Magmatiten zusammen vorkommt, ist bei der Bestimmung Vorsicht geboten. Die beste Methode ist der Salzsäuretest (ca. 1:3 verdünnte technische HCl), bei dem CO_2 freigesetzt wird. Dadurch kann Cancrinit von allen anderen Mineralien außer den Karbonaten unterschieden werden.

Haüyn, Nosean und Sodalith. Alle drei Mineralien besitzen gleichen Aufbau und unterscheiden sich nur in der Zusammensetzung:

Sodalith $Na_8[Cl_2 \mid (AlSiO_4)_6]$
Nosean $Na_8[SO_4 \mid (AlSiO_4)_6]$
Haüyn $(Na,Ca)_{8-4}[(SO_4)_{2-1} \mid (AlSiO_4)_6]$

Sie sind kubisch und werden gemeinhin als Sodalithgruppe zusammengefaßt. Wie Granat kristallisieren sie gerne in Rhombendodekaedern (Abb. 2-12 A). Gut ausgebildete Kristalle sind selten, normalerweise finden sich im Gestein nur xenomorphe Körner. Die Farbe ist für gewöhnlich weiß, jedoch kommen auch hellblaue bis dunkelblaue Farbtöne vor. Die Spaltbarkeit verläuft parallel zu den Rhombendodekaederflächen, ist aber megaskopisch kaum zu beobachten. Der Bruch ist uneben, die Härte liegt zwischen 5,5 und 6, die Dichte zwischen 2,2 und 2,3. Die Mineralien zeigen Glas- bis Fettglanz. Zusammen mit Nephelin, Cancrinit und anderen Foiden kommen die Mineralien der Sodalithgruppe in alkalireichen Magmatiten wie Syeniten und Phonolithen vor, verhältnismäßig häufig auch in den mittelitalienischen Vulkaniten.

Umwandlung. Wie die Feldspäte werden auch die Feldspatvertreter bei der chemischen Verwitterung leicht zersetzt. Noch anfälliger sind sie gegen Thermalwässer: hierbei bilden sich Kaolinit und andere Tonmineralien, Muskovit, Zeolithe u. a.

Die Skapolith-Gruppe

Die Skapolithe treten in metamorphen Gesteinen auf und haben ähnliche Zusammensetzung wie die Feldspäte. Die Endglieder der Mischkristallreihe sind Marialith $Na_8[Cl_2 \mid (AlSi_3O_8)_6]$ und Mejonit $Ca_2[Cl_2 \mid (Al_2Si_2O_8)_6]$, wobei für Cl_2 auch SO_4 und CO_3 eintreten können. Die Vergleichbarkeit mit Feldspat wird deutlich, wenn man die Formel wie folgt schreibt: $Na[AlSi_3O_8] \cdot NaCl$. In Gesteinen treten meist intermediäre Skapolithe auf.

Der tetragonale Skapolith bildet meist unregelmäßig begrenzte Körner. Gut ausgebildete Kristalle zeigen oft ein vierseitiges Prisma. Die Spaltbarkeit ist zwar nicht gut, erweist sich aber als deutliches Unterscheidungsmerkmal zu Quarz. Die Härte liegt zwischen 5 und 6, die Dichte zwischen 2,55 und 2,75. Die weißen, grauen oder blaßgrünen Mineralien zeigen im frischen Zustand Glasglanz, sind gewöhnlich durchscheinend oder durchsichtig und fluoreszieren unter der UV-Lampe. Skapolith kann leicht mit Feldspat verwechselt werden; zur Unterscheidung trägt die schlechte Spaltbarkeit bei.

Skapolithe kommen in den verschiedenartigsten Metamorphiten wie Marmor, Kalksilikatfels, Skarn (es gibt sogar gelegentlich Skapolithfelse) und metatektischen Gneisen vor, aber auch in bestimmten Pegmatiten und manchen Magmatiten sowie deren Kontaktzonen zu Kalksteinen.

Die Zeolithe

Die Zeolithe sind wasserhaltige Silikate, die wie die Feldspäte K, Na, Ca enthalten und sich daher auch häufig bei (hydrothermaler) Umwandlung aus diesen Mineralien bilden. Das $(Al,Si)O_4$-Gerüst ist allerdings sehr viel «lockerer» gebaut und von Hohlräumen durchzogen. Diese können andere, sehr verschiedenartige Stoffe aufnehmen (wichtige technische Eigenschaft). Ihre Entstehung ist vor allem an Ergußgesteine und Pyroklastite gebunden. Hier scheiden sich Zeolithe aller Art in Hohlräumen wie Drusen, Klüften und Poren aus warmen wäßrigen Lösungen ab. Stilbit nimmt auch an den Paragenesen der alpinen Zerrklüfte teil. Bei der Metamorphose kennzeichnen sie die Zeolithfazies, die vor allem in den unteren Druck- und Temperaturbereichen liegt. Heulandit kann sich zusammen mit Analcim bereits bei der Diagenese toniger Sedimente bilden.

Die Zeolithe haben viele gemeinsame Eigenschaften, anhand derer sie zwar als «Zeolithe» erkannt werden können, die andererseits aber die Bestimmung im einzelnen schwierig machen. Die verschiedenen Mineralien der Zeolithgruppe kristallisieren in oft gut ausgebildeten, charakteristischen Kristallen, meist aber in nadelig-büscheligen Aggregaten usw. Sie sind farblos, weiß, auch gelb oder rot und zeigen Glasglanz. Ihre Härte ist so gering, daß sie mit dem Messer geritzt werden können. Die (niedrige) Dichte liegt zwischen 2,1 und 2,4. – Die häufigsten Zeolithe sind Natrolith, Stilbit und Heulandit.

Natrolith $(Na_2[Al_2Si_3O_{10}] \cdot 2H_2O)$ kristallisiert meist in langen, rhombischen Prismen, die oft zu büschelig-nadligen oder radialstrahligen Aggregaten zusammentreten. Er bildet mit Skolezit $Ca[Al_2Si_3O_{10}] \cdot 3H_2O$ unbeschränkt Mischkristalle.

Stilbit (Desmin, nach griechisch desme – Garbe) $Ca[Al_2Si_7O_{18}] \cdot 7H_2O$ ist von weißer, auch gelblicher Farbe. Die monoklinen Kristalle sind häufig garbenförmig verflochten, bilden aber auch kugelige, radialstrahlige Aggregate. Die Spaltbarkeit ist vollkommen, auf den Spaltflächen erscheint Perlmuttglanz.

Heulandit $Ca[Al_2Si_7O_{18}] \cdot 6H_2O$ kristallisiert monoklin in tafeligen Kristallen, die oft blättrig nebeneinander angeordnet sind (charakteristische Formen aus dem Fassatal). Parallel der Hauptflächen zeigen sie vollkommene Spaltbarkeit. Die rautenförmigen, perlmuttartig glänzenden Spaltflächen sind meist leicht gewellt.

Laumontit $Ca[AlSi_2O_6] \cdot 4H_2O$ ist ein bezeichnendes Mineral für die Zeolithfazies. Das Mineral ist i. a. nur mikroskopisch erkennbar.

Erkennung der Zeolithe. Wie gesagt, können Zeolithe als solche einigermaßen leicht erkannt werden. Als Hilfe dienen die geringe Härte und die gute Spaltbarkeit, die niedrige Dichte (allerdings meist schlecht meßbar) und die Zersetzung mit Säuren (HCl) zu einem schleimigen Gel. Pulverisiertes Material entwickelt im Reagenzglas beim Erhitzen Wasserdampf. In Drusenvorkommen ist auch die häufige Paragenese mit Quarz in verschiedener Form, Calcit, Prehnit u.a. zu beachten. Das Erkennen der Einzelglieder der Zeolithe ist nur möglich, wenn größere, charakteristisch entwickelte Kristalle (Desmin, Heulandit z.B.) vorliegen. Natrolith und Skolezit etwa lassen sich nur mit chemischen oder röntgenographischen Methoden trennen.

SCHICHTSILIKATE (PHYLLOSILIKATE)

Die Bausteine der Schichtsilikate liegen in einer Ebene, die Tetraeder sind durch drei der vier Sauerstoffatome miteinander verbunden. Parallel dieser Netzebenen ist die Spaltbarkeit höchst vollkommen ausgebildet (Abb. 2-8 A). Durch den Einbau von Kationen, durch vielfältige Mischkristallbildung und vor allem durch die sehr verschiedenen Möglichkeiten für Bau und Zueinanderordnung der Tetraeder-Netzebenen lassen sich zahlreiche Mineralarten vom Grundschema ableiten. Wir beschreiben zunächst die wichtigste Gruppe der Mineralien mit Blattstruktur, die echten Glimmer.

Echte Glimmer

Wie bereits erwähnt, haben die Glimmer eine sehr vollkommen ausgebildete Spaltbarkeit, wobei dünnste Blättchen von hervorragender Elastizität erhalten werden können. Eine erste Unterteilung erfolgt in Hellglimmer, mit Muskovit als Beispiel, und dunkle Glimmer, von denen der Biotit der bekannteste Vertreter ist.

Ausbildung und Habitus. Die Glimmer kristallisieren im monoklinen Kristallsystem als meist sechsseitige, flache Blättchen, die hexagonale Symmetrie vortäuschen. Die Seitenflächen sind rauh und geriffelt und können wie in Abb. 2-8 C auch länglich ausgebildet sein. In Magmatiten beobachtet man oft unregelmäßig begrenzte Blättchen oder Schuppen, die auf Spaltflächen hell glitzern. Die vollkommene Spaltbarkeit parallel der Fläche c ist in Abb. 2-8 A gut zu beobachten. In sehr feinschuppigem Glimmer ist sie weniger auffällig und kann nur bei genauer Betrachtung erkannt werden.

Abb. 2-8 Phyllosilikate. – (A) Elektronenmikroskop-Aufnahme eines Kaolinitaggregates, Vesuvius, Virginia (Pennsylvania State University). (B) und (C) Biotitkristalle. – m Prisma parallel der c-Achse, b seitliches Pinakoid, c Basispinakoid.

Farbe und Glanz. Muskovit ist farblos, weiß bis grau oder hellbraun mit einem leicht grünlichen Unterton. Bis auf den Lithiumglimmer Lepidolith zeigen alle Hellglimmer ähnliche Farbe. Der rosa- bis lilafarbene Lepidolith kommt nur in Pegmatiten vor. Dünne Glimmerblättchen sind immer durchsichtig.

Biotit und die Gefolgschaft der dunklen Glimmer ist braun bis schwarz. Dünne Blättchen sind durchscheinend und braun, rotbraun oder dunkelgrün. Der hellere Phlogopit ist manchmal leicht kupferfarben. Der Glanz ist bei allen Glimmerarten hervorragend, auf Spaltflächen perlmuttartig. Die feinschuppige Varietät von Muskovit, der Sericit, zeigt einen seidigen Glanz.

Härte und Dichte. Da die Härte der Glimmer zwischen 2 und 3 schwankt, lassen sie sich mit einer Nadel sehr leicht ritzen. Muskovit besitzt mit 2,76 die geringste, eisenreicher Biotit mit 3,2 die höchste Dichte.

Zusammensetzung. Nach dem Chemismus kann man die wichtigeren Glimmerarten zu den Al-haltigen Hellglimmern einerseits und den Fe-Mg-haltigen Dunkelglimmern andererseits zusammenziehen.

1. Muskovit $KAl_2[(OH,F)_2 \mid AlSi_3O_{10}]$
   Paragonit $NaAl_2[(OH,F)_2 \mid AlSi_3O_{10}]$ } Hellglimmer
   Lepidolith $KLi_2Al[(F,OH)_2 \mid Si_4O_{10}]$
2. Biotit $K(Mg,Fe,Mn)_3[(OH,F)_2 \mid AlSi_3O_{10}]$ } Dunkelglimmer
   Phlogopit $KMg_3[(F,OH)_2 \mid AlSi_3O_{10}]$

Umwandlung. Durch Verwitterung werden aus Biotit die Metalle leicht herausgelöst. Er wird brüchig und ändert Farbe und Glanz. Häufig wird er dann wohl auch mit Silber oder Gold verwechselt («Katzensilber», «Katzengold»). Muskovit ist bedeutend beständiger, man findet ihn sogar noch in Böden, in denen die Verwitterung die anderen Mineralien bereits weitgehend zerstört hat. Aus diesem Grund ist er auch fast stets Bestandteil klastischer Sedimente.

Vorkommen. Die verschiedenen Glimmerarten treten in vielen Gesteinen als Haupt- oder Nebengemengteile auf. *Biotit* ist in feldspatreichen Magmatiten wie Graniten, Dioriten oder Syeniten ebenso reichlich vorhanden wie in Glimmerschiefern oder Gneisen. Gelegentlich wird er auch bei der Kontaktmetamorphose gebildet. In Sedimentgesteinen ist er wegen seiner leichten Zersetzbarkeit kaum anzutreffen. Das eisenarme Glied der Biotitgruppe, der *Phlogopit,* entsteht oft bei der Kontaktmetamorphose karbonatreicher Gesteine, in Magmatiten ist er seltener.

Muskovit kommt in Graniten als Bestandteil und vor allem in Pegmatiten und granitischen Miarolen vor. Er fehlt in den basischen Tiefengesteinen und allen Ergußgesteinen so gut wie ganz. Sehr häufig bildet sich dieses Mineral bei der thermalen Zersetzung von Feldspäten, Foiden, Andalusit, Cordierit u.a., namentlich bei Gegenwart von Fluor.

Sehr verbreitet ist Muskovit in Glimmerschiefern und Gneisen, Glimmerquarziten, Marmoren u.a. In Tonschiefern und Phylliten ist Muskovit als Hauptbestandteil sehr feinschuppig ausgebildet und zeigt seidigen Glanz. Diese Varietät nennt man Sericit, der auch als Umwandlungsprodukt in sich zersetzenden Feldspäten häufig ist (Saussurit, s.S. 131). Eine durch Chrom grün gefärbte Varietät, der *Fuchsit,* ist in metamorphen Serien nicht eben selten. *Phengit,* ein Al-armer Muskovit, ist bezeichnender Glimmer im Bereich der Glaukophan-(Blauschiefer-)Fazies. In Sandsteinen und Konglomeraten ist Muskovit ein verbreiteter Nebengemengteil, da er gegen die Verwitterung relativ beständig ist und auch lange und weite Transportwege übersteht.

Der mit Muskovit verwandte *Glaukonit* hat wegen ausgeprägter Mischkristallbildung keine ganz streng definierte Zusammensetzung. In Schüppchen oder erdiger Ausbildung ist er nicht selten ein Bestandteil bestimmter, und zwar ausschließlich mariner, Sedimente, wird hier aber nicht eben selten mit Chlorit verwechselt.

60

Paragonit ist der dem Muskovit entsprechende Na-Glimmer. Das wenig auffällige, aber keineswegs seltene Mineral findet sich in Metapeliten im Bereich der beginnenden Grünschiefer-Fazies (Pyrophyllit – Paragonit – Korund).

Margarit enthält Ca statt K und wird seiner Eigenschaften halber auch Sprödglimmer genannt; die Spaltblättchen sind leicht zerbrechlich. Er tritt in verschiedenen Metamorphiten auf.

Lepidolith scheint ausschließlich im pegmatitisch-pneumatolytischen Bildungsbereich auf; vor allem in solchen Pegmatiten, die auch andere Lithiummineralien enthalten.

Erkennungsmerkmale. Die Glimmer sind von anderen gesteinsbildenden Mineralien durch die vollkommene Spaltbarkeit und durch den Perlmuttglanz zu unterscheiden; dies und die Härte können im Gelände leicht überprüft werden. Im Gegensatz zu den biegsamen Spaltblättchen von Chlorit und Talk sind Glimmerblättchen ausgesprochen elastisch.

Die Chloritgruppe

Die Chlorite sind glimmerähnliche Mineralien von komplexer Zusammensetzung.

Ausbildung und Gestalt. Wie die Glimmer kristallisieren die Chlorite im monoklinen Kristallsystem, täuschen aber durch die äußere Gestalt ihrer sechsseitigen Tafeln eine hexagonale Symmetrie vor. Im allgemeinen bilden die unregelmäßig begrenzten Blättchen und Schüppchen fein- bis grobkörnige Aggregate. Teilweise beobachtet man auch rosetten- bis fächerartige Formen. Die Blättchen sind sehr dünn und manchmal gebogen oder gewellt.

Allgemeine Eigenschaften. Chlorit besitzt parallel zur Basis eine vollkommen ausgebildete Spaltbarkeit. Die Spaltblättchen sind hart und biegsam, aber nicht so elastisch wie die der Glimmer. Die Spaltflächen zeigen Perlmuttglanz. Die Farbe variiert von verschiedenen helleren Grüntönen bis ins Dunkelgrün. Meistens ist der Chlorit durchscheinend. Mit der Härte 2 bis 2,5 kann er gerade noch mit dem Fingernagel geritzt werden. Der Strich ist hellgrün bis weiß. Wegen starker Mischkristallbildung ist die chemische Zusammensetzung sehr variabel:

$Mg_3[(OH)_2 | Si_4O_{10}]$ «Talkschicht»
$Mg_3 (OH)_6$ «Brucitschicht»

In beiden Schichten kann Mg^{2+} durch Fe^{2+}, bei entsprechendem Wertigkeitsausgleich im Silikatanteil auch durch Al^{3+}, Fe^{3+}, Cr^{3+} ersetzt werden.

Vorkommen. Die Chlorite sind weitläufig verbreitet und kommen z.B. in allen Gesteinen vor, deren magnesium- und eisenhaltige Mineralien Biotit, Amphibole, Pyroxene durch thermale Zersetzung oder andere geologische Prozesse «chloritisiert» wurden. Viele magmatische Gesteine erlangen durch schwach metamorphe Einwirkungen eine grüne Farbe, die auf der (teilweisen) Umwandlung der Eisen-Magnesium-Silikate in Chlorit beruht. Vor allem aber sind die Chlorite wichtige Komponenten vieler metamorpher Schiefer, im Chloritschiefer sogar Hauptbestandteil. Sie stellen eine der bezeichnenden Mineralgruppen der Grünschieferfazies. In alpinen Zerrklüften überstäubt Chlorit oftmals Quarz- und Adularkristalle oder erfüllt die Zwischenräume als feiner Sand.

Schließlich gibt es sedimentäre Eisenlagerstätten, die auf den eisenreichen Chloritmineralien Chamosit und Thuringit basieren.

Die Tonmineralien

Die Tonmineralien bilden eine große Gruppe; Eigenschaften und Erkennungsmerkmale der einzelnen Tonmineralien sind makroskopisch kaum zu erfassen. Wegen ihrer geringen Größe können Einzelkristalle im allgemeinen nur mit dem Rasterelektronenmikroskop erkannt werden. Einige Eigenschaften seien stellvertretend am Beispiel des Kaolinits beschrieben.

Allgemeine Eigenschaften. Kaolinit ist ein Bestandteil der meisten Tone. Er kristallisiert in dünnen Blättchen oder Schuppen im monoklinen Kristallsystem. Die Täfelchen zeigen hexagonale Umrisse (Abb. 2-8 A) und sind biegsam, aber nicht elastisch. Kaolinit bildet, wie auch die anderen Tonmineralien, dichte, bröckelige oder mehlige Massen. Von der Farbe her sind sie an sich weiß, es kommen aber auch braune, gelbe oder graue Färbungen vor. Weder die Härte (2 bis 2,5) noch die Dichte (2,6) kann zur Bestimmung herangezogen werden. Zwischen den Fingern gerieben, fühlen sich die Tonmineralien weich, seifig oder fettig an und können so halbwegs von anderen Mineralien unterschieden werden. Im feuchten Zustand oder beim Anhauchen bemerkt man den eigentümlichen erdigen Geruch, der auch für tonhaltige Sedimente typisch ist.

Zusammensetzung. Anhand des Gitterbaus, der physikalischen Eigenschaften und der chemischen Zusammensetzung lassen sich gewisse Gruppierungen vornehmen:

Kaolinit	$Al_4[(OH)_8 \mid Si_4O_{10}]$
Montmorillonit	$(Al,Mg)_2[(OH)_2 \mid Si_4O_{10}] \cdot Na_{0,33}(H_2O)_4$
Halloysit	$Al_4[(OH)_8 \mid Si_4O_{10}] \cdot (H_2O)_4$

Zur Kaolinit-Gruppe gehört auch der Serpentin. «Illite» sind die sogenannten Hydroglimmer; das sind ehemals echte Glimmer, die im Zuge der Verwitterung Wasser in das Gitter eingebaut haben. Vermiculit ist dem Montmorillonit ähnlich, führt jedoch Fe und enthält kein Na. Zum Teil ist die Zusammensetzung der Tonmineralien, abgesehen von der Mischkristallbildung, konstant (Kaolinit), zum Teil schwankt sie sehr stark durch die Fähigkeit, das Gitter aufzuweiten und alle möglichen Stoffe aufzunehmen und auch wieder abzugeben (Montmorillonit). Diese Eigenschaft wird technisch genutzt.

Vorkommen. Tonmineralien sind sekundäre Bildungen, die durch Verwitterung oder hydrothermale Umwandlung aus Alumosilikaten aller Art hervorgehen. Obwohl man sie makroskopisch kaum unterscheiden kann, läßt sich anhand ihres jeweiligen Vorkommens eine gewisse Aussage über die Zugehörigkeit zu den verschiedenen Gruppen machen. Die häufigsten Vertreter, die Kaolinite, entstehen aus Feldspäten und Foiden. Sie kommen hauptsächlich im zersetzten Randbereich von Erzkörpern vor, in hydrothermal veränderten Magmatiten und in Böden, deren Ausgangsmaterial Glimmer und Alkalifeldspat sind. Illit erscheint in Sedimentgesteinen wie Mergeln, Tonsteinen und Schiefertonen. Montmorillonit ist zwar weit verbreitet, tritt aber nur in geringen Mengen auf. Zusammen mit anderen Tonmineralien findet er sich in Böden auf Basalten und anderen mafischen Gesteinen. Montmorillonit ist ferner Hauptbestandteil der Bentonite, die durch Zersetzung vulkanischer Tuffe und Aschen entstehen. Vermiculit bildet sich durch Verwitterung unter tropischen Bedingungen aus Biotit und kommt ebenfalls in Böden vor. Beim Erhitzen bläht er sich stark auf (technische Verwendung als Isoliermaterial).

Die Serpentin-Reihe

Die Serpentin-Reihe umfaßt drei Mineralien: Chrysotil, Lizardit und Antigorit, die sich in der Zusammensetzung kaum unterscheiden; sie ist analog dem Kaolinit: $Mg_6[(OH)_8 | Si_4O_{10}]$. Fe und Al können eingebaut werden. Antigorit hat Blätter-, Chrysotil dagegen Faserstruktur und kann daher als Asbest auftreten. Lizardit ist eine Strukturvariante zu Antigorit.

Allgemeine Eigenschaften. Die Serpentine zeichnen sich durch eine beträchtliche Vielfalt in Ausbildung und Farbe aus. Bei der asbestartigen Form sind die einzelnen Fasern biegsam und leicht voneinander zu trennen. Dichte Massen fühlen sich weich und fettig an, haben einen muscheligen bis splittrigen Bruch und sind grün, hellgelbgrün, olivgrün, dunkelgrün oder fast schwarz. Der Glanz ist fettig bis wächsern, aber auch matt oder stumpf. Die faserigen Varietäten schimmern perlmuttartig bis goldfarben. Serpentin ist durchscheinend bis nahezu opak. Die Härte liegt zwischen 2,5 und 3, scheint aber durch Verkieselung oder Überbleibsel des Ausgangsminerals oftmals höher zu sein. Die Dichte der faserigen Varietät liegt zwischen 2,2 und 2,4, die der dichten Arten zwischen 2,5 und 2,7.

Serpentin ist von Epidot und anderen ähnlich aussehenden Mineralien durch seine geringe Härte und das fettige Anfühlen zu unterscheiden.

Vorkommen. Serpentin entsteht durch Umwandlung magnesiumreicher Silikate, so der Pyroxene, der Amphibole und ganz besonders des Olivins. Diesen Vorgang kann man durch folgende Gleichung wiedergeben:

| Olivin | Wasser | Kohlendioxid | Serpentin | Magnesit |

$$4Mg_2[SiO_4] + 4H_2O + 2CO_2 \rightarrow Mg_6[(OH)_8 | Si_4O_{10}] + 2MgCO_3$$

Die Gleichung zeigt, weshalb häufig Magnesit mit Serpentin zusammen vorkommt. Die Reaktion läuft bei absteigender Metamorphose, d.h. sinkenden Temperaturen und nicht zu hohen CO_2-Partialdrücken ab. Auch durch die Einwirkung von heißen SiO_2-Lösungen auf Olivin entsteht Serpentin, die Gleichung lautet dann:

$$3Mg_2[SiO_4] + 4H_2O + SiO_2 \rightarrow Mg_6[(OH)_8 | Si_4O_{10}]$$

Serpentin tritt sowohl in kleinsten Spuren in Klüften und dergleichen, als auch in großen, anderen Gesteinsverbänden eingeschalteten Körpern auf.

Prehnit

Prehnit $Ca_2Al[(OH)_2 | AlSi_3O_{10}]$ ist ebenfalls ein sekundär entstandenes Mineral und findet sich vor allem in Drusenräumen von Basalten und anderen basischen Vulkaniten, aber auch im Bereich schwacher Metamorphose (Pumpellyit-Prehnit-Quarz-Fazies). Die Farbe ist ein auffallendes Hellgrün, manchmal auch weiß. Gut ausgebildete Kristalle, die in der Form an eine Doppelaxt erinnern, sind selten. Eng miteinander verwachsene, tafelartige Kristalle bilden spätig-kugelige Massen. Die Härte liegt zwischen 6 und 6,5, die Dichte bei 2,8 bis 3,0.

Pyrophyllit

Der monokline Pyrophyllit $Al_2[(OH)_2 | Si_4O_{10}]$ tritt als blättriges oder radialstrahliges Aggregat, oft aber auch völlig dicht wie Speckstein, in aluminiumreichen Metamorphiten auf. Die Spaltbarkeit ist vollkommen, die Spaltblättchen sind wenig biegsam und nicht elastisch. Die Härte liegt zwischen 1 und 2; die Dichte bei 2,8. Das Mineral zeigt Perlmuttglanz, die Farbe ist gewöhnlich weiß, selten hellgrün, grau oder braun. Pyrophyllit fühlt sich deutlich fettig an und ist leicht mit Talk zu verwechseln.

Talk

Allgemeine Eigenschaften. Gut ausgebildete Kristalle von Talk (monoklin) sind selten. Er kommt in derben, stark blättrig-schiefrigen Massen vor oder bildet feinschuppige, kugelige oder rosettenartige Formen. Völlig dichte Vorkommen werden Speckstein genannt. Die Spaltbarkeit parallel zur Basis ist vollkommen. Die Spaltblättchen sind jedoch nicht wie bei den «echten» Glimmern elastisch, sondern biegsam. Talk fühlt sich weich und fettig an und kann mit dem Messer geschnitten werden. Die Spaltflächen zeigen einen perlmuttartigen Glanz. Die Farbe ist weiß mit gelegentlich auftretenden hell- bis apfelgrünen, selten grau bis dunkelgrauen Farbtönen. Der Strich ist weiß. Grobblättrige Kristalle sind durchscheinend. Mit der Härte 1 bis 1,5 kann Talk sehr leicht mit dem Fingernagel geritzt werden. Die Dichte beträgt 2,7 bis 2,8. Mit Talk kann man auf Tuch schreiben. Anhand der genannten Eigenschaften kann er im Gelände leicht erkannt werden. In dichter Ausbildung ähnelt er sehr dem Sericit und noch mehr dem Pyrophyllit und kann darum nur im Labor sicher bestimmt werden. Die Formel ist $Mg_3[(OH)_2 | Si_4O_{10}]$.

Vorkommen. Talk ist ein sekundäres Mineral und entsteht aus aluminiumärmeren, magnesiumhaltigen Silikaten wie Olivin, Pyroxenen und Amphibolen unter der Einwirkung hydrothermaler Lösungen. Die Reaktion läuft nach folgender Gleichung ab:

$$\underset{\text{Enstatit}}{2Mg_2|Si_2O_6]} + \underset{\text{Wasser}}{H_2O} + \underset{\text{Kohlendioxid}}{CO_2} \rightarrow \underset{\text{Talk}}{Mg_3[(OH)_2|Si_4O_{10}]} + \underset{\text{Magnesit}}{MgCO_3}$$

Talk kommt in Pyroxeniten und Peridotiten als Umwandlungsprodukt vor, ähnlich wie Serpentin. In metamorphen Serien bildet er als Speckstein oder Talkschiefer manchmal größere Gesteinskörper. Der bekannte Speckstein von Göpfersgrün ist allerdings durch hydrothermale Vorgänge aus Dolomit entstanden. Hier finden sich die berühmten Pseudomorphosen von Speckstein nach Quarz, einer der ganz wenigen Fälle für Pseudomorphosen nach Quarz. In Talkschiefern stellt das Mineral den Hauptbestandteil.

Stilpnomelan

Das seltene, aber wichtige Mineral ähnelt Biotit, ist in eisen- und manganreichen Gesteinen zu finden und bildet sich im Bereich Grünschieferfazies. Wegen der Austauschbarkeit von K, Fe^{3+} und wechselndem O-Gehalt ist die Zusammensetzung von Stilpnomelan schwankend. Die komplizierte Formel enthält Ca, K, Fe^{3+}, Fe^{2+}, Al, Mg, H_2O im Kationenanteil. Die Spaltbarkeit des triklinen Minerals parallel zur Basisfläche ist weniger vollkommen als bei Biotit. Im rechten Winkel dazu tritt eine zweite, mäßige Spaltbarkeit dazu. Aufgrund der Sprödigkeit der Spaltblättchen kann Stilpnomelan leicht von Biotit und Chlorit unterschieden werden. Seine Farbe ist schwarz, grünlich-schwarz oder braun. Die Härte liegt zwischen 2 und 3, die Dichte bewegt sich um 2,9. Er kommt normalerweise als blätteriges, glimmerartiges Aggregat vor, manchmal auch in derben Massen. Häufig tritt er zusammen mit anderen eisenhaltigen Mineralien wie Pyrit und Magnetit auf.

KETTENSILIKATE (INOSILIKATE)

Die Inosilikate bestehen aus einer eindimensional endlosen Aneinanderreihung der Silikattetraeder. Dabei entstehen einfache Ketten wie bei den Pyroxenen, zweifache Ketten wie bei den Amphibolen oder dreifache Ketten wie bei dem Mineral Jimthompsonite (Abb. 2-2). Trotz dieser und anderer Unterschiede im Bau zeigen die Kettensilikate viele gemeinsame Eigenschaften und sind im Gelände oft schwierig auseinanderzuhalten.

Die Pyroxene

Die Glieder dieser Mineralgruppe treten vor allem in magmatischen Gesteinen auf, die Pyroxenite z. B. bestehen fast ausschließlich aus Pyroxenen. Megaskopisch sind sie in Gesteinen namentlich von den Amphibolen nicht leicht zu unterscheiden. Noch schwieriger ist es, die vielen Einzelarten dieser Gruppe auseinanderzuhalten; mit den einfachen Mitteln, die man im Gelände hat, ist das oft unmöglich. Dazu sind vielmehr optische und röntgenographische Methoden erforderlich. Wir beschränken uns auf die fünf wichtigsten Reihen bzw. Arten der Pyroxengruppe Bronzit-Hypersthen, Diopsid-Hedenbergit, Augit, Ägirin und Jadeit.

Zusammensetzung. Die Pyroxene, die man nach ihren kristallographischen Daten in die orthorhombischen Orthopyroxene und die monoklinen Klinopyroxene einteilt, bilden komplizierte und vielfältige Mischkristallreihen nach folgendem Schema:

Allgemeine Formel: $XY[Si_2O_6]$
für X können eintreten: Ca, Mn, Fe^{2+}, Mg, Na, Li

für Y können eintreten: Mg, Fe^{2+}, Mn, Fe^{3+}, Al, Cr, Ti^{3+}, Ti^{4+}
für Si können eintreten: Al, beschränkt auch Fe^{3+}, Ti^{4+}

Orthopyroxene. In dieser Gruppe – die wichtigsten Vertreter sind Bronzit und Hypersthen – kann X bzw. Y lediglich durch Mg^{2+} oder Fe^{2+} ersetzt werden; daher liegt eine relativ einfache Mischkristallreihe mit den Endgliedern Enstatit (En) $Mg_2[Si_2O_6]$ und Ferrosilit (Fs) $Fe_2[Si_2O_6]$ vor. Die meisten Orthopyroxene sind intermediärer Zusammensetzung: Bronzit En_{90-70} Fs_{10-30} und Hypersthen En_{70-50} Fs_{30-50}.

Klinopyroxene. Dazu zählen alle restlichen Pyroxenarten. Auch hier unterscheiden wir die einzelnen Glieder anhand ihrer Zusammensetzung. Diopsid hat die Formel $CaMg[Si_2O_6]$, wobei Fe^{2+} in zunehmendem Maße Mg^{2+} zu ersetzen vermag. Das Endglied ist der Hedenbergit, $CaFe[Si_2O_6]$. Am verbreitetsten ist der gesteinsbildende Gemeine Augit mit der (ungefähren) Zusammensetzung $(Ca,Na)(Mg,Fe,Al,Ti)[(Al,Si)_2O_6]$; darin sind für gewöhnlich etwa 60% Diopsidmolekül enthalten. Beim Akmit $NaFe^{3+}[Si_2O_6]$ kann Na^{1+}/Fe^{3+} durch Ca^{2+}/Mg^{2+} ausgetauscht werden; bei deutlichen Ca-Mg-Gehalten wird das Mineral dann Ägirin genannt. In Lithiumpegmatiten findet sich Spodumen $LiAl[Si_2O_6]$. Beim Jadeit $NaAl[Si_2O_6]$ ist begrenzter Ersatz von Al^{3+} durch Fe^{3+} möglich. Jadeit ist bezeichnend für die Lawsonit-Jadeit-Hochdruckfazies.

Ausbildung und Habitus. Gut ausgebildete Kristalle von Bronzit und Hypersthen sind äußerst selten, im Zweifel wird es sich also bei Kristallen meist um Klinopyroxene handeln. Die monoklinen Kristalle erscheinen gewöhnlich als kurze, dicke Prismen, die auch säulig sein können. Abb. 2-9 A zeigt ein Prisma, das von Pyramidenflächen begrenzt wird. Im Normalfall ist das Prisma m durch zusätzliche Flächen (a und b in Abb. 2-9 B) abgestumpft. Sind a und b schmal, so ist m breit. Meistens sind jedoch die beiden Flächen a und b breit, und das Prisma m schmal. Während die Längsflächen gut ausgebildet sind und hohen Glanz zeigen, können die Pyramidenflächen verkümmert sein oder gar fehlen. Der Kristall ist dann an den Enden gerundet. Selten sind mehrere Pyramiden ausgebildet. Augitkristalle zeigen oft Gestalt und Ausbildung wie in Abb. 2-9 C. Man findet sie häufig als Einsprenglinge in basischen Laven. Das wichtigste Merkmal wird von den Prismenflächen geprägt: Da sie sich beinahe rechtwinklig schneiden, erscheinen die meisten Pyroxene im Querschnitt fast quadratisch.

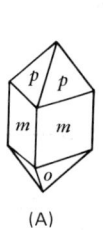 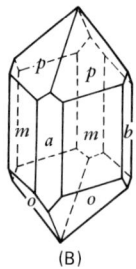 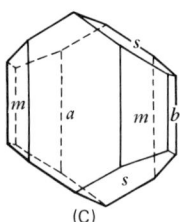

(A) (B) (C)

Abb. 2-9 Kristallbilder von Klinopyroxenen. – (A) Einfacher Kristall. (B) Kompliziertere Form. (C) Augitkristall, wie er häufig in basischen Vulkaniten zu finden ist. – m Prisma parallel c-Achse, a, b Pinakoide, p, o, s Prismen verschiedener Stellung.

Sind die beiden Flächen a und b ausgebildet, so ist der Kristall achtseitig (Abb. 2-10). Daneben kommen die Pyroxene auch als unregelmäßig begrenzte Körner vor. So findet man sie hauptsächlich in magmatischen Gesteinen wie Gabbros und Peridotiten.

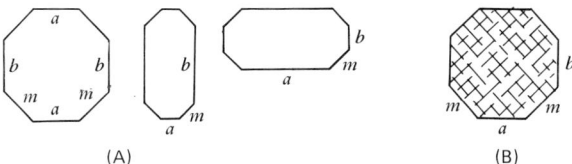

(A)   (B)

Abb. 2-10   Querschnitte durch Pyroxenkristalle. – (A) Häufig in Vulkaniten zu beobachtende Formen. (B) Querschnitt mit Spaltrissen. – Buchstaben wie in Abb. 4-9.

Spaltbarkeit und Bruch. Die Pyroxene besitzen eine gute Spaltbarkeit, die parallel zu den Prismenflächen verläuft (m in Abb. 2-10). Bei den Orthopyroxenen schneiden sich Prismen- und damit Spaltflächen unter 88°, bei den Klinopyroxenen nimmt der Winkel 87° ein. Da diese Werte nahe bei 90° liegen, stehen die Spaltflächen annähernd rechtwinklig aufeinander (Abb. 2-10 B). Durch dieses wichtige Kennzeichen können die Pyroxene von den Amphibolen unterschieden werden.

Manche Pyroxenkristalle zeigen eine Ablösung parallel zu a, die sich damit von der Spaltbarkeit nach dem Prisma unterscheidet. Sie ist häufig Folge einer Einlagerung blättriger Mineralien parallel dieser Fläche, die auch für den bronzeartigmetallischen Glanz des Bronzits verantwortlich sind. Als Folge davon erscheinen manche Augite – dann auch Diallag genannt – sowie Orthopyroxene oft fast glimmerartig lamelliert. Vor allem der Pyroxen im Gabbro ist häufig als Diallag ausgebildet. Der Bruch ist rauh und uneben.

Farbe und Glanz. Die Farbe der Pyroxene wechselt je nach Gehalt von Fe^{2+} und Fe^{3+} von weiß über grün bis schwarz. Gewöhnlicher Augit und Akmit sind fast schwarz und undurchsichtig. Bronzit und Hypersthen sind grau, gelb, braun oder grünlich-weiß und zeigen teilweise bronzeartigen Glanz (s. o.). Der weiße, apfel- oder smaragdgrüne Jadeit besitzt auf Spaltflächen Perlmuttglanz, auf Bruchflächen Glasglanz. Selten ist eine weiße Abart mit grünen Tupfen. Der Strich der meisten Pyroxene ist weiß bis schwach graugrün.

Härte und Dichte. Die Härte der Orthopyroxene, Diopside und Augite liegt zwischen 5 und 6. Manche Arten können also gerade noch mit dem Messer geritzt werden. Jadeit und Agirin liegen mit ihrer Härte zwischen 6 und 7. Die Dichte variiert von 3,2 bis 3,6.

Umwandlung. Die Pyroxene neigen dazu, in andere Mineralien überzugehen. Die Umwandlung hängt einerseits von ihrer chemischen Zusammensetzung ab, andererseits von geologischen Prozessen, denen sie unterworfen werden. Bei der Verwitterung kann die Zersetzung bis zu Karbonaten führen, bei eisenreichen Varietäten bildet sich zusätzlich Limonit.

Bei der Metamorphose gehen die Pyroxene in Chlorite oder faserig-filzige, verschieden grüngefärbte Hornblenden über. Dieser Prozeß ist geologisch sehr bedeutsam: Verschiedene Magmatite wie Basalte, Gabbros oder Peridotite werden so in chlorit- und amphibolreiche Gesteine wie Grünschiefer, Hornblendeschiefer und Amphibolit umgewandelt.

Vorkommen. Die Pyroxene kommen hauptsächlich in calcium-, eisen- und magnesiumreichen Magmatiten vor. In dunklen Gesteinen sollte man immer mit ihnen rechnen. In quarzreichen Gesteinen, wie etwa in Graniten oder in hellen Porphyren, sind sie selten vertreten.

Augit kommt mit gut ausgebildeten Kristallen in Basalten und ähnlichen Gesteinen wie Tephriten vor. In Gabbros und Peridotiten zeigt er meist xenomorphe Gestalt. Das Auftreten von Hypersthen ist bevorzugt in Gabbros zu beobachten; ferner sind Orthopyroxene wichtiger Bestandteil der außerordentlich verbreiteten Tholeiitbasalte. Ägirin kommt in Nephelinsyeniten und Phonolithen vor. Syenite und artverwandte Magmatite enthalten diopsidreiche Pyroxene.

In kontaktmetamorph veränderten Kalken und Dolomiten findet man Diopsid als idiomorphe Einsprenglinge oder als größere Mineralaggregate. Augit ist kennzeichnend für hochgradig metamorphe Gesteine, namentlich als Omphazit in Eklogit. In den Charnokiten ist Hypersthen ein charakteristisches Mineral. Da Pyroxene sehr leicht verwittern, sind sie in Sedimenten kaum anzutreffen.

Bestimmung. Bei genauer Untersuchung eines gut ausgebildeten Kristalls wird die Bestimmung als Pyroxen, bei Berücksichtigung der beschriebenen Eigenschaften, keine Schwierigkeiten bereiten. Es erweist sich auf alle Fälle als nützlich, festzustellen, ob der Querschnitt des Prismas quadratische Form besitzt. Pyroxene können mit Hornblende, Epidot oder Turmalin verwechselt werden. Turmalin fehlt die gute Spaltbarkeit, er besitzt größere Härte, höheren Glanz und einen dreiseitigprismatischen Querschnitt. Epidot weist eine vollkommene und eine schlechte Spaltbarkeit auf, die Härte (6–7) ist höher als bei den Pyroxenen. Durch einen leicht gelblichen Strich unterscheidet sich die Farbe des Epidots vom normalen Grün der Pyroxene. – Auf die Unterscheidung zwischen Pyroxenen und Hornblenden wird bei den Amphibolen eingegangen. Die einzelnen Pyroxenarten zu trennen ist schwierig. Eine sichere Bestimmung ist nur durch Laboruntersuchungen möglich.

Die Amphibole

Die Amphibole bilden eine noch größere und komplexere Familie als die Pyroxene. Wiederum kann man eine orthorhombische Gruppe, die Orthoamphibole, von einer monoklinen, den Klinoamphibolen, abtrennen. Der wesentliche chemische und strukturelle Unterschied zu den Pyroxenen besteht darin, daß man in den Amphibol-Doppelketten zusätzlich OH-Gruppen eingebaut findet. Von den zahlreichen, nur mit Labormethoden unterscheidbaren Gliedern können hier nur einige, mit halbwegs einfachen Methoden faßbare Arten, behandelt werden: Anthophyllit, Tremolit-Aktinolith, Cummingtonit, Gemeine Hornblende, Glaukophan-Riebeckit und Arfvedsonit.

Zusammensetzung. Die Summenformel für die orthorhombischen Amphibole ist einfach und lautet: $X_7[OH|Si_4O_{11}]_2$; für X können i. a. nur Mg^{2+} und Fe^{2+} eintreten. Die monoklinen Amphibole lassen sich folgendermaßen darstellen:

Allgemeine Formel: $X_2Y_7[OH \mid Si_4O_{11}]_2$
für X kann eintreten: Ca, Fe^{2+}, Mg, Na, K, Li
für Y kann eintreten: Mg, Fe^{2+}, Fe^{3+}, Al, Ti^{3+}
Si kann wie immer teilweise durch Al ersetzt sein, für OH ist häufig etwas F, gelegentlich auch O eingebaut. Je nach Gehalt an Kationen lassen sich grob unterscheiden:
Amphibole, die frei von Alkali, Aluminium und dreiwertigem Eisen sind
Amphibole, die reich an Al und Fe^{3+} sind
Amphibole, die reich an Alkalien sind.

Im Anthophyllit kann bis 30% des Mg^{2+} durch Fe^{2+} ersetzt sein. Tremolit oder Strahlstein ist $Ca_2Mg_5[OH \mid Si_4O_{11}]_2$, wobei für Mg^{2+} Fe^{2+} eintreten kann; Fe-reicher Strahlstein wird Aktinolith genannt. Cummingtonit entspricht in der Zusammensetzung dem Anthophyllit. Die Formel der Gemeinen Hornblende lautet etwa: $(Ca,Na,K)_{2-3}(Mg,Fe^{2+},Fe^{3+},Al)[(OH,F)_2 \mid (Al,Si)_2Si_6O_{22}]$. Glaukophan ist $Na_2Mg_3Al_2[(OH,F) \mid Si_4O_{11}]_2$, im Riebeckit tritt für Mg^{2+} und Al^{3+} Fe^{2+} bzw. Fe^{3+} ein. Im Arfvedsonit ist höherer Na- und Fe^{2+}-Gehalt feststellbar (kein K, sonst etwa wie Gemeine Hornblende).

Ausbildung und Habitus. Die Kristalle der orthorhombischen und der monoklinen Amphibole sind sehr ähnlich; Anthophyllitkristalle sind übrigens so selten, daß sich die Besprechung der Formen auf die monoklinen Glieder beschränken kann.

Die Kristalle sind in der Regel kurz- bis langsäulig, wobei vor allem das Prisma m und das Flächenpaar b hervortreten, die Endflächen r bzw. p sind eher selten sichtbar (Abb. 2-11 A-C). Wichtig sind die Winkel zwischen den Prismenflächen mit 54° bzw. 126°; dadurch findet sich bei allen Amphibolen ein rautenförmiger bzw., wenn b ausgebildet ist, ein sechseckiger Querschnitt. Dieser Unterschied zu den Pyroxenen wird noch dadurch unterstrichen, daß die Spaltflächen (= Prisma m) im Querschnitt ein Rautenmuster abgeben.

Hornblendekristalle mit Endflächen, die etwa Abb. 2-11 C entsprechen, findet man z.B. in Andesiten; m und b sind meist glänzend, r und p eher stumpf. Im allge-

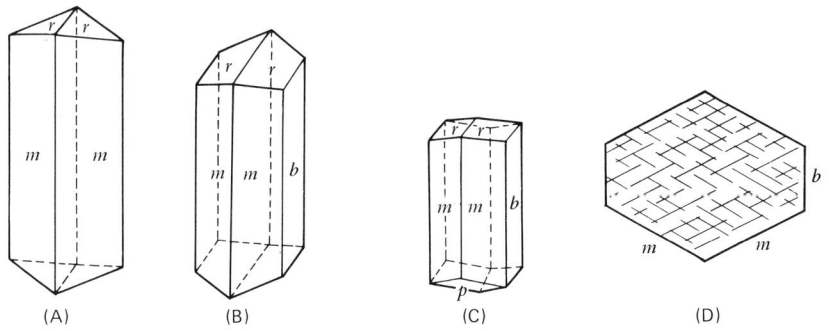

(A)   (B)   (C)   (D)

Abb. 2-11 Amphibolkristalle. – (A), (B), (C) zeigen übliche Formen. (D) Querschnitt mit Spaltrissen. – m Prisma parallel c-Achse, r Prisma parallel a-Achse, b, p Pinakoide. – Beachte den rautenförmigen oder sechseckigen Querschnitt im Vergleich zu dem achteckigen bei den Pyroxenen Abb. 2-10; dies ist ein wichtiges Unterscheidungsmerkmal.

meinen sind idiomorphe Amphibole eher selten. Üblicherweise sind sie säulig bis nadelig und ohne Endflächen entwickelt, so z.B. in Hornblendeschiefern oder in Amphiboliten, wo sie annähernd parallel angeordnet sind. Sind die Nadeln sehr klein, erscheint ein seidiger Glanz. In Strahlsteinschiefern u.ä. Gesteinen finden sich ausgeprägt langsäulige Prismen oder büschelförmige Garben (Hornblendegarbenschiefer). In Tiefengesteinen wie Dioriten treten überwiegend xenomorphe Körner auf. – Verschiedene Hornblendearten treten auch in Asbestform auf. Strahlsteinasbest wird gewöhnlich als Amiant bezeichnet. Feinfaseriger Riebeckitasbest wird als Krokydolith bezeichnet. In verkieselter Form ist er als Tigerauge ein beliebter Schmuckstein.

Spaltbarkeit und Bruch. Die Amphibole zeigen parallel zu den Prismenflächen m eine vollkommene Spaltbarkeit (Abb. 2-11 D), die Spaltflächen schneiden sich unter 54° beziehungsweise 126°. Die glänzenden tafeligen Flächen, die man auf frischen Oberflächen hornblendeführender Gesteine beobachten kann, sind in der Regel Spaltflächen. Der Bruch ist rauh und uneben.

Farbe und Glanz. Die Farbe hängt vom Fe-Gehalt ab. Tremolit ist weiß bis grau, Aktinolith hellgrün bis graugrün, gewöhnliche Hornblende dunkelgrün bis schwarz, Arfvedsonit ist schwarz, Anthophyllit und Cummingtonit sind braun. Glaukophan und Riebeckit nehmen durch ihre lavendelartige bis blauschwarze Farbe eine Sonderstellung ein. In magmatischen Gesteinen scheinen die Amphibole oft schwarz zu sein, sind aber in Wirklichkeit von einem intensiven Dunkelbraun. Während die dunkelfarbigen Varietäten undurchsichtig sind, erscheinen die hellen durchscheinend. Auf Spaltflächen zeigt sich ein heller Glas- bis Perlmuttglanz, unregelmäßige Körner sind matt. Die nadeligen, faserartigen Formen glänzen seidig. Fast metallisch wirken einige schwarze Amphibole. Der Strich ist unabhängig von der Farbe weiß, graugrün oder bräunlich, bei Glaukophan blaugrau.

Härte und Dichte. Da die Härte zwischen 5 und 6 variiert, können manche Arten mit dem Messer geritzt werden. Die Dichte ändert sich mit dem Fe-Gehalt von 3,0 bis 3,5.

Umwandlung. Die Amphibole sind ebenso unbeständig wie die Pyroxene. Je nach äußeren Einflüssen bilden sich verschiedene «grüne» Mineralien, vor allem Chlorit. Gleichzeitig können Karbonate und Quarz entstehen. Durch weitergehende Verwitterung zersetzen sie sich in Limonit, Karbonat und Quarz, so daß oft nur noch rotbraune Flecken an der Oberfläche verwitterter Gesteine das ehemalige Vorhandensein von Amphibolen anzeigen. Ein Umwandlungsvorgang ist natürlich auch die unten beschriebene Uralitisierung.

Vorkommen. Amphibole sind weit verbreitete Mineralien, die für magmatische und metamorphe Gesteine wichtige Bestandteile darstellen. Tremolit kommt in der Kontaktzone unreiner Marmore vor. In Metamorphiten zeigt er langsäulige bis faserige Ausbildung. Die langen, dünnen, als Amiant, auch als Asbest schlechthin bezeichneten Fasern sind gut spaltbar und biegsam, feuer- und säurebeständig.

Aktinolith kommt ebenfalls in metamorphen Gesteinen vor. Hierher gehören u.a. die schönen Garbenschiefer, z.B. aus den Zillertaler Alpen, es gibt aber auch monomineralische Aktinolithschiefer. «Gewöhnliche» Hornblende findet man in magmatischen sowie in metamorphen Gesteinen. In Graniten, Syeniten und Dioriten kann sie ein Neben- bis Hauptbestandteil sein. In Feldspatbasalten ist Hornblende eher selten, sie findet sich jedoch als basaltische Hornblende (Ti-haltig) in Alkalibasalten, Tephriten und den entsprechenden Tiefengesteinen.

Am meisten verbreitet sind Amphibole verschiedener Art in den Hornblendeschiefern und -gneisen und vor allem in den Amphiboliten. Namentlich hier treten Aktinolith und Gemeine Hornblende bzw. die vielfältigen Mischkristallbildungen aus beiden Mineralien in Erscheinung, jedoch auch Cummingtonit und noch andere. Arfvedsonit kommt in Nephelinsyeniten und alkalireichen Vulkaniten vor. Glaukophan ist das bezeichnende Mineral der Glaukophan- oder Blauschiefer-Fazies. Riebeckit kommt in Alkaligraniten, Natronsyeniten und dergleichen Gesteinen vor. Als asbestartiger Krokydolith wird er in Australien und Südafrika als Produkt einer präkambrischen, metamorphen, quarz- und eisenreichen Gesteinsserie abgebaut.

Anthophyllit wird bei der rückläufigen Metamorphose aus ultramafischen Magmatiten gebildet, findet sich aber auch in manchen Amphiboliten und gelegentlich als Asbest.

Unter Uralit versteht man Pseudomorphosen faseriger Amphibole nach Augit; dessen äußere Form bleibt erhalten, im Inneren besteht der «Kristall» jedoch aus asbestartiger Hornblende. Deren Zusammensetzung schwankt je nach Ausgangsmineral zwischen Aktinolith und Gemeiner Hornblende. Da Pyroxene Ca-reicher sind als Amphibole, fallen Ca-Minerale mit an. Wasser und Fluor müssen bei diesen Prozessen zugeführt werden. Oft erscheint Uralit auch auf Schieferungs- und anderen Bewegungsflächen, wenn ultramafische, pyroxenreiche Gesteine unter metamorphen Bedingungen deformiert werden.

Erkennungsmerkmale. Makroskopisch können die Amphibole mit Pyroxenen, Turmalin oder Epidot verwechselt werden. Von Turmalin und Epidot sind sie ähnlich wie die Pyroxene zu unterscheiden; ein wesentliches Erkennungsmerkmal ist die vollkommene Spaltbarkeit. Epidot und Amphibole besitzen verschiedene Farbtöne. Schwierig ist die Trennung zwischen Amphibolen und Pyroxenen, da beide Gruppen ähnliche Zusammensetzung und Eigenschaften besitzen. Es empfiehlt sich daher, folgendes sorgsam zu beachten:

Liegt ein gut ausgebildeter Kristall vor, so vergleiche man dessen Form und den Querschnitt des Prismas mit Abb. 2-10 und 2-11. Ist die Kristallform unzulänglich ausgebildet, so beachte man die Winkel zwischen den Spaltflächen: Schneiden sich die Spaltflächen beinahe rechtwinklig, so handelt es sich um ein Pyroxen, schneiden sie sich schiefwinklig, so liegt ein Amphibol vor. Weiterhin sind bei den Amphibolen die Spaltflächen vollkommener ausgebildet: Sie zeigen einen hohen Glanz, der bei den Pyroxenen selten zu beobachten ist. Während die Amphibole meist als langtafelige oder nadelartige Prismen kristallisieren, herrschen bei den Pyroxenen gedrungene Formen oder eckige Körner vor.

In feinkörnigen Magmatiten sind Pyroxene und Amphibole besonders schlecht unterscheidbar. Zwar wird es sich bei dunklen Komponenten, wenn nicht gerade der leicht erkennbare Biotit vorliegt, in der Regel um eines dieser Mineralien handeln – oder auch um beide zusammen. Man könnte dann von «Pyribolen» sprechen, doch hat sich diese Bezeichnung im Deutschen nicht eingeführt. Gewöhnlich bleibt nur die Untersuchung im Dünnschliff oder mit röntgenographischen Methoden.

Aenigmatit und Sapphirin

An die Amphibol-Gruppe schließt man zwei weitere Mineralien an, deren Struktur nicht auf normalen Doppelketten, sondern auf kompliziert verzweigten Tetraederketten beruht. Aenigmatit $Na_2Fe_5Ti[O_2 | Si_6O_{18}]$ ist triklin, hat vollkommene Spaltbarkeit wie Hornblende und tritt in undeutlichen, gar nicht so kleinen Kristallen in bestimmten Syeniten und Alkalirhyolithen auf. Sapphirin $Mg_{3,5}Al_{4,5}[O_2 | Al_{4,5}Si_{1,5}O]$, monoklin, ist dem Aenigmatit strukturell vergleichbar. Er kommt in einigen ungewöhnlichen Gesteinen vor, meist in plattigen, blauen bis grünblauen Körnern mit Härte 7,5 und einer Dichte von 3,5. Farbe und Härte, die an Sapphir erinnern, waren Anlaß für den Mineralnamen.

Wollastonit

Wollastonit $Ca[SiO_3]$ kommt in kontaktmetamorphen Kalken vor. Obwohl es sich um ein Einfach-Kettensilikat handelt, rechnet man ihn nicht zu den Pyroxenen, da die Tetraederanordnung anders entwickelt ist. Das weiße bis graue Mineral kristallisiert triklin und bricht nach zwei vollkommen ausgebildeten Spaltrichtungen in splittrige Fragmente. Die Spaltflächen zeigen Glas- bis Perlmuttglanz. Die Härte beträgt 5,5, die Dichte 2,8. Für gewöhnlich tritt Wollastonit in seidenartigen Fasern auf, seltener in tafeligen Kristallen. Er ist häufig mit Calcit, Diopsid, Tremolit, Andradit und Epidot assoziiert. Mit Tremolit kann er leicht verwechselt werden.

Rhodonit

Ein Beispiel für eines der seltenen Silikate mit Fünferketten ist der trikline Rhodonit $CaMn_4[Si_5O_{15}]$, der lichtfleischrot ist und zwei vollkommene, fast senkrecht aufeinander stehende Spaltbarkeiten aufweist. Die Härte liegt um 6, die Dichte beträgt 3,73. Normalerweise findet sich das Mineral derb; es tritt gelegentlich sedimentär, zusammen mit Mangankarbonat und Quarz, zwischen Hornsteinbänken oder Kieselschiefern auf, ferner in metamorphen Manganlagerstätten.

Chesterit und Jimthompsonit

Die «gewöhnlichen» Pyroxene und Amphibole sind seit langer Zeit bekannt. Wegen der Schwierigkeit, diese Mineralien, vor allem in feinkörnigen Gesteinen, zu erkennen, blieb bis vor kurzem eine Gruppe von Dreifach-Kettensilikaten ganz unbemerkt: erst 1975 wurden in einer aus Talk, Anthophyllit, Cummingtonit und Tremolit bestehenden Mineralgemeinschaft Chesterit $(Mg,Fe)_{17}[(OH)_6 | (Si_{10}O_{27})_2]$ und Jimthompsonit $(Mg,Fe)_5[OH | (Si_3O_8)]_2$ beobachtet. Die relativ späte Entdeckung der Dreifach-Kettensilikate deutet an, daß diese Mineralien mit einfachen Mitteln nicht von ähnlichen magnesiumhaltigen Amphibolen unterschieden werden können. Es bedeutet weiterhin, daß man in Paragenesen, wie der oben erwähnten, eventuell mit noch weiteren Mg-Amphibolen, stets aber mit der Präsenz von derartigen Dreifach-Kettensilikaten rechnen muß.

Astrophyllit

In manchen Nephelinsyeniten oder alkalireichen Graniten kann man länglich ge-
streckte Kristalle oder blätter- bis sternartige Aggregate von bronzegelbem Astro-
phyllit $(K_2,Na_2,Ca)(Fe,Mn)_4(Ti,Zr)[OH|Si_2O_7]$ beobachten. Das Mineral besitzt
eine vollkommene Spaltbarkeit, ähnlich den Glimmern; die Spaltblättchen sind
spröde. Die Härte ist 3, die Dichte 3,3. Astrophyllit ist häufig mit Ägirin und
Arfvedsonit assoziiert. Nach der Struktur steht dieses Mineral zwischen den Ketten-
und den Schichtsilikaten.

INSEL- UND GRUPPENSILIKATE (NESO- UND SOROSILIKATE)

Nur drei Mineralreihen der Insel- und Gruppensilikate sind erheblich verbreitet und
daher als Gesteinsbildner wesentlich. Von den vielen anderen ist jedoch eine ganze
Anzahl für bestimmte Paragenesen bezeichnend und daher wichtig, wenn auch
mengenmäßig zurücktretend.

Die Olivin-Reihe

Ausbildung und Gestalt. Olivin kristallisiert orthorhombisch. Gute Kristalle sind
selten, daher ist die eigentliche Kristallform weniger wichtig. In Gesteinen findet
man ihn für gewöhnlich in unregelmäßig begrenzten Körnern oder körnigen Aggregaten.

Allgemeine Eigenschaften. Olivin hat eine schlechte Spaltbarkeit, die megaskopisch nicht sichtbar ist. Der Bruch ist muschelig. Die Farbe wechselt von grün über
olivgrün zu gelbgrün, manchmal auch flaschengrün. Auf Bruchflächen beobachtet
man oft einen irisierenden Glanz. Olivin ist durchsichtig bis durchscheinend. Durch
zunehmende Oxidation seines Eisengehaltes wird er braun bis dunkelrot und
undurchsichtig. Er besitzt Glasglanz und einen gelblichen Strich. Die Härte liegt
zwischen 6,5 und 7. Durch wechselnden Eisengehalt variiert die Dichte zwischen
3,22 und 4,39.

Zusammensetzung. Olivin ist die übergeordnete Bezeichnung für die Glieder
einer lückenlosen Mischkristallreihe mit den beiden Endgliedern Forsterit
$Mg_2[SiO_4]$ und Fayalit $Fe_2[SiO_4]$, die jedoch in Gesteinen nur selten vorkommen.

Umwandlung. Bei der Verwitterung entstehen unter dem Einfluß CO_2-haltiger
Wässer Magnesit, Eisenoxid bzw. -hydroxid und Quarz. Olivin wandelt sich außerdem in Serpentin um; dieser Vorgang läuft jedoch nur unter Bedingungen absteigender Metamorphose ab (Reaktionsgleichung s. S. 63), die Verwitterung spielt dabei keine Rolle. Nebenbei bilden sich Magnesit, Calcit, Magnetit u.a.

Vorkommen. Olivin ist ein charakteristisches Mineral Eisen-Magnesium-reicher
Magmatite. Er kommt so gut wie nie in Alkalifeldspat-Gesteinen wie Graniten oder
den entsprechenden Vulkaniten vor. Mit seiner Anwesenheit ist nur in einigen wenigen Plagioklas-Gesteinen zu rechnen, zum Beispiel im Anorthosit, in dem er reich-

lich vorhanden sein kann. Vor allem aber kommt er in Olivingabbros, Olivinnoriten, Eukriten und den Olivinbasalten vor und schließlich in Ultramafititen, wie Peridotit mit zirka 70% Olivin, oder Dunit, der fast ausschließlich daraus besteht. Charakteristisch sind ferner die sogenannten Olivinknollen aus groben Kristallkörnern mit etwas Spinell u. a., die als Einschlüsse in basischen Laven bzw. als Bomben in den entsprechenden Tuffen auftreten. Man leitet sie aus dem Oberen Erdmantel her. Manchmal sind die darin enthaltenen Kristalle durchsichtig und können verschliffen werden; auch sonst kommt Olivin gelegentlich in Edelsteinqualität vor und wird dann Peridot genannt.

In thermometamorph veränderten Dolomiten kann Forsterit nach folgender Gleichung entstehen:

Dolomit	Diopsid		Forsterit		Calcit		Kohlendioxid
$CaMg[CO_3]_2$	$+ CaMg[Si_2O_6]$	$\rightarrow$	$2Mg_2[SiO_4]$	$=$	$CaCO_3$	$+$	$2CO_2$

Erkennungsmerkmale. Durch seine Ausbildung, Eigenschaften und seine Paragenese kann der Olivin meist eindeutig bestimmt werden. Verwechslung ist möglich mit grünem, durchscheinendem Pyroxen, der jedoch geringere Härte und gute Spaltbarkeit besitzt. Epidot hat zwar ähnliche Härte, unterscheidet sich jedoch durch die Spaltbarkeit. Epidot ist ein Umwandlungsprodukt anderer Silikate und oft mit Chlorit, Calcit und Quarz assoziiert. In dieser Mineralgesellschaft kann Olivin nicht vorkommen.

Die Granat-Familie

Ausbildung und Gestalt. Die Granate gehören dem kubischen System an und kristallisieren häufig in gut ausgebildeten Rhombendodekaedern oder Deltoidikositetraedern (Abb. 2-12). Durch zusätzliche Abschrägung der Rhombendodekaederkanten entstehen kompliziertere Formen. Bei unzulänglicher Ausbildung der Kristallflächen erscheinen die Granate als gerundete Körner.

Spaltbarkeit und Bruch. Granat besitzt keine Spaltbarkeit. In geschieferten Gesteinen entsteht durch Druckeinwirkung eine Art Klüftung, die eine lamellare Struktur vortäuschen kann. Das Mineral ist spröde und hat einen rauhen, unebenen Bruch. Gesteine, die einen erheblichen Gehalt an Granat aufweisen, sind meist sehr zäh.

Härte und Dichte. Die Härte liegt zwischen 6,5 und 7,5, die Dichte von Grossular ist 3,53, die von Almandin 4,32.

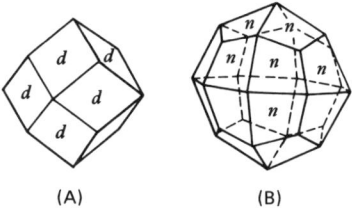

(A) (B)

Abb. 2-12 Granatkristalle. – (A) Rhombendodekaeder. (B) Deltoidikositetraeder.

Zusammensetzung. Die Summenformel lautet: $X_3Y_2[SiO_4]_3$, wobei für X zweiwertige Metalle, wie Ca, Mg, Fe, Mn, für Y dagegen dreiwertige, vor allem Al, Fe^{3+}, Cr, einzusetzen sind (es können auch noch andere Kationen auftreten). Die wichtigsten Glieder sind:

Ca-Al	Grossular	Mn-Al	Spessartin
Mg-Al	Pyrop	Ca-Fe	Andradit
Fe-Al	Almandin		

Zwischen diesen «reinen» Formen besteht zwar weitgehende, aber keineswegs beliebige oder vollständige Mischkristallbildung. Am häufigsten sind wohl Granate, die einen überwiegenden Gehalt an Almandin aufweisen.

Farbe und Glanz. Grossular ist im allgemeinen hellgrün oder gelb, manchmal gelblich- bis rötlich-braun, mittelbraun oder weiß. Pyrop ist von dunkelroter bis schwarzer Farbe. Der häufigste Granat ist der dunkelrote bis rotbraune Almandin. Andradit ist honiggelb bis schwarz und kann Grossular ähnlich sehen. Der Spessartin zeigt rote bis bräunlichrote Farbtöne. Allerdings kann von der Farbe her nicht auf die Zusammensetzung der Granate geschlossen werden. Der Glasglanz der Granate kann manchmal harzartig erscheinen.

Umwandlung. Granate sind gegenüber Verwitterungseinflüssen sehr resistent. Eisenreiche Arten sind weniger widerstandsfähig und zersetzen sich in Limonit und andere Sekundärmineralien. Unter tropischen Bedingungen verwitternder manganreicher Granat (Spessartin) kann zur Bildung großer Manganlagerstätten (Indien, Brasilien) führen.

Vorkommen. Almandin ist ein weitverbreiteter Bestandteil vieler metamorpher Gesteine. Am häufigsten findet man ihn in Granat-Glimmerschiefern und verwandten Gesteinen, wie etwa Hornblendeschiefern und Gneisen. Er kommt in manchen Granitpegmatiten vor und bildet im Granit (selten) Einsprenglinge. Als Schmuckstein verwendet man den Pyrop. Er ist wichtiger Bestandteil der Eklogite und Granatamphibolite sowie Nebengemengteil in Peridotiten und Serpentiniten, die aus eklogitähnlichen Gesteinen entstanden sind. Als sogenannter Kaprubin kommt er in den diamantführenden Kimberliten vor. Grossular entsteht durch Kontakt- oder Regionalmetamorphose in tonhaltigen Kalken, ebenso Andradit, der auch in manchen Erzkörpern, z. B. in den Skarnen, reichlich vorhanden sein kann.

Erkennungsmerkmale. Durch ihre Kristallform, ihre Ausbildung, Farbe und Härte kann man die Granate gewöhnlich gut erkennen. Um die genaue chemische Zusammensetzung in Erfahrung zu bringen, muß man jedoch spezielle quantitative Analysemethoden anwenden.

Die Epidot-Zoisit-Gruppe

Die Epidote sind aus isolierten Tetraedergruppen (Si_2O_7) und einzelnen Tetraedern (SiO_4) aufgebaut.

Ausbildung und Gestalt. Epidot kristallisiert monoklin in einer Ausbildung wie in Abb. 2-13 wiedergegeben. Im allgemeinen besitzen die Kristalle weit mehr Flächen; da gute jedoch nur in Drusen und Klüften vorkommen, spielt die Form für das

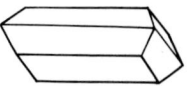

Abb. 2-13 Übliche Form eines nach der b-Achse gestreckten Epidotkristalles.

Erkennen in Gesteinen kaum eine Rolle. Die meist tafelartigen Kristalle sind entlang der Kante zwischen a und c gestreckt. Dünne, nadelartige Formen finden sich in Bündeln oder Garben, die Enden der Prismen sind dann nicht als erkennbare Flächen ausgebildet. Epidot kann auch in derben bis dichten Massen auftreten.

Allgemeine Eigenschaften. Die Spaltbarkeit parallel zur Fläche c ist vollkommen, der Bruch uneben. Das spröde Mineral besitzt die Härte 6 bis 7 und eine Dichte zwischen 3,2 und 3,5. Die grüne Farbe variiert von einem besonderen Gelbgrün über ein bezeichnendes Pistaziengrün zu oliv- bis dunkelgrün. Selten sind braune Farbtöne zu beobachten. Das Mineral zeigt Glasglanz und ist durchscheinend bis undurchsichtig. Der Strich ist fast weiß.

Zusammensetzung. Der monokline Epidot $Ca_2(Fe,Al)Al_2[O\,|\,OH\,|\,SiO_4\,|\,Si_2O_7]$ bildet mit dem ebenfalls monoklinen Klinozoisit $Ca_2Al_3[O\,|\,OH\,|\,SiO_4\,|\,Si_2O_7]$ eine Mischkristallreihe. Auch der Austausch weiterer Kationen ist möglich. Tritt Mn^{2+} ein, so entsteht violett-rosafarbener Piemontit. Durch den Austausch von Calcium durch Thorium und Seltene Erden kommt man zum Allanit, einem pechschwarzen, weiteren Glied der Epidot-Gruppe.

Vorkommen. Epidot ist das typische Mineral eines bestimmten, höheren Bereiches der Grünschieferfazies (Epidot-Amphibolit-Fazies). Er entsteht also hauptsächlich durch Umwandlung anderer Mineralien, z. B. auch bei der retrograden Metamorphose basischer Magmatite. Epidot und Zoisit entstehen ferner zusammen mit Sericit u. a. bei der «Vergrünung» bzw. Saussuritisierung von Ca-reichen Plagioklasen bei hydrothermaler Beeinflussung. Das häufigste Vorkommen wird in durch Sand, Ton und Limonit verunreinigten Kalken registriert, sofern diese regional- oder kontaktmetamorph verändert sind. Hier entsteht eine ganze Reihe von Ca-Silikaten, unter denen dem Epidot besondere Bedeutung zukommt. Dabei kann Epidot in den sogenannten Epidotfelsen fast alleine auftreten. Ansonsten spricht man von Kalksilikatfelsen oder, wenn reichlich Erzmineralien (Kiese, Magnetit, Hämatit) zugegen sind, von Skarn. Epidot erscheint auch in einigen Zerrkluft-Paragenesen.

Erkennungsmerkmale. Die gelbgrüne Farbe, die hohe Härte und die vollkommene Spaltbarkeit in einer Richtung genügen im allgemeinen, um Epidot von Olivin, Hornblende, Pyroxen und Turmalin zu unterscheiden. Manche Arten von Serpentin ähneln ihm von der Farbe, können jedoch leicht anhand der geringeren Härte erkannt werden.

Zoisit ist ein dem Epidot bzw. Klinozoisit verwandtes Mineral, jedoch orthorhombisch. Die chemische Formel ist der des Epidots analog, enthält aber sehr wenig oder gar kein Eisen. Die Symmetrie der Kristalle kann nur mit optischen Untersuchungsmethoden erkannt werden. Im Gestein ist Zoisit megaskopisch kaum zu identifizieren. Größere Kristalle sind tafel- bis prismenartig und kommen in parallel- oder radialstrahligen Aggregaten vor. Auch derbe Massen sind nicht selten. Vom eisenfreien Epidot (Klinozoisit) kann er nur durch optische und röntgenographische Untersuchungsmethoden unterschieden werden. Mn-haltiger Zoisit wird Thulit genannt. Zoisit entsteht ähnlich wie der Epidot, ist aber im ganzen seltener. Unter besonderen Umständen bildet Zoisit ein fast monomineralisches Gestein mit wenig Amphibol und großen, roten Korundkristallen (Longido, Tansania). Farbloser oder leicht grüner Zoisit ist von Klinozoisit kaum zu unterscheiden.

Die Aluminiumsilikate

Unter dem Begriff Aluminiumsilikate kann man einige Mineralien zusammenfassen, die nur Al im Kationen-Anteil aufweisen (Andalusit – Kyanit – Sillimanit) oder zusätzlich etwas Fe (Staurolith). Neben dem alleinstehenden SiO_4-Tetraeder ist im Silikatanteil auch O vorhanden; solche Verbindungen bezeichnet man als Neso-Subsilikate. Alle vier Mineralien sind charakteristisch für hochmetamorphe Serien, deren Ausgangsmaterial tonreiche Mergel waren.

Das Aluminiumsilikat $Al_2[O\,|\,SiO_4]$ ist trimorph: Andalusit, Kyanit und Sillimanit haben gleiche Zusammensetzung, aber unterschiedliche Strukturen.

Andalusit, orthorhombisch, kristallisiert in Prismen mit nahezu quadratischem Querschnitt. Stengelig-strahlige Aggregate sind häufig. Die Spaltbarkeit parallel zu den Prismenflächen ist gut entwickelt, weitere Spaltrichtungen sind undeutlich. Der Bruch ist uneben und fast muschelig. Die Farbe von Andalusit ist weiß, rosa, rot oder braun. Häufig ist er durch dunkle, organische Substanzen verunreinigt, die sich im Kristall symmetrisch anordnen. Es entsteht ein schwarzes Kreuz in einem weißen Viereck, das dann ein Erkennungsmerkmal ist; diese Varietät wird Chiastolith genannt. Dünne Splitter des spröden Minerals sind beinahe durchscheinend. Die Härte beträgt 7,5, die Dichte 3,2. Der Strich ist weiß.

Andalusit ist ein charakteristisches Mineral in der Kontaktzone größerer Granitkörper gegen Tonschiefer. Er entsteht ebenfalls bei der Regionalmetamorphose tonreicher Gesteine (s. S. 302). Gelegentlich wird Andalusit auch in Graniten beobachtet, wenn bei der Intrusion tonreiche Sedimente mitgerissen und aufgeschmolzen werden. Diese liefern dann den Al-Überschuß, der zur Bildung von Andalusit nötig ist. Andalusit ist häufig sericitisiert.

Kyanit (Disthen) ist triklin und bildet stengelig-linealförmige Kristalle mit unregelmäßig begrenzten Enden. Farblose, wirrstengelige Aggregate wurden früher als Rhätizit bezeichnet. Eine vollkommene und eine deutliche Spaltbarkeit schneiden sich unter 74°. Das weiße oder blaue Mineral zeigt manchmal einen blauen Kern, der durch einen weißen, selten durch einen grauen, grünen oder schwarzen Randbereich umsäumt wird. Kyanit ist durchsichtig bis durchscheinend, besitzt einen weißen Strich und Glas- bis Perlmuttglanz. Die Härte ist von der Richtung abhängig: während sie parallel zu den Stengeln 4 beträgt, liegt sie rechtwinklig dazu etwa bei 7, die Dichte variiert zwischen 3,56 und 3,67. Kyanit (Disthen) ist ein charakteristisches Mineral in Gneisen und Glimmerschiefern (s. S. 302). Hier tritt er zusammen mit Muskovit (manchmal in der Cr-haltigen Varietät Fuchsit) oder mit dem Na-haltigen

Paragonit auf. Häufig ist er auch mit Staurolith und Korund vergesellschaftet. In den hochmetamorphen Granuliten kommt er zusammen mit Pyroxen und Pyrop vor. Von Andalusit und anderen ähnlichen Mineralien kann er durch Ausbildung, Farbe, Dichte und durch die Richtungsabhängigkeit seiner Härte unterschieden werden.

Sillimanit, orthorhombisch, kommt in schlanken, vierseitigen Nadeln vor, die sich auch als feine Fasern subparallel einregeln oder radialstrahlige, büschelartige Prismenaggregate bilden. Er besitzt eine vollkommene Spaltbarkeit, die Härte 6–7 und eine Dichte von 3,2. Das weiße oder hellgraue Mineral zeigt Glasglanz. – Quarzreiche faserige Massen nennt man auch Faserkiesel. Sillimanit entsteht bei der Metamorphose unter höherer Temperatur und eher niedrigerem Druck als Kyanit (s. u.). Er kommt zusammen mit Muskovit, Biotit, Cordierit, Quarz und Plagioklas in Gneisen vor.

Staurolith, orthorhombisch, kristallisiert häufig in kurzen, dicken Säulen, in Gesteinen auch in feinen Nadeln. Eine typische Form ist in Abb. 2-14 A gezeigt. Die Prismenflächen m schneiden sich unter 50°40′ und werden von c flach abgeschnitten; diese Fläche ist in Gesteinen nicht zu beobachten. Die häufig auftretenden Durchkreuzungszwillinge (Abb. 2-14) gaben dem Mineral den Namen (griechisch stauros, Kreuz). Die Spaltbarkeit parallel zur Fläche b ist deutlich. Das dunkelrote, gelbbraune oder fast schwarze Mineral zeigt muscheligen Bruch. Durchscheinende Splitter sind blutrot gefärbt. Der Strich ist weiß, die Härte 7–7,5 und die Dichte 3,75. – Berühmte Stufen bilden die orientierten Verwachsungen von Staurolith mit Disthen aus dem Tessin.

Staurolith hat die «Formel» $2FeO \cdot AlOOH \cdot 4Al_2SiO_4$, wobei Fe durch Mg, sowie Al durch Fe^{3+} ersetzt werden können.

Staurolith kommt in metamorphen Gesteinen vor und ist ein charakteristischer Nebenbestandteil vieler Glimmerschiefer und Gneise, häufig zusammen mit dunkelrotem Granat.

Diese vier Aluminiumsilikate sind bezeichnend für solche Metamorphite, die aus ton- und damit Al-reichen Sedimentiten entstanden sind. Staurolith markiert etwa den Grenzbereich zwischen schwacher und mittlerer Metamorphose. Die drei Modifikationen des $Al_2[O|SiO_4]$ sind ungefähr in folgenden Druck/Temperatur-Bereichen angeordnet: Andalusit – mittlere Temperatur/niedrigerer Druck, Kyanit –

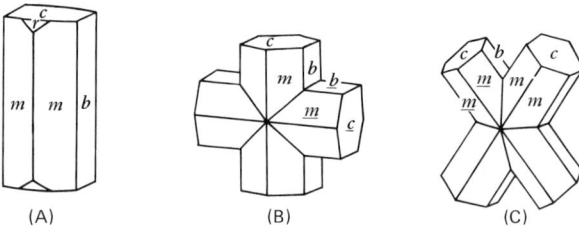

(A)   (B)   (C)

Abb. 2-14   Staurolithkristalle. – (A) Einfacher Kristall. (B) Durchkreuzungszwillinge. – m Prisma parallel c-Achse, b, c Pinakoide, r Prisma parallel b-Achse. – Vgl. Abb. 1-9 (B).

mittlere Temperatur/höherer Druck, Sillimanit – höhere Temperatur/niedriger bis hoher Druck (vgl. Abb. 6-2 A und B, S. 274, 275).

Weitere Silikate

Am Anschluß an die Alumosilikate folgen noch weitere Insel- und Gruppensilikate sowie einige Ringsilikate (Cyclosilikate), die als Nebengemengteile von Gesteinen eine Rolle spielen können. Die Anordnung folgt den Tabellen von STRUNZ.

Zirkon

Zirkon $Zr[SiO_4]$, tetragonal, ist ein weitverbreitetes, in vielen Magmatiten und Metamorphiten akzessorisch auftretendes Mineral. Die prismatischen Kristalle zeigen Diamantglanz. Der farblose, leicht braun, grün oder grau gefärbte Zirkon hat nur eine schlechte Spaltbarkeit, die Härte ist 7,5, die Dichte 4,7. Die erhebliche Verwitterungsbeständigkeit und die hohe Dichte tragen dazu bei, daß man Zirkon in klastischen Sedimentgesteinen fast immer antrifft. Auch in Fluß- und Strandsanden findet er sich (in manchen Mineralseifen sogar zur Bauwürdigkeit angereichert).

Topas

Der orthorhombische Topas $Al_2[(F,OH)_2 \mid SiO_4]$ bildet häufig prismatische Kristalle mit flächenreichen Enden. Er hat eine vollkommene Spaltbarkeit parallel der Basis, ist sehr hart (8) und spröde; der Bruch ist rauh und uneben. Die Dichte beträgt ungefähr 3,5. Die durchsichtigen, farblosen Kristalle zeigen Glasglanz. Die seltenen weißen, gelben oder braunen Varietäten sind durchscheinend. Topas gehört nicht eigentlich zu den gesteinsbildenden Mineralien. Er ist jedoch das «Leitmineral» in der pneumatolytischen Endphase erstarrender Granite und tritt vor allem in miarolithischen Hohlräumen auf, selten, jedoch manchmal reichlich, auch in Rhyolithen. Charakteristisch für diese Vorgänge ist die sogenannte Greisenbildung: man versteht darunter die Zersetzung des Nebengesteins, aber auch randlicher Partien des Plutons selbst, durch die aggressiven, fluorhaltigen fluiden Phasen. Es entstehen dabei auch Quarz, Turmalin, Glimmer und gegebenenfalls Zinnstein («Zinnsteingreisen»). Durch seine Ausbildung, Spaltbarkeit, große Härte und seine Mineralvergesellschaftung kann Topas ohne Schwierigkeiten von anderen Mineralien unterschieden werden. – Die Verwendung als Edelstein ist bekannt.

Humit-Gruppe

Die Mineralien der Humit-Gruppe, Chondrodit, Humit und Klinohumit, unterscheiden sich in ihren Eigenschaften so geringfügig, daß sie megaskopisch nicht auseinanderzuhalten sind. Anhand des (monoklinen) Chondrodits seien die Merkmale erläutert. Das Mineral findet sich nur selten in gut ausgebildeten Kristallen. Meist erscheint es in derben Massen oder in Körnern. Eine an sich schlechte Spaltbarkeit wird bisweilen in einer Richtung deutlicher. Chondrodit ist glasglänzend, spröde und hat muscheligen Bruch, die Farbe ist gelb, honiggelb, rotgelb oder bräunlich-rot, die Härte ist 6–6,5, die Dichte 3,1–3,2. Der Struktur nach ist Chondrodit dem Olivin ähnlich, er enthält jedoch zusätzlich noch F und OH: $Mg_5[(OH,F)_2|(SiO_4)_2]$. Die Formel für Humit lautet $Mg_7[(OH,F)_2|(SiO_4)_3]$, die für Klinohumit $Mg_9[(OH,F)_2|(SiO_4)_4]$. Chondrodit und die anderen Glieder dieser Reihe treten in thermometamorphen Dolomiten auf, zusammen mit Diopsid, Magnetit, Vesuvian, Spinell, Phlogopit u. a.

Titanit (Sphen)

Titanit kommt als akzessorisches Mineral in Graniten, vor allem in Nephelinsyeniten und in anderen sauren Tiefengesteinen vor. Es ist auch in Metamorphiten verbreitet. Große und schöne Sphene kommen aus den alpinen Zerrklüften. Das monokline Mineral hat die Formel $CaTi[O|SiO_4]$, Fe, Al, Y, Ce können eingebaut werden. Die Kristalle zeigen eine charakteristische keilförmige Gestalt. Der graue, braune, grüne oder schwarze Titanit hat Harzglanz und eine deutliche Spaltbarkeit. Die Härte ist 5–5,5, die Dichte 3,4–3,5. Sphen stammt aus dem Griechischen und bedeutet «Keil», denn die äußere Gestalt stellt die markanteste Eigenschaft des Minerals dar. Die eingewachsenen Kristalle hingegen weisen eine charakteristische briefkuvertartige Form auf.

Chloritoid

Der Chloritoid entsteht bei der Metamorphose eisen- und aluminiumreicher Sedimente. Die ideale Formel lautet $Fe^{2+}Al_2[(OH)_2|O|SiO_4]$, doch kann erheblich Fe^{3+} eintreten, für Fe^{2+} auch Mg (Sismondin).

Das monokline Mineral kommt selten in gut ausgebildeten Kristallen vor. Häufig sind derb-schuppige Massen oder feine Blättchen. Die Spaltbarkeit ist gut, aber nicht so vollkommen wie bei den Glimmern. Die Spaltblättchen sind spröde. Die Härte ist 6,5, die Dichte 3,5–3,8. Das gras- bis dunkelgrüne Mineral hat einen weißen Strich. Chloritoid ist oft mit Chlorit assoziiert und könnte damit verwechselt werden, unterscheidet sich jedoch durch die größere Härte. Er tritt vor allem in eisenreichen Gesteinen auf, die in der Grünschieferfazies vorliegen, und kommt häufig zusammen mit Muskovit, Chlorit, Staurolith und Granat vor.

Melilith-Gruppe

Die Melilith-Gruppe bildet eine Mischkristallreihe mit den Endgliedern Gehlenit $Ca_2(Al,Mg)[(Al,Si)_2O_7]$ und Åkermanit $Ca_2Mg[Si_2O_7]$. Melilith kristallisiert in kurzen, tetragonalen Prismen. Spaltbarkeit besteht nach der Basis, der Bruch ist muschelig. Das weiße, hellgelbe oder rotbraune Mineral hat die Härte 5 und die Dichte 2,9–3,1. Melilith entsteht bei der Metamorphose toniger Karbonate und kommt außerdem in unterkieselten (Foid-führenden) Magmatiten vor: in Nephelin-«Basalten» und Melilith-«Basalten». Über Melilitholite s. S. 168.

Axinit findet man in Drusen mancher Granite und im Kontaktbereich saurer Intrusivkörper sowie in alpinen Zerrklüften. Er gehört nicht zu den gesteinsbildenden

Mineralien und sei nur erwähnt, weil er zusammen mit Turmalin zu den häufigeren Bor-Silikaten zählt.

Im Axinit $Ca_2(Fe,Mn)|Al_2[OH|BO_3|Si_4O_{12}]$ kann noch Mg eintreten und Al durch Fe^{3+} ersetzt werden. Das trikline Mineral bildet keilförmige Kristalle mit scharfen Kanten und kommt auch derb oder körnig vor. Die Spaltbarkeit ist deutlich, die Härte 6,5-7 und die Dichte 3,3. Das braune, violette oder graue Mineral ist stark glänzend.

Lawsonit

Lawsonit $CaAl_2[(OH)_2|Si_2O_7]\cdot H_2O$ kommt zusammen mit Glaukophan in Gesteinen vor, die eine Hochdruck-Niedertemperatur-Metamorphose (s. S. 273) durchlaufen haben. Die tafeligen bis prismatischen Kristalle besitzen zwei gut ausgebildete Spaltbarkeiten. Das farblose oder gefleckte Mineral hat die Härte 8 und eine Dichte von 3,1.

Ilvait kommt vor allem in Kontaktzonen sowie in Sodalithsyeniten vor und ist dem Turmalin nicht unähnlich. Ilvait ist orthorhombisch, hat die Zusammensetzung $CaFe^{2+}Fe^{3+}[OH|O|Si_2O_7]$, zwei deutliche Spaltbarkeiten, Härte 5,5-6, eine Dichte von 4,1 und Glasglanz.

Wöhlerit mit der Zusammensetzung $Ca_2NaZr[(F,OH,O)_2|Si_2O_7]$ ist Bestandteil einiger Nephelinsyenite und entsprechender Pegmatite. Die dicktafeligen, monoklinen Kristalle sind gelb, haben die Härte 5-6, eine Dichte bei 3,4 und zeigen harzartigen Glanz.

Pumpellyit

Dieses Mineral tritt zusammen mit Prehnit und Zeolithen auf und ist von beiden schwer zu unterscheiden. In drusenartigen Hohlräumen findet man Pumpellyit zusammen mit Zeolithen. Mit Prehnit und Quarz bezeichnet er die beginnende Grünschieferfazies. Die dünnen Blättchen oder Fasern weisen eine gute Spaltbarkeit auf. Das bläulich-grüne Mineral hat die Härte 5,5 und eine Dichte von 3,2. Die chemische Zusammensetzung ist $Ca_2MgAl_3[(OH)_2|SiO_4|Si_2O_7]\cdot H_2O$.

Vesuvian

Der tetragonale Vesuvian kommt häufig in kurzen, dicken Prismen, die durch Pyramidenflächen abgeschlossen werden (Abb. 2-15), vor. Man findet ihn ferner in Körnern und derben Massen. Die Spaltbarkeit ist schlecht und kann, wenn überhaupt, nur parallel zu den Prismenflächen m beobachtet werden. Das apfelgrüne, gelbe oder braune Mineral zeigt einen rauhen, unebenen Bruch, ist durchscheinend bis durchsichtig und hat Glasglanz. Die Härte ist 6,5, die Dichte 3,4. Die Zusammensetzung ist $Ca_{10}(Mg,Fe)_2Al_4[(OH)_4|(SiO_4)_5|(Si_2O_7)_2]$.

Vesuvian findet sich verbreitet in Kalken und Dolomiten, die kontaktmetamorph verändert wurden, zusammen mit der üblichen Mineralgesellschaft derartiger Vorkommen (Grossular, Diopsid, Epidot, Chondrodit), so z.B. in karbonatischen Aus-

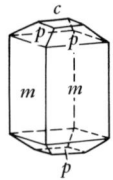

Abb. 2-15   Vesuviankristall. – m Prisma parallel c-Achse, p vierseitige Pyramide, c Basispinakoid.

würflingen am Vesuv (Name!); ferner auf einigen alpinen Zerrklüften. Vesuvian kann teilweise mit den genannten Mineralien verwechselt werden, da er diesen in Farbe und Eigenschaften ziemlich ähnlich ist. Die quadratisch-prismatische Kristallform kann jedoch als Anhaltspunkt zur Unterscheidung herangezogen werden.

Beryll

Beryll $Be_3Al_2[Si_6O_{18}]$ gehört zwar nicht direkt zu den gesteinsbildenden Mineralien, ist aber in vielen Granitpegmatiten zu finden. Die Struktur der sechsseitigen Tetraederringe spiegelt sich in den prismatischen, hexagonalen Kristallen wider. Die Spaltbarkeit ist schlecht, die Härte 7,5–8 und die Dichte 2,65–2,8. Die Farbe ist im allgemeinen blaugrün oder grün, selten auch weiß oder gelb. Die farbigen Varietäten werden, wenn durchsichtig und unzerbrochen, als Edelsteine verwendet. Sie sind unter den Namen Smaragd, Aquamarin und Morganit bekannt. Smaragd kommt in Biotitschiefern vor, die an Granitpegmatite grenzen.

Cordierit

Wenige Mineralien werden so oft verwechselt wie Cordierit $(Mg,Fe)_2Al_3[AlSi_5O_{18}]$. Er sieht dem Quarz sehr ähnlich. Im Inneren der sechsseitigen Tetraederringe kann Wasser eingelagert werden. Obwohl das Mineral dem orthorhombischen Kristallsystem angehört, bildet es gedrungene, sechsseitige, pseudohexagonale Prismen. Häufig kommt es auch in derben Massen vor. Die Spaltbarkeit ist schlecht und kann nicht zur Bestimmung herangezogen werden. Die Härte ist 7–7,5, die Dichte 2,6–2,7. Das Mineral zeigt Glasglanz. Die Farbe wechselt von verschiedenen Blautönen bis zu blaugrau. Cordierit ist weit unbeständiger als Quarz und zersetzt sich zu Sericit, Chlorit und Talk. Er kommt in vielen Gneisen vor, die durch Regionalmetamorphose aus tonreichen Sedimenten entstanden sind; typisch sind z. B. Cordierit-Sillimanit-Gneise.

Turmalin

Die Turmaline bilden eine Mischkristallreihe, die in Abhängigkeit von der jeweiligen chemischen Zusammensetzung verschiedenfarbige Varietäten bildet. Häufig sind schwarze, grüne, braune und rote Töne. Die wichtigste gesteinsbildende Varietät ist der schwarze Schörl.

82

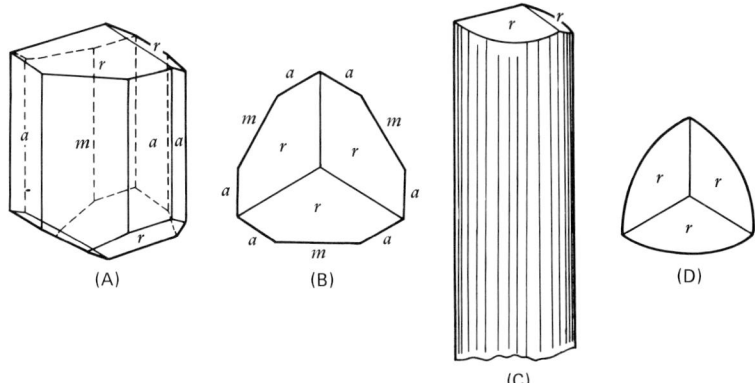

Abb. 2-16 Häufige Turmalinkristalle. – (A) Einfacher Kristall. (B) Aufsicht, sogenanntes Kopfbild. (C) Längsgestreifter Kristall. (D) Kopfbild dazu mit typischem, fast ein sphärisches Dreieck bildendem Querschnitt. – a, m dreiseitige Prismen, r dreiseitige Pyramide.

Ausbildung. Turmalin kristallisiert trigonal. Seine Prismen werden daher von drei Haupt- und zahlreichen weiteren Flächen begrenzt. Eine typische Form ist in Abb. 2-16 A dargestellt, das Kopfbild dazu in Abb. 2-16 B. Das dreiseitige Prisma mit den Flächen m wird von den Flächen a abgeschrägt und von dem Rhomboeder abgeschlossen. In gut ausgebildeten Kristallen treten noch zusätzliche Flächen auf, die zu komplizierteren Formen führen. Die Rhomboederflächen, die das Prisma oben und unten abschließen, sind ungleichwertig ausgebildet. Lange, dünne Prismen sind häufiger als kurze, dicke Formen. Im allgemeinen beobachtet man ein mehrfaches Alternieren der Flächen m und a, das den Kristall gestreift erscheinen läßt; das gleiche zeigt das Kopfbild in Abb. 2-15 C und D. Dieses im Querschnitt gerundet anmutende Dreieck ist ein sehr charakteristisches Kennzeichen für Turmalin. Man findet ihn seltener in unregelmäßig begrenzten Körnern oder in derben Massen. Die langen dünnen Nadeln bilden oft garbenartige oder radialstrahlige Aggregate (Turmalinsonnen).

Allgemeine Eigenschaften. Turmalin hat keine Spaltbarkeit. Der Bruch ist beinahe muschelig. Das spröde Mineral besitzt einen farblosen, nicht kennzeichnenden Strich. Schörl ist schwarz und zeigt Glasglanz, der manchmal auch etwas stumpf sein kann. Die Härte ist 7–7,5, die Dichte 2,9–3,2. Durch Reiben an Wolle wird der Turmalin elektrisch aufgeladen und vermag kleine Papierstückchen anzuziehen («Aschentrekker»).

Zusammensetzung. Die Turmaline bilden eine komplexe Mischkristallreihe, die man nur schematisch mit folgender Formel darstellen kann:

$$(Na,Ca)(Mg,Li,Al)_3(Al,Fe^{3+},Mn)_6[(OH,F,O)\,|\,(BO_3)_3\,|\,Si_6O_{18}]$$

Davon sind drei Glieder herausgehoben: Li-Turmalin oder Elbait, Mg-Turmalin oder Dravit und Fe-Turmalin oder Schörl. Nur letzterer ist gesteinsbildend wichtig.

Vorkommen. Turmalin tritt reichlich in Pegmatiten auf, die keineswegs immer mit granitischen Intrusivkörpern genetisch verbunden sein müssen. Er ist Nebengemengteil mancher Granite, kommt in «Greisen» und Kontaktzonen vor und in anderen Metamorphiten, bis zu selbständigen Schörlfelsen. Gelegentlich finden sich Turmaline auch auf Erzlagerstätten.

Erkennungsmerkmale. Durch die schwarze Farbe, seine Kristallform und sein Vorkommen kann der Turmalin (Schörl) normalerweise leicht erkannt werden. Von schwarzer Hornblende kann er anhand der größeren Härte, des Fehlens jeglicher Spaltbarkeit und vor allem durch den dreiseitigen Querschnitt des Prismas erkannt werden.

Eudialyt ist ein akzessorisch auftretendes Mineral, das in vielen Nephelinsyeniten und nephelinhaltigen Pegmatiten vorkommt. Die (vereinfachte) Formel lautet: $(Na,Ca,Fe)_6Zr[(OH,Cl) \mid (Si_3O_9)_2]$. Die tafeligen Kristalle sind von einer bezeichnenden kirschroten Farbe, gelegentlich treten auch rosa, rotbraune und gelbe Varietäten auf. Die Härte ist 5–5,5, die Dichte 2,9–3,0. Manchmal findet man Eudialyt mit Astrophyllit vergesellschaftet.

II. Die nichtsilikatischen Mineralien

Außer der Klasse der Silikate sind die Mineralien in folgende 7 Klassen unterteilt: Oxide und Hydroxide, Sulfide, Sulfate, Karbonate, Phosphate, Halogenide, Elemente. Wie bei den Silikaten, werden auch aus den übrigen Gruppen im großen und ganzen nur diejenigen behandelt, die als Gesteinsbildner in Frage kommen und mit gewöhnlichen Hilfsmitteln erkannt werden können.

OXIDE UND HYDROXIDE

Diese beiden Mineralgruppen faßt man der sehr engen Bezeichnungen halber zusammen.

Die Gruppe der SiO_2-Mineralien

Hierunter fallen die SiO_2-Modifikationen Quarz, Tridymit, Cristobalit, Coesit und Stishovit mit den Hochtemperaturformen Hochquarz, Hochtridymit und Hochcristobalit, sowie Kieselglas und noch weitere, z.T. nur künstliche SiO_2-Strukturtypen. Üblicherweise rechnet man auch noch den Opal $SiO_2 + H_2O$ hierher.

Quarz

Quarz ist nach Feldspat das häufigste Mineral in der oberen Erdkruste. Er ist durchwegs leicht erkennbar, obwohl er in außerordentlich vielen Varietäten, Formen und Farben auftritt.

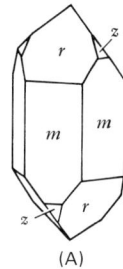 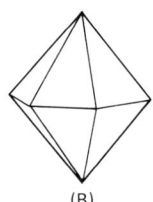

(A)   (B)

Abb. 2-17   Quarzkristalle. – (A) Gewöhnliche Form, wie sie z. B. in alpinen Zerrklüften häufig vorkommt. (B) Hochtemperaturmodifikation. – m Prisma parallel c-Achse, r, z Rhomboeder.

Ausbildung und Habitus. Quarz kristallisiert in der trigonal-trapezoedrischen Klasse des hexagonalen Systems. Er besitzt statt einer sechszähligen nur eine dreizählige Symmetrieachse. Häufig erscheint er in Form eines sechsseitigen Prismas, dessen Flächen (m in Abb. 2-17 A) parallel zur dreizähligen Achse verlaufen. Beide Enden des Prismas werden von einer Kombination aus positiven (r) und negativen (z) Rhomboedern begrenzt. An ihnen erkennt man auch deutlich die dreizählige Symmetrie. Die z-Flächen sind meist kleiner ausgebildet als die r-Flächen, manchmal sind sie gar nicht mehr erkennbar. Solche Quarze kommen sehr häufig in Gängen, alpinen Zerrklüften und dergleichen Lagerstätten vor.

Solche Flächenkombinationen sind typisch für Tiefquarze; das bedeutet, daß die Kristallisation im Bereich unter 573° C erfolgte. Tiefquarz stellt die stabile Form dar. Bei Temperaturen über 573° C findet ein geringfügiger struktureller Umbau statt und die dreizählige Achse wird zur sechszähligen: diese Modifikation bezeichnet man als Hochquarz. Anstatt der langen Prismenflächen und der Rhomboederflächen überwiegen hier sechs gleichwertige Pyramidenflächen, die den Kristall beidseitig beenden, allenfalls erscheint ein ganz kurzes Prisma (Abb. 2-17 B). Erhitzt man Tiefquarz über 573° C oder kühlt man umgekehrt Hochquarze ab, so vollzieht sich eine strukturelle Umwandlung in der Tetraederanordnung. Die Kristallflächen werden davon nicht betroffen, da man die Form eines Kristalls nicht durch Erhitzen oder Abkühlen verändern kann. Findet man jedoch in einem Gestein einen «Hochquarz», so muß man annehmen, daß sich das Gestein bei einer Temperatur über 573° C gebildet haben muß. Umgekehrt müssen Gesteine, die Tiefquarze enthalten, bei einer Temperatur unter 573° C entstanden sein. Es ist daher kaum erstaunlich, daß man die meisten Hochquarze als Einsprenglinge in Vulkaniten findet.

Hypidiomorph oder idiomorph ausgebildete Quarze sind in manchen magmatischen und pyroklastischen Gesteinen gut zu beobachten, besonders wenn sie als größere Einsprenglinge vorkommen. Im allgemeinen ist der Quarz jedoch xenomorph ausgebildet.

Zwei Formen sind zu unterscheiden: phanerokristalline und kryptokristalline Quarze. Letztere, auch mikrokristallin genannt, werden fast ausschließlich aus Lösungen ausgeschieden und füllen dann die Klüfte oder Drusen in manchen vulkani-

85

schen und sedimentären Gesteinen. Obwohl der innere Aufbau dieser dichten Varietäten auch mit dem Mikroskop nicht erkennbar ist, lassen sich faserige oder körnige Strukturen beobachten. Chalcedon (Achat) zeigt häufig eine farbige Bänderung. Eher einfarbig (rot, grün) sind die Hornsteine und die (grauen) Feuersteine; sie kommen häufig lagen- und knollenartig in Kalksteinen vor (siehe Kap. 5).

Spaltbarkeit und Bruch. Quarz hat so gut wie keine Spaltbarkeit. Der Bruch ist muschelig. Da ähnlich aussehende Mineralien meist eine gute Spaltbarkeit aufweisen, ist die Unterscheidung einfach. Feinkörnige Aggregate von Quarz zerbrechen manchmal mit unebener oder splittriger Oberfläche, meist aber gleichfalls muschelig.

Farbe und Glanz. Die Farbe von Quarz variiert von milchig weiß bis zu einem rauchigen Grau, Braun oder Schwarz, in seltenen Fällen sogar Blaugrau. Graue oder rauchfarbene Quarze kommen häufig in magmatischen Gesteinen vor, währenddessen in Sedimentgesteinen und Metamorphiten bevorzugt weiße Kristalle auftreten. Eine feste Regel gibt es allerdings nicht. Der sehr seltene schwarze Quarz kommt nur in Magmatiten vor. Die ebenfalls sehr seltenen blaugrauen Varietäten beschränken ihr Auftreten auf hochgradig metamorphe Gesteine, abgesehen von einem roten Granit aus Schweden, der auffallend blaue Quarze enthält. Farblose, durchsichtige Quarze findet man vor allem in Gängen, Klüften und Drusen, seltener in Gesteinen (abgesehen von bestimmten, frischen Vulkaniten). Das gilt ebenfalls für rosa, violette und andere seltene Varietäten, die ausschließlich in Pegmatiten und gangartigen Vorkommen auftreten. Quarz hat einen typischen glasig-fettigen Glanz. Der Strich ist weiß und bietet daher keine eindeutige Unterscheidungshilfe.

Härte und Dichte. Mit der Härte 7 kann Quarz Feldspat und Glas ritzen. Für das Taschenmesser ist er zu hart. Da sich die chemische Zusammensetzung von Quarz nur geringfügig ändern kann, liegt seine Dichte ziemlich konstant bei 2,65.

Zusammensetzung. Quarz besteht aus reinem SiO_2. Die verschiedenen Farben resultieren aus Verunreinigungen aller Art, z. T. auch aus Verwachsungen mit anderen Mineralien.

Vorkommen. Quarz ist ein so häufiges Mineral, daß er praktisch in fast allen Gesteinsarten vorkommt, mit Ausnahme der Foid-führenden Magmatite (s. S. 55) und der sehr basischen Gesteine wie Peridotit sowie deren metamorphen Äquivalenten. Gabbro, Diorit und Feldspatbasalt enthalten meist wenigstens einige Prozente Quarz. Reine Kalke sind oft quarzfrei, doch treten nicht selten Hornsteinknollen auf. – Quarz ist ein Durchläufer, er entsteht praktisch unter allen denkbaren Bedingungen (abgesehen von unterkieselten Magmen). Sehr viele Organismen bauen SiO_2, meist als Opal allerdings, in Skeletteile ein, z.B. die Radiolarien, die Kieselschwämme oder die Kieselalgen; auch als Versteinerungsmittel ist Kieselsäure verbreitet.

Tridymit, Cristobalit, Coesit und Stishovit

Tridymit und *Cristobalit* sind zwei Hochtemperaturmodifikationen des Siliziumdioxids. Es handelt sich gleichfalls um Gerüstsilikate, bei denen die Tetraederpackungen allerdings «lockerer» sind als bei Quarz, so daß Fremdkationen leichter in das Kristallgitter eingebaut werden können, z.B. Na und Al, auch Ca. Tridymit ist stabil von 870° C bis 1470° C, über dieser Temperatur dagegen Cristobalit, der seinen Schmelzpunkt bei 1723° C erreicht. Da Tridymit und Cristobalit sehr selten in reiner Form auftreten, können sie auch bei Temperaturen unter 870° C beziehungsweise 1470° C entstehen. Deswegen können sie nicht als geologisches Thermometer herangezogen werden.

Tridymit und Cristobalit kommen in sauren Vulkaniten in Hohlräumen oder auch in deren Grundmasse vor. Ihre Härte liegt zwischen 6,5 und 7. Megaskopisch sind sie untereinander und von Quarz nicht zu unterscheiden, wenn nicht einigermaßen erkennbare Kristalle vorliegen. Der hexagonale Tridymit und der kubische Cristobalit treten meist in farblosen Massen auf, Cristobalit z.B. in manchen Chalcedonen. Tridymit ist oft pseudomorph in Quarz umgewandelt.

Coesit und *Stishovit,* die sogenannten Hochdruckmodifikationen des SiO_2, wurden bisher nahezu nur in Meteorkratern als Produkte außerordentlich hoher, aber nur kurzzeitig wirkender Drücke beim Einschlag großer Meteoriten beobachtet. Den Vorgang nennt man Stoßwellenmetamorphose. Die Dichte von Coesit ist 3,01, die von Stishovit 4,18. Coesit wurde gelegentlich auch in «Eklogit»-Xenolithen in Kimberliten beobachtet. Beide Mineralien sind megaskopisch nicht erkennbar.

Kieselglas oder Lechatelierit wird in Form sogenannter Blitzröhren gefunden. Es entsteht durch Aufschmelzung von Quarz infolge von Blitzeinschlägen in Sandstein und ist amorph.

Opal $SiO_2 + H_2O$ ist im gewöhnlichen Sinne des Wortes amorph. Er besteht aus SiO_2-Kügelchen, die um 0,00003 cm Durchmesser haben und entweder «echt» amorph sind (Opal A) oder aus Cristobalit/Tridymit (Opal B) oder aus Cristobalit (Opal C) bestehen. Diese Kügelchen sind mehr oder weniger geregelt angeordnet; in den Zwischenräumen sitzt das Wasser. Die Härte schwankt um 5,5, die Dichte liegt zwischen 2,1 und 2,2. Farblos bis alle Farben, opalisierend (= Farbenspiel zeigend). Opal kommt in nierig-traubiger Form oder eingesprengt vor. Er entsteht entweder in der Spätphase vulkanischer Vorgänge (in Trachyten z.B.) oder sedimentär aus Wässern, die SiO_2 in Gelform enthalten. Skelettbildungen und Versteinerungsmittel sind oft zunächst Opal, durch Altern entsteht daraus dann Chalcedon. Von diesem ist er nicht immer ohne weiteres, von Quarz leicht zu unterscheiden.

Die Spinell-Reihe

Die (kubischen) Spinelle bilden eine Mischkristallreihe, die mit der Summenformel $X^{2+}Y^{3+}_2O_4$ beschreibbar ist; für X können Mg, Fe^{2+}, Mn, Zn, für Y dagegen Al, Fe^{3+}, Cr u.a. eintreten.

Die wichtigsten Spinelle sind:

Spinell	$MgAl_2O_4$	Al-Spinelle
Gahnit	$ZnAl_2O_4$	
Magnetit	$FeFe_2O_4$	
Franklinit	$ZnFe_2O_4$	Fe-Spinelle
Jakobsit	$MnFe_2O_4$	
Chromit	$FeCr_2O_4$	Cr-Spinelle
Picotit	$(Fe,Mg)(Al,Cr,Fe)_3O_4$	

Als Gesteinsbildner (Nebengemengteile) sind Magnetit, Spinell, Chromit und dessen Varietät Picotit wichtig, die übrigen haben nur lagerstättenkundliche oder mineralogische Bedeutung. Alle Spinelle kristallisieren kubisch, bevorzugen das Oktaeder und zeigen kaum Spaltbarkeit.

Magnetit tritt häufig in Oktaedern, Rhombendodekaedern oder in Kombinationen beider Formen auf (Abb. 2-18), gelegentlich auch in Würfeln. In Gesteinen bildet er kleine Körner. Schöne Kristalle finden sich regelmäßig in Chloritschiefern, sonst sind sie eher selten.

Allgemeine Eigenschaften. Magnetit besitzt keine Spaltbarkeit. Parallel zu den Oktaederflächen tritt jedoch eine Ablösbarkeit auf, die einer Spaltbarkeit ähnlich ist. Durch experimentelle Untersuchungen konnte man nachweisen, daß diese scheinbare Spaltbarkeit auf Druckbeanspruchung zurückzuführen ist. Der Bruch ist rauh und uneben. Magnetit ist opak, die Farbe dunkelgrau bis tiefschwarz, ebenso der Strich. Der Glanz ist stumpf metallisch. Das stark magnetische Mineral sieht in Gesteinen wie Eisen oder Stahl aus. Seine Härte ist 6, die Dichte 5,18. Die Zusammensetzung ist Fe_3O_4, es ist jedoch richtiger $Fe^{2+}Fe^{3+}_2O_4$ zu schreiben.

Vorkommen. Magnetit ist ein sehr verbreitetes Mineral. In kleinen Körnern kommt er in allen möglichen magmatischen Gesteinen vor. Mancherorts ist er in riesigen Lagerstätten angereichert und wird als das hochwertigste aller Eisenerze abgebaut. Magnetit kommt auch in kristallinen Schiefern und in kontaktmetamorph überprägten Gesteinen vor, wo er ebenfalls größere Körper bilden kann. Man findet ihn in beschränktem Maße auch in Sedimenten. Eine Verwechslung ist nur mit Ilmenit möglich.

Magnetit ist gegenüber Verwitterungseinflüssen sehr widerstandsfähig, setzt sich jedoch in feuchtem Klima zu Limonit um, unter warm-wechselfeuchten «lateritischen» Bedingungen zu Hämatit (Roterde).

Spinell $MgAl_2O_4$ ist in reiner Form Edelsteinmineral, tritt jedoch in Kontaktzonen an Karbonaten mit Diopsid, Forsterit u.a. auch als Gesteinsnebengemengteil auf. Ein Fe-haltiger Mischkristall, der Pleonast, kommt in sehr basischen Gesteinen vor und ebenfalls als Kontaktbildung. Die Härte ist 8, die Dichte schwankt um 3,5.

Chromit ist in seinen Vorkommen nahezu stets an Ultramafitite wie Peridotit und (daraus entstandene) Serpentinite gebunden und bildet auch selbständige Lagerstätten. Er ist schwarzbraun und nicht völlig opak, der Strich ist dunkelbraun, die Härte 5,5, die Dichte schwankt je nach Zusammensetzung von 4,5–4,8 (Chromit enthält meist etwas Mg).

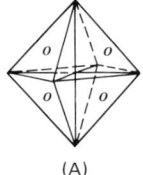
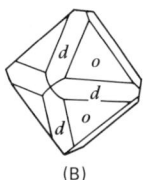

(A)   (B)

Abb. 2-18   Magnetitkristalle. – (A) Einfaches Oktaeder. (B) Oktaeder mit dem Rhombendodekaeder kombiniert.

Picotit ist charakteristischer Nebengemengteil sowohl der Ultramafitite als auch metamorpher Gesteine wie Eklogit.

Hämatit

Ausbildung. Hämatit Fe_2O_3 kristallisiert trigonal. Gut ausgebildete Kristalle in erkennbarer Größe sind in Gesteinen sehr selten, so daß die Kristallform nicht zur Erkennung herangezogen werden kann. Er kommt in drei verschiedenen Varietäten vor: als Eisenglanz, als Eisenglimmer und als gewöhnliches derbes Roteisenerz.

Eisenglanz bildet derbe Massen oder plattige Kristallgruppen von trigonalem Umriß. Die Farbe ist schwarz oder stahlgrau, mit einem Stich ins Rötliche. Das (nicht vollkommen) opake Mineral zeigt einen metallischen Glanz, der manchmal wie polierter Stahl schimmert. Auch grobkristalline Massen haben ein metallisches Aussehen. Spaltbarkeit fehlt, der Bruch ist rauh und uneben.

Eisenglimmer nennt man dünne Blättchen, die den Glimmern ähnlich sind. Sehr dünne Schüppchen sind durchscheinend und tiefrot. Der metallische Glanz ist ebenso vollkommen ausgebildet wie beim Eisenglanz.

Das gewöhnliche Roteisen ist feinkristallin bis dicht ausgebildet und erscheint in derben Massen oder körnig, glaskopfartig, auch erdig (Rötel). Der Glanz ist stumpf, die Farbe rot bis schwarz.

Allgemeine Eigenschaften. Der Strich von Hämatit wechselt von rot bis bräunlichrot. Dadurch kann man ihn am einfachsten von Magnetit (schwarz) und Limonit (braun) unterscheiden.

Nach der chemischen Zusammensetzung handelt es sich um α-Fe_2O_3. Die Härte ist 5,5–6,5. Die roten, erdigen Varietäten bilden ein feines Gemenge, dessen Härte geringer als 5,5 ist. Die Dichte von reinem Hämatit ist 5,26.

Vorkommen. Hämatit ist ein häufiges Mineral und auch das wichtigste Eisenerz. Als akzessorischer Bestandteil ist er zwar in sehr vielen Gesteinen verbreitet, allerdings in erster Linie als rot färbende Komponente. Auch die Rotfärbung farbloser Mineralien (Feldspäte!) oder bestimmter Bodenarten beruht auf Hämatit, z. T. allerdings auch auf Rubinglimmer (s. u.). Als Eisenglimmerschiefer und Itabirit (Quarz-Hämatit-Sedimentite, die nur im Präkambrium vorkommen) bildet er selbständige Gesteine. Auch «gewöhnliches» Roteisen bildet eigene Sedimente oder ist wichtiger Bestandteil von solchen (Schalstein, Eisenoolithe). Hämatit kommt schließlich in allen Arten von gangartigen Lagerstätten vor (hydrothermale Gänge, alpine Zerrklüfte), ferner in Skarn und in Metamorphiten. Er ist echter Durchläufer.

Maghemit, eine kubische, durch Oxidation von Magnetit entstandene und selbst magnetische Modifikation des Fe_2O_3 (γ-Fe_2O_3) ist, obwohl megaskopisch nicht erkennbar, der Verbreitung halber zu erwähnen.

Ilmenit

Allgemeine Eigenschaften. Die hexagonalen Ilmenitkristalle sind sehr selten megaskopisch als solche erkennbar, so daß sie bei der Bestimmung eine untergeordnete

Rolle spielen. Ilmenit kommt in unregelmäßig begrenzten Körnern oder Blättchen vor, die manchmal den hexagonalen Umriß andeuten. Das spröde Mineral besitzt keine Spaltbarkeit. Der Bruch ist muschelig. Die tiefschwarze Farbe hat in seltenen Fällen einen leicht rötlichen oder bräunlichen Anflug. Der Glanz ist metallartig. Der Strich des opaken Minerals ist schwarz bis rotbraun, die Härte 5,5–6, die Dichte 4,7. Ilmenit $FeTiO_3$ kommt selten in reiner Form vor, sondern ist häufig in wechselndem Verhältnis mit Hämatit vermengt. In einigen Fällen ist ein schwacher Magnetismus zu beobachten.

Vorkommen. Ilmenit tritt oft mit Magnetit zusammen auf und stellt ebenfalls ein weit verbreitetes, akzessorisches Mineral in magmatischen Gesteinen dar. In Gneisen und Schiefern kommt er als untergeordneter Bestandteil vor. Normalerweise kann Ilmenit von Magnetit durch megaskopische Methoden nicht unterschieden werden, es sei denn, die Körner sind so groß, daß sie sich aus dem Gesteinsverband herauslösen lassen und ihre magnetischen Eigenschaften überprüft werden können. Megaskopisch kann Ilmenit häufig in grobkörnigen Gabbros und Anorthositen beobachtet werden. In Norwegen, in den Adirondacks und in Quebec ist Ilmenit in reinen Massen angereichert und kann auf Titan abgebaut werden. Mit Magnetit zusammen bildet er z.T. riesige Erzkörper, die dann als Titanomagnetit bezeichnet werden. Ilmenit kommt ebenfalls in klastischen Sedimenten und in Mineralseifen vor.

Korund

Korund kristallisiert trigonal wie Hämatit. Er kommt oft in faßförmigen, sechsseitigen Prismen oder in sechsseitigen Täfelchen vor sowie in unregelmäßigen Körnern. Wie bei den Feldspäten kann manchmal eine polysynthetische Zwillingsbildung beobachtet werden. Korund besitzt keine Spaltbarkeit, eine zur Basisfläche parallele Ablösung kann jedoch eine vollkommen ausgebildete Spaltbarkeit vortäuschen. Parallel bestimmter Rhomboederflächen tritt eine weitere Ablösung, die auf der Zwillingslamellierung beruht, hervor. In größeren Stücken scheinen sich diese «Spaltrisse» unter rechten Winkeln zu schneiden. Korund, wie er in den Gesteinen vorkommt, ist von dunkelgrauer, blau- bis rauchig-grauer Farbe. Die seltene blaue Varietät bezeichnet man als Sapphir, die noch seltenere rote Varietät ist der Rubin. Das Mineral zeigt Glasglanz, im Gestein auch Fettglanz. Korund ist durchscheinend bis undurchsichtig. Die Härte ist 9, die Dichte 4.

Korund kommt in Magmatiten, wie etwa den Nephelinsyeniten, und in den zugehörigen Pegmatiten vor. Tafelige Kristalle findet man im Kontaktbereich mancher Magmatite, in Marmoren u.a. kristallinen Schiefern (siehe bei Zoisit). Bei der Metamorphose von Bauxit-führenden Sedimenten entsteht Smirgel, ein Gemenge von Korund und Eisenoxiden, Quarz u.a.

Perowskit mit der Zusammensetzung $CaTiO_3$ ist orthorhombisch, doch erscheinen die Kristalle äußerlich kubisch (in «Würfeln»), mit der Härte 5,5, der Dichte 4,0 und diamantartigem Glanz. In Foid-«Basalten» erscheint Perowskit als Nebengemengteil, in gewissen Magnetit-Differentiaten sogar als wesentlicher Bestandteil. Metamorph kommt das Mineral in Chloritschiefern vor.

Pyrochlor ist ein in den seltenen, aber wichtigen Karbonatiten manchmal reichlich in idiomorphen Einzelkristallen vorkommendes kubisches Mineral mit der Formel $(Na,Ca)_2(Nb,Ti,Ta)_2O_6(OH,F,O)$. Es enthält auch Uran und ist ein wichtiges Niobiumerz.

Rutil

Die tetragonalen Kristalle des Rutils zeigen häufig parallel zu den Prismenflächen eine markante Streifung. Gut ausgebildete Kristalle herrschen gegenüber derben Massen vor. Das rote bis rotbraune oder schwarze Mineral zeigt deutliche Spaltbarkeit und Diamantglanz. Die Härte ist 6–6,5, die Dichte 4,2. Von der chemischen Zusammensetzung her ist Rutil TiO_2, wobei ein beträchtlicher Fe-Gehalt möglich ist («Iserin», «Nigrin»).

Rutil ist häufiger akzessorischer Bestandteil vieler Granite, Granitpegmatite, Gneise und anderer kristalliner Schiefer. Wegen seiner Beständigkeit gegen Verwitterungseinflüsse und wegen seiner hohen Dichte ist er in Strandsanden und anderen grobkörnigen Sedimenten oftmals angereichert.

Von der Verbindung TiO_2 existieren noch zwei weitere Modifikationen, der tetragonale Anatas und der orthorhombische Brookit, die in Gesteinen keine Rolle spielen. Alle drei Mineralien werden jedoch in hervorragend schöner Form in den alpinen Zerrklüften gefunden.

Zinnstein oder Cassiterit SnO_2 gleicht in der Kristallform dem Rutil. Die Härte ist 7, die Dichte mit 7 auffallend hoch, der Glanz diamantartig. Zinnstein findet sich auf Pegmatiten und vor allem in den pneumatolytisch gebildeten «Zinnsteingreisen» zusammen mit Mineralien wie Fluorit, Turmalin, Topas, Molybdänglanz, Arsenkies, Wolframit, die man auch «Zinnsteingefolge» nennt. Zinnstein ist verwitterungsbeständig und findet sich daher reichlich in Mineralseifen. Am Gewicht und dem starken Glanz ist das Mineral leicht erkennbar.

Die Braunstein-Gruppe

Genauso wie Eisen kommt auch Mangan mit zwei verschiedenwertigen Ionen in den Mineralien vor. In Silikaten und Karbonaten ist das Mn^{2+}-Ion verbreitet; unter Verwitterungseinflüssen wird Mn^{2+} zu Mn^{4+}.

Unter «Braunstein» versteht man eine Reihe von Mangandioxiden, die alle auf der Grundformel MnO_2 basieren, infolge von Verunreinigungen bzw. Gittereinlagerungen jedoch z.T. sehr komplizierte Zusammensetzung haben. Ohne Hilfsmittel ist eine Bestimmung, die über «MnO_2» hinausgeht, kaum möglich. Alle diese Mangandioxide entstehen weitgehend im Verwitterungsbereich aus anderen Mn-Mineralien oder sedimentär, nur untergeordnet im tieftemperierten hydrothermalen Bildungsbereich.

Eine einfache definierte Verbindung stellt lediglich der tetragonale Pyrolusit MnO_2 dar, der gelegentlich in Kristallen oder pseudomorph nach Manganit (MnOOH) vorkommt. Die Härte ist theoretisch 6, meist scheinbar geringer, da die Prüfstücke zerbröckeln, die Dichte ist um 5. Farbe und Glanz sind metallisch-

schwarz, der Strich ist schwarz. Pyrolusit kommt allenthalben im Verwitterungsbereich vor und ist Hauptbestandteil der Manganknollen, die sich in Massen auf
den Tiefseeböden finden und ihre Bildung wahrscheinlich der Lebenstätigkeit pri-
mitiver Bakterien verdanken.

Die übrigen Braunsteinvarietäten faßt man als Manganomelane zusammen, hierher gehören «Psilomelan», Kryptomelan, Wad und mehrere andere. Sie enthalten
H_2O, Na, K, Ca, Ba, Pb und auch Mn^{2+} und bilden von weichen, erdigen, schwarz
abfärbenden Massen (Wad) bis zum harten, schwarzen Glaskopf (meist Kryptomelan) alle möglichen Übergänge und Formen. Der «Psilomelan» alter Sammlungen,
das «Hartmanganerz», ist meist Kryptomelan (K-haltig), unter Psilomelan versteht
man heute eine Verbindung $(Ba,H_2O)Mn_5O_{10}$, die eher selten vorkommt.

Manganomelane treten in derber und dichter Form, allenfalls radialstrahlig, auf,
häufig auch als Dendriten. Der Strich schwankt von Braun bis Schwarz und ist somit
kein absolut sicheres Unterscheidungsmittel, weder für die MnO_2-Mineralien unter
sich noch gegenüber dem oft ähnlich wirkenden Limonit.

Columbit ist der Sammelname für die Mischungsreihe Niobit $(Fe,Mn)Nb_2O_6$ und
Tantalit $(Fe,Mn)Ta_2O_6$, die in Alkaligraniten (selten) vorkommen und in Pegmatiten;
hier bilden sie ein wichtiges Erz für Niobium. Die pechglänzenden Kristalle sind an
ihrer Form – orthorhombische Täfelchen – allenfalls erkennbar.

Uraninit oder Pechblende UO_2 ist in Granit und den zugehörigen Pegmatiten allgemein verbreitet, wenn auch nur in Spuren. Die im Gegensatz zum sonst ähnlichen
Columbit kubischen Kristalle kann man an der Kristallform identifizieren. Uraninit
wird häufig in die sogenannten «Uranglimmer» umgewandelt, die z. T. mit der UV-
Lampe in Graniten, aber auch Sandsteinen usw. sichtbar gemacht werden können.
Die Uranmineralien, bzw. Gehalte an solchen in Gesteinen, sind mit Hilfe eines einfachen Geigerzählers leicht aufzuspüren.

Limonit, Goethit und Rubinglimmer

Lange Zeit nahm man an, daß es sich bei Limonit um ein Gemenge aus amorphem,
kolloidalem Eisenhydroxid, Quarz und anderen feinstkörnigen Mineralien handelt.
Durch röntgenographische Untersuchungen konnte festgestellt werden, daß es sich
hauptsächlich um mikrokristallinen Goethit α-FeOOH handelt, amorphes «Sidero-
gel» ist nur ganz untergeordnet enthalten. Verschiedene Analysen von Limonit zeig-
ten aber, daß der Wassergehalt höher ist als er von der Formel des Goethits
($= 10,1\%$) her anzunehmen wäre; vermutlich wird das zusätzliche Wasser durch Kapillarkräfte im Porenraum zwischen den mikrokristallinen Körnern festgehalten.
Weiterhin können Mineralien, wie etwa Hämatit, und andere Eisenoxide zugegen
sein. Deswegen verwendet man herkömmlich den allgemeinen Namen Limonit – es
sei denn, man beobachtet reinen Goethit in typischer faseriger Ausbildung – im Sinne eines auch Brauneisen genannten Gemenges.

Limonit kommt häufig als Belag auf Gesteinsoberflächen vor oder in derben und
erdigen Massen, nieren- oder traubenförmig und auch in Konkretionen. Der Glanz
ist im allgemeinen stumpf und erdig. Kompakte Formen zeigen seidigen bis metal-

lisch anmutenden Glanz. Das gelbliche bis dunkelbraune Mineral hat einen gelb-braunen Strich, nieren- und traubenförmige Konkretionen haben oft eine lackartige Oberfläche. Durch den hellgelbbraunen Strich kann man Limonit bestens von ähn-lich aussehendem Hämatit unterscheiden.

Goethit und Rubinglimmer. Limonit besteht also überwiegend aus dem orthorhombischen Goethit oder Nadeleisenerz α-FeOOH mit diamantartigem Glanz, braunem Strich, Härte 5,5 und Dichte um 4, enthält aber untergeordnet auch Lepidokrokit oder Rubinglimmer γ-FeOOH, der zwar ebenfalls orthorhombisch ist, aber von anderer Struktur.

Limonit ist nicht nur Bestandteil (braunfärbend!) zahlreicher Gesteine, sondern bildet auch selbständige Sedimente wie Brauneisenoolithe, Raseneisenerz usw. In Verwitterungsbildungen aller Art findet sich Limonit überall da, wo irgendwelche Fe-Mineralien vorhanden sind (Eiserner Hut, Böden usw.).

Gibbsit und Diaspor

Unter tropischen Bedingungen entstandene, sehr aluminiumreiche Residual-sedimente bezeichnet man als Bauxite. Die Hauptbestandteile sind Gibbsit Al(OH)$_3$ und Diaspor α-AlOOH, ferner Böhmit γ-AlOOH. Keines dieser Mine-ralien tritt für gewöhnlich in größeren, gut ausgebildeten Kristallen auf. Dia-spor kommt manchmal als blättriges Aggregat oder in dünntafeligen Kristallen zusammen mit Korund vor. Meistens ist er jedoch erdig oder bildet tonartige, auch pisolithische Massen. Beide Mineralien sind weiß, gelb, rot oder grau und besitzen die Härte 1–3. Pisolithische Ausbildung ist ein guter Hinweis, auf keinen Fall aber kennzeichnend für Gibbsit und Diaspor. Vermutet man eines oder beide dieser Mineralien, so sind zur sicheren Bestimmung Laboruntersuchungen not-wendig.

Brucit Mg(OH)$_2$ kommt zusammen mit Serpentin und in kontaktmetamorph ver-änderten Karbonatgesteinen vor. Das Mineral tritt meist derbblättrig, auch faserig auf und wird dem Talk sehr ähnlich.

SULFIDE

Pyrit und Magnetkies, die beiden wichtigsten Eisensulfide, sind in vielen Gesteinen verbreitet. Kupferkies trifft man in verschiedenen magmatischen und metamorphen Gesteinen an. Die restlichen Sulfidmineralien findet man gewöhnlich nur in Mine-rallagerstätten.

Pyrit

Pyrit ist das häufigste Sulfid. Da er als Durchläufer in allen Gesteinen vorkommen kann, muß stets mit seiner Gegenwart gerechnet werden. Pyrit kristallisiert in verschiedenen Formen, auch eingesprengt oder in derben Massen. Am verbreitetsten sind der Würfel und das Pentagondodekaeder (Pyritoeder, Abb. 2-19 A) sowie Kombinationen beider. Vielfacher Wechsel zwischen Würfel und Pentagondodekaeder verursacht auf den Würfelflächen eine charakteristische Streifung (Abb. 2-19 C). Oktaeder sind seltener und häufig mit dem Pentagondodekaeder kombiniert (Abb. 2-19 D). Auf die vielen weiteren, komplizierten Formen kann hier nicht eingegangen werden.

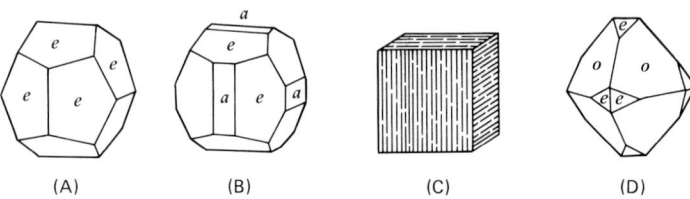

Abb. 2-19   Pyritkristalle. – (A) Pentagondodekaeder (Pyritoeder). (B) Pentagondodekaeder mit dem Würfel kombiniert. (C) Würfel mit charakteristischer Streifung. (D) Oktaeder mit dem Pentagondodekaeder kombiniert.

Allgemeine Eigenschaften: Pyrit FeS_2 hat keine Spaltbarkeit. Das messinggelbe Mineral zeigt lebhaften Metallglanz, der durch Oxidation braun oder matt wird, ist opak und hat einen braun- bis grünlich-schwarzen Strich. Für ein Sulfid besitzt er die ungewöhnlich hohe Härte von 6–6,5. Die Dichte beträgt 5. Durch die Farbe und die Kristallform kann man Pyrit normalerweise sehr gut von anderen Mineralien unterscheiden, durch die Härte auch von Magnetkies und Kupferkies; letzterer zeigt oft als Anzeichen für Kupfer bunte Anlauffarben und kann, wie Magnetkies, leicht mit dem Messer geritzt werden. Magnetkies hat außerdem einen bronzeartigen Farbton und ist schwach magnetisch.

Vorkommen: Pyrit kann unter vielen Bildungsbereichen entstehen. In fast allen Gesteinen findet man ihn feinverteilt als akzessorischen Bestandteil. Die größeren Massen findet man in Erzlagerstätten verschiedener Art, besonders in den oft riesigen, selbständigen Kieslagern, deren Entstehung nicht völlig geklärt ist. In Magmatiten kommt Pyrit meist in kleinen Einsprenglingen vor. In Sedimenten ist er manchmal Versteinerungsmittel, knollenartige Konkretionen in Kohleflözen bestehen zum Teil aus Markasit.

Markasit. Die rhombische Modifikation des FeS_2 tritt häufig in radialstrahligen Aggregaten auf oder in tafeligen oder lanzenartigen Kristallen, die durch intensive Verzwilligung hahnenkammartige Formen bilden. Seine Härte ist 6–6,5, die Dichte 4,89. Der schwach bronzefarbene Markasit erscheint auf frischen Bruchstellen etwas heller als Pyrit, ist opak und hat einen grau-schwarzen Strich. Mit dem viel häufiger vorkommenden Pyrit ist Markasit leicht zu verwechseln. Oft findet man ihn in Konkretionen in Tonen und Schiefertonen sowie als Versteinerungsmittel, jedoch sind viele dieser «Markasite» in Wahrheit Pyrit. Markasit oxidiert leichter zu FeOOH als die stabilere Modifikation Pyrit, nicht selten unter Bildung von Schwefelsäure, Alaun und dergleichen.

Magnetkies (Pyrrhotin)

Die Zusammensetzung von Magnetkies wechselt zwischen FeS und $Fe_{11}S_{12}$. Häufig treten xenomorph ausgebildete Kristalle akzessorisch im Gestein auf. In Erzlagerstätten sind bisweilen große Massen angereichert. Auf frischen Bruchstücken ist die bronzebraune Farbe gut zu beobachten. Sie stellt ein gutes Unterscheidungsmerkmal zu Pyrit und Markasit dar. Allerdings ist auf oxidierten Flächen ein irisierendes Farbenspiel zu beobachten, das die Untersuchung erschwert.

Das Mineral hat Metallglanz, schwarzen Strich und ist opak. Die Dichte beträgt 4,6. Mit Härte 4 ist Magnetkies weicher als Pyrit. Die magnetischen Eigenschaften sind variabel und, je höher der Schwefelgehalt, desto deutlicher. In basischen Tiefengesteinen, vornehmlich in Gabbro, ist Magnetkies häufiger Nebengemengteil. Er tritt ferner in kontaktmetamorphen Bereichen (Skarn) und in vielen anderen Erzkörpern auf.

Kupferkies (Chalkopyrit)

Kupferkies $CuFeS_2$ ist das am weitesten verbreitete Kupfermineral. Gut ausgebildete Kristalle sind selten. Häufig findet man derbe Massen des messinggelben Minerals. Durch die bronzefarbenen, auch bunten Anlauffarben kann Kupferkies mit Magnetkies und Pyrit verwechselt werden. Der Strich ist grünlich-schwarz, die Härte 3,5–4 und die Dichte 4,2. Kupferkies erkennt man durch die messinggelbe Farbe auf frischen Bruchflächen, durch die geringe Härte, durch den Strich und fehlenden Magnetismus. Kupferkies kommt akzessorisch in basischen Magmatiten und vielen Schiefern vor. Häufig findet man ihn in hydrothermalen Gängen und anderen Kupferlagerstätten, besonders aber in den sogenannten disseminated porphyry copper ores (= feinverteilte Kupfererze in grobkörnig-porphyrischen Magmatiten).

Weitere Sulfide

Als Erzmineralien, die aber gelegentlich auch akzessorisch in Gesteinen vorkommen, seien noch einige weitere, meist leicht erkennbare Sulfide genannt.

Arsenkies (Arsenopyrit) FeAsS, monoklin, kristallisiert in prismatischen pseudorhombischen Kristallen. Die Spaltbarkeit ist schlecht ausgebildet oder fehlt. Das silberweiße, opake Mineral besitzt einen schwarzen Strich und zeigt Metallglanz. Die Härte ist 5,5–6, die Dichte 6,1. Beim Zermahlen oder Zerklopfen des Minerals macht sich ein bezeichnender knoblauchartiger Geruch bemerkbar. Arsenkies findet man im Bereich kontaktmetamorpher Gesteine, in Pegmatiten und verschiedenen Erzlagerstätten. Hier ist er häufig mit Zinn- und Wolframmineralien assoziiert, aber auch mit Gold.

Bornit Cu_5FeS_4 ist ein derb auftretendes Kupfermineral, das in Erzlagerstätten vorkommt, gelegentlich aber auch in Magmatiten. Bornit hat nur Härte 3 und keine Spaltbarkeit; charakteristisch sind die sehr bunten Anlauffarben (Buntkupferkies!). Im frischen Bruch ist das Mineral kupfer- bis bronzefarben, der Strich ist grauschwarz. Bornit ist nicht magnetisch (Unterschied zu Pyrrhotin).

Kupferglanz. Unter dieser Bezeichnung begreift man verschiedene Mineralien, wie Chalcosin Cu_2S und Digenit Cu_9S_5, die ohne aufwendige Untersuchungen kaum unterscheidbar sind. Gut entwickelte Kristalle sind selten. Kupferglanz ist im allgemeinen lichtgrau und metallisch glänzend, Digenit im frischen Bruch bläulich, aber rasch dunkel anlaufend. Der Strich ist grauschwarz und metallisch glänzend. Die Härte ist 2,5–3 (schneidbar!), die Dichte 5,7–5,8. Kupferglanz ist ein wichtiges Kupfererz, vor allem in den porphyry copper ores.

Kupferindig (Covellin) CuS ist vorwiegend derb ausgebildet. Auf Kupfererzen findet man oft Beschläge dieses indigoblauen Minerals. Die Spaltbarkeit ist vollkommen, der Strich bleigrau. Covellin besitzt die Härte 1,5–2 und kann, trotz charakteristischen Aussehens mit Bornit verwechselt werden.

Bleiglanz PbS ist das wichtigste Bleimineral. Parallel zu den Würfelflächen der meist gut ausgebildeten Kristalle ist die Spaltbarkeit vollkommen, es entstehen die für Bleiglanz charakteristischen würfeligen Spaltkörper. Die Härte ist 2,5, die Dichte 7,4–7,6. Farbe und Strich sind von einem metallisch glänzenden Grau. Bleiglanz findet man in hydrothermalen Gängen und vielen anderen Erzlagerstätten. Für gewöhnlich tritt er zusammen mit Zinkblende auf, gelegentlich auch mit Pyrit und Kupferkies.

Molybdänglanz MoS_2 kristallisiert in hexagonalen Blättchen. Man findet ihn akzessorisch in Graniten und Pegmatiten, gelegentlich auch angereichert zu Lagerstätten. Das bleigraue Mineral ist opak und zeigt Metallglanz. Der Strich ist grauschwarz, die Härte 1–1,5 und die Dichte 4,6–4,7. Die vollkommene Spaltbarkeit liefert biegsame Blättchen. Vom ähnlichen Graphit unterscheidet sich Molybdänglanz durch die höhere Dichte und eventuell durch einen grünlichen Ton der Strichfarbe.

Zinkblende ZnS ist das bedeutendste Zinkerz. Die tetraedrischen Kristalle sind sehr formenreich und oft verzwillingt. Derbe Massen sind häufig. Die Spaltbarkeit ist vollkommen, die Härte 3,5–4, die Dichte 3,9–4,1. Das durchsichtige bis durchscheinende Mineral zeigt typischen Blendeglanz und ist normalerweise braun. Es können aber auch gelbe oder schwarze und manchmal rote oder grüne Farbtöne beobachtet werden. Der Strich ist weiß bis mattbraun. Zinkblende wird durch den Glanz, die Härte und die Spaltbarkeit von anderen Mineralien unterschieden. Zinkblende bildet mit Bleiglanz zusammen häufig eigene Lagerstätten. Beide kommen gelegentlich auch als sedimentäre Bildungen vor.

Fahlerz $Cu_{12}(Sb,As)_4S_{13}$ bildet eine Mischkristallreihe zwischen den Antimon- und den Arsenendgliedern. Kupfer kann auch durch Eisen, Zink, Silber und Quecksilber ersetzt werden. Fahlerz ist ein häufiges und wichtiges Erzmineral, das in vielen Erzlagerstätten zu finden ist. Die Kristalle sind tetraedrisch ausgebildet, üblich sind derbe Massen und Aggregate. Fahlerz ist opak, von grauschwarzer Farbe, hat einen schwarzen bis braunen Strich, Metallglanz und keine Spaltbarkeit. Die Härte ist 3,0–4,5, die Dichte 4,6–5,1. Das wichtigste Kennzeichen liegt in der Kristallform. Zur Bestimmung können der «fahle» Glanz, Farbe und Strich hinzugezogen werden.

Unter den vielen Karbonatmineralien sind nur Calcit und Dolomit weit verbreitet, einige andere treten als Nebengemengteile auf (Siderit, Magnesit, Ankerit, Aragonit) oder bilden nur ausnahmsweise Gesteine (Rhodochrosit). Von allen übrigen sind mehrere als Erze (Galmei, Cerussit, Malachit, Azurit z.B.) oder überhaupt nur mineralogisch interessant. Man kann drei Reihen ausgliedern:

1. Die Calcit-Reihe, trigonal-skalenoedrisch
   Calcit $CaCO_3$, Magnesit $MgCO_3$, Siderit $FeCO_3$, Rhodochrosit $MnCO_3$, Smithsonit $ZnCO_3$
2. Die Dolomit-Reihe, trigonal-rhomboedrisch
   Dolomit $CaMg[CO_3]_2$, Ankerit $CaFe[CO_3]_2$
3. Die Aragonit-Reihe, orthorhombisch
   Aragonit $CaCO_3$, Strontianit $SrCO_3$, Witherit $BaCO_3$, Cerussit $PbCO_3$.

Innerhalb der Reihen ist Mischkristallbildung möglich, jedoch keineswegs unbeschränkt. Calcit und Aragonit sind polymorphe Modifikationen von $CaCO_3$.

Calcit

Ausbildung. Calcit erscheint häufig in großen, gut ausgebildeten Kristallen, die einen außerordentlichen Formenreichtum aufweisen. So zeigt die Abb. 2-20 A ein flaches Rhomboeder, B das sogenannte Spalt- oder Einheitsrhomboeder. Das kurze Prisma wird (Abb. 2-20 C) von sechs Prismenflächen begrenzt und von Rhomboederflächen abgeschlossen. In Abb. 2-20 D sind lediglich die Prismenflächen m län-

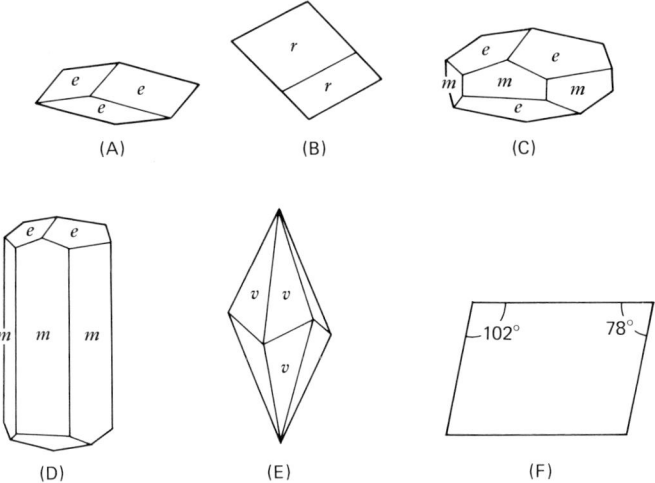

Abb. 2-20   Übliche Formen bei Calcitkristallen. – (A) Flaches Rhomboeder. (B) Spaltrhomboeder, als «gewachsene» Form relativ selten. (C) Flaches Rhomboeder kombiniert mit kurzem Prisma, (D) dasselbe mit langem Prisma. (E) Skalenoeder. (F) Aufsicht auf eine Spaltfläche.

ger ausgebildet. Eine spitzwinklig zulaufende Form hat das Skalenoeder (Abb. 2-20 E). Alle diese Kristallformen sind an Calcitkristallen in Drusen, Geoden, Klüften und Gängen häufig zu beobachten, denn Calcit kommt überall da vor, wo gesättigte Calciumkarbonatlösungen zirkulieren können. Der gesteinsbildende Calcit ist derb: in Marmor meist grobspätig, in normalem Kalkstein dicht und feinkörnig. Als «Kreide» liegt er als locker-pulvriges Material vor. Im Travertin ist eine schwammartig poröse Struktur zu beobachten. Tropfsteine in Höhlen (Stalagmiten und Stalaktiten) zeigen glatte, gerundete Oberflächen und eine konzentrisch-radialstrahlige Struktur. Seltener sind faserige Varietäten. Sehr häufig ist Calcit Versteinerungsmittel.

Spaltbarkeit. Calcit besitzt eine vollkommene Spaltbarkeit nach dem Rhomboeder r (Abb. 2-20 B). Natürlich läßt sich diese Spaltbarkeit am besten an isolierten Einzelkristallen beobachten. Aber auch auf Bruchflächen grobspätiger Kalke, wie etwa der Marmore und ähnlicher Gesteine, sowie in mächtigeren Calcitadern kommt die sehr gute Spaltbarkeit deutlich zur Geltung (Abb. 1-7 B). Die Winkel auf der Fläche eines Spaltrhomboeders (Abb. 2-20 F) betragen 78° bzw. 102°.

Allgemeine Eigenschaften. Calcit hat die Härte 3 und kann daher leicht mit dem Messer geritzt werden. Die Dichte beträgt 2,71. Im allgemeinen ist Calcit farblos oder weiß. Durch beigemengte Verunreinigungen können die verschiedensten Farbtöne zustandekommen. Rötliche bis gelbe Farben stammen von Eisenoxiden, schwarze oder graue werden durch organische Substanzen oder Pyrit verursacht. Je nach Art der Verunreinigung sind auch grüne, violette oder blaue Varietäten möglich. Calcit ist durchsichtig, durchscheinend oder undurchsichtig. Der Strich ist weiß bis grau. Gut ausgebildete Kristalle zeigen Glasglanz, derbe Varietäten sind schimmernd bis matt. Eine der auffälligsten Erscheinungen im Mineralreich ist die hohe Doppelbrechung des Calcits: durch ein klares Spaltrhomboeder sieht man eine untergelegte Schrift deutlich verdoppelt. Calcit reagiert schon mit kalter, verdünnter Salzsäure unter heftigem Aufschäumen. Da Dolomit nur in feingepulverter Form mit kalter Salzsäure braust, kann dieser Test zur Unterscheidung herangezogen werden.

Vorkommen. Calcit ist, bezogen auf den obersten Teil der Erdkruste, eines der häufigsten und am weitest verbreiteten Mineralien. In Magmatiten kann er unter dem Einfluß CO_2-haltiger Lösungen aus Ca-Silikaten gebildet werden und findet sich dann in Porenhohlräumen, jedoch in so feiner Verteilung, daß er nur mit Hilfe der Säureprobe nachweisbar ist. Die (seltenen) Carbonatite sind magmatische Gesteine, die fast ganz aus Calcit bestehen. Sehr verbreitet ist er im hydrothermalen Bildungsbereich bis hin zu Drusenfüllungen in Ergußgesteinen (Isländischer Doppelspat!), hier häufig zusammen mit Zeolithen. Ferner findet sich Calcit auf den alpinen Zerrklüften.

In Sedimenten spielt der Calcit eine noch weitaus größere Rolle. Er kann selbst Gesteinsbildner sein, z.B. in Kalken, tonigen Kalken oder Mergeln, in Seekreide oder Löß usw., oder als Zement andere Mineral- bzw. Gesteinskomponenten verbinden, z.B. in Quarzsandsteinen oder Konglomeraten. Schließlich tritt Calcit als Sinter und Tropfstein, als Travertin und Kalktuff und, außerordentlich verbreitet, als Füllung von Gesteinsklüften aller Art auf.

Unter den metamorphen Gesteinen bildet Calcit die Marmore bzw. ist wichtiger Bestandteil von Kalksilikatfelsen, Kalkphylliten und Kalkglimmerschiefern.

Erkennungsmerkmale. Die grobspätigen Varietäten von Calcit können anhand der Härte und der Form der Spaltrhomboeder leicht erkannt werden. Zur Sicherheit kann man immer noch die Säureprobe machen. Weitere Unterscheidungsmerkmale zum ähnlichen Dolomit werden bei diesem besprochen.

Dolomit

Ausbildung. Dolomit ist sowohl als Mineral wie als gleichnamiges Gestein dem Calcit bzw. Kalkstein sehr ähnlich. Er kristallisiert zwar wie Calcit im trigonalen Kristallsystem, jedoch mit verminderter Symmetrie; die Kristalle spalten in der gleichen Rhomboederform. Allerdings bildet Dolomit weit weniger vielfältige Kristallformen. Das Rhomboeder, hier am häufigsten, unterscheidet sich von Calcitrhomboedern durch die Neigung, leicht gekrümmte Flächen auszubilden. Diese sattelförmigen Kristalle – sie treten vornehmlich in Drusenhohlräumen auf – bestehen aus einer Vielzahl von Einzelkristallen. Als gesteinsbildendes Mineral ist Dolomit ebenso wie Calcit derb ausgebildet und wechselt von feinkörnig-dicht bis grobkörnig in Dolomitmarmoren.

Spaltbarkeit. Wie bei Calcit ist auch bei Dolomit die Spaltbarkeit nach dem Rhomboeder vollkommen ausgebildet. Die Winkel auf der Spaltfläche (74° und 106°) unterscheiden sich nur geringfügig von den entsprechenden beim Calcit und können ohne Hilfsmittel nicht erfaßt werden.

Allgemeine Eigenschaften. Durch Verunreinigungen wird die eigentlich weiße Farbe von Dolomit für gewöhnlich überdeckt. Die Folge davon sind rötliche, braune, grünliche, graue oder schwarze Farben. Der glas- bis perlmuttartige Glanz wird bei derben Varietäten leicht schimmernd bis stumpf. Dolomit ist durchscheinend bis undurchsichtig. Mit der Härte 3,5–4 liegt Dolomit etwas höher als Calcit, kann aber ebenfalls noch leicht mit dem Messer geritzt werden. In reinster Form beträgt die Dichte 2,87, ist also etwas höher als bei Calcit mit 2,71. In fester Form reagiert Dolomit schwach oder gar nicht mit kalter, unverdünnter Salzsäure, als Pulver braust er weniger heftig als Calcit. Von heißer Salzsäure wird Dolomit stets angegriffen.

Vorkommen. Dolomit gleicht im Vorkommen dem Calcit weitgehend. Gesteinsbildend tritt Dolomit vor allem im Gestein Dolomit auf, das jedoch aus Mischungen von Calcit und dem Mineral Dolomit in jedem Verhältnis bestehen kann; dementsprechend gibt es Kalke, Dolomite usw. Als Nebengemengteil erscheint Dolomit in den verschiedenen Evaporiten. Metamorphe Dolomite heißen Dolomitmarmore – teilweise auch «zuckerkörnige» Dolomite. Wie Calcit kann Dolomit Bestandteil kristalliner Schiefer sein. Im Gegensatz zu den Kalken gibt es jedoch kaum Süßwasserdolomite oder etwa dolomitische Äquivalente der Travertine. Klüfte in Dolomitgesteinen können sowohl mit Calcit als auch mit Dolomit ausgefüllt sein.

Erkennungsmerkmale. Anhand der rhomboedrischen Spaltbarkeit und der kennzeichnenden Härte kann man Dolomit ebenso wie Calcit von anderen gesteinsbildenden Mineralien unterscheiden. Die gekrümmten Kristallflächen und die Salzsäure-Probe lassen eine Verwechslung mit Calcit kaum zu. Allerdings kann man mit diesem Test Dolomit- und Calcit-Gemenge nicht unterscheiden, geschweige denn Dolomit und Calcit von Aragonit. In diesem Fall führt man spezielle Anfärbetests mit organischem Lösungsmittel durch. Die erforderlichen Chemikalien sind im Fachhandel leicht erhältlich.

Friedman beschreibt eine Vielzahl von Anfärbeverfahren, von denen sich zwei als besonders einfach und zuverlässig erwiesen haben. Für die Behandlung mit den beiden Reagenzien Haematoxylin beziehungsweise Feigl'scher Lösung muß das Gestein nicht besonders bearbeitet werden. Es genügen dazu frische Bruch- oder Schnittflächen. Konzentrierte Salzsäure wird mit zehn Teilen Wasser verdünnt und für drei bis fünf Minuten auf die zu untersuchende Fläche aufgetragen. Die unter laufendem Wasser gereinigte Probe wird sodann mit der Haematoxylinlösung benetzt. Dazu werden 3 Milliliter zehnprozentiger Salzsäure mit 50 Milliliter handelsüblichem Haematoxylin vermengt und vor Gebrauch gut durchgeschüttelt. Nach neun bis zehn Minuten färbt sich Calcit violett, während Dolomit unverändert bleibt.

Steht Haematoxylin nicht zur Verfügung, so kann man sich auch einer Lösung bedienen, die aus 0,1 mg Alizarin Rot S in 100 Milliliter kalter 0,2-prozentiger Salzsäure besteht. Nach zwei bis drei Minuten färbt sich Calcit tief rot, währenddessen bei Dolomit nahezu keine Färbung auszumachen ist.

Zur Unterscheidung von Dolomit und Calcit gegen Aragonit verwendet man Feigl'sche Lösung. Wie im vorigen Fall wird die Probe mit Salzsäure angeätzt und danach gereinigt. 11,8 g $MnSO_4 \cdot 7H_2O$ werden in 100 cm^3 Wasser gelöst und die Lösung erhitzt. Danach wird Ag_2SO_4 in fester Form hinzugefügt, bis sich ein unlöslicher Bodensatz bildet. Die abgekühlte Lösung wird filtriert, um das überflüssige Ag_2SO_4 abzutrennen. Jetzt werden ein bis zwei Tropfen konzentrierter Natronlauge hinzugefügt. Die Lösung wird nach etwa zwei Stunden erneut filtriert und in einen gut verschließbaren, dunklen Glasbehälter gefüllt. Benetzt man die Probe mit dieser Lösung, so verfärbt sich Aragonit nach wenigen Minuten schwarz, währenddessen Calcit und Dolomit keine Reaktion zeigen.

Siderit und Magnesit

Diese beiden Karbonate, die eine lückenlose Mischkristallreihe bilden, zeigen die gleiche rhomboedrische Kristallform und Spaltbarkeit wie Dolomit und Calcit. Der meist derb auftretende Siderit ist hell- bis dunkelbraun. In Sedimenten bildet er oft Konkretionen, die man als Toneisensteine bezeichnet. Reiner Magnesit ist für gewöhnlich weiß. Derbe Massen findet man häufig als Gangfüllung. In Mg-reichen magmatischen und metamorphen Gesteinen tritt Magnesit als Umwandlungsprodukt auf, z.B. zusammen mit Serpentin (vgl. S. 63). Fe-haltiger Magnesit («Breunnerit» oder Mesitinspat) findet sich idiomorph in manchen Talkschiefern. Magnesit bzw. Siderit bilden auch selbständige Erzkörper, wie z.B. den ganz aus Siderit (mit Ankerit und Dolomit) bestehenden Erzberg in der Steiermark.

Rhodochrosit (Manganspat, Himbeerspat) ist Gangart auf manchen Erzgängen und Bestandteil seltener, ungewöhnlicher Sedimentgesteine, z.B. der Manganschiefer. Er ist rosa (bzw. bei beginnender Oxidation zu MnO_2 schwarz) und ein beliebter Schmuckstein.

Ankerit. Der im allgemeinen derb ausgebildete Ankerit $CaFe[CO_3]_2$ ist dem Dolomit sehr ähnlich und bildet mit diesem Mischkristalle. Gut ausgebildete Kristalle sind selten. Von der Farbe her ist er gewöhnlich braun («Braunspat»). Auch farblose bis graue Varietäten sind möglich. Ankerit findet man gelegentlich in eisenreichen Sedimenten, eher in hydrothermalen Gängen und, metasomatisch entstanden, zusammen mit Dolomit und Siderit.

Aragonit

Die orthorhombische Modifikation des Calciumkarbonats bildet radialstrahlige bis büschelige Aggregate aus spitzpyramidalen Nadeln. Auch tafelige und durch Verzwillingung pseudohexagonal erscheinende Kristalle kommen vor, ebenso derbe oder stalaktitische Formen. Die Spaltbarkeit ist in einer Richtung deutlich, in einer zweiten schlecht ausgebildet. Das weiße, gelbe, farblose oder selten graue Mineral zeigt Glasglanz und ist durchsichtig bis durchscheinend. Die Härte ist 3,5–4, die Dichte beträgt 2,95. Mit kalter, verdünnter Salzsäure braust Aragonit auf. Durch Spaltbarkeit und spezifisches Gewicht ist die Unterscheidung zu Calcit gegeben (vgl. auch bei Dolomit). Aragonit ist Bestandteil der Perlmuttschicht in Muscheln sowie der Perlen. In Serpentiniten bildet er krustenartige Beläge. Gut ausgebildete Kristalle findet man in Drusenhohlräumen mancher Basalte und gelegentlich auf Erzgängen. In Metamorphiten ist der etwas dichtere Aragonit, anstelle von Calcit, mit Glaukophan assoziiert.

Weitere Karbonate. Die übrigen Glieder der Karbonatreihen sind als Erzmineralien, nicht aber als Gesteinsbildner interessant. «Galmei» ist ein Sammelname für Gemenge verschiedener Zn-Mineralien wie Smithsonit (Zinkspat), Hydrozinkit $Zn_5[(OH)_3|(CO_3)]_2$, Hemimorphit $Zn_4[(OH)_2|Si_2O_7] \cdot H_2O$. Er bildet sich u.a. im Verwitterungsbereich, der Oxidationszone, entsprechenden Erzlagerstätten, wo auch Mineralien wie der blaue Azurit $Cu_3[OH|CO_3]_2$ und der grüne Malachit $Cu_2[(OH)_2|CO_3]$ als Umwandlungsprodukte von Cu-Erzen auftreten. Beide besitzen geringe Härte (3,5–4) und reagieren heftig mit kalter, verdünnter Salzsäure. Dadurch sind sie leicht von anderen, ebenfalls sekundär entstandenen Kupfermineralien zu unterscheiden.

Nitrate und **Borate** sind z.T. wasserlösliche Mineralien, die sich wie Chilesalpeter KNO_3 oder Borax (Tinkal) $Na_2[B_4O_5(OH)_4] \cdot 8H_2O$ nur unter besonderen klimatischen Bedingungen bilden, dann jedoch manchmal in Massen. Hier findet sich auch natürliches Soda $Na_2CO_3 \cdot 10H_2O$.

SULFATE

Nur Anhydrit und Gips sind so weit verbreitet, daß man sie als gesteinsbildende Mineralien bezeichnen kann. Baryt und Alunit sind gelegentlich am Aufbau besonderer Gesteine beteiligt. Die zahlreichen weiteren Sulfatmineralien sind Erze, Verwitterungsbildungen oder Bestandteil der sogenannten Abraumsalze (s. S. 104).

Gips

Gips ist monoklin und hat die Formel $CaSO_4 \cdot 2H_2O$, die häufigste Kristallform zeigt die Abb. 2-21 A und B. Gipskristalle wären durch Winkelmessungen leicht zu bestimmen, sind aber ohnehin mit keinem anderen Mineral zu verwechseln. Gips tritt auch dicht bis körnig, manchmal faserig oder in «gekröseartigen» Bildungen auf, ferner grobblätterig-spätig. Die Spaltbarkeit parallel der Fläche b ist vollkommen, eine zweite ist durch die längere Kante des Spaltblättchens (Abb. 2-21 D) gegeben, die dritte durch die feinen Linien parallel der kürzeren Seite. Die zweite Spaltbarkeit ergibt eine glatt-muschelige, die dritte eine faserige Fläche. Die glimmerähnlichen Spaltblättchen werden auch Marienglas genannt. Zwillingsbildung ist häufig (Abb. 2-21 C). Die meisten Gipskristalle sind durchsichtig-farblos bis durchscheinend und weiß. Derbe Varietäten bekommen durch Verunreinigungen rote, orange, gelbe, braune oder schwarze Farbe und sind dementsprechend durchscheinend bis undurchsichtig. Spaltflächen zeigen Glas- bis Perlmuttglanz, faserige Varietäten Seidenglanz und derbe Massen variieren zwischen schimmerndem und stumpfem Glanz. Der Strich ist weiß, die Härte 1,5–2, die Dichte reiner Kristalle beträgt 2,32. Gips läßt sich leicht mit dem Fingernagel ritzen. Durch langsames Erhitzen (nicht über 130° C) verliert Gips ¾ des Wassers und wird zu Stuckgips. Dieser nimmt beim Befeuchten rasch wieder Wasser auf und wandelt sich so in die ursprüngliche Form zurück.

Vorkommen. Gips ist in Sedimentgesteinen weit verbreitet. Als Eindampfungsprodukt oder durch Hydratisierung von Anhydrit bildet er oft große, reine Massen. Er entsteht ferner in Seeablagerungen und tritt in Tonen, Mergeln, Kohlen usw. auf, hier jedoch wohl fast immer als Umwandlungsprodukt von Sulfidmineralien, in erster Linie von Pyrit. Auch in den Niederschlägen von Fumarolen wird Gips angetroffen.

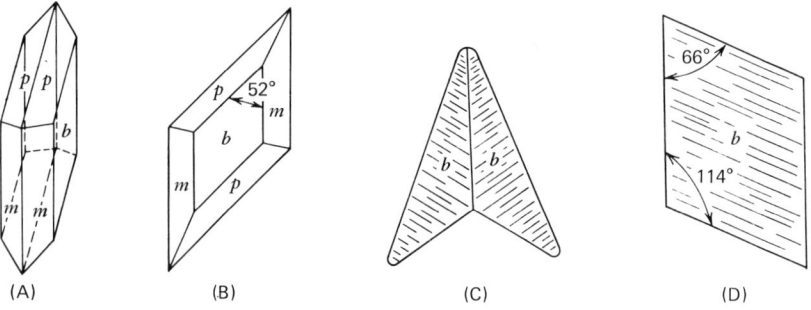

Abb. 2-21   Häufige Formenen bei Gipskristallen. – (A) Einfacher Kristall, (B) derselbe von der Seite gesehen. (C) Zwilling nach dem Montmartregesetz. (D) Spaltblättchen mit Spaltrissen der dritten, «faserigen» Spaltbarkeit.

102

Anhydrit

Anhydrit $CaSO_4$ kristallisiert orthorhombisch. In der Ausbildung wechselt er von fein- bis grobkörnig. Auch faserige Varietäten treten gelegentlich auf. Drei gut ausgebildete Spaltrichtungen schneiden sich unter rechtem Winkel so, daß die Spaltkörper als Würfel erscheinen. Er ist meistens weiß, selten hellblau. Auf Spaltflächen sieht man Perlmutt- bis Glasglanz. Derbe Varietäten haben einen stumpfen Glanz. Die Dichte beträgt 2,95.

Da Anhydrit mit Wasser zu Gips reagiert, ist er oberflächennah relativ selten zu finden. Seine Verbreitung liegt daher im Bereich unbeeinflußter, oberflächenferner Sedimentgesteine. Besonders in Kalkstein- und Tonsteinserien bildet Anhydrit, genauso wie Gips, schichtige Körper. Häufig ist Anhydrit mit Steinsalz und Gips verbunden. Ein ganz andersartiges Vorkommen findet man im Kernbereich der schon genannten porphyry copper ores. Hier liegt Anhydrit als Umwandlungsprodukt vor. Er tritt auch in Geoden und alpinen Zerrklüften auf.

Baryt und Coelestin

Baryt $BaSO_4$ bildet oft tafelige Kristalle, blättrige Aggregate sowie derbe oder erdige Massen. Das weiße, hellblaue, gelbe oder farblose Mineral besitzt eine vollkommene Spaltbarkeit und zeigt Perlmutt- bis Glasglanz. Die Härte ist 3–3,5; die Dichte 4,5 ist für ein Nichtmetall außergewöhnlich hoch. Baryt findet man auf vielen Erzlagerstätten, im Bereich heißer Quellen, ferner als Gemengteil mancher Sedimentite und als Konkretionen. – Aus den orthorhombischen Barytkristallen lassen sich rautenförmige Täfelchen herausspalten, deren Form die Unterscheidung von Calcit leicht macht. Schwieriger ist die Trennung von **Coelestin** $SrSO_4$, der ähnlich schwer ist, gleich kristallisiert und in den selben Bildungsbereichen auftritt.

Alunit (Alaunstein) $KAl_3[(OH)_6 | (SO_4)_3]$ kommt in derb-aderiger oder feinstverteilter Form vor; er entsteht bei der Reaktion aufsteigender sulfidhaltiger Lösungen mit Alkalifeldspat, z. B. in Trachyten, im Verwitterungsbereich. Das weiße, graue oder rote Mineral hat die Härte 4. Die Dichte beträgt 2,6–2,8. Mit Wasser bildet Alunit eine saure Lösung, die als Nachweis zur Bestimmung herangezogen werden kann. Alunit findet man gelegentlich auch im Bereich von Fumarolen. Alaunstein – der Name beruht auf der Verwendung dieses Minerals zur Gewinnung von Alaun – darf nicht mit natürlichem (Kali-)Alaun $KAl[SO_4]_2 \cdot 12H_2O$ verwechselt werden. Alaun kann als Ausblühung bei der Zersetzung Pyrit/Markasit-haltiger Tone entstehen (Alaunschiefer).

PHOSPHATE

Das einzige weit verbreitete gesteinsbildende Phosphat ist der Apatit. Monazit ist ein wichtiges akzessorisch auftretendes Mineral. Eine große Zahl verschiedener, allerdings seltener Phosphate kommt in den sogenannten Phosphatpegmatiten vor.

Apatit

Apatit kristallisiert in hexagonalen Prismen; gut ausgebildete Kristalle werden von sechsseitigen Pyramiden und der Basis abgeschlossen. Das weiße, grüne oder braune Mineral zeigt Glasglanz und kann leicht mit dem Messer geritzt werden. Während kleine Kristalle durchsichtig sind, erscheinen derbe Massen undurchsichtig.

Große Kristalle findet man in Pegmatiten und metamorphen Kalksteinen sowie in alpinen Zerrklüften. Trotz dieser Vorkommen ist Apatit kein Hauptgemengteil in üblichen Gesteinen. Mikroskopisch kleine Apatit-Kristalle sind hingegen akzessorischer Bestandteil vieler Magmatite und Metamorphite, ja, petrographische Untersuchungen haben gezeigt, daß Apatit in nahezu allen diesen Gesteinen als Nebengemengteil auftritt. Phosphorit, ein sehr wichtiges, chemisch-sedimentär gebildetes Gestein, besteht aus derben oder erdigen, knollen- oder krustenartigen Apatitmassen und ist eine der wichtigsten Quellen für Phosphatdünger, der für das Pflanzenwachstum unersetzlich ist. Weiterhin ist Apatit Hauptbestandteil der Knochen und Zähne. Die Formel für Apatit lautet $Ca_5[(F,OH)\,|\,(PO_4)_3]$, jedoch treten vor allem in Phosphoriten auch CO_2 und O ein.

Monazit (Ce,La,Y,Th)[PO_4] ist ein weit verbreitetes Mineral, das vor allem akzessorisch in Graniten, Pegmatiten, Nephelinsyeniten und Gneisen auftritt. Da Monazit sehr widerstandsfähig ist, findet man ihn als Seifenmineral und in klastischen Sedimenten. Die Farbe wechselt von rotbraun bis gelb. Eine Spaltbarkeit tritt nicht hervor. Monazit hat einen harzigen Glanz, die Härte 5–5,5 und eine Dichte von 4,6–5,4. Er kann leicht mit Zirkon und Titanit verwechselt werden, besitzt jedoch geringere Härte als Zirkon und eine höhere Dichte als Titanit. Auch durch die Ausbildung in Körnern unterscheidet er sich von diesen beiden Mineralien, die eher Tendenz zu idiomorphen Kristallen zeigen.

HALOGENIDE

Steinsalz

Steinsalz (Halit) NaCl ist ein verbreitetes Chlorid, das als gesteinsbildendes Mineral Bedeutung hat. Man erkennt es sehr leicht an der kubischen Kristallform, der nach dem Würfel vollkommenen Spaltbarkeit, an der Löslichkeit in Wasser und am salzigen Geschmack. Das normalerweise farblos durchsichtige oder weiß durchscheinende Steinsalz kann durch Verunreinigung die unterschiedlichsten Farbtöne annehmen. Die Härte beträgt 2,5, die Dichte 2,1–2,2. In Evaporiten (s. S. 235) kommt Steinsalz in großer Mächtigkeit vor. Meist wird es von Gips und Anhydrit begleitet. Viel bedeutender als solche Salzlager sind die Salzstöcke, die die überlagernden Sedimentgesteine domartig durchstoßen können.

Edelsalze

Unter dem Sammelbegriff Edel- oder Abraumsalze faßt man eine ganze Reihe überwiegend wasserlöslicher Mineralien zusammen, die mit ganz wenigen Ausnahmen

(Polyhalit z. B.) ohne chemische Untersuchung kaum erkannt werden können. Sie treten in vielen Steinsalzlagerstätten auf und sind wertvolle Rohstoffe. Nur wenige seien hier erwähnt (Boracit kann als «akzessorisches» Mineral in den Salzgesteinen angesehen werden):

Sylvin	KCl	Kieserit	$MgSO_4 \cdot H_2O$
Carnallit	$KMgCl_3 \cdot 6H_2O$	Epsomit	$MgSO_4 \cdot 7H_2O$
Boracit	$Mg_3[Cl \mid B_7O_{13}]$	Mirabilit	$Na_2SO_4 \cdot 10H_2O$
Polyhalit	$K_2Ca_2Mg[SO_4]_4 \cdot 2H_2O$	Kainit	$KMg[Cl \mid SO_4] \cdot 3H_2O$

Fluorit

Fluorit (Flußspat) CaF_2 ist ein weit verbreitetes Mineral, in Gesteinen jedoch nur sehr untergeordnet. Das kubische Mineral kristallisiert häufig in Würfeln, seltener in Oktaedern, sonst in derben, körnigen, gebänderten Aggregaten. Die sehr deutliche Spaltbarkeit erfolgt nach dem Oktaeder (Abb. 1-5 A). Die Härte ist 4, die Dichte beträgt 3,18. Die Farbe wechselt von farblos über hellgrün bis blau, gelb, violett oder schwarz. Manche tiefdunklen Fluorite enthalten aufgrund radioaktiver Zersetzung etwas freies Fluor und werden dann «Stinkspat» genannt. Fluorit ist durchsichtig bis durchscheinend, die dunkel gefärbten Abarten sind undurchsichtig. Man findet Flußspat häufig in hydrothermalen (Erz-)Gängen und in Drusenhohlräumen von Kalksteinen und Marmoren, ferner in Pegmatiten und Zinnsteingreisen. Sehr schöne rosafarbene Oktaeder stammen aus den alpinen Zerrklüften. In manchen Kalken tritt Fluorit als Nebengemengteil auf. An der Härte, der Spaltbarkeit und der Kristallform ist Fluorit im allgemeinen leicht zu erkennen.

Kryolith Na_3AlF_6 kristallisiert monoklin und ist zwar ein seltenes Mineral, kommt aber in einer riesigen Masse in einem Pegmatit in Grönland vor, außerdem als ungewöhnlicher Nebenbestandteil eines Granites in Nigeria. Kryolith ist weiß bis schwarz, hat eine Härte von 2,5 bis 3, eine Dichte von 2,95 und ist in dem genannten Pegmatit mit Siderit vergesellschaftet. Da das Mineral für die Aluminiumherstellung wichtig war, ist dieses Vorkommen praktisch abgebaut.

ELEMENTE

Nur wenige Elemente treten in der Natur als Mineralien auf, keines davon ist wesentlicher Bestandteil von Gesteinen. Lediglich Graphit kann als Nebengemengteil einiger Metamorphite angeführt werden.

Graphit. Der hexagonale Graphit, C, tritt selten in gut ausgebildeten Kristallen auf. Durch die vollkommene Spaltbarkeit fühlt sich Graphit immer etwas schmierig an. Die Härte ist so gering (1–2), daß Graphit in der Hand zerreibbar ist und auf Papier schreibt. Farbe und Strich sind schwarz. Die Dichte beträgt 2,23. Der Glanz ist metallisch, selten erdig und stumpf. Graphit tritt meist in metamorphen Gesteinen auf, zumal in Marmoren, wo er als Endprodukt umgewandelter organischer Substanz anzusehen ist. Graphit kann leicht mit Molybdänglanz verwechselt werden (s. S. 96).

Diamant ist ebenso reiner Kohlenstoff wie Graphit, kristallisiert aber kubisch. Mit der Härte 10 ist er das härteste aller Mineralien. Man kann ihn als äußerst seltenen Gemengteil der Kimberlite auffassen.

Schwefel ist zwar häufig, aber sehr selten gesteinsbildend. Die orthorhombischen Kristalle sind meist flächenreich, sonst findet sich Schwefel derb oder in eingesprengten Körnern. Die Härte von nur 2, die Dichte von 2,0, die gelbe Farbe, die Brennbarkeit und der Harzglanz derber Stücke lassen keine Verwechslung mit irgendeinem anderen Mineral zu. Schwefel entsteht bei vulkanischen Exhalationen, gelegentlich durch die Tätigkeit sulfatabbauender Bakterien in Sapropeliten und vor allem durch Reduktion von Gips oder Anhydrit.

Kupfer Cu kommt in Blechen, Klumpen oder ganz unregelmäßig begrenzten Stücken vor, auch in größeren Massen, vor allem in Hohlräumen bestimmter Basalte. Man findet es ferner in der Oxidationszone von Erzlagerstätten. Das geschmeidige Mineral läßt sich an der roten Farbe im frischen Bruch erkennen, ferner durch die hohe Dichte von 8,8 und die geringe Härte von 2,5–3.

Gold Au erscheint äußerst selten in kubischen oder oktaedrischen Kristallen. Häufig sind dagegen Skelettkristalle und dendritische Gebilde, ferner Bleche, Schüppchen und winzige Einsprenglinge, zumeist auf Quarzgängen. In Mineralseifen findet man Gold in Form der bekannten Nuggets. Es ist weich und dehnbar, die Dichte mit 19,3 sehr hoch. Typisch ist die Farbe; anhand der Dehnbarkeit ist Gold leicht von ähnlichen Mineralien, wie z. B. Pyrit, zu unterscheiden. Da dieses Element chemisch sehr träge ist, gibt es auch nur sehr wenige Verbindungen als Mineralien, wie z. B. Sylvanit $CuAuTe_4$.

Silber Ag tritt häufig in draht-, blech- und plattenförmigen Gebilden auf oder in Skelettkristallen und Dendriten, wie Gold. Die Härte liegt zwischen 2,5 und 3, die Dichte bei 10,5. Die silberweiße Farbe frischer Bruchflächen wird an der Luft sehr rasch braun oder schwarz. Silber ist dehnbar und läßt sich mit dem Messer schneiden, wodurch die frische Farbe zum Vorschein kommt. In geringen Mengen ist Silber auf den verschiedensten Erzlagerstätten verbreitet, besonders auch an der Grenze zwischen Oxidations- und Zementationszone.

Eisen Fe kommt in Meteoriten und künstlichen Schlacken häufig vor, in Gesteinen höchst selten. Die Härte ist 4,5, die Dichte beträgt 7,3–7,9. Das geschmeidige, verformbare Metall ist opak und stahlgrau bis schwarz. Elementares Eisen findet man manchmal in Basalten, die mit Kohle in Berührung stehen, wodurch etwas Eisen aus entsprechenden Mineralien zu elementarem Eisen reduziert wurde.

Platin Pt kommt selten in gut ausgebildeten Kristallen vor, vielmehr in Körnern und derben Massen. Die Härte liegt zwischen 4 und 4,5, die Dichte von reinstem Platin beträgt 21,4; infolge von Mischkristallbildung mit Eisen und Paladium kann sie bis ca. 14 absinken. Platin ist dehnbar und besitzt eine stahlgraue Farbe. Da es chemisch außerordentlich träge ist, bleibt der Metallglanz auch unter extremen Verwitterungsbedingungen erhalten. Kleine Platinkörner findet man zusammen mit Chromit in manchen ultrabasischen Gesteinen, bei deren Verwitterung das Metall in Seifen angereichert werden kann.

NICHTMINERALISCHE GESTEINSBESTANDTEILE

Hier sind in erster Linie die natürlichen Gläser zu nennen, also die nicht kristallin erstarrten Gesteinsschmelzen. In Sedimenten können folgende organische Stoffe, die keine Mineralien sind, auftreten: Kohlen, Kohlenwasserstoffe, fossile Harze und schließlich Knochen und Zähne. Alle diese Bildungen können als Komponenten erscheinen, z.T. aber auch in Form selbständiger Gesteine.

Gesteinsgläser

Natürliche Gläser haben sehr unterschiedliche Zusammensetzungen von etwa trachytisch oder rhyolithisch (Obsidian) bis basaltisch (Tachylith). Sie können auch untergeordnete Gemengteile von Ergußgesteinen bilden. Quarzglas (Lechatelierit) wurde bereits bei den SiO_2-Mineralien erwähnt (s. S. 87). Gläser neigen dazu, in den kristallisierten Zustand überzugehen; diesen Vorgang bezeichnet man auch als Entglasung. Der glasige Glanz frischer Stücke wird dabei im Laufe der Zeit stumpf. Die Gesteinsgläser können in allen möglichen Farben auftreten, jedoch überwiegt schwarz. Der «Strich» ist weiß, bezeichnend ist der scharf-muschelige Bruch. Die Härte liegt zwischen 4 und 5, die Dichte hängt von der Zusammensetzung ab, bewegt sich aber bei künstlichen Gläsern zwischen 2,4 und 2,8. Die Dichte vulkanischer Schlacken ist allerdings höher und kann bis 4,4 gehen, die von feinporösem Bims kann unter 1 liegen.

Organische Substanzen

Kohle. Inkohlte Pflanzenreste und sonstige kohlige Materialien sind in Sedimenten, vor allem in klastischen, stets zu erwarten. In den «brennbaren» Sedimenten, den sog. Kaustobiolithen, sind sie Hauptbestandteil. Kohle ist ein Gemenge von reinem Kohlenstoff mit den verschiedensten Kohlenstoffverbindungen, die vor allem H, O, N und S enthalten können.

Im Verlauf der sog. Inkohlung nimmt der Kohlenstoff von ca. 55% in Torf über Braunkohle mit 60–75% und Steinkohle mit 75–90% bis Anthrazit mit über 90% zu. Die Endstufe ist Graphit. Kohlen haben eine Dichte von höchstens 1,5, die Härte ist gering.

Kohlenwasserstoffe in fester Form, sog. Bitumina, sind in Sedimenten ebenfalls als Nebengemengteil (bituminöse Kalke, Mergel, Sandsteine) oder Hauptbestandteil (Asphalt, Erdpech) verbreitet. Es handelt sich dabei vor allem um Gemenge von hochmolekularen Paraffinen, die bei der unvollkommenen Zersetzung von organischem Material entstehen. Kohle ist sehr spröde und nicht schmelzbar, Bitumen ist dagegen je nach Zusammensetzung wenig spröde bis zäh oder sogar zähflüssig und leicht schmelzend, was auf einem Blechlöffel ohne weiteres auszuprobieren ist. Weitergehende Bestimmungen sind schwierig.

Bernstein und **Retinit** sind fossile Harze, die als Knollen verschiedener Form in Tonen (Bernstein) oder eingesprengt als Körner, z. B. in Sandsteinen (Retinit), gelegentlich vorkommen. Sie sind weich, harzartig glänzend, leicht brenn- bzw. schmelzbar und amorph. Die Farbe ist zumeist gelb bis braun, doch werden auch alle möglichen anderen Tönungen beobachtet. Die Dichte liegt nur wenig über 1. Bernstein ist ein beliebter Schmuckstein.

Weiterführende Literatur

BAUER, J. & TVRZ, F.*: Der Kosmos-Mineralienführer. – 4. Auflage, 215 Seiten. Franckh'sche Verlagshandlung, Stuttgart 1977. (Handliches Bestimmungsbuch für Mineralien, mit zahlreichen farbigen Abbildungen)

BÖGEL, H.*: Knaurs Mineralienbuch. – 280 Seiten. Droemer Knaur, München 1979. (Einführung in die Mineralogie, mit Bestimmungstabellen, Taschenbuch, keine Vorkenntnisse erforderlich)

BORCHARDT-OTT, W.: Kristallographie. – 188 Seiten. Springer-Verlag, Berlin Heidelberg New York, 1976. (Einführung in die Kristallographie für Naturwissenschaftler, Vorkenntnisse erforderlich)

DIETRICH, R. V.*: Mineral Tables – Hand Specimen Properties of 1500 Minerals. – 237 Seiten. McGraw Hill Book Company, New York 1969. (Eine handliche Zusammenstellung von Bestimmungstabellen, Vorkenntnisse erforderlich)

HURLBUT, C. C. & KLEIN, C.*: Manual of Mineralogy. – 19. Auflage, 532 Seiten. John Wiley & Sons, New York 1977. (Weit verbreitetes englischsprachiges Lehrbuch der allgemeinen und speziellen Mineralogie)

KIPFER, A.: Mineralindex. – 206 Seiten. Ott Verlag, Thun 1974. (Alphabetisches Verzeichnis sämtlicher Mineralnamen, Varietäten, außer Gebrauch gekommener Bezeichnungen, über 10000 Stichworte)

KLEBER, W.: Einführung in die Kristallographie. – 14. Auflage, 392 Seiten. VEB Verlag Technik, Berlin 1979. (Lehrbuch für intensives Studium der Kristallographie)

LIEBER, W.: Der Mineraliensammler. – 7. Auflage, 314 Seiten. Ott Verlag, Thun 1978. (Sehr gute allgemeine Einführung für Sammler und Studienanfänger, keine Vorkenntnisse erforderlich)

LIEBER, W.: Mineralogie in Stichworten. – 2. Auflage, 246 Seiten. Verlag Ferdinand Hirt, Kiel 1979. (Äußerst handliche und instruktive Einführung in das Gesamtgebiet der Mineralogie, für Sammler, Studienanfänger, Nebenfächler gleichermaßen geeignet)

LIEBER, W.: Kristalle wie sie wirklich sind. – 129 Seiten. Christian Weise Verlag, München 1977. (Kein Lehrbuch der Kristallographie, jedoch anschauliche Einführung in das Wesen der Kristalle, keine Vorkenntnisse erforderlich)

NICKEL, E.: Grundwissen in Mineralogie, Teil 1: Grundkursus, 3. Auflage, 220 Seiten; Teil 2: Aufbaukursus Kristallographie, 1. Auflage, 331 Seiten; Teil 3: Aufbaukursus Petrographie, 2. Auflage, 328 Seiten. Ott Verlag, Thun 1980, 1973, 1983. (Verständliche Einführung in das Gesamtgebiet der Mineralogie und Petrographie, jedoch ohne Gesteinsbeschreibung, ohne besondere Vorkenntnisse für Sammler wie für Fachstudenten geeignet)

PARKER, R.L. & BAMBAUER, H.U.*: Mineralienkunde. – 5. Auflage, 382 Seiten. Ott Verlag, Thun 1975. (Instruktives und leichtverständliches Lehrbuch der allgemeinen und speziellen Mineralogie, mit Bestimmungstabellen)

RAMDOHR, P. & STRUNZ, H.: Klockmann's Lehrbuch der Mineralogie. – 16. Auflage (Nachdruck), 876 + 36 Seiten. Enke Verlag, Stuttgart 1980. (Wichtigstes Lehrbuch der Kristallkunde = Kristallographie, Strukturlehre, Kristallphysik u. a. und der Mineralkunde = Mineralbeschreibung, Vorkenntnisse erforderlich)

ROBERTS, W.L., RAPP, G.R. & WEBER, J.: Encyclopedia of Minerals. – 2. Auflage (Nachdruck von 1974), 693 Seiten. Van Nostrand Reinhold Co., New York 1974. (Enthält alphabetisch geordnet alle bis etwa 1973 bekannten Mineralien mit kurzer Beschreibung)

RÖSLER, H.J.: Lehrbuch der Mineralogie. – 2. Auflage, 833 Seiten. VEB Deutsch. Verl. f. Grundstoffindustrie, Leipzig 1981. (Kurze allgemeine Mineralogie, ohne Kristallographie, ausführliche Mineralbeschreibung. Enthält sehr nützliche tabellarische Zusammenstellungen über Paragenesen, Mineralentstehung u. dgl., Vorkenntnisse zweckmäßig)

SEIM, R.*: Minerale. – 1. Auflage, 379 Seiten. Verlag J. Neumann-Neudamm, Melsungen Berlin Basel Wien, 1981. (Inhaltsreiche Einführung und Übersicht über das Gesamtgebiet der Mineralogie, ohne Vorkenntnisse)

SINKANKAS, J.: Mineralogy for Amateurs. – 585 Seiten. Van Nostrand Reinhold Co., New York 1964; später erschien ein unveränderter Nachdruck unter dem Titel «Mineralogy». (Sehr gute, leicht verständliche Einführung in das Gesamtgebiet der Mineralogie)

STRÜBEL, G.: Mineralogie. – 472 Seiten. Enke Verlag Stuttgart 1977. (Leicht verständliche Einführung)

STRÜBEL, G. & ZIMMER, S.H.: Lexikon der Mineralogie. – 363 Seiten. Enke Verlag, Stuttgart 1982. (Vollständiges Verzeichnis der Mineralien einschl. Kurzbeschreibung, mit weiteren Mineral- und Varietätennamen sowie Synonyma; handliches Nachschlagewerk)

STRUNZ, H.: Mineralogische Tabellen. – 8. Auflage, 621 Seiten. Akademische Verlagsgesellschaft, Leipzig 1980. (Wichtigstes deutschsprachiges Tabellenwerk; Ergänzung dazu in: Der Aufschluß 31, 1980, vom gleichen Verfasser: Die neuen Mineralien bis 1980.)

WOOLEY, A.R., BISHOP, A.C. & HAMILTON, W.R.*: Der Kosmos-Steinführer. – 4. Auflage, 318 Seiten. Franckh'sche Verlagshandlung, Stuttgart 1980 (Umfangreiches Bestimmungsbuch für Mineralien und Gesteine)

Die mit * bezeichneten Titel enthalten Mineralbestimmungs-Tabellen. – Vergleiche auch die Literaturhinweise am Schluß des 6. Kapitels, S. 316f.

KAPITEL 3

DIE BESTIMMUNG DER GESTEINSBILDENDEN MINERALIEN

Die wichtigsten Eigenschaften der (gesteinsbildenden) Mineralien sind im vorhergehenden Kapitel dargestellt. Da man aber die vielen Daten nicht alle im Gedächtnis behalten kann, sind sie hier tabellarisch zusammengefaßt. Anhand dieser Tabellen kann man diejenigen der in Kapitel 2 behandelten Mineralien erkennen, deren Bestimmung ohne besondere Hilfsmittel möglich ist. Doch wird man in einigen Fällen weitere Literatur heranziehen müssen.

Da die Tabellen auf sichtbaren und leicht erkennbaren physikalischen Eigenschaften aufbauen, sind sie auch im Gelände zu verwenden. Die wenigen Ausrüstungsgegenstände, die man benötigt, sind ein Hammer, um die Proben zu nehmen, eine Lupe, ein Taschenmesser (aus gutem Stahl), ein Kupferpfennig, eine Glasscherbe und ein Quarzsplitter für Härtetests und eventuell eine Strichtafel; diese ist jedoch nicht unbedingt nötig, da man den Strich anhand des Mineralpulvers abschätzen kann. Dazu zerreibt man einen Teil der Probe zwischen zwei Hämmern und streicht das entstandene Pulver mit dem Messer oder einem Finger auf ein Stück weißes Papier und kann dann auch so die Strichfarbe erkennen. Für die Karbonatbestimmung schließlich führt man handelsübliche Salzsäure, mit 3–4 Teilen Wasser verdünnt, in einem gut schließenden Kunststoff-Fläschchen mit sich.

Die Einrichtung der Tabellen

Eine sehr kennzeichnende Eigenschaft, die auf den ersten Blick (an frischen Stücken!) auffällt, ist der Glanz; man unterscheidet einen metallischen, halbmetallischen und nichtmetallischen Glanz. Die beiden ersten Tabellen legen daher den Glanz zugrunde. In Tab. 3-1 finden wir nur Mineralien mit metallischem oder halbmetallischem Glanz. Die meisten dieser Mineralien sind opak. Ob ein Mineral durchsichtig, durchscheinend, undurchsichtig oder opak ist, kann man leicht an einem dünnen Splitter feststellen: Ist eine sehr dünne Kante, gegen das Licht betrachtet, nicht durchsichtig oder wenigstens durchscheinend, so ist das betreffende Mineral opak.

Da Härte und Strich die am leichtesten festzustellenden Eigenschaften sind, sind die Tabellen weiter danach eingerichtet. Mineralien, die weicher sind als ein Kupferpfennig (3,5), werden von solchen unterschieden, die eine Härte zwischen 3,5 und 5 besitzen, also mit dem Taschenmesser geritzt werden können. In der dritten Gruppe sind Mineralien mit einer Härte über 5 aufgeführt. Sobald man ein unbekanntes Mineral aufgrund der Härte in die jeweilige Tabelle eingeordnet hat, geht die Bestimmung anhand der Strichfarbe weiter. Zuletzt schaut man in der Rubrik «Bemerkungen» nach. Nun hat man die Möglichkeiten ziemlich eingeschränkt; alle in Frage kommenden Mineralien werden jetzt mit den Beschreibungen in Kapitel 2 verglichen. Damit müßte man zu einer endgültigen Bestimmung kommen.

In der Tab. 3-2 sind Mineralien mit nichtmetallischem Glanz aufgelistet; die meisten sind durchsichtig oder durchscheinend und nur wenige haben einen charakteristischen Strich (zu erwähnen sind der grüne bzw. blaue Strich von Malachit bzw. Azurit und der bräunliche von Siderit). Einige Mineralien mit halbmetallischem, blendeartigem oder mattem Glanz sind unter «nichtmetallisch» zu suchen, so z.B. Limonit, erdiger Hämatit, Zinkblende, Rutil und Zinnstein. Gegebenenfalls versuche man es erst mit Tab. 3-1 und dann mit 3-2. Die Mineralien in Tab. 3-2 werden aufgrund der Härte in vier Gruppen eingeteilt. Den Härtetest führt man am besten auf einer glatten Kristall- oder Spaltfläche oder einer frischen Bruchstelle durch, indem man mit dem Taschenmesser, einem spitzen Quarzstück oder einem Kupferpfennig darüber kratzt. Andererseits kann man auch mit einer Ecke des unbekannten Minerals die Taschenmesserklinge oder einen anderen Gegenstand bekannter Härte ritzen. Um die Härte weiter einzuengen, ist ein Feldspat-Bruchstück nützlich (Härte 6). – In der Tab. 1-2 (S. 34) sind die häufigsten Mineralien nach der Anzahl der Spaltrichtungen geordnet. Da oftmals schwer festzustellen ist, wieviele Richtungen vorliegen, empfiehlt es sich, vor allem die leicht auffallenden, vollkommenen Spaltbarkeiten zu beachten. Auch das Fehlen einer Spaltbarkeit ist ein wichtiger Hinweis. So sind in Tab. 3-3 die Mineralien nach der Zahl der vollkommenen Spaltrichtungen aufgelistet. In Tab. 3-4 finden sich schließlich Mineralien, die so gut wie keine Spaltbarkeit zeigen. Ist an einem Handstück zunächst keine Spaltbarkeit erkennbar, so sollte man trotzdem das Mineral (oder Gestein) weiter zerschlagen und mit der Lupe an den Bruchstücken nach eventuell doch noch vorhandenen Spaltrichtungen suchen.

Bei sorgfältiger und systematischer Anwendung der Tab. 3-1 bis 3-4 können die bekannteren gesteinsbildenden Mineralien bestimmt werden. Etwas Übung – hierzu benutzt man am besten bereits sicher bestimmte Proben – und ein solides Grundwissen sind allerdings für eine erfolgreiche Arbeit Voraussetzung.

Weiterführende Literatur

Hierzu siehe Kapitel 2, Seite 108. Die dort mit * gekennzeichneten Titel sind Bestimmungsbücher oder enthalten Bestimmungstabellen.

Tabelle 3-1 *Bestimmungstabelle für Mineralien mit metallischem oder halbmetallischem Glanz.* Die Mineralien sind in Reihenfolge zunehmender Härte angeordnet. Gruppe I kann mit einem Kupferpfennig geritzt werden, Gruppe II durch Stahl; die Mineralien der Gruppe III sind noch härter. Die Seitenangabe unter dem Mineralnamen weist auf die Beschreibung im Kapitel 2 hin.

I. Härte kleiner als 3,5. Mineralien sind mit einem Kupferpfennig ritzbar.

Härte	Strich	Farbe	Mineral	Bemerkungen
1–1,5	grau bis grünlich-schwarz	bleigrau	*Molybdänglanz* S. 96	hexagonale Blättchen mit vollkommener Spaltbarkeit, fühlt sich fettig an, «schreibt» auf Papier
1–2	grau bis schwarz	glänzend schwarz	*Graphit* S. 105	vollkommene Spaltbarkeit, fühlt sich fettig an, «schreibt» auf Papier
1–2 und höher	schwarz	metallisch schwarz	*Pyrolusit* (erdig od. feinfaserig) S. 91	erdige oder sprödfaserige Varietäten der MnO$_2$-Gruppe (Wad, vgl. S. 92), «schreibt» auf Papier
1,5–2	bleigrau	indigoblau	*Covellin* S. 96	vollkommene Spaltbarkeit, blättrige Aggregate
2–5	rotbraun	ziegelrot	*Hämatit* (erdig) S. 82	erdige Ausbildung, häufig mit Ton gemischt: Rötel
2,5	bleigrau	bleigrau	*Bleiglanz* S. 96	vollkommene Spaltbarkeit nach dem Würfel
2,5–3	grauschwarz	bleigrau	*Kupferglanz* S. 96	Anlauffarben häufig, muscheliger Bruch, z.T. mit einem Stich ins Bläuliche
2,5–3	glänzend kupferrot	kupferrot	*Kupfer* S. 106	geschmeidig, Anlauffarben häufig
2,5–3	glänzend silberweiß	silberweiß	*Silber* S. 106	geschmeidig, schwarze Anlauffarben
2,5–3	goldgelb	goldgelb	*Gold* S. 106	geschmeidig, in Flittern oder Körnern (Nuggets)

112

Härte	Strich	Farbe	Mineral	Bemerkungen
3	grauschwarz	braun bis bronzefarben	Bornit S. 96	sehr rasch bunt anlaufend, meist mit anderen Kupfermineralien assoziiert

II. *Härte 3,5–5,0. Mineralien ritzen einen Kupferpfennig, werden aber von Stahl geritzt.*

Härte	Strich	Farbe	Mineral	Bemerkungen
3–4,5	braun bis schwarz	grauschwarz	Fahlerz S. 96	häufig zusammen mit anderen Kupfermineralien, vor allem Kupferkies, manche Varietäten können noch mit einem Kupferpfennig geritzt werden
3,5–4	grünlich-schwarz	messinggelb	Kupferkies S. 95	meistens dicht oder derb, tritt oft zusammen mit anderen Kupfermineralien oder mit Pyrit auf
3,5–4	hellgelb bis dunkelbraun	braun bis schwarz	Zinkblende S. 96	vollkommene Spaltbarkeit; kennzeichnender halbmetallischer bis blendeartiger Glanz
4	schwarz	bräunlich, bronzefarben	Magnetkies S. 95	magnetisch, läuft auf frischen Bruchflächen rasch an
4–4,5	glänzend grau	weiß bis stahlgrau	Platin S. 106	geschmeidig, ungewöhnlich hart für ein metallisches Element

III. *Härte größer als 5,0. Mineralien können nicht durch Stahl geritzt werden.*

Härte	Strich	Farbe	Mineral	Bemerkungen
5–5,5	gelb bis braun	braun bis braunschwarz	Goethit (Limonit) S. 92	derb bis dicht, radialstrahlig-faserig, unreine Formen haben geringere Härte
5–6	braunschwarz	schwarz	«Psilomelan» S. 92	häufig traubig-nierige Aggregate (Hartmanganerz), oft erdig oder schaumig, dann Härte geringer; als Dendriten
5,5	dunkelbraun	bräunlich-schwarz	Chromit S. 88	gute Spaltbarkeit, nicht magnetisch, oft locker-körnig

Härte				
5,5–6	schwarz	silberweiß	*Arsenkies* S. 95	scheinbar orthorhombische Kristalle, beim Kratzen oder Reiben macht sich ein knoblauchartiger Geruch bemerkbar
6	schwarz	schwarz	*Magnetit* S. 88	stark magnetisch
6–6,5	schwarz	messinggelb	*Pyrit* S. 93	gestreifte Würfel und Pentagondodekaeder sind häufige Kristallformen, oft mit Limonit überzogen
6–6,5	grauschwarz	hell-messinggelb	*Markasit* S. 94	bildet häufig radialstrahlige Aggregate, zersetzlich unter Bildung von Schwefelsäure
6–6,5	metallisch schwarz	metallisch	*Pyrolusit* S. 91	gelegentlich gut kristallisiert, daneben weiche, erdige Massen
6–6,5	hellbraun bis rötlich braun	braun bis schwarz	*Rutil* S. 91	längsgestreifte Kristalle häufig, halbmetallischer, diamantartiger Glanz, einige Varietäten durchscheinend
6,5	dunkelrot	dunkelrot bis schwarz	*Hämatit* S. 88	tafelige bis rhomboedrische Kristalle, auch glimmerartig blättrig, radialstrahlig, derb

Tabelle 3-2   Bestimmungstabelle für Mineralien mit nichtmetallischem Glanz.
Die Mineralien sind in Reihenfolge zunehmender Härte aufgeführt. Gruppe I kann mit einem Kupferpfennig geritzt werden, Gruppe II durch Stahl, Gruppe III durch Quarz, die Mineralien der Gruppe IV sind härter als Quarz. Die Seitenangabe unter dem Mineralnamen weist auf die Beschreibung im Kapitel 2 hin.

I.   Härte kleiner als 3,5. Mineralien sind mit einem Kupferpfennig ritzbar.

Härte	Farbe	Mineral	Bemerkungen
1	weiß, grau, grün	*Talk* S. 64	fühlt sich fettig an, meistens blättrige Ausbildung oder völlig dicht als Speckstein
1–2	weiß, grau, grün	*Pyrophyllit* S. 64	fühlt sich fettig an, Unterscheidung von Talk schwierig, gelegentlich blättrig-wirrstrahlige Aggregate
2	weiß, farblos, grau	*Gips* S. 102	vollkommene Spaltbarkeit, dicht, gelegentlich faserig, kann mit dem Fingernagel geritzt werden
2–2,5	weiß	*Kaolinit* S. 62	dicht, erdig (Härte dann nicht feststellbar), toniger oder dumpfiger Geruch beim Anhauchen
2–2,5	grün	*Chlorit* S. 61	vollkommene Spaltbarkeit, Blättchen sind nicht elastisch
2–2,5	farblos, weiß, grünlich, gelblich, hellbraun	*Muskovit* S. 59	vollkommene Spaltbarkeit, Blättchen sind elastisch
2–5	grün, gelb, schwarz, weißlich	*Serpentin* S. 63	derb-dicht, als Asbest häufig gefleckt, meist nicht mehr mit einem Pfennig ritzbar
2,5	farblos, weiß, blau, gelbbraun bis rot	*Steinsalz* S. 104	wasserlöslich, salziger Geschmack
2,5–3	dunkelbraun, dunkelgrün, schwarz	*Biotit* S. 59	vollkommene Spaltbarkeit, Blättchen sind elastisch
2,5–3	braun, gelb	*Phlogopit* S. 60	meistens blättrige Aggregate, ist nicht einfach von Biotit zu unterscheiden

Härte	Farbe	Mineral	Bemerkungen
3	hellgrau, weiß, gelblich, farblos	Calcit S. 97	braust mit kalter, verdünnter Salzsäure auf, vollkommene Spaltbarkeit nach dem Rhomboeder
3–3,5	weiß, farblos, grau, bläulich	Anhydrit S. 236	meistens derb, dicht, gelegentlich können drei zueinander senkrecht stehende Spaltbarkeiten erkennbar sein

IIA.   Härte 3,5–5,0. Mineralien ritzen einen Kupferpfennig, werden aber durch Stahl geritzt.

Härte	Farbe	Mineral	Bemerkungen
2–5	grün, gelb, schwarz, weiß	Serpentin S. 63	dicht, derb, hart-faserig, meistens gefleckt, manche Varietäten sind weich und können mit einem Pfennig geritzt werden
3,5–4	braun bis schwarz	Zinkblende S. 96	vollkommene Spaltbarkeit, bezeichnender halbmetallischer bis blendeartiger Glanz (dunkle Varietäten mehr metallisch, helle mehr blendeartig)
3,5–4	blau	Azurit S. 101	hellblauer Strich, häufig als Anflug
3,5–4	grün	Malachit S. 101	hellgrüner Strich, häufig als Anflug, radialstrahlig
3,5–4	weiß, farblos	Aragonit S. 101	braust mit kalter, verdünnter Salzsäure auf, schlechte Spaltbarkeit
3,5–4	weiß, gelb, rot	Zeolithe S. 57	radialstrahlige bis garbenförmige oder blättrige Aggregate; Natrolith siehe unten
3,5–4	grau, weiß, farblos	Dolomit S. 99	braust nur in Pulverform mit warmer verdünnter Salzsäure auf, vollkommene Spaltbarkeit nach dem Rhomboeder
3,5–4	hell- und dunkel-braun	Siderit S. 100	braust nur in Pulverform mit warmer, verdünnter Salzsäure auf, vollkommene Spaltbarkeit nach dem Rhomboeder
3,5–4	weiß, gelblich	Magnesit S. 100	braust nur in Pulverform mit warmer, verdünnter Salzsäure auf, meistens dicht, derb, sonst wie Siderit
3,5–4	weiß, farblos, bläulich, gelb	Baryt S. 103	auffallend hohe Dichte (4,5), rautenförmige Täfelchen als Spaltkörper; sehr ähnlich: Coelestin S.103
4	blau, violett, gelb, grün, farblos	Flußspat S. 105	kubische Kristalle, oktaedrische Spaltbarkeit, körnig oder grobspätig

	weiß, grau, gelb	Alunit S. 103	meistens dicht, derb, wasserlöslich
4			
5	grün, blau, gelb, violett, farblos	Apatit S. 104	hexagonale Kristalle mit gerundeten Kanten und Enden, Spaltbarkeit meist nicht zu beobachten

IIB. *Die folgenden Mineralien sind manchmal gerade noch durch Stahl, jedenfalls aber durch Feldspat ritzbar.*

Härte	Farbe	Mineral	Bemerkungen
5–5,5	braun, gelb, rot	Monazit S. 104	kleine Körnchen in Sanden, harzartiger Glanz
5–5,5	braun, grau, grün	Titanit S. 80	keilförmige Kristalle
5–5,5	weiß, farblos	Natrolith S. 57	prismatische Kristalle, radialstrahlige Aggregate auf Klüften in Phonolith
5–5,5	weiß, farblos	Wollastonit S. 72	gute Spaltbarkeit, faserig
5–6	weiß, grau, rosa, braun, farblos	Skapolith S. 56	prismatische, tetragonale Kristalle, meistens zersetzt, häufig in kontakt-metamorphen Gesteinen, jedoch auch in Drusen in basaltischen Gesteinen, fluoresziert für gewöhnlich unter UV-Licht
5–6	weiß, gelb, farblos, rot	Opal S. 87	amorph, muscheliger Bruch
5–6	schwarz, grün, blau, weiß	Amphibole S. 69	gute Spaltbarkeit, Spaltflächen schneiden sich unter 126° bzw. 54°
5–6	schwarz, grün, weiß	Pyroxene S. 65	gute Spaltbarkeit, Spaltflächen schneiden sich unter ungefähr 90°
4 bzw. 7	blau, weiß	Disthen S. 77	länglich-tafelige Kristalle, parallel zur Längserstreckung Härte 4, senkrecht dazu Härte 7, in metamorphen Gesteinen

III. Härte zwischen 5,5 und 7. Die Mineralien können nicht mehr mit Stahl geritzt werden, jedoch mit Quarz.

Härte	Farbe	Mineral	Bemerkungen
5,5–6	hellgrau, grünlich, farblos	*Nephelin* S. 55	fettiger Glanz, meistens dicht bis derb, kommt (wie Leucit) nie zusammen mit Quarz vor, durch Verwitterung entstehen im Gestein kleine Vertiefungen
5,5–6	grau, weiß	*Leucit* S. 55	in basischen Laven, Deltoidikositetraeder typisch, Umwandlung in Pseudo-Leucit häufig
5,5–6	blau, grau, weiß	*Sodalith* (siehe auch Hauyn und Nosean) S. 56	rhombendodekaedrische Spaltbarkeit, häufig blau-weiß gefleckt
6	rosa, grau, weiß, grün, farblos	*Alkalifeldspat* S. 46ff	gute Spaltbarkeit, Karlsbader Zwillinge verbreitet, perthitische Entmischung häufig
6	weiß, grau, bläulich, farblos	*Plagioklas* S. 46ff	falls erkennbar, ist eine lamellare Verzwillingung ein wichtiges Kennzeichen
6–6,5	braun, gelb, orange	*Chondrodit* S. 79	keine Spaltbarkeit, meist kugelige Ausbildung, gelegentlich in Marmor in fein verteilten Körnchen
6–6,5	grün, grau, weiß	*Prehnit* S. 64	die Farbe ist ein wichtiges Merkmal, häufig mit Zeolithen assoziiert
6–6,5	braun bis schwarz	*Rutil* S. 91	längsgestreifte Kristalle häufig, halbmetallischer bis diamantartiger Glanz, durchscheinende Varietäten haben manchmal auch Glasglanz
6–7	weiß, hellbraun, farblos, grau	*Sillimanit* S. 78	faserige Kristalle vor allem in hochmetamorphen Gesteinen
6,5	gras- bis dunkelgrün, fast schwarz	*Chloritoid* S. 80	blättrige bis tafelig spröde Kristalle, ähnlich Chlorit, aber viel härter
6–7	gelblich, grün, gelb, weiß	*Epidot* S. 75	prismatische, geriefte, längsgestreifte Kristalle, gute Spaltbarkeit
6,5	braun, grün, gelb	*Vesuvian* S. 81	prismatische tetragonale Kristalle, häufig in Kontakt-Marmoren

Härte	Farbe	Mineral	Bemerkungen
6,5–7	oliv- bis apfelgrün, braun	Olivin S. 73	meist rundliche Körner bildend, häufig in bestimmten Basalten
6,5–7	braun, grau, grün, weiß, farblos	Axinit S. 80	keilförmige Kristalle
7	rauchig, farblos, weiß	Quarz S. 84	trigonale Kristalle häufig, muscheliger Bruch, keine Spaltbarkeit

IV. Härte größer als 7. Mineralien nicht durch Quarz ritzbar.

Härte	Farbe	Mineral	Bemerkungen
6,5–7,5	rot, braun, gelb, grün, grau-weiß	Granat S. 74	rhombendodekaedrische oder deltoidikositetraedrische Kristalle, für gewöhnlich härter als Quarz
7–7,5	braun, rot, schwarz	Staurolith S. 78	prismatische, oft kreuzförmig verzwillingte Kristalle
7–7,5	hellblau	Cordierit S. 82	ähnelt Quarz, ist aber häufig zersetzt und trüb
7–7,5	schwarz, grün, braun	Turmalin S. 82	längsgestreifte Kristalle, die im Querschnitt sphärischen Dreiecken ähnlich sehen
7,5	rötlich, braun	Zirkon S. 79	prismatische Kristalle, kommt nur akzessorisch vor
7,5–8	grün, blau	Beryll S. 82	prismatische, hexagonale Kristalle, keine Spaltbarkeit, in Pegmatiten und Biotitschiefern
8	gelb, farblos	Topas S. 79	bildet häufig orthorhombische Kristalle, eine vollkommene Spaltbarkeit parallel der Basis
8	schwarz, rot	Spinell S. 87	oktaedrische Körner, als akzessorisches Mineral, besonders in Marmoren, mit Olivin
8	hellblau, farblos	Lawsonit S. 81	tafelige oder prismatische Kristalle, in metamorphen Gesteinen zusammen mit blauer Hornblende (Glaukophan)
9	grau, braun, blau, weiß	Korund S. 90	tonnenförmige, hexagonale Prismen, die eine scheinbare Spaltbarkeit aufweisen können

Tabelle 3-3   Wichtige Mineralien mit vollkommener Spaltbarkeit.

Viele der *selteneren* Mineralien zeigen ebenfalls eine vollkommene Spaltbarkeit, sind aber in Tabellen nicht aufgeführt. Dies sollte man beachten, wenn die beobachteten Eigenschaften nicht mit einem der hier angeführten Mineralien in Einklang gebracht werden können.

Die Seitenangabe hinter dem Mineralnamen weist auf die Beschreibung im Kapitel 2 hin.

I.   Mineralien mit einer deutlich erkennbaren blättrigen Spaltbarkeit.

Mineral	Bemerkungen
Chlorit S. 61	grün; spröde Blättchen; Härte 2–2,5
Graphit S. 105	dunkelgrau, schwarz; fühlt sich fettig an, «schreibt» auf Papier; Härte 1–2; opak, akzessorisch z.B. in Marmoren
Gips S. 102	farblos oder weiß; Härte 2; läßt sich leicht mit dem Fingernagel ritzen
Hämatit S. 89	schwarz; rotbrauner Strich; Härte 5,5–6,5; metallischer Glanz, opak (keine echte Spaltbarkeit)
Disthen S. 77	blau, weiß; linealartig-stengelige Kristalle; Härte 4 und 7; in Gneisen vorkommend
Glimmer S. 58	zähe, elastische Blättchen; Muskovit ist weiß, hellbraun, grün; Biotit ist dunkelbraun, dunkelgrün oder schwarz; Phlogopit ist mittelbraun
Molybdänglanz S. 96	bleigrau; grünlich schwarzer Strich auf glasiertem Porzellan; fühlt sich fettig an; Härte 1–1,5; metallischer Glanz, opak, kann leicht mit Graphit verwechselt werden (Strich überprüfen!), akzessorisches Mineral
Sillimanit S. 78	weiß, hellbraun, farblos; faserige Kristalle; Härte 6–7; kommt in Gneisen vor
Talk S. 64	weiß, grau, grün; Härte 1; fühlt sich fettig an; «schreibt» auf Stoff

II. *Mineralien mit mehreren deutlich ausgebildeten Spaltrichtungen.*

Mineral	Bemerkungen
Amphibole S. 68	zwei Spaltflächen schneiden sich unter 126°, bzw. 54°; Härte 5–6; Hornblende und Arfvedsonit sind dunkelgrün oder schwarz; Aktinolith ist grün; Glaukophan ist blau; Anthophyllit ist grau oder braun; Tremolit ist weiß; Amphibole können leicht mit Pyroxenen verwechselt werden
Anhydrit S. 103	weiß, farblos; Härte 3–3,5; drei Spaltebenen schneiden sich unter rechtem Winkel, häufig mit Gips assoziiert
Baryt S. 103	weiß, farblos, blau; zwei Spaltebenen, die sich unter rechtem Winkel schneiden; Härte 3–4; Dichte 4,5; für ein weißes Mineral ungewöhnlich schwer, kommt meistens akzessorisch vor
Bleiglanz S. 96	metallischer Glanz; Farbe und Strich bleigrau; opak; Härte 2,5; Spaltebenen nach dem Würfel
Calcit S. 97	grau, weiß, farblos; Härte 3; Spaltbarkeit nach dem Rhomboeder, braust mit kalter verdünnter Salzsäure auf; der ähnliche Siderit ist hell- bis dunkelbraun (vgl. auch Dolomit)
Dolomit S. 99	grau, weiß, farblos; Härte 3,5–4; Spaltbarkeit nach dem Rhomboeder, braust mit kalter, verdünnter Salzsäure nur in Pulverform auf
Feldspat S. 46	zwei Spaltflächen, die sich annähernd unter 90° schneiden; Härte 6; Alkalifeldspat ist weiß, rosa oder farblos; Plagioklas ist weiß, grau, farblos oder bläulich; im allgemeinen polysynthetische Verzwillingung erkennbar
Flußspat S. 105	violett, gelb, farblos, grün; Härte 4; Spaltbarkeit nach dem Oktaeder; kommt nur akzessorisch vor
Pyroxene S. 65	zwei Spaltflächen schneiden sich ungefähr unter 90°; Härte 5–6; Augit ist dunkelgrün bis schwarz; Hypersthen und Bronzit sind braun, grau oder bronzefarben; Diopsid ist grün oder weiß, Ägirin ist grün oder braun; Jadeit ist weiß, grün oder grau (Spaltbarkeit ist nicht so gut ausgebildet)
Steinsalz S. 104	weiß, farblos, blau; Härte 2,5; Spaltbarkeit nach dem Würfel, salziger Geschmack
Wollastonit S. 72	weiß, farblos; Härte 5–5,5; häufig faserig, radialfaserige Ausbildung, zwei Spaltbarkeitsebenen; ähnelt manchen Pyroxen, kann leicht mit Tremolit und Sillimanit verwechselt werden
Zinkblende S. 96	braun, rot, gelblich bis schwarz; halbmetallischer oder blendeartiger Glanz; Härte 3,5–4; Spaltbarkeit nach dem Rhombendodekaeder

Tabelle 3-4   Häufige Mineralien ohne deutliche Spaltbarkeit.

Mineralien mit metallischem Glanz und Mineralien ohne metallischen Glanz werden in zwei separaten Tabellen beschrieben. Viele der seltenen Mineralien sind ebenfalls ohne Spaltbarkeit. Dies sollte man beachten, wenn die beobachteten Eigenschaften nicht mit einem hier angeführten Mineral in Einklang gebracht werden können. Die Seitenangabe hinter den Mineralnamen weist auf die Beschreibung im Kapitel 2 hin.

I.   Mineralien mit metallischem Glanz

Mineral	Bemerkungen
Kupferkies S. 95	messinggelb mit grünlich schwarzem Strich; Härte 3,5–4; wird oft mit Pyrit verwechselt (Härte 6–6,5)
Hämatit S. 89	dunkelrote Farbe; roter bis schwarzer Strich; Härte 6,5 (erdige Formen matt und mit geringerer Härte)
Ilmenit S. 89	metallisch schwarz mit dunkelbraunem Strich; Härte 5,5–6; kann schwach magnetisch sein und mit Magnetit verwechselt werden
Limonit S. 92	braun bis schwarz mit gelbbraunem Strich; Härte 5–5,5; meistens radialstrahlig derb oder erdig (dann matt)
Magnetit S. 88	Strich und Farbe schwarz; Härte 6; stark magnetisch
Pyrit S. 93	messinggelb mit grünlich schwarzem Strich; Härte 6–6,5; häufig sind gestreifte Würfel oder Penta-gondodekaeder; kann mit Kupferkies verwechselt werden (jedoch nur Härte 3,5–4)
Rutil S. 91	braun bis schwarz oder rötlich, mit hellbraunem Strich; halbmetallischer Glanz; Härte 6–6,5; häufig sind geriefte Kristalle, kommt auch in Sanden vor

II.   Mineralien mit nichtmetallischem Glanz.

Mineral	Bemerkungen
Andalusit S. 77	rötlich braun; Härte 7,5; häufig sind Kristalle mit quadratischem Querschnitt; kommt in metamor-phen Gesteinen vor

Apatit S. 104	grün, blau, violett, gelb, farblos; Härte 5; hexagonale Kristalle, die Kanten und Enden erscheinen abgerundet, kommt meistens akzessorisch vor
Beryll S. 82	grün, blau; Härte 7,5–8; prismatische, hexagonale Kristalle, kommt in Pegmatiten und Biotitschiefern vor
Granat S. 74	rot, braun, gelb, grün, grau-weiß; Härte 6,5–7,5; häufig sind rhombendodekaedrische oder deltoidikositetraedrische Kristalle (Varietäten siehe Kapitel 2)
Leucit S. 55	grau, weiß; Härte 5,5–6; häufig sind deltoidikositetraedrische Kristalle in basaltischen Gesteinen wie Tephriten
Nephelin S. 55	farblos, grau, grün; Fettglanz, Härte 5,5–6; kommt (wie Leucit) nie zusammen mit Quarz in einem Gestein vor
Olivin S. 73	oliv- bis apfelgrün, braun; Härte 6,5–7; kommt häufig in mafischen Gesteinen zusammen mit Pyroxen vor
Opal S. 84	farblos, weiß, gelb, rot; Härte 5–6; amorph, muscheliger Bruch
Quarz S. 87	rauchig, farblos, weiß, weiß; muscheliger Bruch, hexagonale Kristalle, kommt in sehr vielen Gesteinsarten vor
Skapolith S. 56	weiß, grau, rosa, braun; Härte 5–6; tetragonale Kristalle, häufig zersetzt und umgewandelt, kommt in kontaktmetamorphen Gesteinen und manchmal auch in Drusen in basaltischen Gesteinen vor, fluoresziert unter ultraviolettem Licht
Staurolith S. 78	braun, rötlich schwarz; Härte 7–7,5; prismatische, häufig kreuzförmig verzwillingte Kristalle, kommt in metamorphen Gesteinen vor
Turmalin S. 82	schwarz, grün, braun; Härte 7–7,5; stengelige Kristalle, meistens gerieft, beinahe dreieckiger Querschnitt, akzessorisches Mineral
Zirkon S. 79	braun, grün, rot, grau; Härte 7,5; kleine tetragonale Kristalle, akzessorisches Mineral

KAPITEL 4

MAGMATITE UND PYROKLASTITE

Die allermeisten magmatischen Gesteine entstehen durch Abkühlung und Erstarrung von Gesteinsschmelzen. Im Normalfall ist dieser Vorgang mit der Kristallisation verschiedener Mineralien verbunden; ausnahmsweise erstarrt die Schmelze auch ganz oder teilweise zu natürlichem Glas.

Der Bildungsvorgang der Pyroklastite ist nicht einheitlich. Ganz oder teilweise erstarrtes magmatisches und auch anderes Material wird, ähnlich wie ein klastisches Sediment, abgelagert und, je nachdem, verfestigt oder auch nicht (vgl. S. 193).

DAS MAGMA - BILDUNG, CHEMISMUS, KRISTALLISATION

Ganz oder teilweise geschmolzenes Gesteinsmaterial bezeichnet man als Magma, das darüber hinaus noch Gase oder Wasser in Lösung enthält. Schmelze, die an der Erdoberfläche austritt, wird gemeinhin Lava genannt. Die allermeisten Magmen sind silikatischer Natur und werden überwiegend durch Aufschmelzung in der Erdkruste oder im Oberen Erdmantel gebildet. Einige wenige Schmelzen sind nicht silikatischer, sondern karbonatischer Zusammensetzung.

Der Chemismus der verschiedenen Magmen ist sehr breit gefächert: dementsprechend variieren die Magmatite beträchtlich. Man untergliedert sie daher nach der Zusammensetzung, aber auch das Gefüge, das von der Art und Weise der Erstarrung abhängt, wird zur Einteilung herangezogen. Das Gefüge, die Zusammensetzung und der geologische Verband der Gesteine geben andererseits wichtige Hinweise für die Genese der Magmen: wie und wo sind sie entstanden, welche chemischen Reaktionen und welche Bewegungsvorgänge liefen ab, unter welchen Bedingungen erfolgte die Abkühlung und die endgültige Erstarrung des Magmas?

«Aufschmelzung» ist folgendermaßen zu verstehen: In der Tiefe der Erdkruste und auch im Oberen Mantel liegt die Materie trotz hoher Temperaturen bei den dort herrschenden Drücken nicht in «geschmolzener», sondern in «fester» Form vor. Erst bei zusätzlicher Wärmezufuhr, bei Druckentlastung etwa durch Dehnung der Erdrinde oder durch besondere Umstände anderer Art, entstehen Schmelzen, die somit, «weltweit» gesehen, nur lokale Erscheinungen sind. Am einfachsten zeigt dies das Beispiel der Vulkane: viele (jedoch nicht alle) haben eigene, relativ kleine Magmenherde, die blasenförmig inmitten anderer Gesteine in oft nur geringer Tiefe liegen und von unten her gespeist werden (Abb. 4-27, S. 182). – Erst unter der im Durchschnitt 100 km dicken Lithosphäre (Gesteins- oder Sprödsphäre) folgt eine Asthenosphäre («Weich»-Sphäre) genannte Zone, in der die Materie «flüssig» ist, und dies auch nur zu einigen Prozenten der Gesamtmasse.

Tabelle 4-1 Chemische Analysen einiger Magmatite.
Aus F. W. Clarke, The Data of Geochemistry. U.S. Geol. Survey Bull. 770, 1924.

	SiO_2	Al_2O_3	Fe_2O_3	FeO	MgO	CaO	Na_2O	K_2O	H_2O	Sonstige	Summe
Plutonite											
1. Peridotit	39,37	4,47	4,96	9,13	26,53	3,70	0,50	0,26	7,08	3,94	99,94
2. Gabbro	55,87	13,52	2,70	5,89	6,51	8,87	2,42	1,72	1,56	1,02	100,08
3. Diorit	57,97	15,65	0,73	2,80	4,96	10,93	3,03	3,16	0,38	1,08	100,69
4. Granodiorit	68,42	15,01	0,97	1,93	1,21	2,60	3,23	4,25	0,73	1,60	99,95
5. Granit	71,90	14,12	1,20	0,86	0,33	1,13	4,52	4,81	0,42	1,06	100,35
6. Nephelinsyenit*	54,34	19,21	3,19	2,11	1,28	4,53	6,38	5,14	1,17	2,42	99,77
Vulkanite											
7. Basalt	52,40	13,55	2,73	9,79	5,53	10,01	2,32	0,40	1,05	2,21	99,99
8. Andesit	56,63	16,85	3,62	3,44	4,23	7,53	3,08	2,24	0,51	2,05	100,18
9. Dacit	62,33	17,30	3,00	1,63	1,05	3,23	421	4,46	0,75	2,37	100,33
10. Rhyolith	74,24	14,50	1,27	0,67	0,25	0,11	3,00	3,66	2,04	0,54	100,28
11. Phonolith	56,24	21,43	2,01	0,55	0,15	1,38	10,53	5,74	0,86	0,97	99,86

(1) Near Opin Lake, Michigan; (2) Emigrant Gap, California; (3) Crazy Mountains, Montana; (4) Hailey, Idaho; (5) Mount Ascutney, Vermont; (6) Cripple Creek, Colorado; (7) Pine Hill, South Britain, Connecticut; (8) Unga Island, Alaska; (9) Near Clover Meadow, Tuolumne Co., California; (10) Near Willow Lake, Plumas Co., California; (11) Pleasant Valley, Colfax Co., New Mexico.

*) Plagiofoyait in der jetziger Nomenklatur

Die Bildung der Magmen

Magma bildet sich dann, wenn die Druck- und Temperaturverhältnisse (kurz: die P/T-Bedingungen) sowie weitere Umstände so beschaffen sind, daß der Übergang in den Schmelzzustand möglich ist. Da dies nur in der Tiefe der Fall sein kann, erfolgt die Entstehung von Magma im Inneren der Erdkruste oder auch im Oberen Mantel. Auf die sehr komplexen Einzelheiten, insbesondere im Zusammenhang mit der Theorie der Plattentektonik, kann hier nicht eingegangen werden; der Leser muß dazu auf weiterführende Literatur (z. B. NICKEL, Teil 3) verwiesen werden.

Nicht alleine die P/T-Bedingungen spielen, wie erwähnt, eine erhebliche Rolle, sondern auch die An- bzw. Abwesenheit fluider Phasen (H_2O und CO_2 vor allem), und schließlich die vielfältigen Bewegungsabläufe in Kruste und Mantel. Auch läuft die Verflüssigung keineswegs immer in einem Zuge ab (Abb. 4-3 B); der Schmelzprozeß eines Mineralgemenges dehnt sich vielmehr über einige 100° C aus. Zunächst werden die Mineralien mit dem niedrigsten Schmelzpunkt erfaßt. Die so entstehende Teilschmelze kann nun schon in höhere Stockwerke abwandern und dabei Kristalle des Restbestandes mitnehmen. Ein Beispiel sind viele basaltische Schmelzen, die aus großer Tiefe aufsteigen (ca. 100 km!) und dabei Olivinknollen aus dem Oberen Mantel mitbringen (s. auch S. 74).

Der Chemismus der Magmen

In Tab. 4-1 ist die jeweilige chemische Zusammensetzung von 11 Magmatiten zusammengestellt. Dabei fallen folgende Beziehungen sofort ins Auge: Vom Peridotit bis zum Granit und vom Basalt bis zum Rhyolith nimmt der Gehalt an SiO_2 zu, der an MgO, FeO und Gesamt-Fe hingegen ab, Na_2O und K_2O tendieren eher zunehmend. Nephelinsyenite und Phonolithe, beides Foid-führende, alkalireiche Gesteine, ha-

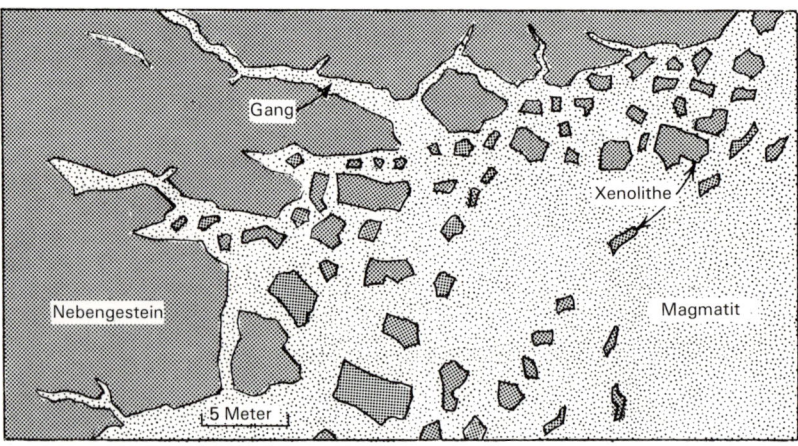

Abb. 4-1   Kontaktbereich eines Magmatites zum Nebengestein. – Als Xenolithe bezeichnet man allgemein Einschlüsse von Fremdmaterial – hier vom Nebengestein – in einem Magmatit.

126

ben geringeren SiO_2-Gehalt, ein niedriges SiO_2/Al_2O_3-Verhältnis und einen relativ hohen Na_2O- und K_2O-Anteil. Die chemische Zusammensetzung spiegelt sich natürlich im Mineralbestand der Gesteine wider, der somit auf den Chemismus des Ausgangsmagmas schließen läßt.

Betrachtet man die relative Häufigkeit der verschiedenen Magmatite, so fällt auf, daß nur drei Arten am Aufbau der Erdkruste maßgebend beteiligt sind: Basalt, Granit und Andesit. Von der Genese her sind diese Gesteine meist durch Aufschmelzung entstanden, in selteneren Fällen auch durch magmatische Differentiation. Das basaltische Magma entsteht durch partielle Aufschmelzung von Material aus dem Oberen Mantel. Die Herkunft granitischer Schmelzen ist in der Tiefe der kontinentalen Kruste zu suchen. Hier werden schon existierende Gesteine partiell oder ganz aufgeschmolzen, fluide Phasen (H_2O!) stellen dabei ein wesentliches Agens dar. Andesitische Magmen nehmen eine gewisse Zwischenstellung ein: einerseits entstehen sie durch partielle Aufschmelzung abtauchender ozeanischer Kruste, andererseits infolge einer Durchmischung von Magma aus der Erdkruste mit basaltischer Schmelze aus dem Oberen Mantel (vgl. Abb. 4-25).

Die Kristallisation

Da Flüssigkeiten i. a. eine geringere Dichte haben als Festkörper, steigen Schmelzen häufig auf und erstarren in höheren Stockwerken. Dabei kann die Zusammensetzung konstant bleiben oder durch Aufnahme von (und Reaktion mit dem) Nebengestein verändert werden. Augenfällige Beweise sind die häufig zu findenden Xenolithe (Abb. 4-1), an denen man alle möglichen Reaktionen mit dem aufnehmenden Magma beobachten kann. Manche scheinen völlig unbeeinflußt, andere sind teilweise bis völlig «verdaut». Dadurch wird natürlich der ursprüngliche Chemismus des Magmas verändert. – Nur unter besonderen Umständen – Hebung des gesamten betroffenen Areals z. B. – erstarren Schmelzen da, wo sie entstanden sind (s. Migmatite S. 313).

Da Magmen flüssige Gemenge sind, unterliegen sie den entsprechenden physikalisch-chemischen Gesetzmäßigkeiten. So wird z. B. die Löslichkeit eines Minerals in der Schmelze für die Kristallisationsbedingungen wichtiger sein als sein eigentlicher Schmelzpunkt. – Bei sinkender Temperatur beginnt zunächst eine Mineralart auszukristallisieren, dann eine weitere, dann die nächste – und so fort, bis die gesamte Masse erstarrt ist. Manchmal ist eine Mineralart schon völlig auskristallisiert, während der Rest noch als Schmelze vorliegt; meist überschneiden sich jedoch die Erstarrungstemperaturen. – Normalerweise kristallisieren zunächst die Hauptbestandteile und reagieren dann mit der sich weiter abkühlenden Schmelze (Abb. 4-2). Dies erkannten vor allem BOWEN und Mitarbeiter (1928); dabei ergaben sich zwei Möglichkeiten:

1. Bereits ausgeschiedene Kristalle reagieren mit der Restschmelze unter Bildung neuer Mineralarten – diskontinuierliche Kristallisationsfolge.
2. Vorhandene Mischkristalle ändern ihre Zusammensetzung durch Diffusion – kontinuierliche Kristallisationsfolge.

Diese Vorgänge wurden später «Kristallisations- und Reaktionsfolgen nach Bowen» benannt. BOWEN erkannte ferner, daß beide Mechanismen im sich abkühlenden Magma nebeneinander ablaufen können; viele Erscheinungen in Magmatiten werden so erst verständlich. Abb. 4-2 veranschaulicht die Theorie am Beispiel einer sich abkühlenden Schmelze basaltischer Zusammensetzung. Die zuerst auskristallisierten Mineralien sind Olivin und An-reicher Plagioklas. Bei weiterer Abkühlung reagiert der Olivin mit der Schmelze unter Bildung von Pyroxen (aus dem dann Hornblende entstehen kann usw.). Läuft die Reaktion vollständig ab, so findet man im fertigen Gestein keine Spur mehr vom einst vorhandenen Olivin. Der anfänglich entstandene Plagioklas gibt Ca und Al ab, nimmt Na und Si aus der Schmelze auf und wird also Ab-reicher. Schließlich stellt sich ein Gleichgewicht ein, und der Vorgang endet, wenn die Schmelze «verbraucht» ist. Läuft er bis zu Pyroxen und Plagioklas (An_{40-50}), so ist ein normaler Basalt entstanden. Allerdings wird der Idealfall nicht immer erreicht. So kann der neu entstehende Pyroxen den älteren Olivin umhüllen und so verhindern, daß dieser weiter mit der Schmelze reagiert. Ebenso kann sich um einen An-reichen Plagioklaskern eine An-ärmere Zone bilden usw.

Jedenfalls wird die verbleibende Schmelze immer reicher an SiO_2 und Na. BOWEN zeigte (experimentell) an einer basaltischen Schmelze, daß auf diese Weise der Gehalt an SiO_2, Na, K und fluiden Phasen so weit zunehmen kann, daß ein «Restmagma» von etwa granitischem Chemismus zustande kommt. Den gleichen Effekt erreicht man aber auch folgendermaßen: Trennt man die schon auskristallisierten

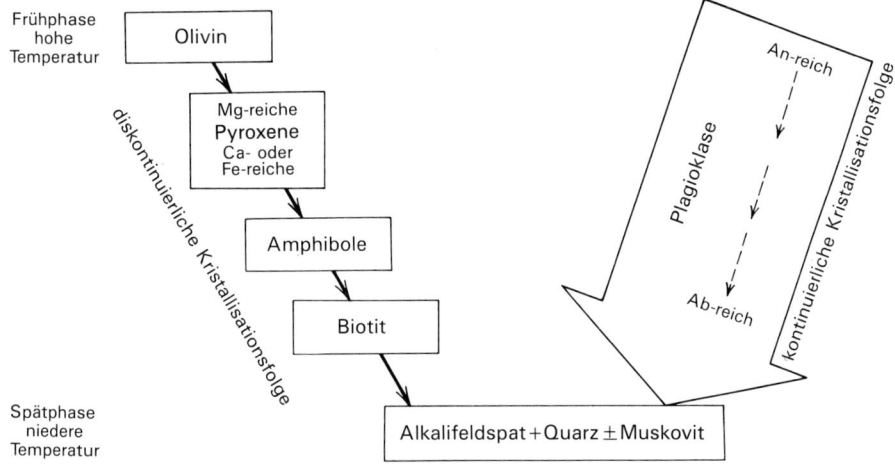

Abb. 4-2 Kristallisations- und Reaktionsfolge nach BOWEN (1928) am Beispiel einer Schmelze etwa basaltischer Zusammensetzung. – Die ersten bei der Abkühlung auskristallisierenden Mineralien sind Olivin und An-reiche Plagioklase. Im weiteren Verlauf reagieren die Olivinkristalle mit der verbleibenden Schmelze unter Bildung von Pyroxenen, während die Plagioklaskristalle ihre Zusammensetzung in Richtung auf zunehmenden Ab-Gehalt verändern. Sodann reagieren die Pyroxenkristalle, wobei Hornblende entsteht und aus dieser schließlich Biotit. Die Plagioklase wandeln sich in Ab-reiche Formen um. Am Ende des Vorganges kristallisieren Alkalifeldspäte, Quarz und, gegebenenfalls, Muskovit.

Mineralien von der Restschmelze ab, so wird diese ebenfalls «granitisch» werden. Die Abtrennung kann durch Absinken der fertigen Kristalle auf den Boden der Schmelzkammer oder durch ein Ausquetschen der Restschmelze erfolgen. So können sich aus einem *Stamm*-Magma mehrere *Teil*-Magmen bilden.

Derartige Vorgänge bezeichnet man als *magmatische Differentiationen.* Die wichtigste Rolle spielen dabei die Schweresaigerung und die Abpressung von Teilmagmen. Bei der Schweresaigerung sinken Mineralien höherer Dichte nach unten, die leichteren steigen auf. Die so entstandenen Gesteine kann man als Differentiate betrachten; sie unterscheiden sich natürlich in der chemischen Zusammensetzung von der des Stamm-Magmas, aber auch untereinander. Das Abquetschen oder Ab-

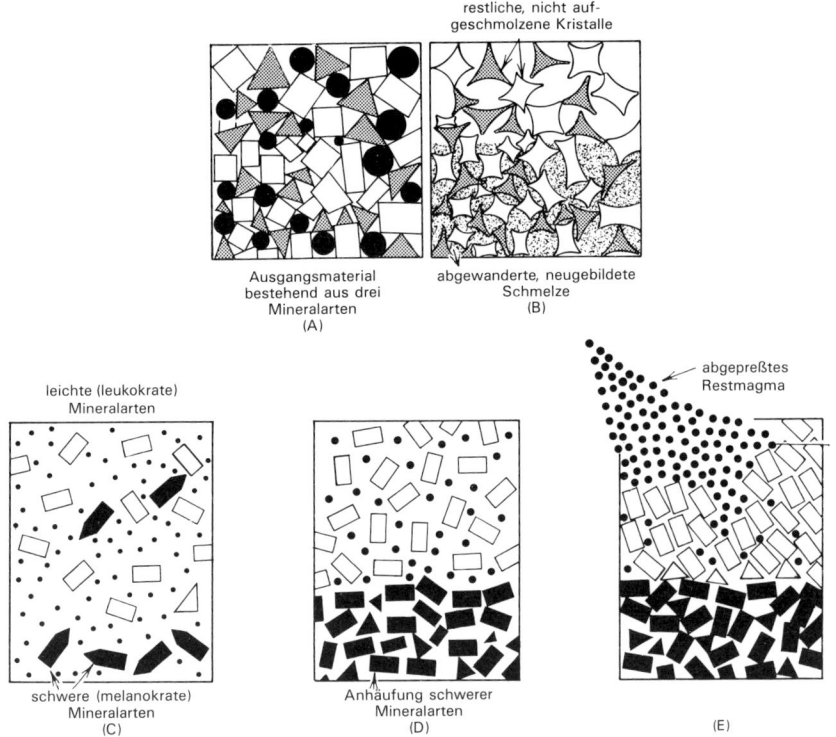

Abb. 4-3   Ablauf der Entstehung und der anschließenden Differentiation einer Schmelze, schematisch dargestellt. – Ein Ausgangsmaterial (A), das aus drei Komponenten besteht, wird erhitzt, bis eine der Mineralarten eine Schmelze bildet, die die übrigen aufzulösen beginnt (B). Das so entstandene Magma kann abwandern und hinterläßt ein Restgestein, das sich vom ursprünglichen in der Zusammensetzung natürlich stark unterscheidet. Die Schmelze kann sich nun differenzieren, so daß u. U. im Verlauf der Abkühlung mehrere Gesteinsarten daraus hervorgehen. Im Falle der sogenannten gravitativen Differentiation sinken frühgebildete, schwere Kristalle ab (C und D) und hinterlassen eine Restschmelze von verändertem Chemismus. Davon kann wiederum ein Teil abwandern (E), «abgepreßt» werden, so daß am Ende aus einem Ausgangsmaterial eine ganze Reihe verschiedener Gesteine entstehen können. – Natürlich ist diese Darstellung nur als ein Modell zu betrachten.

(A)

```
0        2 cm
```

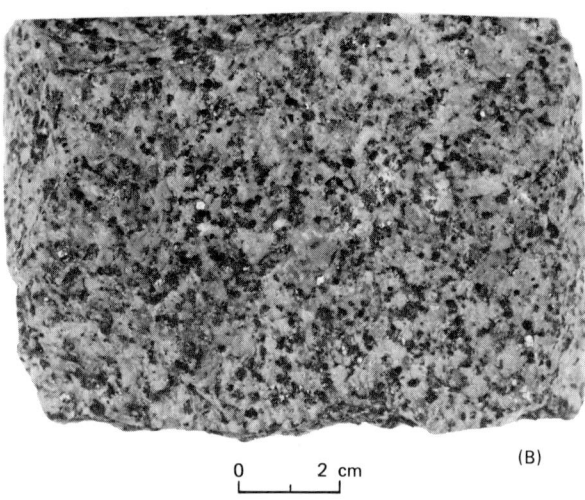

(B)

```
0        2 cm
```

(C)

Abb. 4-4   Drei Gesteinsarten, die
annähernd gleiche Zusammen-
setzung, aber deutlich ver-
schiedene Korngrößen aufweisen.
(A) Porphyrischer Rhyolith mit
Phänokristallen von Sanidin,
Quarz und Muskovit. (B) Mittel-
körniger Granit aus Quarz,
Alkalifeldspat, Plagioklas und
Biotit. (C) Grobkörniger Granit
mit gleichem Mineralbestand wie
(B). (Foto: Skinner)

```
0        2 cm
```

pressen wird wohl durch tektonische Kräfte bewirkt. Die SiO_2-reiche Restschmelze wird so von der Frühkristallisation abgetrennt; wiederum entstehen Gesteine verschiedener Art. Abb. 4-3 zeigt diese Vorgänge schematisch.

Ebenso P/T-abhängig wie die Bildung der Magmen ist auch deren Erstarrung zu Gesteinen, wobei zum hydrostatischen Druck durch die überlagernden Massen stets noch die H_2O- bzw. CO_2-Partialdrücke kommen. Kühlt sich ein Magma langsam ab, und können die fluiden Phasen allmählich abwandern, so entstehen große Kristalle. Erkaltet das Magma hingegen so rasch, daß sich – im Extremfall – keine Kristalle bilden können, so entsteht ein Gesteinsglas. Übrigens tragen die wandernden fluiden Phasen unter Umständen auch zur Veränderung im Magma bei (pneumatolytische Differentiation).

Gesteinsarten, die zwar vom gleichen Magma herzuleiten sind, infolge ungleicher P/T-Bedingungen bei der Bildung jedoch Unterschiede im Mineralbestand und/oder Gefüge erkennen lassen, nennt man *heteromorph* (Abb. 4-4). Als Beispiel seien Granit und Obsidian (Glaslava) genannt, die völlig gleiche chemische Pauschalzusammensetzung aufweisen können. Ebenso können zwei Granite, von denen der eine Biotit, der andere Hypersthen enthält, bis auf den Wassergehalt chemisch identisch sein. Somit werden die mineralogische Zusammensetzung und das Gefüge der Magmatite im wesentlichen durch folgende Kriterien bestimmt:

1. Chemismus und Grad der Aufschmelzung des Ausgangsmaterials
2. Reaktion zwischen aufsteigendem Magma und Nebengestein
3. Magmatische Differentiationen bei der Abkühlung des Magmas
4. Druck und Temperatur (P/T-Bedingungen) bei Erstarrung des Magmas.

Nachträgliche Veränderungen an Magmatiten

Auf die Haupt- und Restkristallisation eines Gesteinskörpers folgt häufig eine Phase postmagmatischer Veränderungen. Da diese Vorgänge im engsten Zusammenhang mit dem Abschluß der Erstarrung stehen können, sollen an dieser Stelle die wichtigsten von ihnen wenigstens kurz erklärt werden:

Chloritisierung: Umwandlung von Hornblende, Biotit und (selten) anderen mafischen Mineralien in Chlorit.
Saussuritisierung: Umwandlung von anorthitreichem Plagioklas, wie etwa Labradorit, in cin Gemenge aus Albit, Zoisit und Epidot, manchmal Calcit und Sericit, Quarz, u.U. auch in Zeolithe.
Serpentinisierung: Umwandlung von Olivin in Serpentin.
Spilitisierung: Umwandlung von anorthitreichen Plagioklasen in Albit durch Zufuhr von Na (in Basalten).
Uralitisierung: Verdrängung der Pyroxene durch «Uralit» genannte Hornblende.

Bis auf die Spilitisierung sind diese Umwandlungen in den Gesteinen megaskopisch meist erkennbar.

Das Gefüge beschreibt das gesamte Erscheinungsbild eines magmatischen Gesteins, so wie es durch die Größe, Form, Ausbildung und die gegenseitige Anordnung der Komponenten gegeben ist; sofern Teile des Gesteins nichtkristallin, d.h. als Glas, erstarrt sind, geht auch dies in die Betrachtung mit ein. Häufige Gefügebilder – ohne Rücksicht auf die tatsächliche Zusammensetzung – zeigen z.B. hypidiomorph-grobkörnige Intrusivgesteine, Porphyre mit dichter Grundmasse, Glaslaven mit Fließgefüge.

Die *Korngröße* hat zwei Aspekte: 1. die *absolute Größe* der Komponenten und 2. die *Größenverhältnisse* der Komponenten zueinander. Bezüglich der absoluten Größe der Komponenten unterscheidet man körnige Gesteine («phanerites», s. S. 135), wenn die Masse der Bestandteile mit dem freien Auge erkennbar ist, und dichte Gesteine («aphanites», s. S. 135), wenn die Körner auch mit Hilfe einer Lupe nicht mehr auszumachen sind. Bei Korngrößen von unter 1 mm spricht man von feinkörnigen, bei 1 bis 5 mm von mittelkörnigen und bei über 5 mm von grobkörnigen Gesteinen (Abb. 4-4 B und C, vgl. auch Abb. 4-19, S. 160).

Abb. 4-5 Porphyrisch ausgebildeter Gabbro mit großen Plagioklas-Phänokristallen in einer relativ feinkörnigen Grundmasse. Die Ausbildung der Kristalle in einem magmatischen Gestein wird mit idiomorph (= eigengestaltlich), hypidiomorph (= Eigengestalt teilweise entwickelt) und xenomorph (= keinerlei Eigengestalt vorhanden) gekennzeichnet. Vgl. auch Abb. 1-3 (S. 27).

Sind alle Komponenten etwa gleich groß, nennt man das Gestein gleichkörnig, ist ein Teil signifikant größer als die feinkörnige, dichte oder glasige Grundmasse, spricht man von einem porphyrischen Gefüge bzw. von einem Porphyr (Abb. 4-5). Die, relativ, größeren Körner bezeichnet man als Phänokristalle, den Rest als Grundmasse.

Die *Form der Körner* kann rundlich, tafelig, leistenförmig oder stengelig sein. Ferner können die Kristalle *idiomorph* ausgebildet sein, d. h. die ihnen zukommende Kristallform gut erkennen lassen, oder *hypidiomorph,* mit undeutlicher Gestalt, oder *xenomorph* mit unregelmäßiger, durch die Nachbarkomponenten erzwungener Umgrenzung (schematisch in Abb. 4-6 dargestellt, vgl. auch Abb. 1-3, S. 27).

Die *Verteilung* der Komponenten kann regellos sein, vor allem wenn die Körner gleichförmig rundlich sind, oder in sehr unterschiedlichem Ausmaß geordnet, wenn etwa tafelige Kristalle parallel oder subparallel zueinander liegen (Fließgefüge z. B.).

Der letzte Punkt betrifft den *Zustand* der Komponenten, d. h. ob sie kristallin sind oder als Glas vorliegen. Man unterscheidet *holokristalline,* das sind vollkommen aus Kristallen bestehende Gesteine von *hypokristallinen,* die z. T., und *hyalinen,* die ganz aus Glas bestehen. Die Gesteinsgläser führen eigene, bezeichnende Namen (s. S. 185). Im Gegensatz zu den stets holokristallinen Plutoniten enthalten viele Vulkanite einen beträchtlichen Anteil an Glas, der jedoch oftmals megaskopisch nicht von einer mikrokristallin ausgebildeten Grundmasse abzutrennen ist.

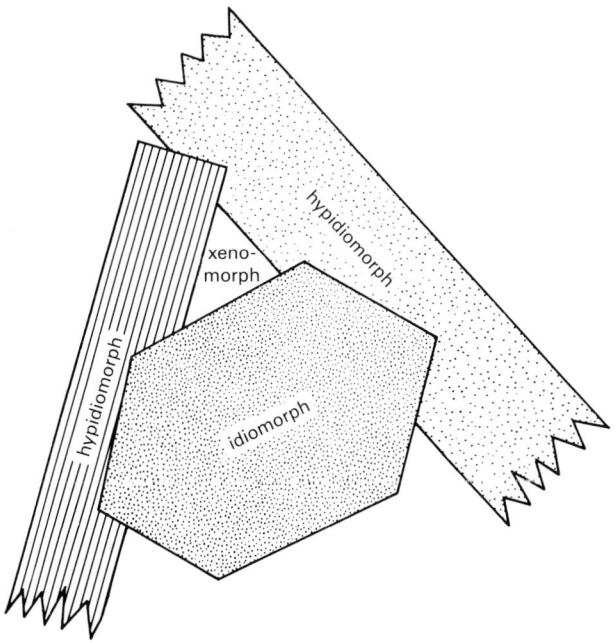

Abb. 4-6 Kristallentwicklung in einem magmatischen Gestein, schematisch dargestellt. Idiomorph = eigengestaltlich, hypidiomorph = teilweise oder unvollkommen eigengestaltlich, xenomorph = ohne erkennbare Eigengestalt.

Bei der Deutung magmatischer Gefüge kann als nützliche Faustregel gelten: Je schneller ein Magma abkühlt und erstarrt, desto kleiner ist die Korngröße des entstehenden Gesteins. Ein grobkörniges Gestein weist daher auf langsame Erstarrung in einer gewissen Tiefe in der Erdkruste hin. An der Erdoberfläche ausfließende Magmen kühlen rasch ab und erstarren als feinkörnige Laven oder – im Extremfall – als Glas.

Magmatische Gesteine, die innerhalb der Erdkruste auskristallisiert sind, nennt man Intrusivgesteine oder Plutonite, solche, die an der Erdoberfläche erstarrt sind, bezeichnet man als Extrusivgesteine oder Vulkanite, häufig auch einfach als Lava. Plattenförmige bis flachlinsige Körper nennt man Gänge. – Gestalt, Erscheinungsform und Beziehung zum umgebenden Gestein sind in Abb. 4-7 sehr schematisch wiedergegeben.

Auch das Verhältnis von Oberfläche zu Volumen und die Größe eines sich abkühlenden magmatischen Körpers beeinflussen die Korngröße. Große Intrusivmassive enthalten meist grobkörnige Gesteine, die gegen den Rand feinkörniger werden können (Abb. 4-19, S. 160), dünne Gänge haben u. U. sogar ein Salband aus Glas. Extrusivgesteinskörper können in der Kernzone grobkörnig und im Randbereich feinkörnig-dicht bis glasig-schlackig sein.

Porphyre entstehen strenggenommen unter zwei verschiedenen Bedingungen: Die größeren Phänokristalle bilden sich, bei langsamer Abkühlung, schon in der Tiefe der Erdkruste. Wird dieses Gemenge aus Kristallen und Schmelze dann an die Erdoberfläche gefördert, kühlt es sich relativ rasch ab und die Phänokristalle «schwimmen» in einer feinkörnigen (oder glasigen) Grundmasse. Auch der Chemismus der Schmelze wirkt sich aus: z. B. erstarrt ein Magma basaltischer Zusammensetzung an der Oberfläche zu einem dichten bis feinkörnigen Gestein, während eine granitische Schmelze, die unter denselben Bedingungen ausfließt, zu einem Gesteinsglas werden kann. Von der Zusammensetzung des Magmas hängt auch die Löslichkeit für Gase ab, die von Bedeutung für die Viskosität und auch für die Erstarrungstemperatur ist.

Viele Eigenschaften eines Magmas bestimmt der SiO_2-Gehalt, von dem zumal die Viskosität weitgehend abhängt (Tab. 4-2). Ein Teil der SiO_4-Tetraeder bildet nämlich

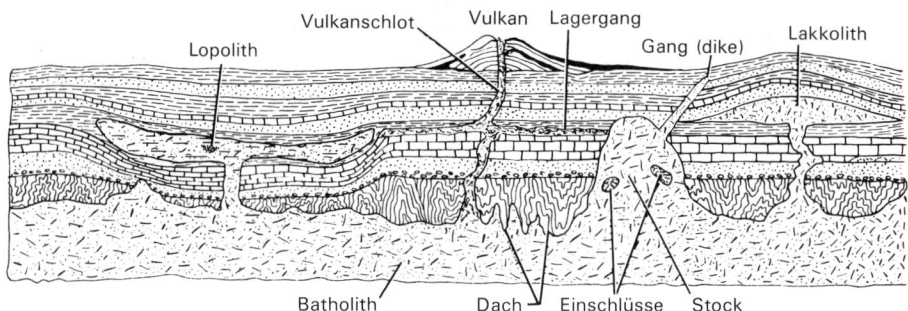

Abb. 4-7 Das Auftreten magmatischer Gesteine in der Erdkruste und an der Erdoberfläche in sehr schematischer Darstellung.

Tabelle 4-2   Die Viskosität von Gesteinsschmelzen.
(Die Werte von Wasser und heißem Pech sind zum Vergleich beigefügt).

Material	SiO_2-Gehalt in Gewichts-%	Temperatur	Druck in bar	ungefähre Viskosität in Poises
Wasser	–	30°	1	0,8
heißes Pech	–	100°	1	100
Basaltmagma	51	1150°	1	650
Andesitmagma	60	1050°	1	80000
Rhyolithmagma	77	800°	1000	5000000

schon im noch flüssigen Magma zusammenhängende Struktureinheiten; und je SiO_2-reicher das Magma ist, desto größer sind diese Einheiten und desto höher die Viskosität. Wasser und andere fluide Phasen setzen dagegen die Viskosität herab; auch ein ausgesprochen SiO_2-reiches Magma kann so «flüssiger» werden. – Rhyolithische und andesitische Laven neigen i. a. zur Bildung von Staukuppen und kurzen dicken Lavaströmen, die niedrig-viskosen basaltischen hingegen können in langen, weitausgebreiteten und dünnen Strömen ausfließen (vgl. S. 180ff).

DIE KLASSIFIKATION DER MAGMATITE

Als Magmatite bezeichnet man, wie erwähnt, Gesteine, die durch Erkalten und Erstarren eines Magmas entstanden sind, und legt für die erste Einteilung zwei Prinzipien zugrunde:

1. Einteilung nach der chemisch-mineralogischen Zusammensetzung
2. Einteilung nach dem Ort der Erstarrung bezogen auf die Erdkruste.

Die Sippen der Magmatite. Nach ihrem Gesamtchemismus teilt man die Magmatite in eine *Kalkalkali-Reihe* oder *pazifische Sippe* und eine *Alkali-Reihe* oder *atlantische Sippe* ein. Die Kalkalkaligesteine sind durch Alkalifeldspat und Plagioklas sowie (relativ!) hohe SiO_2-Gehalte gekennzeichnet, die Alkaligesteine enthalten (relativ!) alkalireichere Mineralien und sind (meist) unterkieselt, d. h. (relativ!) arm an SiO_2. Bei Vorherrschen von K trennt man noch eine, vor allem durch Leucit gekennzeichnete, *Kali-Reihe* oder *mediterrane Sippe* ab. Beachte: Die regional-geographischen Bezeichnungen sind irreführend und sollten vermieden werden. Obwohl für die megaskopische Gesteinsbestimmung an sich ohne Belang, sei diese rein chemische Gliederung wenigstens erwähnt (näheres siehe bei NICKEL oder RITTMANN), da sie für das Verständnis der weiterführenden Literatur notwendig ist.

Anmerkung der Übersetzer zur Einteilung der magmatischen Gesteine. Die Verfasser legen der Einteilung eine rein beschreibende Gliederung nach der Korngröße zugrunde: «phanerites» sind Magmatite, bei denen die Komponenten alle (oder nahezu alle) noch mit dem unbewaffneten Auge sichtbar sind, «aphanites» bzw. «aphanitic (aphanite) porphyries» dagegen solche, bei denen alle Komponenten, oder jedenfalls ein beträchtlicher Teil davon, so klein sind, daß sie eventuell sogar mit einer normalen Lupe nicht mehr als Körner auszumachen sind. Die natürlichen Gesteinsgläser, aber auch porphyrische Gesteine mit glasiger Grundmasse finden innerhalb dieser beiden Gruppen keinen Platz.

Nun bemerken aber die Autoren selbst, daß nach einer nützlichen Faustregel («a useful rule of thumb», englisches Original S. 109) grobkörnige Magmatite bei langsamer Erstarrung in der Tiefe der Erdkruste entstehen, während an der Oberfläche austretende Gesteine rasch abkühlen und demzufolge feinkörnig oder sogar glasig ausgebildet sind. Dementsprechend zeigt sich bei der in diesem Buch *de facto getroffenen Auswahl an Magmatiten,* daß *nahezu alle «phanerites» Tiefengesteine* und *sämtliche «aphanites» Oberflächengesteine* sind. Eine Schwierigkeit ergibt sich bei der Einordnung der Lamprophyre, die ja zumindest z. T. aphanites im Sinne der Autoren sind, aber am Schluß der phanerites untergebracht wurden. Schließlich ist in der Klassifikation nach STRECKEISEN (s. S. 141), der sich die Autoren sonst streng anschließen, die Einteilung in *Plutonite* (Tiefengesteine) und *Vulkanite* (Oberflächengesteine) beibehalten. Um die Problematik an einem Beispiel zu zeigen, sei an manche z. T. recht grobkörnige Alkalibasalte des Ätna erinnert («Dolerite» in der älteren deutschen Terminologie), die strenggenommen unter den «phanerites», etwa als Foid-führende Gabbros einzuordnen und entsprechend zu benennen wären. Vgl. auch NICKEL, Teil 3, 1983, S. 31ff.

Aufgrund dieser Überlegungen wurde bei der Übersetzung die dem deutschsprachigen Leser vertraute Einteilung nach dem (endgültigen) Ort der Erstarrung, bezogen auf die Erdkruste, in *Plutonite* (dazu ein Teil der Ganggesteine) und *Vulkanite* eingearbeitet, zumal ja damit auch der geologische Gesichtspunkt besser berücksichtigt ist. – Zwar verwendet P. NIGGLI (1948) die Ausdrücke «Phanerid» und «Aphanid», doch haben diese sich, soweit ersichtlich, nicht eingeführt. «Aphanit» wird, gelegentlich, für sehr dichte Gesteine ganz beliebiger Art gebraucht.

In diesem Zusammenhang muß auch auf die Verwendung unterschiedlicher Bezeichnungen für *«junge»* und *«alte» Vulkanite* hingewiesen werden. Die abweichende Benennung der alten Ergußgesteine (Quarzporphyr, Melaphyr usw.) war in der englischsprachigen Literatur nie üblich und soll an sich auch aus der deutschen verschwinden. Nun sind aber diese Begriffe im älteren deutschen Schrifttum gang und gäbe; darüber hinaus findet man sie häufig als Lokalnamen verwendet (Bozener Quarzporphyr z. B.). In Anbetracht des breiten Leserkreises, an den sich dieses Buch vorrangig wendet, ist ihre Auflistung daher (Tab. 4-4, S. 175) unumgänglich.

Abschließend ist noch die Gruppe der *Ganggesteine* zu erwähnen. Hierin werden in der deutschsprachigen Literatur viele und z. T. nicht zusammengehörige Dinge vereint: z. B. Lamprophyre, Aplite, Pegmatite und manchmal sogar (hydrothermale) Erzgänge. Davon sind nur die Lamprophyre und die Aplite wirklich echte «Ganggesteine» (S. 173), die Pegmatite (S. 150) treten zum guten Teil nicht gang-, sondern stockförmig auf, und die Erzgänge (S. 319) sind gar keine Gesteine im Sinne der Definition (S. 15).

Andere gangförmige Gesteinsbildungen werden dagegen seit eh und je bei den Vulkaniten genannt, so etwa die Basalt- und die Diabasgänge. – Der Gebrauch der Autoren, die Ganggesteine *nicht als eigene, dritte Gruppe* den Plutoniten bzw. Vulkaniten gegenüberzustellen, wird daher beibehalten.

Bis zur Mitte des zwanzigsten Jahrhunderts waren neben etwa 1500 verschiedenen Namen auch eine ganze Reihe von Einteilungsschemata für die Vielzahl der magmatischen Gesteine vorgeschlagen, nur wenige davon jedoch allgemein anerkannt worden. Die meisten erwiesen sich zudem als wenig praktikabel. Die Klassifikationen basieren i. a. auf dem Mineralbestand, auf dem Chemismus und auf der Genese der Gesteine. Da sich bis heute keine davon eindeutig durchsetzen konnte, sind immer noch mehrere im Umlauf. Unglücklicherweise werden manche Bezeichnungen ganz unterschiedlich verwendet, so daß für Mißverständnisse freie Bahn geschaffen ist. In den späten sechziger Jahren versuchte die *International Union of Geological Sciences* (IUGS) die Verwirrung zu beseitigen und beauftragte eine Kommission, die Klassifikationen der magmatischen Gesteine zu vereinheitlichen und entsprechende Vorschläge zu unterbreiten. Die Ergebnisse der Arbeit wurden 1972 bzw. 1976 jeweils von der IUGS überprüft und bald darauf veröffentlicht. Obwohl diese Vorschläge nicht verbindlich sind, ist anzunehmen, daß sie sich international durchsetzen werden. Sie werden daher hier für die Einteilung der Magmatite benutzt.

Grundlage ist das seit langem für Mehrstoffsysteme verwendete *Konzentrationsdreieck* (vgl. z.B. Abb. 2-3, S. 47) in der von STRECKEISEN vorgeschlagenen Form und Unterteilung (Abb. 4-8 und 4-9, hier ist auch die Handhabung kurz erläutert). Voraussetzung ist, daß die Mineralien des jeweiligen Gesteins nach Art und mengenmäßigen Anteilen bekannt sind.

Diese quantitative Angabe des Mineralbestandes wird als *Modus* bezeichnet. In grobkörnigen Magmatiten ist der Modus leicht abzuschätzen. In sehr feinkörnigen Gesteinen ist dies schwierig oder, zumal in Gläsern, ganz unmöglich. Man ist gezwungen, von einer chemischen Analyse auf den Gehalt an Mineralien zurückzurechnen – was nur mit Hilfe recht komplizierter Verfahren möglich ist – und erhält dann den sogenannten normativen Mineralbestand, die *Norm*. Näheres s. NICKEL, Teil 3, 1983.

Feinkörnige Magmatite und erst recht Gläser sind also der exakten Einordnung entzogen. Porphyrische Gesteine, bei denen nur die Einsprenglinge, nicht aber die Grundmasse bestimmbar ist, sollten nur unter Verwendung der Vorsilbe *Phäno-* benannt werden («Porphyr» ist ein allgemeiner Begriff und dementsprechend durch Vorsetzen des entsprechenden Gesteinsnamens zu erweitern; vgl. S. 133 und Abb. 4-5).

Einige für die Klassifikation wichtige, allgemeine Begriffe seien hier kurz erläutert:

Felsisch (Felsit): Kurzwort, aus Feldspat und Silikat gebildet; wird für hellere Gesteine verwendet, die aus Feldspat und/oder anderen hellen Silikaten bestehen.

Foid: Kurzform für Feldspatvertreter; hauptsächlich Nephelin, Leucit (Pseudo-Leucit), Sodalith, Nosean, Haüyn, Cancrinit und Analcim.

Leuko-: Vorsilbe für Gesteine, die heller sind als normale Felsite; s. Abb. 4-10 (aus dem Griechischen, leukós = weiß).

Mafisch (Mafit): Kurzwort, aus Magnesium (Mg) und Eisen (Fe) gebildet; wird für Gesteine verwendet, die reich an Olivin, Pyroxen, Amphibol oder Biotit sind.

Mela-: Vorsilbe, wird für Gesteinsvarietäten verwendet, die dunkler sind als üblich; s. Abb. 4-10, z.B. Melagranit (aus dem Griechischen, mélas = schwarz).

-phyr: Nachsilbe, die die porphyrische Struktur eines Gesteins hervorhebt, z.B. Melaphyr, Vitrophyr usw.

Die Plutonite

Für die Magmatite wird, wie erwähnt, die Klassifikation nach STRECKEISEN zugrunde gelegt. Danach lautet die Definition der Plutonite (1974, S. 174/175): «Unter plu-

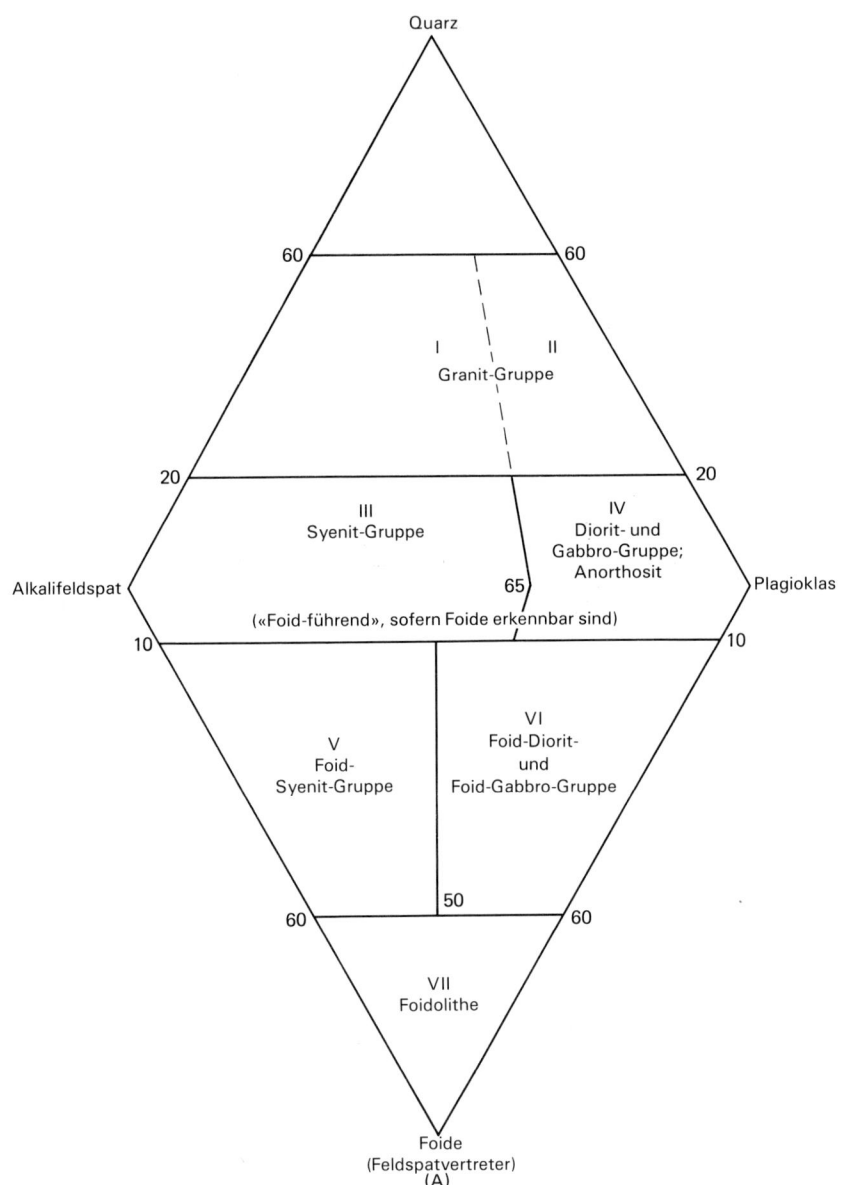

Quarz

60   60

I   II
Granit-Gruppe

20   20

III   IV
Syenit-Gruppe   Diorit- und
Gabbro-Gruppe;
Anorthosit

Alkalifeldspat   65   Plagioklas

(«Foid-führend», sofern Foide erkennbar sind)

10   10

V   VI
Foid-   Foid-Diorit-
Syenit-Gruppe   und
Foid-Gabbro-Gruppe

50

60   60

VII
Foidolithe

Foide
(Feldspatvertreter)
(A)

Abb. 4-8   Vereinfachte Diagramme für die Klassifizierung der Plutonite nach Streckeisen (1974). (A) Doppeldreieck für alle Gesteine, die weniger als 90% mafische Mineralien enthalten. (B) Diagramm zur Abgrenzung von Gabbro gegen die Anorthosite einerseits und die Ultramafitite andererseits. (C) Diagramm für die Untergliederung der Ultramafitite. Vgl. Abb. 4-9, 4-11 und 4-20.

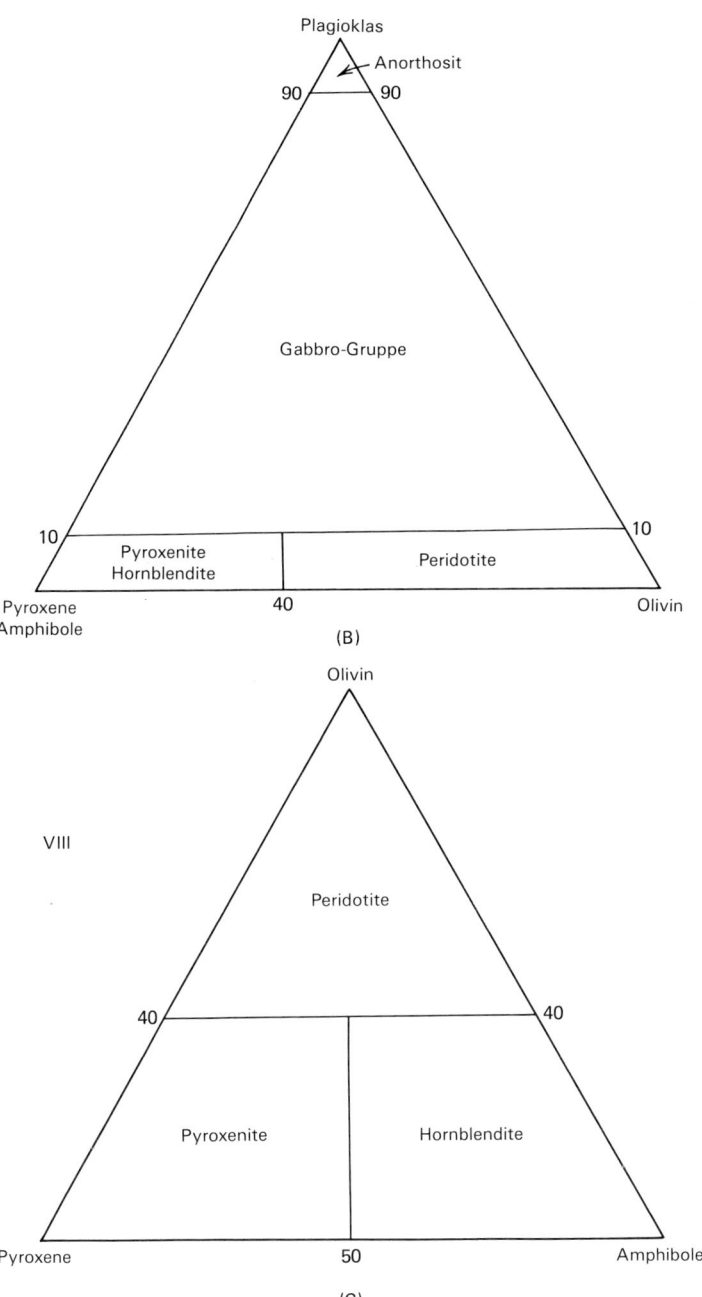

Plagioklas

Anorthosit

90   90

Gabbro-Gruppe

10   10

Pyroxenite
Hornblendite   Peridotite

Pyroxene
Amphibole   40   Olivin

(B)

Olivin

VIII

Peridotite

40   40

Pyroxenite   Hornblendite

Pyroxene   50   Amphibole

(C)

Zu Abb. 4-8

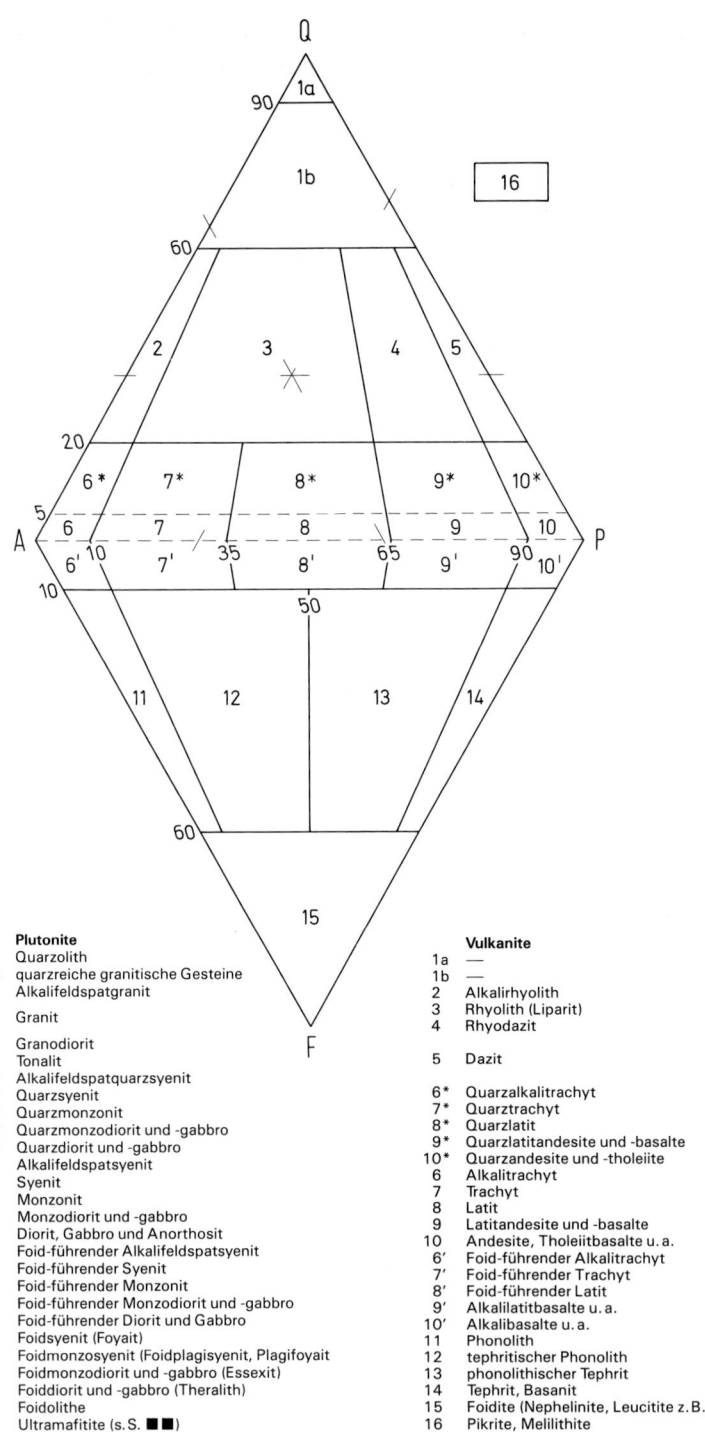

tonischen Gesteinen verstehen wir Gesteine mit erkennbar körnigem Gefüge (pha-neritic texture), von denen angenommen werden kann, daß sie in beträchtlicher Tie-fe entstanden sind»; und die Magmatite im allgemeinen: «Unter magmatischen Ge-steinen verstehen wir . . . ‹Massige Gesteine› im Sinne von Rosenbusch oder ‹mag-matische und magmatisch aussehende Gesteine› (igneous and igneous-looking rocks) im Sinne der angelsächsischen Autoren, unabhängig von der Entstehung.»

Die widersprüchlich erscheinende Einschränkung «unabhängig von der Entstehung» be-zieht sich darauf, daß es zumal «Granite» gibt, die offenbar auf andere Weise als durch Kri-stallisation aus einer Schmelze gebildet wurden, z. B. durch metasomatische Umwandlung einer Grauwacke. Dies ist dem Gestein jedoch nicht ohne weiteres anzusehen. Für die mega-skopische Erkennung und Zuordnung der Plutonite ist die Frage belanglos.

Plutonite werden auch als Tiefen- oder Intrusivgesteine bezeichnet; unter «Plu-ton» versteht man einen Tiefengesteins*körper.*

STRECKEISEN faßt die Plutonite, abgesehen von den Ultramafiten, zunächst in übergeordneten Gruppen zusammen, die im Englischen durch Anhängen der Silbe «oid» an das jeweilige Hauptgestein benannt werden, z. B. «syenitoids» (Abb. 4-8 A, B und C). Da der Sinn der Silbe «oid» jedoch im Deutschen nicht eindeutig ist (vgl. z. B. NICKEL, Teil 3, S. 16), wird im folgenden einfach von «Gruppen» gesprochen und die englische Bezeichnung jeweils in Klammern beigefügt, also z. B. «Syenit-Gruppe (syenitoids)». – Diese erste Gruppierung (Abb. 4-8) ist vor allem für die Feldarbeit gedacht, zur weiteren Untergliederung dient dann das in Abb. 4-9 wieder-gegebene QAPF-Doppeldreieck, meist kurz «Streckeisen-Diagramm» genannt, und die zugehörige Tabelle.

◁ Abb. 4-9 Die Einteilung der Plutonite und der Vulkanite im vollständigen QAPF-Diagramm nach STRECKEISEN. Zur Benennung der Felder siehe die Auflistung auf der folgen-den Seite.
Folgenden Mineralien und Mineralgruppen gehen in das Diagramm ein:
Q = Quarz
A = Alkalifeldspat (Orthoklas, Mikroklin, Albit mit 0–5% Anorthitgehalt, Perthite)
P = Plagioklas (mit 5–100% Anorthitgehalt)
F = Foide (Nephelin, Sodalith-Gruppe, Cancrinit, Analcim, Leucit u. a.)
M = Mafische Mineralien (Glimmer, Amphibole, Pyroxene, Olivin, Granat, Melilith, Karbonate, Erzmineralien u. a).
Das Doppeldreieck basiert demnach ganz auf den hellen Bestandteilen, unabhängig vom Gehalt an mafischen Mineralien (Gesteine mit mehr als 90% dunkler Mineralien finden daher keinen Platz und sind in speziellen Diagrammen untergebracht; vgl. Abb. 4-20).
Zur Einordnung eines Gesteins in das Diagramm muß der Prozentgehalt an Mineralien bekannt sein. Man rechnet dann die hellen Bestandteile auf 100% und konstruiert die Lage des Punktes wie in Abb. 1-2, S. 25 gezeigt.
Beispiel: Ein Gestein bestehe aus 32,4% Alkalifeldspat + 27% Plagioklas + 30,6% Quarz (= zusammen 90%) + 8% Biotit + 2% Erz. Das ergibt 36% Alkalifeldspat + 30% Plagio-klas + 34% Quarz (= zusammen 100%). Eingetragen in das Dreieck findet sich die Lage eines Gesteins dieser Zusammensetzung etwas rechts unterhalb der «3» im Granitfeld im Be-reich der meisten verbreiteten Granitvarietäten. Vgl. Abb. 4-11.

Die Dreistoff-Diagramme nach STRECKEISEN (Näheres zur Handhabung findet sich bei NICKEL, Teil 3, S. 44/45) sind so zu interpretieren, wie in Kapitel 1 beschrieben. Eine etwas detailliertere Einteilung der häufigeren Gesteine ist in den Abb. 4-9, 4-10 und 4-20 dargestellt. Die folgende Beschreibung hält sich an die Reihenfolge der Felder in Abb. 4-9. Sehr selten auftretende Gesteine, wie z.B. quarzreiche «Granite» (Feld 1 b), bleiben unberücksichtigt.

Entsprechend der im Streckeisen-Diagramm getroffenen Einteilung kann man 4 Gruppierungen von Plutoniten bilden:

1. Feldspat/Quarz-Plutonite   (z.B. Granit)
2. Feldspat-Plutonite   (z.B. Syenit, Gabbro)
3. Feldspat/Foid-Plutonite   (z.B. Essexit)
4. Foid-Plutonite   (z.B. Ijolith)

Eine 5. Gruppe bilden die Ultramafitite (z.B. die Peridotite), die im Doppeldreieck jedoch nicht unterzubringen sind und daher ein eigenes Diagramm (Abb. 4-8 C bzw. 4-20) erfordern. Im folgenden Text werden der Vereinfachung halber 1 und 2, bzw. 3 und 4, zusammengezogen, 5 steht dann alleine.

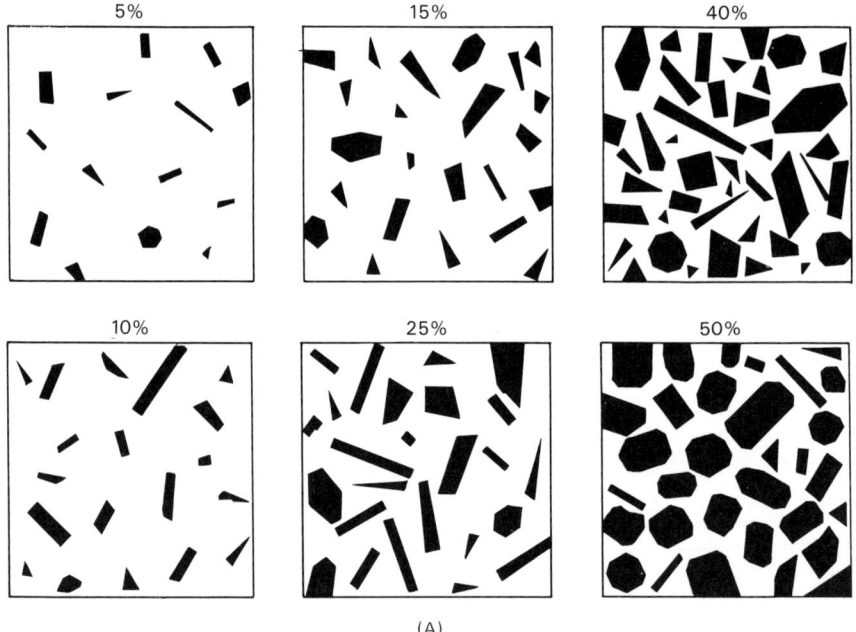

(A)

Abb. 4-10   Der Gehalt an dunklen (mafischen) Mineralien in Tiefengesteinen. (A) Farbkarte zur Abschätzung des mengenmäßigen Anteils an dunklen Bestandteilen. (B) Schema für die Gehalte an mafischen Mineralien in verschiedenen Magmatiten (ohne Ultramafitite). Gesteinsvarietäten, die heller sind als üblich, werden durch die Vorsilbe «Leuko-», besonders dunkle Varianten durch die Vorsilbe «Mela» gekennzeichnet. Z.B. wird ein Granit mit weniger als 5% mafischer Mineralien Leukogranit, ein solcher mit mehr als 20% dunkler Komponenten Melagranit genannt.

Panel (F = 60-100%, Foide = 10-60%)

F = 60-100%		
** Italit	Fergusit	Missourit
** Urtit	Ijolith	Melteigit

Foide = 10-60%
Plagioklas (in % d. gesamt. Feldspatgehaltes): 0-10 | 10-50 | 50-90 | 90-100

leuko — mela

Foid-syenit · Foid-monzo-syenit (od. Plagi-) · Foid-monzo-diorit · Foid-monzodiorit und · Foid-diorit und · Foid-monzo-gabbro (Essexit) · Foid-gabbro (Theralith)

Panel (Quarz = 0-5% oder Foide = 0-10%)

Plagioklas (in % d. gesamt. Feldspatgehaltes): 0-10 | 10-35 | 35-65 | 65-90 | 90-100

An>50 An<50 An>50 An<50

leuko — mela

Alkali-feldspat-syenit · Syenit · Monzonit · Monzodiorit · Monzogabbro · Diorit · Gabbro

Panel (Quarz = 5-20%)

Plagioklas (in % d. gesamt. Feldspatgehaltes): 0-10 | 10-35 | 35-65 | 65-90 | 90-100

An<50 An>50 An<50 An>50

leuko — mela

Alkali-feldspat-quarz-syenit · Quarz-syenit · Quarz-monzonit · Quarz-monzodiorit · Quarz-monzogabbro · Quarz-diorit · Quarz-gabbro

Panel (Quarz = 20-60%)

Plagioklas (in % d. gesamt. Feldspatgehaltes): 0-10 | 10-65 | 65-90 | 90-100

leuko — mela

Alkali-feldspat-granit · Granit · Granodiorit · Tonalit

Gehalt an mafischen Mineralien in %
0 10 20 30 35 40 50 60 65 70 80 90

* Nephelin > > Leucit (Pseudoleucit)
** Leucit (Pseudoleucit) > > Nephelin

143

Hier muß auf die «Spezielle Petrographie der Eruptivgesteine» von TRÖGER (1935/38, als Nachdruck erhältlich) hingewiesen werden. Für die Nomenklatur ist dieses Nachschlagewerk unerläßlich. Natürlich stimmen die Bezeichnungen nicht alle mit denjenigen STRECKEISENS überein; da aber den meisten Gesteinen der modale Mineralbestand beigegeben ist, macht die Übertragung in das Streckeisen-Diagramm keine Schwierigkeiten (Anmerkung der Übersetzer).

FELDSPAT/QUARZ- UND FELDSPAT-PLUTONITE

Quarzolith. Die farblosen, milchig- bis hellgrauen Quarzkörper (über 90% Quarz) treten gangartig, linsenförmig oder mit unregelmäßigen Formen innerhalb mancher Intrusiva oder angrenzender Gesteine auf. Meist haben solche Quarzkörper nicht mehr als einige Meter Durchmesser. – Viele der Quarzgänge und -linsen erweisen sich als *Mobilisate* aus dem Nebengestein; bisher konnte eine Kristallisation aus einem reinen Quarzmagma nicht nachgewiesen werden. Die Bedingungen für eine derartige Schmelze sind in der Erdkruste wohl auch gar nicht gegeben.

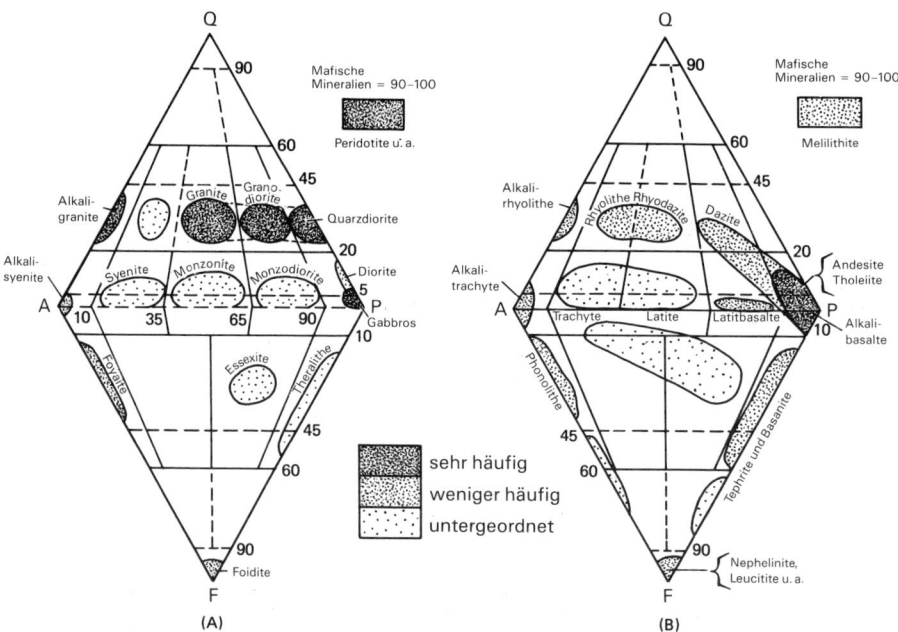

Abb. 4-11   Geschätzte Häufigkeit der magmatischen Gesteine im Verhältnis zu ihrer Zusammensetzung. (A) Plutonite. (B) Vulkanite. Nach STRECKEISEN (1967).

Anmerkung: Die Namengebung in diesem früher veröffentlichten Diagramm wurde später (1974, vgl. Abb. 4-9) teilweise abgeändert.

144

Abb. 4-12 Dünnschliff eines Granodiorites, der die Verzahnung der Kristalle (Implikations-gefüge) zeigt. Boulder Batholith, Montana. (Foto: Dietrich)

Granit-Gruppe (granitoids)

Zur Granit-Gruppe zählen wir körnige Tiefengesteine mit einem Quarzanteil von mehr als 20%: Nach Abb. 4-9 sind das die Alkalifeldspatgranite, Granite, Granodio-rite und Tonalite. Diese vier Gesteinsarten sind die häufigsten Intrusivgesteine. Aufgrund des hohen Quarzgehaltes (20–60%; Nb.: echte Magmatite mit mehr als 45% Quarz sind selten), ihrer Gleichkörnigkeit, ihres mittel- bis grobkörnigen Mineralbestandes sowie ihrer – meist – hellen Farbe sehen sie einander sehr ähnlich.

Anhand des Implikationsgefüges sind Granite von groben Arkosen, mit denen sie auf den ersten Blick verwechselt werden könnten, leicht zu unterscheiden. Durch das Vorkommen und das regellos-körnige Gefüge unterscheiden sich die Gesteine von Metamorphiten ähnlicher Zusammensetzung; letztere weisen meist eine Schieferung auf, d.h. ein Gefüge, das durch die mehr oder weniger starke Regelung der Mineralien geprägt ist. In bestimmten Fällen ist es allerdings unerläßlich, auf mikroskopische Untersuchungen zurückzugreifen, um eine exakte Trennung zwischen granitischen Plutoniten und ähnlich aussehenden Metamorphiten zu erreichen. – Alle Gesteine der Granit-Gruppe treten, wie übrigens auch die Diorite, häufig in Gängen auf, mit Mächtigkeiten von 10 cm bis 30 m, wobei sich das Gefüge vielfach von dem der massigen Ausbildung kaum unterscheidet.

Granit-Gruppe (granitoids; häufigere Glieder)

Alkalifeldspatgranit   Felsische Min.: Quarz- 20–60%
                                              Alkalifeldspat- 90–100% der Feldspäte
                                              Plagioklas- 0–10% der Feldspäte
                        Mafische Min.: 0–20% (meist Biotit, ± Muskovit)

Granit   Felsische Min.: Quarz- 20–60%
                                                    Alkalifeldspat- 35–90% der Feldspäte
                                              Plagioklas- 10–65% der Feldspäte
                        Mafische Min.: 5–20% (meist Biotit, ± Muskovit,
                                              ± Hornblende

Granodiorit   Felsische Min.: Quarz- 20–60%
                                              Alkalifeldspat- 10–35% der Feldspäte
                                            Plagioklas- 65–90% der Feldspäte
                        Mafische Min.: 5–25% (meist Biotit und Hornblende)

Tonalit   Felsische Min.: Quarz- 20–60%
(Quarzdiorit z. T.)   Alkalifeldspat- 0–10% der Feldspäte
                                                    Plagioklas- 90–100% der Feldspäte
                        Mafische Min.: 10–40% (meist Biotit und Hornblende)

Obwohl man zunächst geneigt ist, im Gelände alle diese Gesteine als «Granitoide» zusammenzufassen, lehrt die Erfahrung, daß es mit einiger Übung möglich ist, das Verhältnis zwischen Alkalifeldspat und Plagioklas in etwa abzuschätzen.

Farbe. Entscheidend ist die Farbe der am häufigsten vertretenen Feldspäte sowie der Anteil an mafischen Bestandteilen. Alkalifeldspäte, besonders perthitische, sind meist fleischfarben, rosa, gelb-rötlich oder grau-weiß. Die Plagioklase, speziell der Albit und der Oligoklas, sind meist weiß, grau oder blaßgelb. Quarz ist farblos, weiß, hell- oder mittelgrau. Die mafischen Mineralien sind schwarz (Biotit), silbrigglänzend (Muskovit) oder dunkelgrün (Hornblende). Manchmal kann man in grobkörnigen, granitischen Gesteinen auch akzessorische Bestandteile beobachten, so bläulich-schwarzen Magnetit, dunkelroten Granat, schwarzen Turmalin oder goldbraunen Titanit. Im Aufschluß zeigen granitische Gesteine meist weiße, graue, rötlich-gelbe oder rosa Farbtöne, im Handstück dagegen sind sie etwa weiß-grau gefleckt oder rotbraun, auch bläulich. Einige Farbvarietäten haben spezielle Namen: Helle Alkalifeldspatgranite bezeichnet man als Alaskite, helle Tonalite als Trondhjemite.

Gefüge. In normalen granitischen Gesteinen sind die Feldspäte und die mafischen Mineralien idiomorph bis hypidiomorph, Quarz dagegen ist xenomorph ausgebildet. Häufig treten auch porphyrische Varietäten auf. Während man in porphyrischen Graniten häufig Einsprenglinge von perthitischem Alkalifeldspat finden kann, treten in entsprechenden Granodioriten und Tonaliten Plagioklaseinsprenglinge auf. Idiomorphe Quarze kommen vor, sind jedoch selten und von geringer

146

Größe. Mafische Mineralien können butzenartig angereichert sein oder eine Orientierung infolge eines gerichteten Druckes während der Erstarrung aufweisen.

Seltenere Gesteine der Granit-Gruppe. Wie erwähnt haben einige Granite aufgrund ihres geringen Gehaltes an mafischen Mineralien eigene Namen. Auch andere Gegebenheiten führen zu Sonderbezeichnungen: so die mineralogische Zusammensetzung (z.B. Zweiglimmergranit), die chemische Beschaffenheit (z.B. Natrongranit), die Struktur (z.B. Schriftgranit) oder auch die postmagmatische Umwandlung (z.B. Unakit). Einige davon verlangen eine genauere Beschreibung.

Alkaligranite enthalten, anders als die Normalgranite, Na- oder Fe-reiche Amphibole bzw. Pyroxene, wie etwa Riebeckit oder Ägirin. Leider ist es schwierig, diese beiden Mineralien von den übrigen Amphibolen bzw. Pyroxenen zu unterscheiden. Hat man allerdings ihre Anwesenheit einmal erkannt, so genügt meist die Farbe des Gesteins zur Bestimmung. Weitere Erkennungsmerkmale bieten die xenomorphen Feldspäte und die hypidiomorphen bis idiomorphen mafischen Bestandteile. Riebeckit-Granite finden sich z.B. auf Korsika. (Zu beachten ist, daß die hier genannten *Alkaligranite* nicht mit den Alkali*feldspat*graniten des Feldes 2 in Abb. 4-9 gleichzusetzen sind!)

Charnockit bezeichnet (teilweise) ein Hypersthen-führendes granitisches Gestein. Der Name stammt vom Grabstein des Engländers Job Charnock, dem Gründer Kalkuttas. Unter Charnockit-*Serie* versteht man eine Reihe Hypersthen-führender Magmatite, die von Charnockit selbst bis zum Norit (S. 161) reicht. Man kennzeichnet diese Gesteine, indem man vor den üblichen Gesteinsnamen das Wort Hypersthen setzt. Charnockit ist von dunkler Farbe, die von den bläulichen Quarzen und den mittel- bis dunkelgrauen Feldspäten getragen wird. Der meist bronzefarbene Hypersthen ist megaskopisch kaum erkennbar. – Die Charnockite werden übrigens vielfach zu den Metamorphiten gezogen. STRECKEISEN (1976) läßt ihre Stellung offen.

Kugelgranite bestehen aus kugeligen Mineralaggregaten, die in einer normalen granitischen Matrix eingebettet sind. Wegen ihrer außergewöhnlichen Erscheinung werden diese Gesteine gern gesammelt. Gut ausgebildete Kugeln können bis zu mehreren Zentimetern im Durchmesser groß sein. Die konzentrischen Schalen bestehen aus verschiedenen Mineralien im Wechsel (Abb. 4-14). Größere Kugeln zeigen häufig eine rhythmische Bänderung. Derartige Strukturen kennt man bei granitischen Gesteinen ebenso wie bei Syeniten, Dioriten und Gabbros. Die bekanntesten Typlokalitäten für Kugelgranite liegen in Finnland, Schweden, Neuseeland, ferner in Nordamerika nahe Bethel und Craftsbury in Vermont.

Rapakivi-Granit ist ein porphyrischer Granit; eine Matrix aus mittelkörnigem Quarz, Biotit und/oder Hornblende umschließt rundliche Alkalifeldspatkristalle, die durch Plagioklase (meistens Oligoklas, aber auch Albit und Andesin) ummantelt sind. Flußspat ist hier ein häufiges, megaskopisch sichtbares Akzessorium. Die maximal zwei bis drei Zentimeter langen Phänokristalle sind lachs- bis fleischfarben. Die Typlokalität für dieses Gestein liegt bei Kengis im südlichen Finnland. Rapakivi-Granit aus der Gegend von Wiborg (Viipuri) im südöstlichen Finnland ist recht massig und wurde in außergewöhnlich großen Blöcken abgebaut. Der neun

Abb. 4-13 Schriftgranit; die helle Hauptmasse ist Feldspat, die dunklen, schriftzeichenähn-
lichen Gebilde bestehen aus Quarz. (Smithsonian Institution)

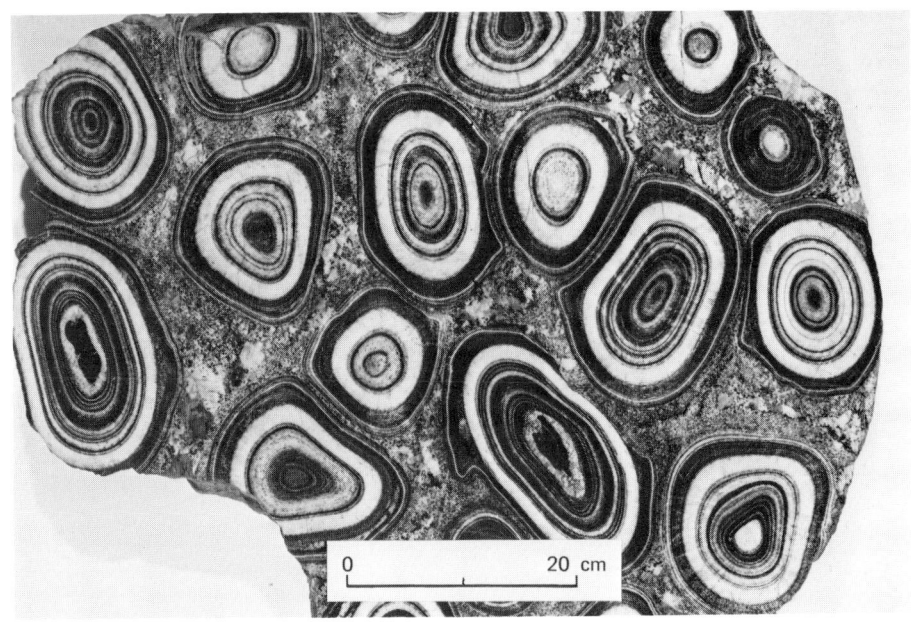

Abb. 4-14 Kugeldiorit, angeschliffen, von Kangasala, Finnland. Die Kugeln bestehen aus einem Kern, der ein Xenolith sein kann, und von hellem Plagioklas und dunklen, Biotit-reichen Lagen ummantelt ist. (Foto: E. Halme)

Meter hohe Würfel, der das Fundament der Alexander-Säule in Leningrad bildet, ist ein bemerkenswertes Beispiel. Geschiebe von Rapakivi-Granit sind in Norddeutschland verbreitet. Ein ähnliches Gestein kommt in Kanada und in Michigan in glazialen Geschieben, auf Deer Isle in Maine auch im Anstehenden vor.

Flasergranit. Hierunter versteht man gneisartig aussehende Gesteine, z.B. im Odenwald, die nach NICKEL (1979) ihre Paralleltextur durch tektonische Beanspruchung kurz nach der Platzname aufgeprägt erhielten. Er nennt sie auch «Primärgneise», rechnet sie aber zu den Magmatiten.

Disseminated porphyry copper ores. Diese eigentlich zu den Lagerstätten zu zählenden Vorkommen kann man der großen Verbreitung wegen auch als Sonderformen granitischer bis granodioritischer Gesteine mit porphyrischem Gefüge (Name!) betrachten, nur daß sie eben als Nebengemengteile Kupfermineralien in fein verteilter Form enthalten. In der Praxis verwendet man die Bezeichnung nicht allein für die Porphyre selbst, sondern auch für angrenzende Gesteine, soweit sie durch Kupfererze mineralisiert sind (Abb. 4-16). Der Porphyr und das benachbarte Gestein sind meist bis in den Zentimeterbereich hinein zerklüftet, zerbrochen und außerdem mehr/weniger stark von Umwandlungserscheinungen betroffen, wie etwa Verkieselung, Albitisierung, Sericitisierung, Kaolinisierung und Chloritisierung. Manche der Gesteine bestehen nur noch aus solchen Umwandlungsprodukten. Die Kupfermineralisation scheint nach der starken Zerklüftung der Gesteine abgelaufen zu sein, gleichzeitig mit oder unmittelbar nach den erwähnten Umwandlungsvorgän-

Abb. 4-15 Pegmatitgängchen im mittelkörnigen Granit. Bar Harbor, Maine Dept. (Foto: Maine Dept. of Economic Development.)

gen. Die Erze kommen in kleinen Gängchen vor, die buchstäblich das gesamte Gestein und angrenzende Bereiche durchdringen; die häufigsten sind Kupferkies und Bornit, gelegentlich auch Enargit, Tetraedrit, und vor allem in der Zementationszone, Kupferglanz. Die erste derartige Lagerstätte wurde gegen Ende des 19. Jahrhunderts in Bingham, Utah, entdeckt. Sie ist heute noch im Abbau. Seitdem wurden mehr als hundert verschiedene «porphyries» auf der ganzen Welt aufgefunden. In Amerika ordnen sie sich entlang eines Gürtels an, der parallel der Westküste des Kontinents von Alaska bis nach Zentralchile reicht. Zur Zeit wird aus diesen Lagerstätten Kupfer gewonnen, auch wenn der Kupferanteil des abgebauten Gesteins nur 0,5% beträgt.

Pegmatite und Aplite. Diese Gesteine, die sich durch besondere Gefüge und z. T. abweichenden Mineralbestand auszeichnen, werden i. a. zu den Ganggesteinen gerechnet. Man kann sie aber – meist sind sie eng mit Graniten verbunden – auch hier anschließen, vor allem die Pegmatite, die ja oft große, stockförmige Körper bilden.

Pegmatit bedeutet das «Zusammengefügte» und wurde in den Jahren vor 1822 hauptsächlich für Schriftgranite verwendet. Im Laufe der Zeit erweiterte sich der Begriff auf besonders grobkörnige magmatische Gesteine. Die Bezeichnung «Peg-

0 1 cm

Abb. 4-16 Porphyry copper. Der breccienartig zerlegte porphyrische Granodiorit ist durch hydrothermale Lösungen sehr stark verändert. Die ursprünglichen Erzmineralien in den Klüftchen und Zwickeln sind durch Verwitterung weitgehend in dunklen Limonit umgewandelt. Angeschliffenes Handstück. (Foto: Skinner)

matit» wird heute gewöhnlich auf Granitpegmatite bezogen. Man versteht darunter sowohl das Gestein selbst als auch pegmatitische Gesteinskörper, z.B. Stöcke, in ihrer Gesamtheit. Indessen ist zu beachten, daß es auch Pegmatite gibt, die mit Syeniten, Nephelinsyeniten, Gabbros oder sogar Ultramafiten verbunden sind. Die Korngröße liegt im allgemeinen über einem Zentimeter und geht nicht selten bis zu einem Durchmesser von 1–2 m. In Sonderfällen können einzelne Kristalle auch mehrere Meter lang werden (z.B. der 15 m messende Spodumenkristall aus der Etta Mine, Keystone South Dakota). Unabhängig von der Korngröße zeigen alle Pegmatite ein typisches Intrusivgesteins-Gefüge.

Man kann unter den Pegmatitvorkommen einfache und komplex gebaute unterscheiden. Die einfachen Formen sind ziemlich homogen, meist gangartig und bestehen gewöhnlich nur aus Mikroklin-Perthit, Quarz, etwas Biotit und/oder Turmalin. Die großen Pegmatitkörper hingegen sind häufig zonar gebaut. Sie enthalten Quarz, Mikroklin, merklich Cleavelandit (tafelige Varietät des Albits), oft große Massen an Muskovit, idiomorphe Kristalle von Apatit, Beryll, Topas und farbigem

Turmalin, Spodumen sowie eine Anzahl seltener Mineralien, die Elemente wie Lithium, Niob, Tantal, Caesium, Uran und Seltene Erden führen.

Die zonar gebauten Pegmatite bilden mächtige Linsen, Stöcke und unregelmäßig begrenzte Massen; sie finden sich meist im und um den Bereich großer Plutonite sowie als scheinbar isolierte Körper innerhalb metamorpher Gesteinsserien. Die einfachen Pegmatite beobachtet man in oder nahe von granitischen Plutonen. Sie sind in Form schmaler bis meterdicker Gänge in großer Zahl praktisch in jedem Granit-Steinbruch, stets von Apliten begleitet, zu beobachten (Abb. 4-15).

Musterbeispiele für zonar gebaute Pegmatitkörper sind Hagendorf in der Oberpfalz und Hühnerkobel im Bayerischen Wald, bekannt durch ihren Reichtum an Phosphatmineralien. – Berühmt sind die nordamerikanischen Pegmatite. Zu nennen sind vor allem der Spruce Pine District in North Carolina, der Amelia District in Virginia, der Middletown District in Connecticut, der Keystone District im Südwesten von South Dakota, der Pala District im südlichen Kalifornien und der Winnipeg-River-Bereich in Manitoba, Kanada. Viele Pegmatite liefern schöne Mineralstufen und Edelsteine.

Aus den großen Pegmatiten werden Feldspat für keramische Zwecke, Muskovit für die Elektroindustrie als Isolationsmaterial, als hitzebeständiges Glimmerglas, als Farbfüllstoff und für verschiedene andere Zwecke und natürlich Mineralien seltener Elemente wie Beryll, Columbit (Nb, Ta) u.a. gewonnen.

Schriftgranit besteht zu 70% aus Alkalifeldspat und zu 30% aus Quarz. Die großen perthitischen Mikroklinkristalle sind meist von grau-weißer, bräunlicher oder leicht rötlicher Farbe. Die hellgrauen Quarzkristalle bilden längliche, nahezu parallele, keilförmige Prismen innerhalb des Feldspats. Auf manchen Mikroklin-Spaltflächen erinnern die Querschnitte der Quarzprismen an Schriftzeichen (Abb. 4-13). Schriftgranite entstehen hauptsächlich zusammen mit Pegmatiten.

Miarolithische Granite sind durch die mit Kristallen besetzten Hohlräume gekennzeichnet, die sich anscheinend schon während der Erstarrung des Magmas gebildet haben. Sie sind daher von den später, in der Hydrothermalphase, zugesetzten Drusen zu unterscheiden. Feldspat, Quarz, Topas und Turmalin sind einige der typischen Mineralien, die man in diesen Hohlräumen finden kann. Die Paragenese ist also der der Pegmatite ähnlich. Man nimmt an, daß sich solcherart Gesteine in verhältnismäßig großer Tiefe gebildet haben. Berühmte Miarolen mit Mikroklin, Rauchquarz, Fluorit, Topas u.a. enthält der Granit vom Epprechtstein im Fichtelgebirge. Weltbekannte Stufen dieser Art mit grünem Mikroklin stammen vom Pikes Peak in Colorado.

Aplite sind meist weiß, rötlich-gelb oder rosarot, stets aber sehr hell. Es sind feinkörnige Ganggesteine von granitischer Zusammensetzung und zuckerkörniger Struktur. Der Feldspatgehalt besteht zu gleichen Teilen aus Kalifeldspat und albit-reichem Plagioklas. Auch der Quarz ist körnig ausgebildet und bildet nicht, wie sonst üblich, die Zwickelfüllungen zwischen anderen Mineralien. Charakteristisch ist das weitgehende oder völlige Fehlen mafischer Bestandteile. Die zentimeter- bis meterdicken Aplitgänge durchschlagen für gewöhnlich, in Form von Nachschüben, das Intrusivgestein, dem sie entstammen, aber auch das angrenzende Nebengestein. Sie sind fast immer mit Pegmatiten assoziiert und in jedem Granitmassiv zahllos vertreten.

Die Genese der Pegmatite und Aplite ist keineswegs so einfach wie die vorstehende Darstellung vielleicht glauben läßt. Beide Gesteinstypen finden sich nämlich auch in Metamorphiten, weitab von jedem Granitpluton. Hier handelt es sich offenbar um Mobilisate, die während oder unmittelbar nach der Metamorphose entstanden sind. Außerdem werden bei beginnender Anatexis in sauren Gneisen zunächst die hellen Bestandteile aufgeschmolzen, um sich lagig anzuordnen und aplitisch-pegmatitischen Charakter anzunehmen. Man spricht dann wohl auch von *Aploiden* und *Pegmatoiden,* ohne daß diese Ausdrücke konsequent Anwendung finden.

Vorkommen. Wie bereits erwähnt, handelt es sich bei den Gesteinen der Granit-Gruppe um die am weitesten verbreiteten Plutonite, und so sind denn auch die größten Intrusivkörper der Erde Granite bzw. Granodiorite. Die Batholithe im Westen Nordamerikas (British Columbia, Kalifornien, Idaho, Sierra Nevada) dehnen sich über tausende von km^2 aus (Abb. 4-17). Viele Granitkörper liegen ferner im Inneren der großen Gebirgsketten. – Geologisch-geophysikalische Untersuchungen ergaben, daß die kontinentale Oberkruste weit überwiegend aus Gesteinen granitischer Zusammensetzung aufgebaut ist. Die selteneren Gesteine, wie Alkalifeldspatgranite oder Tonalite, sind meist als eigene «Fazies» innerhalb größerer Intrusivkörper aufzufassen. So können z.B. Diorite örtlich in Tonalite übergehen. – Wenn man den Begriff *Fazies* auf Magmatite anwendet, so will man damit Teilbereiche, die sich strukturell und/oder nach der Zusammensetzung von der Hauptgesteinsmasse unterscheiden, erfassen; so z.B. wenn eine «Randfazies» einer «Kernfazies» gegenübergestellt wird.

In Mitteleuropa sind die Gesteine der Granit-Gruppe hauptsächlich in den Mittelgebirgen, etwa im Fichtelgebirge, vertreten und in zahllosen Steinbrüchen bestens erschlossen. In den Alpen beschränken sie sich auf eine Zone beiderseits der Periadriatischen Naht, die die Ost- und Westalpen von den Südalpen trennt. Hervorzuheben sind das Bergeller und das Adamello-Massiv (Tonalite vor allem), da hier die Aufschlüsse besonders gut sind. – Ein Beispiel für ein nachträglich verändertes plutonisches Gestein ist der Juliergranit, der bei erhaltenem granitischen Gefüge durch vollkommen «vergrünte» Feldspäte auffällig ist. Er tritt in Graubünden auf, findet sich aber häufig als Glazialgeschiebe im Alpenvorland. Aus Schweden kommen vielverwendete, meist rote Granite (über die Vorkommen des Rapakivi s. S. 147). – Bemerkenswerte Beispiele aus Nordamerika sind: der Mount Rushmore, South Dakota, mit den in den Fels gehauenen Köpfen der Präsidenten Jefferson, Lincoln, Washington und Theodore Roosevelt; der Half Dome im Yosemite National Park, Kalifornien und der Pikes Peak in Colorado; ferner der unter dem Mount Rainier, Washington, liegende Granodiorit, der im frühen Miozän entstanden und damit der jüngste Batholith in Nordamerika ist.

Verwendung. Granitische Gesteine werden vorwiegend als Baumaterial genutzt, angefangen vom massiven Mauerstein über Rand- und Pflastersteine sowie Bodenplatten bis hin zum Straßenschotter und, klassiert, als Beton- oder Asphaltzuschlag. Geschnittene und polierte Granite, vor allem farbige Varietäten, sind für Fassaden- und Wandverkleidungen, in der Grabmalkunst, für Denkmäler usw. sehr beliebt. Seltenere Verwendungsmöglichkeiten sind die für Mahlsteine in Kugelmühlen, als Filterkies und dergleichen mehr.

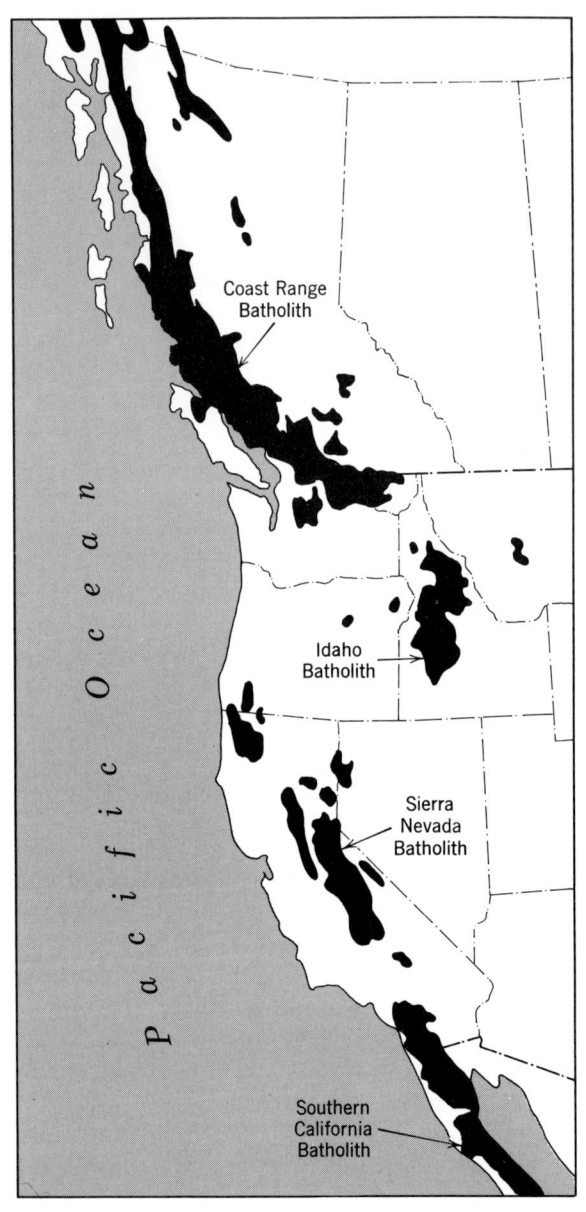

Abb. 4-17   Granitbatholithe im westlichen Nordamerika.

So mancher polierte Naturstein, der als «Granit» läuft, ist übrigens weder Granit noch ein verwandtes Gestein, sondern z. B. Syenit oder Diorit, grobkörniger Gneis oder Migmatit, ja sogar farbig-spätiger Kalkstein.

Syenit-Gruppe (syenitoids)

Die Gesteine der Syenit-Gruppe sind relativ selten (s. Abb. 4-11). Sie unterscheiden sich durch ihren niedrigen Quarzgehalt von den granitischen Gesteinen. Die Zusammensetzung (s. Abb. 4-8 A, 4-9, 4-10 B) läßt sich wie folgt wiedergeben:

Quarzsyenit Felsische Min.: Alkalifeldspat 65–90% der Feldspäte
Plagioklas 10–35% der Feldspäte
Quarz 5–20%
Mafische Min.: 5–30%

Alkalifeldspatsyenit Felsische Min.: Alkalifeldspat 90–100% der Feldspäte
Plagioklas 0–10% der Feldspäte
Quarz unter 5%
Mafische Min.: 0–25%

Syenit Felsische Min.: Alkalifeldspat 65–95% der Feldspäte
Plagioklas 0–10% der Feldspäte
Quarz unter 5%
Mafische Min.: 10–35%

Monzonit Felsische Min.: Alkalifeldspat 35–65% der Feldspäte
Plagioklas 35–65% der Feldspäte
Quarz unter 5%
Mafische Min.: 15–45%

Foid-führender Felsische Min.: Alkalifeldspat 90–100% der Feldspäte
Alkalifeldspatsyenit Foide 0–10%
Plagioklas 0–10% der Feldspäte
Mafische Min.: 0–25%

Farbe. Die meisten Syenite sind gelblich-rot, rosa, dunkel lachsfarben, aber auch grau oder gelblich. Die Monzoite sind einheitlich in der Farbe. Durch den hohen Bestand an mafischen Mineralien und die beiden verschiedenen Feldspäte wirken sie oft hell-dunkel gefleckt. Da die Plagioklase und Alkalifeldspäte der Syenite eine unterschiedliche Farbe haben, kann man megaskopisch zunächst das Verhältnis der Feldspäte zueinander abschätzen, um danach anhand der Abb. 4-9 einen geeigneten Namen zu finden. Die mafischen Mineralien, Biotit (schwarz), Hornblende und Augit (beide grünlich-schwarz) treten einzeln oder in jeder denkbaren Kombination auf. Nephelin und Sodalith sind die häufigsten Feldspatvertreter, die man in den Foid-führenden Syeniten finden kann. Sodalith ist im allgemeinen blau, Nephelin etwa rauchgrau und an frischen Bruchstellen dem Quarz ähnlich. Auf verwitterten Flächen ist er meist angeätzt und trüb, da er von CO_2-haltigem Wasser leicht angegriffen wird. Wie auch in den alkalireichen Gesteinen der Granitfamilie finden sich auch speziell bei den Foid-führenden syenitischen Gesteinen Na- und Fe-reiche Amphibole und Pyroxene (Riebeckit, Ägirin). In manchen der quarzfreien Syenite erkennt man gelegentlich auch seltenere Mineralien, wie etwa Astrophyllit (am goldfarbenen, glimmerähnlichen Aussehen).

Gefüge. Wie die granitischen Gesteine sind auch die syenitartigen meist homogen und mittel- bis grobkörnig. Manchmal zeigen tafelig ausgebildete Alkalifeldspäte durch subparallele Einregelung ein Fließgefüge an. Ferner gibt es porphyrische, pegmatitische und aplitische Varietäten. Während bei den Syenitporphyren im allgemeinen perthitische Alkalifeldspat-Einsprenglinge vorherrschen, finden wir bei entsprechenden Monzoiten Perthit- und Plagioklas-Phänokristalle. Ein intensiv lachsfarbener Orthoklas aus einem Syenitporphyr bei Goodsprings, Nevada, ist als Sammelobjekt sehr begehrt.

Vorkommen. Syenite bilden die Randzonen oder Apophysen mancher granitischer Intrusivkomplexe, in seltenen Fällen auch eigene, geringmächtige Intrusivkörper. Foid-führende Syenite (Feld 7') treten als Fazies innerhalb von Foid-Plagisyeniten (Feld 12) auf. Monzoite kommen in der Randzone oder als Apophyse von Granit- und Granodioritstöcken vor, gelegentlich als Ringintrusionen (ring dikes).

In Mitteleuropa kommen Syenite in Sachsen vor sowie in dem kleinen Massiv von Biella in den Westalpen und im Monzonigebirge bei Predazzo, das für den Monzonit namengebend ist. Der «Syenit» von Syene (Assuan) in Ägypten ist ein Hornblendebiotitgranit.

Verwendung. Syenit findet eine ähnliche Verwendung wie die Granite, allerdings in geringerem Maße, da seine Verbreitung beschränkt ist. Der «Syenit» von Syene (s. o.) wurde für architektonische Zwecke und Denkmäler bis nach Rom befördert.

Seltene Varietäten. Ähnlich wie bei den granitischen Gesteinen existieren auch bei den Syeniten kugelig strukturierte Varietäten. Sie kommen allerdings in viel geringerem Umfang vor. Miarolithische Syenite sind relativ häufig. Einige wenige spezielle Formen der Syenit-Gruppe haben eigene Namen. Hierzu zwei Beispiele:

Larvikit ist ein bläulich-graues Gestein, das als Fassadenverkleidung sehr beliebt und daher überall anzutreffen ist. Beim Vorübergehen an einer solchen Fassade bemerkt man ein auffälliges opalähnliches Schimmern. Das grobkörnige Gestein kommt aus der Gegend von Larvik in Norwegen und besteht fast vollkommen aus Feldspat, zuzüglich weniger Prozent butzenartig angereicherter mafischer Mineralien und 1–2% Quarz oder Nephelin. Der Feldspat erweist sich als submikroskopisches Gemenge aus Alkalifeldspat und Oligoklas. Deswegen entspricht der Gesamtchemismus des Gesteins dem eines Monzonits. Die Feldspatverwachsungen bedingen das bezeichnende Labradorisieren.

Pulaskit ist der Name für einen Foid-führenden Alkalisyenit, dessen Verwitterungsprodukte in den Bauxit-Lagerstätten vom Pulaski County in der Little Rock Region, Arkansas, abgebaut werden. Das meist homogene Gestein ist hell- bis dunkel-blaugrau und wird manchmal irreführend als «blauer Granit» bezeichnet. Wenig größere Kalifeldspäte geben dem Gestein einen porphyrischen Charakter. Der mafische Mineralbestand weist Diopsid und einen oder mehrere Na- oder Fe-reiche Augite oder Hornblenden auf. Nephelin, $\pm$ Sodalith, sowie örtlich Nosean können mit bis zu 5% beteiligt sein.

Diorit- und Gabbro-Gruppe (dioritoids, gabbroids); **Anorthosit**

Das STRECKEISEN-Diagramm (Abb. 4-9) zeigt, daß die relativ wichtigen Magmatite Gabbro, Diorit, Anorthosit sich auf einem sehr kleinen Feld (10) in der rechten Ecke des Doppeldreiecks zusammendrängen, da sie an hellen Mineralien fast nur Plagioklas enthalten. Die weiteren in die Felder 9 und 10 fallenden Gesteine sind sehr selten (vgl. Abb. 4-11), abgesehen vom Quarzdiorit (Feld 10$^+$), der vielfach Tonalit genannt wird.

Quarz-Monzodiorit	Felsische Min.:	Plagioklas 65–90% der Feldspäte
		Alkalifeldspat 10–35% der Feldspäte
		Quarz 5–20%
	Mafische Min.:	15–40%
Quarzdiorit	Felsische Min.:	Plagioklas 90–100% der Feldspäte
		Quarz 5–20%
	Mafische Min.:	20–45%
Monzodiorit	Felsische Min.:	Plagioklas 65–90% der Feldspäte
		Alkalifeldspat 10–35% der Feldspäte
		Quarz unter 5%
	Mafische Min.:	20–50% (meistens Hornblende)
Diorit	Felsische Min.:	Plagioklas 90–100% der Feldspäte
		Quarz unter 5%
	Mafische Min.:	25–50% (meistens Hornblende, $\pm$ Biotit, $\pm$ Augit)
Gabbro	Felsische Min.:	Plagioklas 90–100% der Feldspäte
		Quarz unter 5%
	Mafische Min.:	35–65% (Augit und/oder Hypersthen, 0–25% Olivin)
Anorthosit	Felsische Min.:	Plagioklas 90–100% der Feldspäte
		Quarz unter 5%
	Mafische Min.:	0–10% (meistens Augit)

Monzodiorit, Diorit und Gabbro können Foide enthalten und sind dann natürlich quarzfrei.

Der Name Gabbro kommt aus dem Italienischen, bezeichnete aber ursprünglich (zumindest z. T.) einen Diallag-haltigen Serpentin.

Die Trennung zwischen Diorit und Gabbro ist leider ohne mikroskopische Untersuchung oft nur schwer möglich. Anorthosit unterscheidet sich von Diorit und Gabbro durch seinen geringen Mafitgehalt (unter 10 Prozent). Diorit und Gabbro sind nicht ohne weiteres auseinanderzuhalten, weil die exakte Abtrennung anhand des

0   2 cm

Abb. 4-18   Handstück von Diorit. Weißlich: Plagioklas, schwarz: Hornblende. (Foto: Skinner)

Anorthitgehaltes der Plagioklase durchgeführt wird. Während der Diorit Andesin
oder weniger An-reichen Plagioklas enthält, führt der Gabbro Labradorit und By-
townit. So muß man versuchen, eine makroskopische Unterscheidung anhand anderer Kriterien zu treffen. Die Erfahrung lehrt, daß Diorite für gewöhnlich hellere
Plagioklase und Hornblenden enthalten, währenddessen in Gabbros vornehmlich
dunkle, violette oder blaugraue Plagioklase und Augite auftreten. Ferner weist die
Anwesenheit von Olivin darauf hin, daß – für gewöhnlich – ein Gestein mit sehr ba-
sischem Plagioklas vorliegt.

Farbe. Die meisten Diorite bieten einen mittelgrauen bis grünlich-grauen
Gesamteindruck. Bei genauerer Betrachtung erkennt man ein Gemenge aus
grünlich-schwarzen und weißgrauen Bestandteilen (Abb. 4-18). Die Plagioklase sind
grauweiß bis hellgrau oder rötlich-gelb. Von den mafischen Mineralien sind zu nennen vornehmlich Hornblende (grünlich-schwarz oder dunkelgrau), etwas Biotit
(schwarz) und/oder Augit (grünlich-schwarz). Da die mafischen Bestandteile von
den helleren Plagioklasen umgeben sind, zeigen viele Diorite ein geflecktes Aussehen (Abb. 4-18). Es gibt auch recht helle (Leuko-) und sehr dunkle (Mela-)Varietä-
ten.

Gabbros sind dunkelgrün oder bläulich-grau bis beinahe schwarz, da auch die
Plagioklase dunkel gefärbt sind. Den grünlichen Farbton rufen die Pyroxene, der
Olivin und ggfs. dessen Umwandlungsprodukt, der Serpentin oder auch die Saussu-

158

ritisierung der Feldspäte hervor. In einigen Gabbros kann man megaskopisch Magnetit und/oder Magnetkies und/oder Ilmenit erkennen.

Die Farbe der Anorthosite geht von dunkelgrau über blaugrau zu hellgrau, grauweiß bis ins bräunliche. Die häufigsten Varietäten sind blaugrau; manche enthalten labradorisierende Feldspäte und werden dann den Larvikiten ähnlich (s. S. 156). Obwohl manche Anorthosite nur aus Feldspat zu bestehen scheinen, kann man bei genauem Zusehen auch andere Nebenbestandteile feststellen: Pyroxen (Augit und/oder Hypersthen), Olivin, Magnetit und Ilmenit. Auf den ersten Blick könnte man Anorthosit mit Marmor, grobkörnigem Quarzit oder mit Anhydrit-reichen Gesteinen verwechseln. Die größere Härte und die charakteristische Spaltbarkeit der Plagioklase machen die Unterscheidung nicht sehr schwierig.

Gefüge. Quarzdiorite, Diorite und Gabbros sind überwiegend gleichmäßig mittel- bis grobkörnig, die Randfazies größerer Gabbrokörper ist häufig feinkörnig (Mikrogabbro), porphyrische Ausbildung ist seltener als bei den granitischen Gesteinen (Abb. 4-5, 4-18, 4-19). Bei den Dioritporphyren sind in einer feinkörnigen Grundmasse Phänokristalle von Plagioklas oder Hornblende eingesprengt, auch bei den gabbroiden Porphyren findet man in einer feinkörnigen Matrix aus Plagioklas mafische Mineralien, selten sogar Quarz, große Plagioklase, die durch die Spaltbarkeit auffallen (Abb. 4-5). Megaskopisch sichtbare Mineralaggregate aus Magnetit $\pm$ Ilmenit oder Magnetkies treten sporadisch in vielen Gabbros auf. Manche «Gabbros» und Anorthosite treten in wechselnden Lagen auf (s. u.).

Die Anwendung des Begriffes «Gabbro» (Mikrogabbro) auf grobkörnige Basalte, Diabase und Subvulkanite entsprechender Zusammensetzung wird sich im Deutschen vermutlich nicht durchsetzen, zumal auch STRECKEISEN (1980) die Bezeichnungen «Dolerit» und «Diabas» hierfür weiterhin zuläßt. Die entsprechenden Gesteine werden daher im Abschnitt Vulkanite behandelt. (Anmerkung der Übersetzer.)

Vorkommen. Diorite und Gabbros kommen als Stöcke, (Lager-)Gänge oder Lakkolithen vor; häufig handelt es sich um nur kleinere Gebilde. Diorite finden sich als Randfazies und/oder Apophysen im Bereich größerer Granit-, Granodiorit- und Gabbromassive. Gabbro tritt ferner in weiträumigen, «schichtigen» Intrusivkörpern, sogenannten Lopolithen auf (Abb. 4-7). In derartigen Massiven zeigt sich gelegentlich ein Lagenbau durch einen Wechsel heller und dunkler «Schichten», die einige Millimeter bis mehrere Meter mächtig sein und über viele Kilometer hin aushalten können. Die helleren Lagen sind Plagioklas-reicher, die dunkleren zeichnen sich durch ein Vorherrschen mafischer Mineralien aus; die Grenzen können scharf oder fließend sein. Obwohl die einzelnen Lagen die Zusammensetzung eines Anorthosites, Pyroxenites oder Peridotites aufweisen können, entspricht der Gesamtchemismus dem eines Gabbros. In Nordamerika treten solche lagig aufgebauten Gesteine im Lopolith von Duluth in Minnesota und im angrenzenden Kanada auf, ferner bei Muskox, Mackenzie District, Kanada, und im Stillwater Komplex in Montana. Die Gabbromasse von Duluth schätzt man auf 200000 km³. – In Mitteleuropa sind derartige Gesteine kaum vertreten. «Normale» Gabbromassive kommen z.B. im Harz und im Odenwald vor, Diorite und Quarzdiorite sind in den deutschen Mittelgebirgen nicht selten. Verbreitet sind gabbroide Gesteine in Ophiolithen (S. 168).

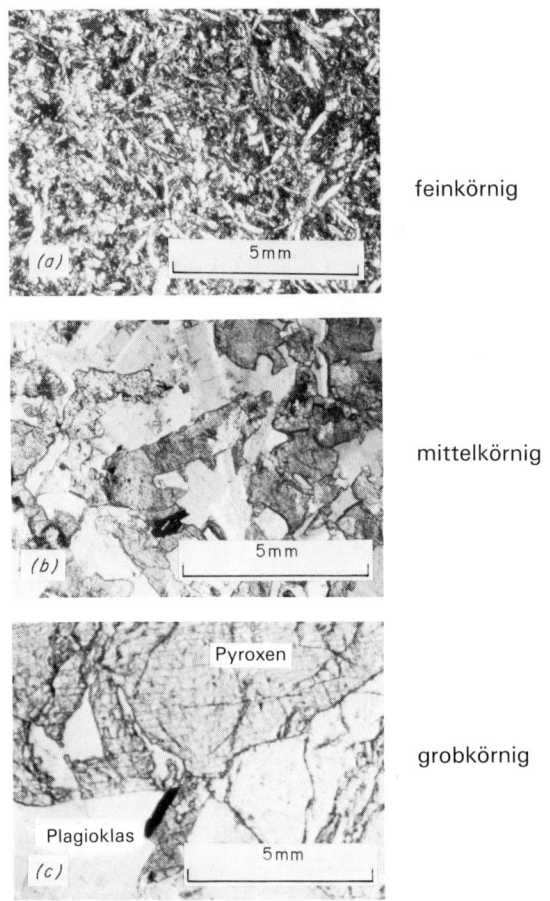

feinkörnig

mittelkörnig

grobkörnig

Abb. 4-19 Gleichstark vergrößerte Dünnschliffe von fein-, mittel- und grobkörnigem Gabbro aus dem mächtigen Palisades Sill, New Jersey. Die feinkörnige Probe (A) stammt aus der rasch abgekühlten Randzone, die mittelkörnige (B) ist 12 m, die grobkörnige 40 m vom Kontakt entfernt genommen. (Foto: Skinner)

Anorthosite bilden große, räumlich schlecht erfaßbare Intrusivkörper in der Größenordnung von Batholithen meist präkambrischen Alters. In Europa treten Anorthosite vor allem in Skandinavien auf. Große Anorthositkörper kommen im Osten von Labrador, in Quebec und in den Adirondacks im Staate New York vor. Der Anorthositkomplex entlang des Saguenay River, nördlich von Montreal, erstreckt sich über 15 000 km².

Verwendung. Diorite finden seltener Verwendung, lokal haben sie als Bau- und Pflasterstein Bedeutung. Im Bayerischen Wald wird Quarzdiorit als Bahnschotter abgebaut, wofür nur besonders zähe Gesteine verwendet werden können. Diese Eigenschaft zeigen Diorite und Gabbros übrigens häufig, namentlich bei sperrigem, ophitischem Gefüge (s.a. bei Diabas S. 179). Polierfähige Varietäten werden wie

160

Granite verarbeitet, so verschiedene schwedische Diorite (im Handel als «Schwedischer Granit»). In Duluth und bei Keesville, New York, wurden Gabbros als Naturstein gewonnen. Labradorisierender Anorthosit wurde sogar zu Modeschmuck verarbeitet. Bytownit- und Anorthit-reicher Anorthosit ist ein potentieller Rohstofflieferant für Aluminiumgewinnung, vor allem dann, wenn vorhandene Bauxit-Vorräte gestreckt werden müssen. Auch wirtschaftliche Vorkommen von Magnetit und/oder Ilmenit können in Anorthositkörpern angereichert sein oder zumindest mit ihnen verbunden sein, z.B. in den Adirondacks, New York.

Varietäten. Olivin-Gabbro ist relativ häufig, sehr selten kommen auch quarzführende Gabbros vor. – *Kugeldiorite* und *Kugelgabbros* sind interessante Raritäten: In allen Sammlungen findet sich der Kugeldiorit («Corsit») von Korsika, aber auch in Skandinavien und Mitteleuropa (Odenwald, Waldviertel/Österreich) sind Vorkommen bekannt. Ein weiteres Beispiel ist der Kugeldiorit aus dem San Diego County, Kalifornien.

Norit. Eine wichtige Gabbro-Varietät ist der Norit, dessen mafischer Mineralanteil vorwiegend aus Orthopyroxenen, hauptsächlich Hypersthen, besteht. Von manchen Petrographen wird der Norit als Gabbrovertreter der sogenannten Charnockit-Serie angesehen (vgl. STRECKEISEN 1976). Makroskopisch ist der Norit schlecht von einem normalen Gabbro zu unterscheiden, es sei denn, die Orthopyroxene fallen durch ihren charakteristischen Bronzeton ins Auge. Norite sind relativ häufige Gesteine. Eine der größten Nickel-Lagerstätten der Welt, Sudbury in Ontario, liegt an der Basis eines schüsselförmigen Noritkörpers (nach oben geht der Norit in einen Aplitgranit über). Das Erz, ein Nickel-Magnetkies, wird i.a. als liquidmagmatische Bildung aufgefaßt. *Eukrit* ist ein besonders anorthitreicher Gabbro.

Troktolith (Forellenstein) ist ein Olivin-Plagioklas-Gestein und fast frei von Augit, gehört aber dem Gesamtchemismus nach zur Gabbro-Familie. Von dem gefleckten Aussehen leitet sich der Name «Forellenstein» ab. Er besteht zu 35–65% aus fast weißem Plagioklas, in den grüne oder schwarze Olivinkörner und/oder dessen grüne, bräunliche, gelbe oder sogar rötliche Umwandlungsprodukte eingesprenkelt sind. Obwohl Troktolith relativ selten ist, findet man ihn in vielen mineralogischen Lehrsammlungen, meist von Volpersdorf in Schlesien (heute VR Polen). Ähnliche Gesteine kommen in den Wichita Mountains im südwestlichen Oklahoma vor sowie als Lage in manchen Lopolithen (z.B. nahe dem Zentrum des Stillwater Komplexes im südlichen Montana).

FELDSPAT/FOID- UND FOID-PLUTONITE

Keines der Foid-führenden Intrusiva hat eine den granitischen und gabbroiden Gesteinen vergleichbare Verbreitung (Abb. 4-11).

Der finnische Geologe J.J. SEDERHOLM bezeichnete sie daher als die «Aristokraten» unter den Gesteinen, da ihnen von den Geologen eine Aufmerksamkeit zuteil wurde, die in keinem Verhältnis zu ihrer Häufigkeit und Bedeutung steht.

Grundsätzlich sind sie den Graniten, Syeniten usw. analog; sie unterscheiden sich von diesen lediglich durch zwei Kriterien: Anstatt Quarz enthalten sie einen oder mehrere Feldspatvertreter (Foide), und die «gewöhnlichen» Hornblenden bzw. Augite sind durch Na-Fe-reiche Amphibole bzw. Pyroxene ersetzt. Sie sind durch das Verhältnis Alkalifeldspat-Plagioklas-Foid bestimmt und lassen sich, hat man in einem Gestein die Abwesenheit von Quarz und Anwesenheit von Feldspatvertretern festgestellt, in das untere Dreieck (Abb. 4-9) einordnen. Im frischen Bruch sind speziell die Nephelin-führenden Intrusiva megaskopisch schwer von den quarzführenden Äquivalenten zu unterscheiden. Verwitterte Gesteine zeigen jedoch eine pockennarbige Oberfläche: in den Grübchen erkennt man blaugrauen, zersetzten Nephelin an seinem stumpfen Glanz.

Die Foid-führenden Gesteine weisen zumeist einen beträchtlichen Anteil an mafischen Mineralien auf. Abb. 4-10 B zeigt, daß sich die Namengebung nach dem überwiegenden Feldspatvertreter richtet, für gewöhnlich nach dem Verhältnis von Nephelin zu Leucit (häufig Pseudoleucit) und nach dem Anteil der mafischen Mineralien.

Der sehr seltene Melilitholith, der hauptsächlich aus Melilith besteht, wird zu den Ultramafititen gezogen, sofern Melilith und mafische Mineralien Hauptbestandteile bilden (Näheres s. STRECKEISEN 1980).

Der Mineralbestand der wichtigsten Foid-führenden Gesteine ist folgender (Abb. 4-9 und 4-10 B):

Foid-Syenit-Gruppe (foid syenitoids)

Foid-Syenite   Felsische Min.: Foide   10–60%
(z. B. Nephelinsyenit)   Alkalifeldspat   90–100% der Feldspäte
                                        Plagioklas   unter 10% der Feldspäte
                       Mafische Min.: 0–30%

Foid-Diorit- und Foid-Gabbro-Gruppe (foid dioritoids, - gabbroids)

Essexite   Felsische Min.: Foide   10–60%
                                        Plagioklas   50–90% der Feldspäte
                                        Alkalifeldspat   10–50% der Feldspäte
                       Mafische Min.: 20–60%

Theralithe   Felsische Min.: Foide   10–60%
                                        Plagioklas   90–100% der Feldspäte
                                        Alkalifeldspat   unter 10% der Feldspäte
                       Mafische Min.: 30–70%

Foidolithe (foidolites)

Foidolithe   Felsische Min.: Foide   60–100%
                                        Feldspat   0–40%
                       Mafische Min.: wenige bis gegen 100%

162

Die Namen der einzelnen Gesteinstypen bildet man durch das Voransetzen des oder der Feldspatvertreter vor den Hauptnamen (z. B. wird ein Nephelin-führender Foidsyenit als Nephelinsyenit bezeichnet). Für die sehr seltenen und meist nur in kleinen Körpern auftretenden Foidolithe werden ausschließlich Lokalnamen verwendet, wie Italit (über 90% Leucit, unter 10% mafische Mineralien) oder Ijolith (52% Nephelin, 48% mafische Mineralien; Angaben jeweils nach TRÖGER); weitere Namen siehe Abb. 4-10 B, Spalte ganz rechts.

Farbe. Die Feldspat- und Foid-führenden Gesteine gleichen im großen und ganzen ihren quarzführenden Äquivalenten; die Foidolithe sind, da meist sehr reich an mafischen Mineralien, überwiegend dunkel. Eine bemerkenswerte Varietät des Ijolith soll hier erwähnt werden: Die Nephelinkristalle ähneln so sehr einem Labradorit, daß man das Gestein mit einem Gabbro verwechseln kann. Foid-führende Gesteine neigen dazu, etwas farbenfreudiger zu sein als die Foid-freien Intrusiva, da viele Foide relativ bunt sind; so der hellblaue Sodalith, der zitronengelbe Cancrinit oder der verschiedene Grüntöne zeigende Nephelin. Weiterhin ist der akzessorische Mineralbestand höher und breiter gefächert; für gewöhnlich sind mittels Lupe erkennbar: Apatit, Korund, Titanit, Zirkon und der kirschrote Eudialith.

Gefüge. Die Foidgesteine unterscheiden sich im Gefüge von den übrigen Plutoniten nicht. So kann ein Nephelinsyenit sowohl richtungslos gleichkörnig entwickelt sein als auch durch Einregelung tafeliger Alkalifeldspäte ein Fließgefüge erkennen lassen. Ferner gibt es aplitische und pegmatitische Varietäten. Die Pegmatite vom Langesundsfjord in Norwegen sowie der Kryolith-«Pegmatit» von Ivigtut in Grönland liefern interessante Stufen auch seltenerer Mineralien. Porphyrische Formen können neben großen Einsprenglingen von Nephelin und Alkalifeldspat auch mafische Phänokristalle, z. B. Titan-Augit, enthalten.

Vorkommen. In den sogenannten Alkali-Provinzen kommen für gewöhnlich mehrere Foid-führende Magmatite zusammen vor. Sie bilden sowohl größere Intrusivkomplexe als auch kleinere Körper und Gänge. Kleine Stöcke sind im Kaiserstuhl bekannt. Beispiele für Alkali-Provinzen sind die Insel Alnö vor der Ostküste von Schweden und die Halbinsel Kola in der UdSSR, die Navanglian Province in New England, der Magnet Cove District in Arkansas, die Bearpaw und Highwood Mountains in Montana oder die Gegend von Halliburton-Bancroft im südlichen Ohio. Foid-führende Partien kommen lokal auch im Bereich von Granit-, Syenit- und Gabbromassiven vor. Viele dieser Vorkommen erklären sich durch die Reaktion von normalen kalkalkalischen Magmen mit karbonatischen Gesteinen.

Italit tritt zusammen mit vielen anderen Foidgesteinen und Cumulithen als Auswürfling in den mittelitalienischen Vulkangebieten und vor allem am Somma-Vesuv auf (vgl. PICHLER 1970 a): Dieses «plutonische» Gestein ist überhaupt nur in Gestalt solcher Auswürflinge bekannt.

Verwendung. Wie viele Magmatite werden auch die Foid-führenden lokal als Baustein und Straßenschotter verwendet. Der «Crawfordjohn Rock» in Schottland besteht aus einem porphyrischen Essexit, aus dem man Curling-Steine anfertigt. Korundreicher Nephelinsyenit wurde in Südafrika als Schleifmittel abgebaut. Ein ähnliches Gestein findet man in Renfrew, Ontario. Bis heute liegt die größte Bedeutung der Foid-führenden Gesteine in der Verwendung als Rohstoff für die Keramikindustrie. Vor allem russische und kanadische Vorkommen, die wenig mafische Mineralien und Korund enthalten, beutet man für Keramik, Steingut und als Zusatz für Glas aus. Genauso wie die Ca-reichen Anorthosite sind auch manche Foidolithe ein potentieller Rohstoff für die Aluminiumerzeugung.

ULTRAMAFITITE

Unter Ultramafititen versteht man Gesteine mit mehr als 90% mafischen Mineralien (Abb. 4-8 B und C) und einem SiO_2-Gehalt unter 40%. STRECKEISENs (1974) erste, für die Geländearbeit gedachte Einteilung beruht auf den Anteilen an Olivin, Pyroxen und Hornblende (Abb. 4-8 C) und unterscheidet demgemäß nur Peridotite, Pyroxenite und Hornblendite. Eine weitere Gliederung ist megaskopisch nur manchmal möglich, immerhin mag Dunit von den übrigen Peridotiten und Bronzitit von anderen Pyroxeniten abtrennbar sein.

Die Karbonatite und die Melilith-reichen Gesteine werden mit zu den Ultramafititen gezogen, wiewohl sich STRECKEISEN (1976, 1980) diesbezüglich nicht ausdrücklich festlegt. Weiterhin kann man bestimmte Erzanreicherungen magmatischer Entstehung (Magnetit, Titanomagnetit, Ilmenit, Chromit) aufgrund ihrer z. T. riesenhaften Vorkommen zu den Gesteinen rechnen – obwohl derlei Bildungen an sich unter den Lagerstätten abgehandelt werden (vgl. S. 15 u. 17). Indessen rechnet man ja auch die Itabirite und Taconite zu den Sedimentiten bzw. zu den Metamorphiten. Angesichts des teilweise gemeinsamen Vorkommens kann man diese, von TRÖGER als «Silikotelite» zusammengefaßten Gesteine bei den Ultramafititen einfügen.

Ultramafitite

Peridotite ⎫	Felsische Min.:	unter 10% (Feldspäte, Foide)
Pyroxenite ⎬	Mafische Min.:	90–100% (Olivin, Pyroxene, Amphibole,
Hornblendite ⎭		*Spinell,* ± Erzmineralien)
Karbonatite	Karbonate:	50–100% (Calcit, Dolomit u. a.)
	Andere Min.:	0–50% (Biotit, Pyroxene, Amphibole, Feldspäte, Perowskit, Pyrochlor, Koppit u. a.)
Melilitholith	Melilith:	über 90%
	Andere Min.:	0–10% (Pyroxene, Amphibole, Olivin)
«Silikotelite»	Erzmineralien:	50–100%
	Andere Min.:	0–50% (Pyroxene, Olivin, Apatit, Rutil u. a.)

Die wichtigsten Ultramafitite sind in dem vereinfachten Diagramm der Abb. 4-8 zusammengefaßt, die Namengebung erfolgt nach der jeweils vorherrschenden Mineralgruppe. Sehr viele Peridotite zeigen beginnende bis vollständige Serpentinisierung und sind somit eng mit den Serpentiniten verbunden. Diese werden daher – obwohl an sich zu den Metamorphiten gehörig – hier mitbesprochen.

Peridotite. Nach Abb. 4-8 C enthalten die Peridotite wenigstens 40% Olivin. – Der hell gelblich-grüne Dunit (Abb. 4-20) besteht zu 90–100% aus Olivin. Das fein- bis mittelkörnige Gestein wirkt recht homogen. Wegen der rundlich erscheinenden Körner erinnern Dunite an einen verfestigten «Olivinsand» (Abb. 4-21). Schwarzer Chromit in Stecknadelkopfgröße bildet häufig kleinere Butzen oder undeutlich oktaedrische Kristalle. In manchen Duniten kann man Magnetit, Ilmenit, Magnetkies und – sehr selten – sogar Platin megaskopisch erkennen. Durch Verwitterung bilden sich auf Duniten schokoladebraune eisenhaltige Krusten.

Die übrigen Peridotite sind dunkelgrün bis schwarz und fein- bis grobkörnig. Sie zeigen häufig ein charakteristisches poikilitisches Gefüge, in dem die größeren Pyroxen- oder Amphibolkristalle rundliche Olivinkörner umschließen (Abb. 4-22). Außer den schon bei Dunit genannten Akzessorien können hier auch feinverteilte Phlogopitscheiter auftreten. Viele Peridotite sind serpentinisiert, d. h. sie bestehen aus einem Gemenge von überwiegend Serpentin und, untergeordnet, anderen Mineralien wie Chlorit, Talk, Calcit und hellbrauner, asbestartiger Hornblende. Sie wirken wachsartig, sind stumpf grün getönt und zäh, aber nicht sehr hart.

Pyroxenführende Peridotite sind nach dem Gehalt an Ortho- bzw. Klinopyroxenen weiter zu gliedern in *Harzburgite, Lherzolithe* und *Wehrlite* (Abb. 4-10). Zur Klassifizierung ist man gewöhnlich auf Dünnschliffuntersuchungen angewiesen, doch mag es möglich sein, sich durch intensive Übung die Fähigkeit zur Unterscheidung wenigstens in einfachen Fällen anzueignen. Lherzolithe, oft mit Granat-

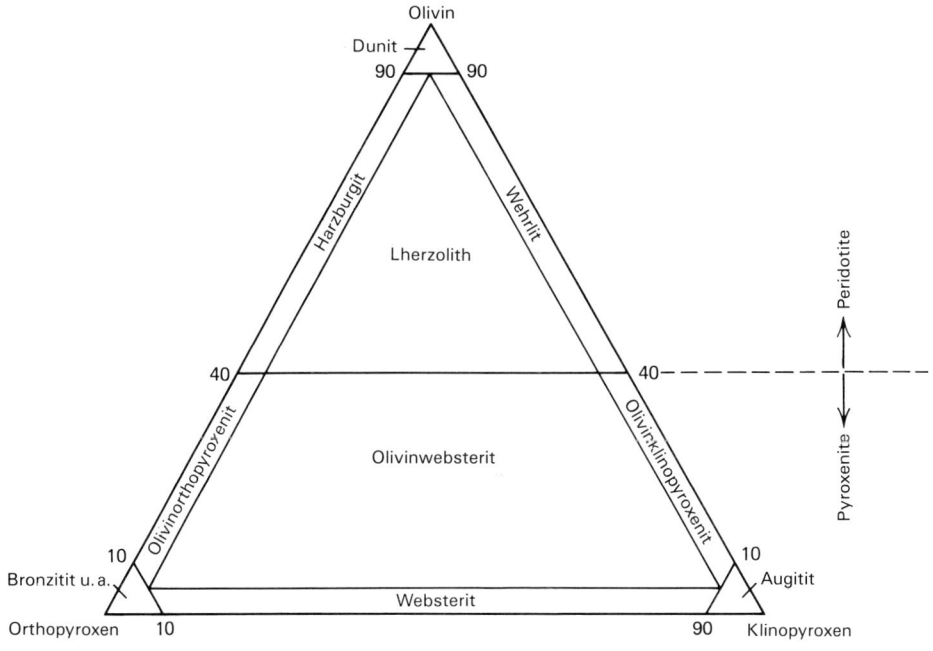

Abb. 4-20   Verteilung der Ultramafitite im STRECKEISEN-Diagramm.

Abb. 4-21 Dünnschliff aus dem Dunit vom «Great Dyke», Simbabwe. Das Gestein besteht fast ausschließlich aus Olivin. Die dunklen Rinden, die die Körner säumen, sind sekundäre Umwandlungsprodukte.

Peridotiten verbunden, sind nur selten an der Erdoberfläche anzutreffen; um so größer ist die Beachtung, die man ihnen schenkt, da sie als Gesteine des Oberen Erdmantels angesehen werden. Meist sind sie mehr oder weniger serpentinisiert. Ein größerer Komplex dieser Art ist in der Umgebung von Ivrea in den italienischen Westalpen aufgeschlossen. Lherzolithe finden sich ferner als Xenolithe im Kimberlit (s. S. 172). Auch die Olivin-«Bomben» in Basalten und entsprechenden Tuffen haben etwa lherzolithische Zusammensetzung (s. S. 169).

Pyroxenite. Die schwarzen, grünlich-schwarzen oder braunen Pyroxenite neigen zur Mittel- bis Grobkörnigkeit. Die Bronzitite zeigen einen charakteristischen bronzeartigen Glanz. Außer den schon bei den Duniten aufgeführten akzessorischen Mineralien können Pyroxenite Sulfide und zu einem geringen Prozentsatz An-reichen Plagioklas enthalten. Wie die Peridotite wandeln sich auch die Pyroxenite zu einem Aggregat aus Serpentin, etwas Talk und Chlorit um. Andere Umwandlungsprodukte bestehen hauptsächlich aus Vermiculit.

Hornblendite sind schwarz bis grünlich-schwarz und mittel- bis extrem grobkörnig ausgebildet; viele enthalten erhebliche Anteile an Pyroxenen. Typische Nebenge-

166

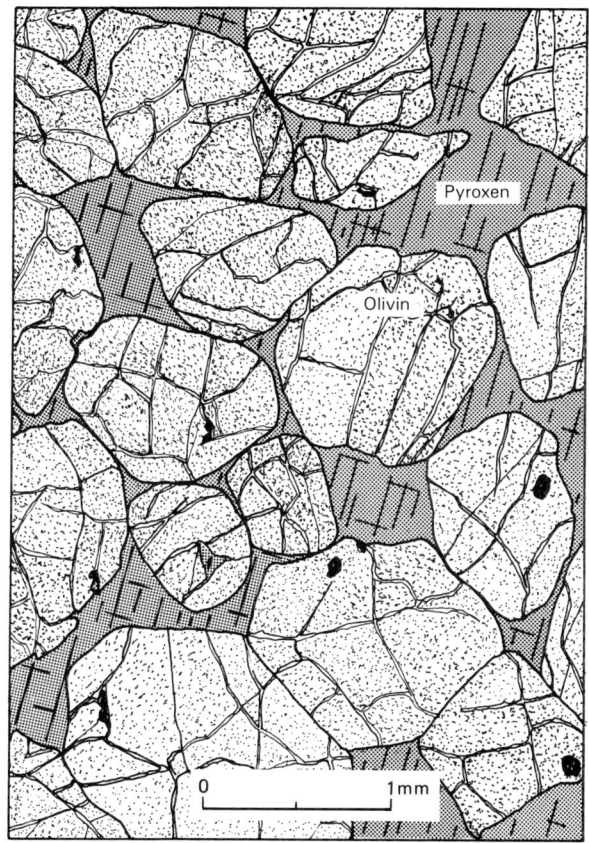

Abb. 4-22   Poikilitisches Gefüge im Dünnschliff: Ein Pyroxenkristall ist mit rundlichen Oli-
vinkörnern gefüllt. Isle of Rhum. (Foto: Dietrich)

mengteile sind Magnetit, Plagioklas und Biotit. In manchen «Hornblenditen» zeigt
die Form der Hornblendekristalle an, daß es sich um uralitisierte Pyroxenite handelt. Einige Petrographen nehmen sogar an, daß viele, wenn auch nicht alle «Hornblendite» metamorphen Ursprungs sind.

   Karbonatite sind grauweiß bis hellgrau und meist mittelkörnig. Die Hauptmine-
ralien Calcit oder Dolomit sind ineinander verwachsen oder bilden mosaikartige
Strukturen. Verschiedene Silikate, ferner Oxide und Sulfide können im Gestein fein
verteilt sein. In manchen Fällen findet man gleichsam als Nebengemengteile seltene
Mineralien der Elemente Nb, Ta, der Seltenen Erden u. a. Karbonatite können einem
durch Kontaktmetamorphose entstandenen Marmor ähnlich sehen; in einigen Fällen handelt es sich wohl tatsächlich um Marmore. Daß es echte magmatische Karbonatite gibt, wird jedoch durch die karbonatitischen Lava des Oldoinyo Lengai Vul-
kans in Tanzania von 1960–1961 untermauert, allerdings enthalten diese eher
$NaHCO_3$ als Calcit oder Dolomit. Karbonatite unterscheidet man nach ihren

Hauptbestandteilen. Es gibt Calcit-, Dolomit-, Eisen- oder auch Calcit-Dolomit-Karbonatite und den Natronkarbonatit von dem erwähnten Vulkan. – S. a. S. 169.

Melilitholithe ähneln Basalten oder feinkörnigen Gabbros. Es gibt aber auch Varietäten, die zu einem großen Teil aus Melilithkristallen von mehreren Zentimetern Durchmesser bestehen. Als akzessorische Bestandteile treten auf: Apatit, Chromit, Augit, Magnetit, Phlogopit und Olivin. Ein Teil der Melilitholithe ist jedoch sicher metasomatischer Entstehung. – Näheres hierzu und auch zur Unterteilung der Melilith-Gesteine und der Karbonatite vgl. STRECKEISEN (1980).

Silikotelite. Magnetit besteht zu 98% aus Magnetit und 2% silikatischen Mineralien bzw. Apatit und wird für gewöhnlich einfach als Magnetit bezeichnet. Da für die riesigen Vorkommen in Nordschweden (Kirunavaara z. B.) nach wie vor magmatische Bildung diskutiert wird, ist die Erwähnung hier berechtigt. Weitere Spinellgesteine enthalten vor allem Titanomagnetit bis Ilmenit bzw. Chromit und werden entsprechend benannt (Magnetitspinellit, Ilmenitit, Chromitit). Über den hierher zu rechnenden Nelsonit s. S. 172. Die schwarzen, fein- bis mittelkörnigen Gesteine sind nicht leicht zu trennen: Chromitit ist nicht magnetisch und oft mit Serpentin verbunden, Magnetit und Titanomagnetit sind megaskopisch kaum auseinanderzuhalten. Einige dieser Gesteine zeigen poikilitische Gefüge, indem die Erze in große bronzeartig schillernde Pyroxenkörner eingewachsen sind. Manche Chromitite sind recht wenig verfestigt.

Serpentinite und Ophiolithe

Die Serpentinite kann man als Umwandlungsprodukt ultramafischer Gesteine diesen unmittelbar anschließen; beide Gruppen stehen ja auch räumlich häufig in enger Beziehung. Serpentinite sind wichtiger (und namengebender) Bestandteil der sogenannten Ophiolithe, auf die daher in diesem Zusammenhang einzugehen ist. Serpens (lat.) bedeutet ebenso wie ophis (griech.) Schlange und bezieht sich auf die Vielfarbigkeit dieser Gesteine.

Serpentinit besteht fast vollständig aus Mineralien der Serpentin-Familie. Die meisten Serpentinite sind hell grünlich-grau bis grünlich-schwarz und zeigen stumpfen bis wachsartigen Glanz. Manche sind rötlich getönt, vermutlich durch Mn-Gehalte. Serpentinite können sehr gleichförmig, homogen wirken (so manche Edelserpentine), sind aber meist fleckig, gebändert bis gestreift oder völlig unregelmäßig aussehend. Obwohl das Gestein im Normalfall derb-massig ist, kann man häufig scherbig gekrümmte oder mit Harnischen bedeckte Kluftflächen beobachten, oder auch breccienartige Ausbildung. Vielfach durchschlagen kleine Gängchen von Calcit, Magnesit, Talk oder Chrysotilasbest das Gestein. Chromit und Magnetit sind megaskopisch erkennbare Akzessorien. Dolomit und Ankerit in kleinen Rhomboedern sind manchmal im Gestein fein verteilt, Chlorit ist häufiger Nebengemengteil. Calcit ist fast immer vorhanden, manchmal übertrifft er an Menge sogar die Serpentinmineralien; solche Gesteine sind auch als Ophicalcite bekannt.

Wie erwähnt, entsteht die Hauptmasse der Serpentinite durch Umwandlung olivinreicher Ultramafitite.

Ophiolith bezeichnet nicht ein spezielles Gestein, sondern vielmehr eine ganze Abfolge, bestehend aus:

1. Ultramafititen, mehr oder weniger serpentinisiert,
2. basischen Gesteinen, wie Gabbro und Basalt, letzterer häufig in Form von Pillowlaven,
3. pelagischen SiO$_2$-reichen Sedimenten wie Radiolariten.

Die häufig enge Verbindung dieser drei Gesteinsreihen erkannte bereits STEINMANN (1905, «Steinmann-Trinität»). Heute sieht man in diesen in allen jungen wie alten Orogenen (Faltengebirgen) verbreiteten Ophiolithen Reste von Ozeanböden, die im Zuge plattentektonischer Vorgänge nicht subduziert, sondern obduziert, d. h. auf tektonischem Wege in die entstehenden Faltengebirge hineintransportiert wurden (vgl. Abb. 4-25, S. 178 u. 179).

Sehr große Mengen von Ultramafititen, Peridotiten vor allem, bzw. Serpentiniten sind an diese Ophiolithvorkommen gebunden. In vielen Fällen sind diese Gesteine im Verlauf der weiteren Orogenese metamorph stärker verändert und liegen als Grünschiefer, Kieselschiefer usw. vor, die Ultramafitite sind dann vollkommen serpentinisiert. Früher wurden die Ophiolithe als Zeugen des «initialen Magmatismus» in den Geosynklinalen angesehen. Die oft kleinen Vorkommen zählen nach vielen Hunderten, solche von beträchtlicher Größe finden sich z. B. auf Cypern und Kuba.

Vorkommen der Ultramafitite. Peridotite, Pyroxenite, Hornblendite und Karbonatite bilden Gänge, Stöcke und andere meist kleine Intrusivkörper bzw. Differentiate im Zusammenhang mit anderen plutonischen Gesteinen. Beispiele finden sich im Harz und Odenwald (Hornblende- und Diallagperidotit), im Monzoni-Gebirge (Pyroxenit), im südlichen Adamello (Hornblendit), weiterhin seien die Dunitschlote bei Jefferson, North Carolina, der Peridotitkörper bei Thetford, Quebec, der Pyroxenitgang in Cecil County, Maryland, erwähnt. Peridotit, allerdings als Komponente einer Eruptivbreccie, ist das Muttergestein des «Böhmischen Granates», d.i. Pyrop, der als Nebengemengteil der Olivingesteine noch zu erwähnen ist. Dem Dunit bzw. Lherzolith entsprechen annähernd die «Olivinknollen», die man in sehr vielen Basalten eingeschlossen findet; sie werden i. a. aus dem Oberen Erdmantel hergeleitet; auch als «Bomben» sind sie häufig (Dreiser Weiher, Westeifel). Pyroxenite treten nicht selten in Form sogenannter Cumulithe auf, das sind gravitativ entstandene Anreicherungen dunkler Mineralien am Boden von Magmenkammern. Man findet sie dann als Auswürfling in Pyroklastiten, so an vielen Stellen der mittelitalienischen Vulkangebiete und am Somma-Vesuv. Pyroxenite, Peridotite, Anorthosite und Norite bilden zusammen mit Chromititen die z. T. riesenhaften, lagig differenzierten Intrusionen (Lopolithe, vgl. Abb. 4-7) vom Typ des Bushveld-Massives in Südafrika (Abb. 4-23 A). Weitere Beispiele: der Great Dyke in Simbabwe (Rhodesien); der Muskox Intrusivkörper in Kanada (vgl. bei Gabbro S. 159); die Skaergaard Masse in Ostgrönland; und der Stillwater Komplex im südlichen Mittel-Montana. Während die Chromitbänder meistens nur weniger als ein Zentimeter bis maximal ein Meter dick sind, können die Silikatgesteine, wie zum Beispiel die 1900 m messende Bronzititlage im Bushveld, enorm mächtig werden.

Karbonatite stehen wohl immer in engem räumlichen wie genetischen Kontakt zu Foidgesteinen, mit denen sie auch durch Übergänge verbunden sind; oftmals bilden

Abb. 4-23 (A) Gebändertes Gestein aus Anorthosit (hell) und Chromit (dunkel) aus dem Bushveld Massiv, Dwars River, Südafrika. (Foto: Skinner) – (B) Lagig entwickelter Olivinpyroxenit mit «gradierter Schichtung» von Duke Island im südöstlichen Alaska, Maßstab ca. 15 cm. (Aus: H.P. Taylor, Jr. & J.A. Noble, Econ. Geology Monograph 4, 1969.)

sie nur unscharf begrenzte Schlieren. Vorkommen finden sich z.B. im Kaiserstuhl (mit Essexit), im Laacher-See-Gebiet (hier nur Auswürflinge), auf der Insel Alnö, Schweden, bei Fen in Telemark, Norwegen, in Südgrönland usw. Der Karbonatit von Magnet Cove in Arkansas tritt in einem Nephelinsyenit auf.

Verwendung. Dunite gewinnen wirtschaftliches Interesse als mögliches Rohmaterial für hochfeuerfeste Bausteine. Vermiculit-reiche Umwandlungsprodukte von Pyroxeniten sind weltweit verbreitet. Im größeren Umfang verwendet man sie für Leichtbaustoffe, als Isoliermaterial und als Filterstoff in der Petrochemie.

Als Verde Antico wird der geschnittene und polierte Serpentinit in der Innen- und Außenarchitektur viel verwendet. Wichtige Fundstellen liegen in Oberitalien; eine schöne Varietät kommt auch aus dem Lizard District in Cornwall. Die dunkelgrüne Grundtönung ist durch weiße, mahagonirote, auch schokoladenbraune Tupfen, Streifen und/oder Adern aufgelockert. In den Vereinigten Staaten liegen bemerkenswerte Vorkommen ähnlicher Serpentinite bei Cardiff, Maryland, bei Rochester, New Hampshire u.a. Die größte Asbestproduktion der Welt basiert auf den serpentinisierten Ultramafititen des Thetford District, Quebec.

170

(B)

Sämtliches Chrom stammt aus den Chromiten und deren Verwitterungsbildungen. Ferner wird, wie im Merensky-Reef des Bushveldes, aus Chromit elementares Platin gewonnen. Magnetit ist selbstverständlich ein höchst wertvolles Eisenerz. Titanomagnetite aller Art werden dagegen kaum herangezogen, da der Ti-Gehalt sich beim Verhüttungsprozeß als störend bemerkbar macht. In einigen Fällen erweisen sich Gehalte an seltenen Metallen als wertvoll: Als Beispiel sei die Vanadiumgewinnung im Bereich des Bushveld Komplexes angeführt. Trotz alledem liegen in diesen Vorkommen riesige potentielle Eisenvorräte. Bei der Verwitterung von Peridotit unter tropischen Bedingungen kann sich als wichtiges Ni-Erz das Mineral Garnierit bilden. Karbonatite sind von großem wirtschaftlichen Interesse wegen ihrer Gehalte an seltenen Elementen, wie vor allem Nb und Ta.

Seltenere ultramafische Gesteine

Biotitit ist als vulkanisches Gestein aus Südafrika beschrieben worden, doch wahrscheinlich handelt es sich nur um einen größeren Einschluß. Als Cumulithe (Albaner Berge, Somma/Vesuv) sind sie nicht selten. Im allgemeinen sind Gesteine, die überwiegend aus Biotit bestehen, metamorphen Ursprungs.

Kimberlit ist ein fein- bis mittelkörniger, stumpf grünlich-grauer bis bläulicher Glimmer-Peridotit. Porphyrische Varietäten enthalten Einsprenglinge von Olivin. Die Glimmer, entweder Biotit oder Phlogopit, sind poikilitisch ausgebildet. Im Vergleich zu den anderen Bestandteilen (meist 1–2 mm im Durchmesser) sind sie relativ großwüchsig (bis 5 mm Durchmesser). Granat (Pyrop), Ilmenit und Melilith sind Nebengemengteile. In vielen Kimberliten sind Glimmer chloritisiert, der Olivin serpentinisiert und der Melilith zu Calcit und anderen Mineralien umgewandelt. Kimberlit füllt tiefreichende Schlote, die sog. Pipes. Das Gestein ist häufig breccienartig, die Komponenten, z. B. Granat-Lherzolithe, stammen aus dem Oberen Erdmantel, andere aus der tieferen Erdkruste und/oder aus dem Nebengestein (Abb. 4-24). Die Kimberlite aus Südafrika sind weltweit bekannt, da sie das Muttergestein der Diamanten bilden. Ein großer Prozentsatz der Weltdiamantproduktion stammt aus diesem Gestein bzw. aus den davon abzuleitenden Diamantseifen. Pipes und Seifen sind auch in Sibirien verbreitet. In den USA ist ein einzelner pipe bei Murfreesboro, Arkansas, bekannt geworden, Kimberlite in Form von Dikes sind dagegen in den Appalachen und im angrenzenden Allegheny Plateau gar nicht so selten, ebenso in den Highwood Mountains in Montana, im südöstlichen Wyoming sowie im Larimer County in Colorado.

Nelsonit ist ein gleichförmig mittelkörniges Gestein, das aus Apatit und Ilmenit besteht und im Nelson County, Virginia, gangartig auftritt. Seine Genese ist jedoch umstritten; das Gestein würde jedoch, falls sich die magmatische Natur bestätigt, hierher gehören. Neben Ilmenit und Apatit kann Rutil einen beträchtlichen Anteil erreichen. In manchen Nelsoniten läßt sich Magnetit und/oder chloritisierter Biotit megaskopisch erkennen. Lokal kann Nelsonit in ein Gestein übergehen, das so gut wie ganz aus Ilmenit besteht. Rutilreiche Varietäten sind nicht zu unterscheiden von Urbainit, der fast nur Rutil und Ilmenit enthält. Linsen von Urbainit im Anorthositkomplex bei St. Urbain, Quebec, bilden die größte bekannte Titanlagerstätte auf der Erde. – Nelsonit wurde gelegentlich zur Produktion von Titanweiß abgebaut.

LAMPROPHYRE

Da die Pegmatite und Aplite bereits im Anschluß an den Granit behandelt wurden und auf (Erz-)Mineralgänge im Schlußkapitel hingewiesen wird, erübrigt sich ein eigener Abschnitt «Ganggesteine» (vgl. S. 136). Lediglich die Lamprophyre stehen noch aus: dies sind mafische Ganggesteine mit meist porphyrischem Gefüge. Außer dem glimmerarmen Vogesit sind die Lamprophyre durch Phänokristalle von Biotit oder Phlogopit und anderen mafischen Mineralien gekennzeichnet. Die Grundmasse ist glasig oder dicht bis feinkörnig und besteht aus Feldspat und den gleichen mafischen Mineralien, die auch als Einsprenglinge auftreten. Wie die Pegmatite und Aplite enthalten die Lamprophyre nur einen Teil des Mineralbestandes der plutonischen Gesteine, mit denen sie verbunden sind (oder zu sein scheinen).

Die an sich veralteten, aber noch in der Literatur zu findenden Ausdrücke aschiste = ungespaltene und diaschiste = gespaltene Ganggesteine seien hier wenigstens genannt. Zu den diaschisten Gesteinen zählen die Lamprophyre, die Pegmatite und Aplite, aschist sind Apo-

```
0                    2 cm
└──────────┴──────────┘
```

Abb. 4-24   Kimberlit mit Fragmenten von Pyroxen und Granat, die, von dunklen Reaktions-
säumen umgeben, in Serpentin eingebettet sind. Südafrika. (Foto: Skinner)

physen oder gangartig auftretende Intrusivgesteine, die wegen ihres oft porphyrischen Gefüges als Granitporphyr, Syenitporphyr usw. bezeichnet werden.

Der Glimmergehalt bewirkt im Bruch schimmernden Glanz, im Unterschied zu
anderen dunklen Porphyren. Daher auch der Name: lampròs (griechisch) bedeutet
glänzend. Viele Lamprophyre neigen zu Umwandlungserscheinungen mit Bildung
von Calcit, Chlorit, Sericit, Epidot und Zeolithen. Der Calcitgehalt kann so hoch
werden, daß mit verdünnter Salzsäure ein heftiges Aufbrausen erfolgt. Anhand der
Tab. 4-3. (vgl. STRECKEISEN 1980) können die Lamprophyre halbwegs eingeordnet
werden, sofern die mafischen Mineralien identifizierbar sind; wenn nicht – und dies
ist häufig der Fall – so spricht man am besten einfach von Lamprophyren schlechthin.

Lamprophyre kommen vornehmlich in Verbindung mit Plutonen vor, wobei sie
sowohl die Intrusivkörper selbst als auch das Nebengestein durchschlagen; man findet sie aber auch in Vulkanbauten und sogar in Lavaströmen (allerdings weisen die
meisten der an Vulkane gebundenen Ganggesteine eine Zusammensetzung gleich

173

oder ähnlich der der betreffenden Laven auf; damit sind sie keine Lamprophyre im Sinne der Tab. 4-3). Die Gänge können wenige Zentimeter bis mehrere Meter mächtig werden; sie sind außerordentlich verbreitet. Besonders schön lassen sie sich in den vegetationslosen, aus hellen Tonaliten und Granodioriten aufgebauten Felswänden des Adamellogebirges beobachten. Ein Lamprophyr mit Kugeltextur ist jüngst von Vesby im südlichen Norwegen beschrieben worden.

Tabelle 4-3   Die Zusammensetzung einiger Lamprophyre.

Vorherrschende Mafische Mineralien	Vorherrschende Feldspäte		Feldspatfrei ± Foide, häufig mit Glasbasis
	Alkalifeldspat	Plagioklas	
Biotit	Minette	Kersantit	Alnöit[1]) (mit Melilith)
Biotit			Polzenit[2]) (mit Melilith)
Hornblende/Augit oder Diopsid Alkali-Amphibole/	Vogesit	Spessartit	
Pyroxene	Sannait	Camptonit	Monchiquit

[1]) Mafische Mineralien mehr als 50%
[2]) 70–90% Foide

Die Vulkanite

Vulkanite sind in der Regel feinkörnig oder sogar so dicht, daß eine Bestimmung der Bestandteile auch mikroskopisch nicht möglich ist; bei porphyrischem Gefüge gilt dasselbe für die Grundmasse. Außerdem können sie ganz oder teilweise aus Glas bestehen. Zu den Vulkaniten zählen auch die Pyroklastite (sofern man sie nicht bei den Sedimentgesteinen einordnet; vgl. S. 19). Statt von Vulkaniten spricht man auch von Oberflächen- bzw. Extrusivgesteinen oder von Effusivgesteinen (sofern es sich um Laven handelt; vom lateinischen effundere = ausgießen).

Schließlich ist noch darauf hinzuweisen, daß in vielen Fällen Schmelzen, die nicht über der Erdoberfläche, sondern wenig unterhalb (gewissermaßen auf dem Weg nach oben) erstarrt sind, als Subvulkanite mit denselben Namen wie die entsprechenden Extrusivgesteine belegt werden (Phonolith-«Stöcke» im Hegau, die «Quellkuppe» des Drachenfels im Siebengebirge, die ein in geringer Tiefe erstarrter Trachytkörper ist, zahllose Basaltgänge und -schlote).

Nach wie vor sind in der deutschsprachigen Literatur besondere Namen für geologisch ältere (Paläozoikum, Trias) Vulkanite gängig und müssen daher genannt werden (Tab. 4-4). Meist unterscheiden sich die älteren Vulkanite auch ziemlich deutlich von jüngeren, keineswegs jedoch immer. Über Diabas s. S. 179.

Tabelle 4-4 *Ergußsteine (Vulkanite) und ihre Tiefengesteinsäquivalente (Plutonite).*
Kursiv: Namen für geologisch ältere Ergußgesteine; die mit * versehenen sind heute noch allgemein in Gebrauch, z.T. als Sammelbegriffe oder Lokalbezeichnungen.

Vulkanite		Plutonite
Rhyolith (Liparit)	*(Quarzporphyr*)*	Granit
Rhyodacit	*(Plagiophyr)*	
Dacit	*(Quarzporphyrit)*	Granodiorit, Tonalit
Trachyt	*(Orthophyr)*	Syenit
Latit		Monzonit
Andesit	*(Porphyrit*)*	Diorit
Basalt	*(Diabas*, Melaphyr*)*	Gabbro
Phonolith		Foidsyenit
Tephrit		Theralith
Basanit		
Foidite (z.B. Leucitit)		Foidolithe
Melilith		Melilitholith

KRISTALLINE VULKANITE

Hierunter kann man Vulkanite und Subvulkanite, die keinen oder nur einen geringeren Glasanteil haben, zusammenfassen. – Im Gelände können die Farbe, allenfalls die Dichte, bei porphyrischem Gefüge die Phänokristalle und schließlich die geologischen Verhältnisse herangezogen werden, um wenigstens eine grobe Zuordnung zu treffen. In allererster Hand kann man helle, meist felsische von dunklen, meist mafischen Vulkaniten unterscheiden. So bezeichnet man mit «felsisch» weiße, hell- bis mittelgraue, gelbe, hell- bis mittelgrüne, rote sowie violette und bräunliche Tönungen, mit «mafisch» dunkelgraue, dunkelgrüne, schwarze und bräunlich-schwarze. Rhyolithe, Dacite, Trachyte, einige Latite und viele Andesite (auch der eher mittelgraugrüne Phonolith) wären dann «felsisch», Basalte, Pikrite, tephritische Phonolithe bis Tephrite, Basanite und ein Teil der Andesite hingegen «mafisch». Man kann jedoch getäuscht werden: Es gibt z.B. recht dunkle Dacite, und Gläser, obwohl überwiegend «felsisch» im Chemismus, sind in der Regel fast schwarz.

Entsprechend der Abb. 4-8 (bzw. 4-8C) werden die Vulkanite nach STRECKEISEN (1980) eingeteilt in:

I Rhyolith-Gruppe, II Dacit-Gruppe, III Trachyt-Gruppe, IV Andesit- bzw. Basalt-Gruppe, V Phonolith-Gruppe, VI Tephrit-Gruppe, VII Foidite und VIII Ultramafitite mit über 90% mafischen Mineralien. Tab. 4-4 führt die den wichtigsten Plutoniten zuzuordnenden Vulkanite auf; die weitere Untergliederung findet man in Abb. 4-9.

Für manche Porphyre ist eine genauere Klassifikation mit Hilfe der Einsprenglinge möglich, allerdings mit gewissem Vorbehalt. Man geht davon aus, daß von den Phänokristallen auf die chemische Zusammensetzung der Grundmasse geschlossen werden darf. Berücksichtigt man einige Ausnahmen, so dient Tab. 4-5 als Hilfe zur Klassifizierung. Sie zeigt z.B., daß Porphyre mit vielen Quarzeinsprenglingen nur Rhyolithe oder Dacite sein können, finden sich reichlich klare Alkalifeldspat-Phänokristalle (Sanidine) ohne Quarz, so liegt wahrscheinlich ein Trachyt vor usw.

Tabelle 4-5   Charakteristische Phänokristalle in häufigeren Ergußgesteinen.
$\times$ = stets vorhanden; $\pm$ = teils vorhanden, teils fehlend; $-$ = nicht vorhanden.

Gestein	Quarz	Alkali-feldspat	Plagio-klas	mafische Gemengteile	Foide
Rhyolith	$\times$	$\times$	$\pm$	$\pm$ Biotit	$-$
Dacit	$\times$	$\times$	$\times$	$\pm$ Biotit, $\pm$ Hornblende	$-$
Trachyt	$-$	$\times$	$-$	$\pm$ Biotit, $\pm$ Hornblende, $\pm$ Augit	$-$
Andesit	$-$	$-$	$\times$	$\pm$ Hornblende oder Augit, selten auch Biotit	$-$
Basalt	$-$	$-$	$\times$	$\pm$ Augit, $\pm$ Olivin selten Biotit, Hornblende oder Magnetit	$-$
Phonolith	$-$	$\times$ (Sanidin)	$\times$	$\pm$ Augit	Nephelin
Leucit-Tephrit	$-$	$-$	$-$	$\pm$ Augit	Leucit

Im folgenden sind einige Merkmale angeführt, die zur Erkennung der Vulkanite beitragen können; ihr äußeres Erscheinungsbild (auch das der Subvulkanite) ist übrigens so charakteristisch, daß eine Verwechslung mit anderen Gesteinen meist nicht möglich ist. Einige charakteristische Züge seien hier aufgeführt:

1. Fließgefüge mit typischer Bänderung und Einregelung der Phänokristalle ist sehr häufig in Rhyolithen und auch in Trachyten, Daciten sowie hellen Andesiten, selten jedoch in Basalten und dunklen Andesiten zu beobachten (Rhyolith kommt vom griechischen rheo = fließen; allerdings sind viele Rhyolithe in Wirklichkeit Ignimbrite, s. S. 201).
2. Aufgrund ihrer Struktur fühlen sich viele Trachyte ausgesprochen rauh an (griechisch trachýs = rauh).
3. Gesteine mit glasiger Grundmasse brechen muschelig, vollkristalline Formen weisen rauhe, unregelmäßige Bruchflächen auf. Dunkle Gesteine, die Glas enthalten, sind in dünnen Splittern – im Gegensatz zu Basalten – durchscheinend.
4. In vielen porphyrischen Andesiten rufen kleine Kristallite mafischer Mineralien ein fleckiges Aussehen der Grundmasse hervor.
5. Im Gegensatz zu den meisten felsischen Vulkaniten «klingen» die Basalte, namentlich aber manche Phonolithe (daher der Name «Klingstein») unter dem Hammerschlag.

176

6. Manche Basalte zeigen durch Saussuritisierung der Plagioklase eine grünliche Färbung; damit deutet sich allerdings der Übergang zum Diabas an (s. S. 179).

7. Basalte und Alkalibasalte sind weit verbreitet, andere dunkle Vulkanite sind relativ selten.

8. Säulige Absonderung. Durch Schrumpfung während der Abkühlung entsteht ein senkrecht zur Oberfläche des Gesteinskörpers angeordnetes, prismatisches Kluftsystem und damit eine säulige Absonderung (Abb. 4-28). Diese Säulenbildung ist kennzeichnend für basaltische Gesteine, kommt aber, wenngleich seltener, in anderen Vulkaniten ebenfalls vor und, manchmal sogar sehr ausgeprägt, auch in Ignimbriten (S. 201). Einige Vorkommen dieser Art wurden früher offenbar als Werk übernatürlicher Kräfte empfunden und entsprechend benannt: Giant's Causeway (Irland), Devil's Tower (Wyoming), Devil's Postpile (Kalifornien) u. a.

9. Laven SiO_2-reicher («saurer») bis andesitischer Schmelzen bilden kurze, dicke Ströme, Staukuppen oder Dome, während die SiO_2-ärmeren («basischen») Basalte sich eher flächig bis hin zu den Deckenergüssen der Plateaubasalte ausbreiten.

10. Laven dunkler, dichter basaltischer (und basaltähnlicher) Gesteine treten in zweierlei Formen auf: mehr zähflüssig als Aa- oder Blocklava, dünnflüssiger als Pahoehoe- oder Stricklava. Die Begriffe «Aa» und «Pahoehoe» stammen aus Hawaii, doch lassen sich beide Ausbildungen natürlich auch an anderen Vulkanen, z.B. am Vesuv, sehr schön beobachten.

11. Unter Wasser ausfließende Basalte erstarren in Form der sogenannten Pillows (Pillow-Laven, Abb. 4-33 A und B). Submarine Pillow-Laven sind teilweise spilitisiert (s. S. 131); die Pillows zeigen randlich glasige Erstarrung (s. S. 191).

Die basaltischen Gesteine

Unter der Vielzahl der Vulkanite sind nur die *Basalte* (Feldspatbasalte = Tholeiite und Alkalibasalte) sehr weit verbreitet, häufig sind noch Andesite sowie rhyolithisch oder rhyodacitisch zusammengesetzte Ignimbrite (s. S. 201), alle anderen bilden nur lokale, relativ kleine Vorkommen.

Basalte (Tholeiite) und *Alkalibasalte* (Feld 10 und 10' in Abb. 4-9) können bei der üblicherweise dichten Ausbildung und, sofern Einsprenglinge fehlen, ohne genauere Untersuchungen nicht von Tephriten und Basaniten (Feld 14), von tephritischen Phonolithen (Nephelin-«Basalt» z.B., Feld 12), von phonolithischen Tephriten (Feld 13), von Foiditen (Feld 15) und vor allem nicht von Latiten und Latitbasalten (Feld 8 und 9) unterschieden werden. Solche Gesteine sind, wenn auch der geologische Verband nicht weiterhilft, dann einfach nur als «basaltartige» Vulkanite einzustufen. Für die allfällige genauere Zuordnung muß auf die örtliche Literatur und auf die geologischen Karten verwiesen werden (für Mitteleuropa und Italien z.B. die Borntraeger-Führer, siehe Lit.-Hinweise).

Für die genaue Bestimmung basaltartiger Gesteine reichen vielfach auch mikroskopische Untersuchungen nicht aus, da die Mineralkörner häufig zu klein sind, um

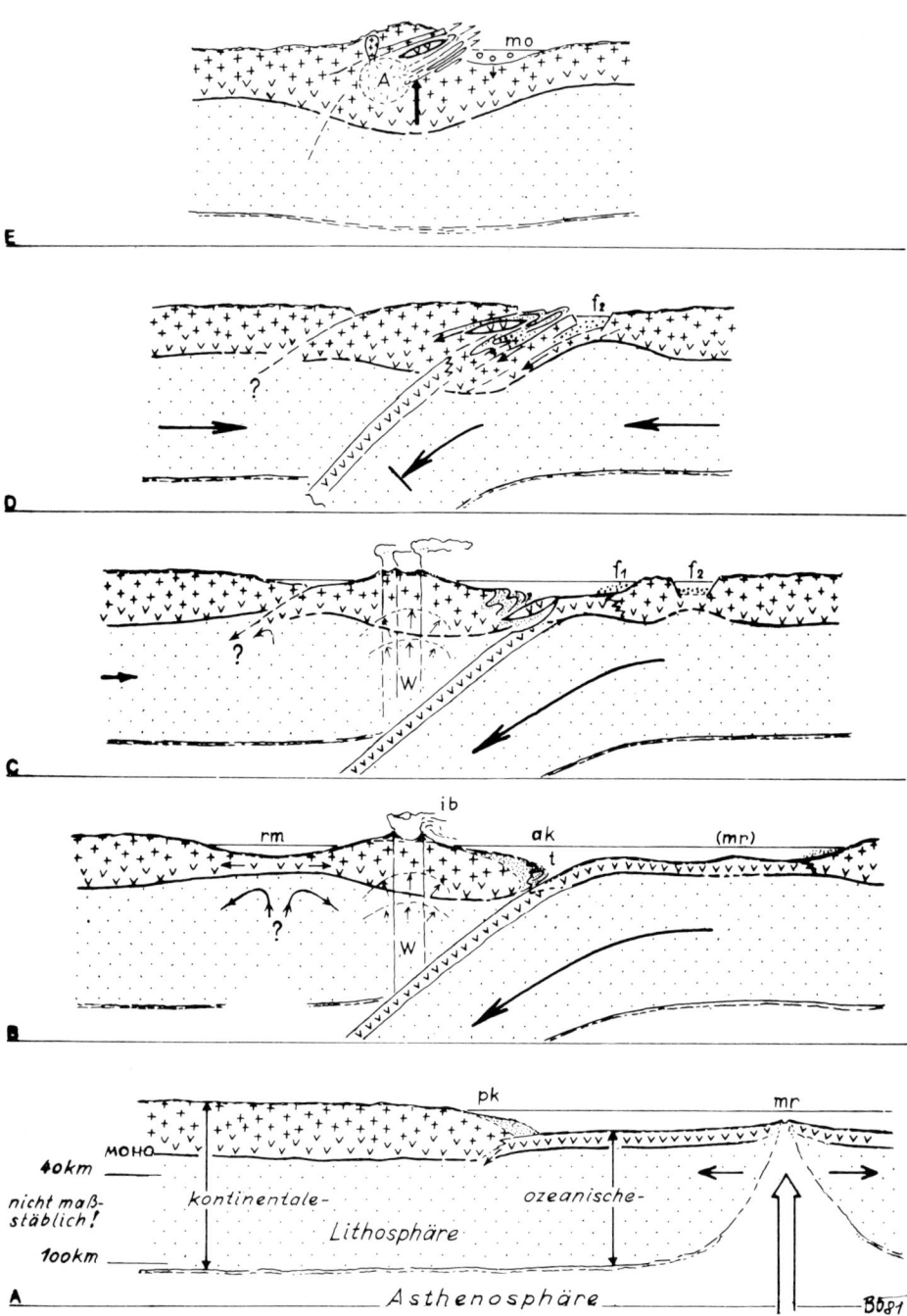

E

D

C

B

A

MOHO

40km

nicht maß-
stäblich!

100km

kontinentale-

Lithosphäre

Asthenosphäre

ozeanische-

pk

mr

rm

ib

ak

t

(mr)

W

f₁

f₂

f₂

mo

A

W

?

?

?

Bb₈₁

identifiziert zu werden. Dann müssen chemische Analysen und deren Umrechnung auf den normativen Mineralbestand – ein kompliziertes Verfahren – herangezogen werden.

Dolerit und Diabas. Der Begriff «Dolerit» wird im Deutschen zumeist auf grobkörnige Basalte verschiedener Zusammensetzung (Tholeiite, Alkalibasalte u. a.) angewendet, ist also eine Gefügebezeichnung. Er ist heute nur mehr gelegentlich in Gebrauch und könnte durch «Mikrogabbro» ersetzt werden (STRECKEISEN 1980, vgl. auch S. 159). Das gleiche wird auch für die Bezeichnung «Diabas» vorgeschlagen, doch läßt sich dieser Gesteinsname kaum aus dem Schrifttum verdrängen. Unter Diabas versteht man – im deutschen Sprachgebrauch – einerseits geologisch ältere (paläozoische) Gesteine basaltischer Zusammensetzung, andererseits allgemein «Basalte» mit deutlichen sekundären Veränderungen im Mineralbestand.

◁ Abb. 4-25 Möglicher Ablauf plattentektonischer Vorgänge, die über ein Inselbogensystem zu einem alpinotypen Gebirge führen.
Signaturen:
Kruste. Kreuze: sialischer Anteil; Häkchen: simatischer Anteil (einschließlich der Ozeanböden).
Oberer Mantel. Punkte: Lithosphäre; ohne Signatur: Asthenosphäre.
Feine Punkte: Sedimente des passiven Kontinentalrandes und des Anwachskeils neben der Tiefseerinne;
gröbere Punkte: Flysch (f_1 und f_2); *Kreischen:* Molasse (mo).
A = Bereich sialischer Anatexis («kleiner Kreislauf in der Kruste») im Stadium E
W = Wärmeaufstieg unter dem Inselbogen im Stadium B und C
mr Mittelozeanischer Rücken; *(mr)* inaktiver Rücken
pk passiver Kontinentalrand; *ak* aktiver Kontinentalrand
t Tiefseerinne; *rm* (Randbecken); *ib* Inselbogen
Ablauf:
A) Anorogene Zeit. Im Bereich des mittelozeanischen Rückens (rechts) ist eine konstruktive Plattengrenze aktiv: sea-floor spreading (Spreitung). Der Kontinentalrand in Bildmitte ist passiv, jedoch unmittelbar vor dem Umschlag.
B) Beginn der orogenen Zeit. Einsetzende Subduktion: Der Kontinentalrand ist nun aktiv und damit zu einer destruktiven Plattengrenze geworden, es kommt zur Entwicklung eines Inselbogens und eines Randmeeres (Dehnung!). Der mittelozeanische Rücken ist inaktiv geworden. Die ozeanische Lithosphäre «zieht» kontinentale Lithosphäre nach sich (von rechts gegen die Bildmitte).
C) Weitere Annäherung der kontinentalen Lithosphäre. Die Kollision steht unmittelbar bevor, ein Span ozeanischer Kruste wird abgespalten, Flyschtröge bilden sich. (Die «kleine Subduktion» im Bereich des Randmeer-Beckens ist rein hypothetisch.)
D) Die Kollision ist erfolgt. Die Subduktion kommt zum Stillstand, der «slab» reißt ab. Da die Einengung jedoch noch weitergeht, bilden sich eine Reihe von krustalen Unterschiebungen heraus. Der «ozeanische Span» wandert nach oben (und wird zum Ophiolith in Obduktionslage!).
E) Die Orogenese nähert sich dem Endstadium, die stark verdickte Kruste beginnt aufzusteigen. In der Tiefe ist die sialische Anatexis, die bereits vor diesem Stadium einsetzt (in D aus zeichnerischen Gründen weggelassen) in vollem Gang. Die ehemalige Subduktionszone ist allenfalls noch als Spur zu erkennen.
(Aus NICKEL, Teil 3, 1983).

Meist handelt es sich um gangförmige, also subvulkanische Bildungen oder um lagenartig in Sedimentfolgen eingeschaltete Ergüsse. Viele Diabase zeigen ein sperriges, «ophitisches» Gefüge aus hellen, gitterartig angeordneten Plagioklasleisten, wobei die dadurch entstehenden Zwickel mit grünlich-schwarzen Pyroxenen ± Biotit, z.T. auch mit etwas Olivin gefüllt sind. Erzmineralien wie Magnetit, Ilmenit, Magnetkies sind stets vorhanden. Andere Diabase sind porphyrisch ausgebildet. – Die erwähnten Veränderungen drücken sich in einer mehr oder weniger deutlichen Saussuritisierung der Plagioklase und einer teilweisen Uralitisierung der Pyroxene aus, die Biotite sind in Chlorit umgewandelt («Grünsteinbildung»). Die Ursache läßt sich in der Einwirkung thermaler Wässer suchen. Solche Diabase weisen eine typisch grünlich-graue Tönung auf.

Melaphyre sind Vulkanite unbestimmter basaltischer, wohl auch andesitischer Zusammensetzung, die besonders reich an blasenartigen, mineralgefüllten Hohlräumen sind (Melaphyr-Mandelstein; Abb. 4-26). Meist wird der Begriff auf jungpaläozoische (Saar-Nahe-Gebiet) und triadische (Dolomiten) Vorkommen beschränkt. Er sollte eigentlich vermieden werden, ist aber als Feldbezeichnung immer noch im Gebrauch.

Trapp wird gelegentlich noch für die riesigen Deckenergüsse der Plateaubasalte verwendet (Deccan-Trapp in Indien z.B.), ist jedoch auch ein veraltetes Bergmannswort für Diabas.

Vorkommen. Vulkanite treten in Form von Deckenergüssen, Lavaströmen in allen Größenordnungen, Stau- und Stoßkuppen auf. In Oberflächennähe erstarrte kleine Körper wie Lagergänge und Dikes, Stöcke und Vulkanschlote faßt man auch unter dem Begriff «Subvulkanite» zusammen.

Lakkolithe und andere Intrusionsgebilde gehen manchmal randlich in Vulkanite über, so daß «Tiefengesteine» und «Oberflächengesteine» nicht immer scharf zu trennen sind. Der Unterschied besteht ja weitgehend nur im Gefüge und in der Korngröße, die bei den Vulkaniten durch relativ rasche Abkühlung geprägt sind.

Die Anzahl der Fundorte ist groß, viele Vorkommen der selteneren Vulkanite sind jedoch nur klein.

Rhyolithe und Rhyodacite finden sich im Rotliegenden des Saar-Nahe-Gebietes, im Schwarzwald und in größerem Umfang im Bereich des Bozener Quarzporphyrs, ferner am Monte Amiata in der Toscana, weiterhin in den Anden, im Yellowstone Park, in Kalifornien usw. Häufig handelt es sich jedoch nicht um echte Ergußgesteine, sondern um Ignimbrite (s. S. 201).

Dacite sind vor allem aus den rumänischen Karpaten («Dacien») bekannt, aus dem Saar-Nahe-Rotliegenden, vom Crater Lake in Oregon; meist treten sie zusammen mit Rhyolithen auf.

Trachyte bilden die bekannten Staukuppen in dem jungquartären Vulkangebiet der Auvergne und den Drachenfels (Miozän) im Siebengebirge bei Bonn, der durch seine eingeregelten Sanidine bekannt ist. Staukuppen aus Trachyt sind auch in den Ciminer Bergen nördlich von Rom zu finden. Aus den USA seien die Vorkommen im Cripple Creek District, Colorado, genannt.

Andesite sind rund um den Pazifik sehr verbreitet (Anden; Inselbogenvulkanismus, Abb. 4-26). Jungpaläozoische Andesite («Porphyrite») kommen im Saar-

```
0            2 cm
⊢─────────┴─────────⊣
```

Abb. 4-26   Sogenannter Mandelstein. Man versteht darunter, meist basaltische, Vulkanite, die von rundlichen Drusen mit Calcit und Zeolithen, auch Chalcedon u. a. durchsetzt sind. (Foto: Skinner)

Nahe-Gebiet vor, tertiäre in den Karpaten, späteiszeitliche in der Auvergne. Tertiäre bis rezente Andesite finden sich in der Cascade Range im westlichen Nordamerika (eine Andesit-Staukuppe bildete sich in dem neuen Krater des Mount S. Helens nach dessen Ausbruch 1980). Aus «Andesit» (genauer Latit-Andesit und Latit) besteht auch der ältere Stromboli-Kegel.

Phonolithe sind besonders von den jungtertiären Hegau-Vulkanruinen in Form keulenförmiger Stöcke bekannt. Kleine Phonolith-Staukuppen finden sich auf der Insel Ischia. Aus dem gleichen Gestein besteht der berühmte Devil's Tower in Wyoming.

Basanite treten vereinzelt z. B. im Laacher Vulkangebiet auf, *Tephrite* ebenda z. B. am Ettringer Bellerberg (Leucit-Tephrit) und bei Niedermendig (Nephelin-Leucit-Tephrit). Sehr verbreitet sind derartige Gesteine in der Römischen Vulkanprovinz (Sabatini, Colli Albani) und am Vesuv (Leucit-Tephrit bis Leucitit; Somma: phonolithischer Leucit-Tephrit; Abb. 4-27).

Basalte sind die weitaus verbreitetsten Vulkanite. Die gesamten Ozeanböden, die von den mittelozeanischen Rücken (Abb. 4-25) aus gebildet werden, bestehen zum

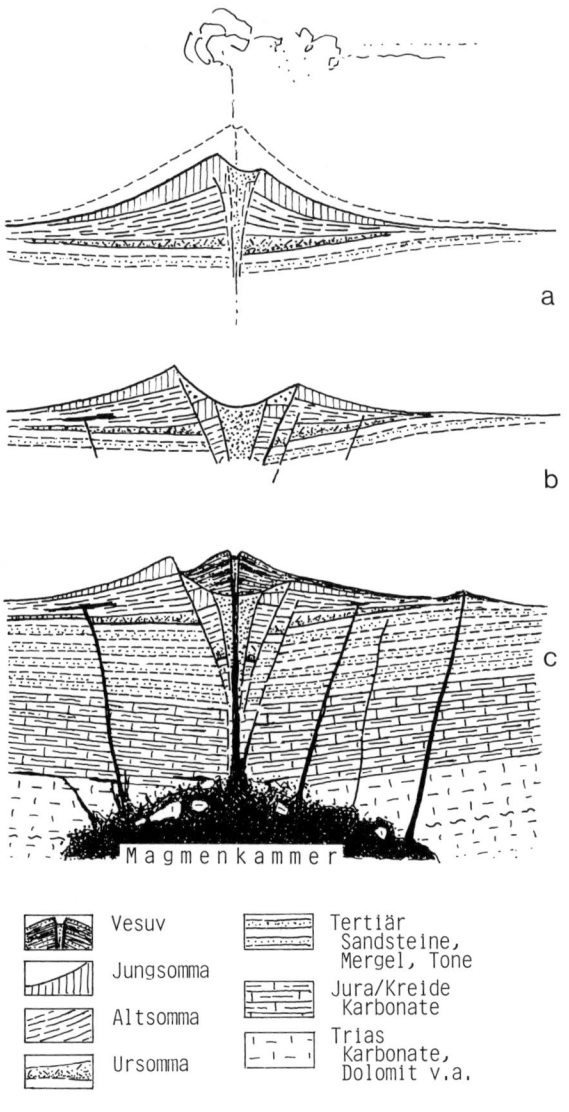

Abb. 4-27   Somma-Vesuv als Beispiel eines Stratovulkans. – Die Entwicklungsgeschichte des
Somma-Vesuv-Systems in Profilschnitten, umgezeichnet nach Pichler (1970). a Mögliche
Silhouette des «erloschenen» Mons Vesbius vor 79 n. Chr. Darüber – gestrichelt – angedeutet
die Bergform des Jungsomma auf dem Höhepunkt der Tätigkeit, ca. 1200 v. Chr. Diese ende-
te um 800 (?) mit einem explosiven Ausbruch, der die Form des Mons Vesbius schuf. b Caldera
des Jungsomma unmittelbar nach dem Ausbruch von 79. n. Chr., vor der Bildung des eigentlichen Vesuvkegels. c Heutiges Bild des Somma-Vesuv-Systems einschließlich des sedimentären
Untergrundes und der Lage der Magmenkammer, die sich in 5–6 km Tiefe befindet. (Aus:
Mineralien-Magazin, Heft 1, 1983, Franck'sche Verlagshandlung Stuttgart)

Abb. 4-28 Säulige Absonderung von Basalten, die das Devil's Post Pile National Monument in Kalifornien aufbauen; solche Formen entstehen bei der Abkühlung vor allem basaltischer Schmelzen. Die abgebildeten Säulen haben 10–20 cm Durchmesser und sind mehrere Meter lang. (H. L. Mackay, Design Photographers International, Inc.)

großen Teil aus *Tholeiiten* und ebenso auf dem Festland die riesigen Plateaubasalt-Areale (Columbia-River und Snake-River-Plateau in USA mit 500000 km², Parana-Becken in Südamerika mit 750000 km², Karroo-Region in Südafrika mit 50000 km², Deccan-Trapp in Indien mit 1000000 km²). Mit der Insel Island hebt sich der Ozeanboden über den Meeresspiegel. Tholeiite sind auch die Basalte von Giant's Causeway (Irland). Im Inneren der Kontinente herrschen dagegen *Alkalibasalte* vor (Vogelsberg, Rhön, Nordostbayern und ČSSR), ferner am Ätna; andererseits aber auch auf den Insel-Vulkanen inmitten der großen Ozeane (Hawaii, Atlantik). Bei den vielen kleinen «Basalt»-Vorkommen, etwa im Hegau, bei Urach, im Odenwald oder in der Eifel, handelt es sich meistens um Gesteine wie Melilith-Nephelinite (Hegau), Melilithite wie Melilith-«Basalt» oder Ankaratrit (Urach), Nephelinit (Roßberg im Odenwald), Sanidin-Nephelinit (Katzenbuckel im Odenwald) usw., oder auch um Latite, Latitbasalte (Siebengebirge z. B.) usw.

Verwendung. Wegen der Härte und der Zähigkeit eignen sich viele Vulkanite, vor allem die basaltartigen, als Straßenbaumaterial, gelegentlich werden sie auch für Wandverkleidungen und dergleichen verwendet. Aus Basalten wird auch sogenannte Mineralwolle hergestellt.

Abb. 4-29 Pahoehoe-Lava, die über eine Geländekante geflossen ist. Kilauea, Hawaii. Foto: D. Swanson, U.S. Geological Survey)

Abb. 4-30   Handstück aus blasiger Basaltlava von Hawaii. Die hellen Pünktchen sind (spärlich) eingesprengte Olivinkörner. (Foto: Skinner)

GLÄSER

Wenn eine Schmelze so rasch abkühlt, daß sich keine Kristalle bilden können, entstehen natürliche Gesteinsgläser. Viele dieser Gesteine bestehen ausschließlich aus Glas, andere wenigstens teilweise aus Mineralien (Vitrophyre). Es ist anzunehmen, daß es keine Gläser gibt, die älter sind als etwa Kreide, denn alle neigen dazu, im Laufe der Zeit in den kristallinen Zustand überzugehen. Solche «entglasten» Gesteine zeigen häufig hornstein- oder hornfelsartiges Aussehen.

Obsidian

Obsidian ist wohl einer der ältesten Gesteinsnamen. Die chemische Zusammensetzung variiert von rhyolithisch über trachytisch und andesitisch bis zu phonolithisch; da sie ohne Analyse nicht erfaßt werden kann, laufen alle diese Gesteine unter dem Begriff Obsidian. Ist der Chemismus bekannt, so setzt man den entsprechenden Gesteinsnamen davor, also z.B. «rhyolithischer Obsidian». Bemerkenswert ist, daß ein

0 ⎯⎯ 2 cm

Abb. 4-31 Obsidian mit typisch muscheligem Bruch, Yellowstone Park, Montana. (Foto: Skinner)

hoher Prozentsatz der analysierten Obsidiane der Zusammensetzung nach einem Rhyolith entspricht.

Obsidiane sind meistens glasig-homogen, bisweilen auch schlackig-blasig. Sie sind dunkelgrau bis annähernd schwarz, rot oder dunkel mahagonibraun, haben Glasglanz und zeigen typischen muscheligen Bruch (Abb. 4-31). Die Farbe hängt von fein verteilten submikroskopischen Partikeln ab, wie etwa von Magnetit (schwarz), Hämatit (rotbraun), oder auch von winzigen Blasenhohlräumen, die dem Gestein ein goldenes Schimmern verleihen können. Obsidiane können farblich einheitlich sein oder durch eine Bänderung ein Fließgefüge erkennen lassen. Auch schwarzer Obsidian ist in dünnen Splittern durchsichtig oder durchscheinend.

(A)   0 ⎯⎯⎯⎯⎯ 5 cm

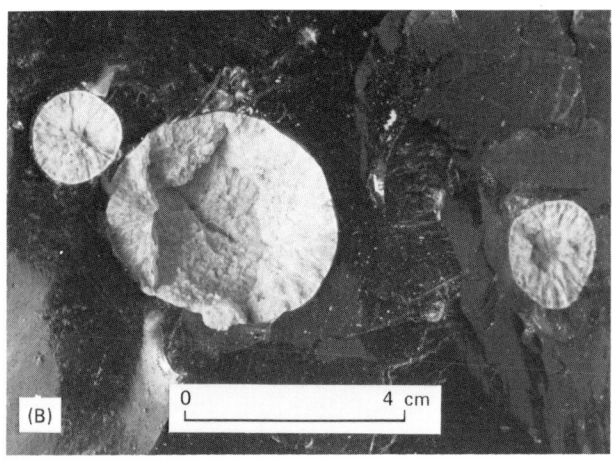

◁ Abb. 4-32 Sphärolithe und Lithophysen. (A) Künstliche Sphärolithe in einer durchsichtigen Glasmasse mit radial angeordneten Kristallen. (B) Sphärolithe in Obsidian. Jemez Mountains in Neumexico. (C) Lithophysen in einem entglasten Obsidian. Yellowstone Park, Montana. (Fotos: Skinner)

Abb. 4-33 Pillowlaven, wie sie duch Ausfließen basaltischer Laven unter Wasser entstehen. (A) Jungpaläozoische Pillowlava von Suhaylah in Oman. (Foto: E. H. Bailey, U. S. Geological Survey) – (B) Präkambrischer Grünstein (Metabasalt); die glazial überschliffene Oberfläche läßt die Struktur gut erkennen. Ishpeming, Michigan. (Foto: M. J. Whiteney)

Die meisten Obsidiane enthalten mehr oder weniger kristallisiertes Material. Sphärolithe, Lithophysen und andere Kristallite treten als isolierte Körner auf oder ordnen sich parallel zu den Fließbändern an. Sphärolithe und andere kugelförmige Einschlüsse bestehen aus radialstrahlig angeordneten Mineralien, wie z. B. aus Feldspat (Abb. 4-32 A und B). Sie sind meist nicht größer als Schrotkörner oder Erbsen. Die einzelnen Strahlen wachsen rasch vom Kristallisationskern in die Schmelze und werden erst durch die zunehmende Viskosität bei der Abkühlung im Wachstum abgebremst. Lithophysen sind ehemalige Blasenhohlräume, die mit konzentrischen Schalen winziger Kristalle ausgefüllt sind. Die einzelnen Schalen berühren sich nicht durchgehend. Im Kern befindet sich meist ein Hohlraum (Abb. 4-32 C). Im Bruch erinnern solche Lithophysen manchmal an Rosen. Bei den kleinen Kristallen handelt es sich häufig um Quarz, Tridymit oder Feldspat, selten auch um Fayalit, Topas, Granat oder Turmalin. Die Genese der Lithophysen ist rätselhaft. Man denkt an rhythmische Kristallisation in einem gasreichen Magma, wobei es während der Kristallisation immer wieder zu einer Gasentwicklung kam.

(B)

Vorkommen. Sehr schöne Obsidiane mit all den beschriebenen Erscheinungen finden sich auf der Insel Lipari und auch auf Vulcano. Eine bekannte nordamerikanische Lokalität ist das Obsidian Cliff im Yellowstone National Park, Wyoming. Hier kann man auch besonders gut ausgebildete Sphärolithe beobachten.

Verwendung. Wegen seines scharfen Bruches wurde der Obsidian in der Steinzeit zu Waffen und Werkzeugen verarbeitet (Abb. 4-34), vermutlich schon vor 500000 Jahren. In der Jungsteinzeit wurde der Obsidian von Lipari weithin im Mittelmeerraum in den Handel gebracht. In Mexiko verarbeitet man Obsidian heute noch zu Kultgegenständen, kleinen Schnitzereien und zu Modeschmuck. Besonders dekorativ sind Stücke, in denen Gasblasen lagig angeordnet sind, und die, gegen das Licht gehalten, einen goldfarbenen Glanz aufweisen.

Weitere Gesteinsgläser

Perlit oder Perlstein ist ein beinahe farbloses, graues, grünes, bläuliches, rötliches oder braunes Gesteinsglas mit Perl- bis Wachsglanz. Das charakteristische Aussehen stammt von zentimetergroßen konzentrisch-schaligen Glaskügelchen, der Name von dem perlartigen Aussehen des schalig brechenden Gesteins. Man nimmt an, daß sich diese besondere Struktur durch Hydratation und der damit zusammenhängenden Ausdehnung des Glases gebildet hat. Manche Perlite zeigen anhand der Einregelung kleiner Kristallite eine Fließstruktur an. Teilweise enthalten sie Einsprenglinge von Sanidin, Quarz oder Tridymit. – Wird Perlit erhitzt, so schäumt er

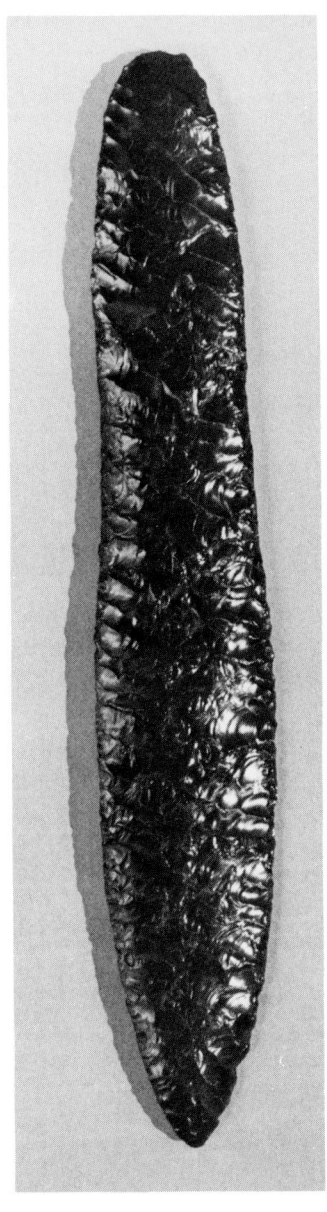

Abb. 4-34 Obsidian-Werkzeug von der Pazifikküste Nordamerikas. (Foto: J. Friedmann, U.S. Geological Survey)

auf und kann dann für Leichtbausteine, Filter- und Füllmaterial verwendet werden; die im Handel erhältlichen Produkte laufen ebenfalls unter «Perlit». Natürlicher Perlit etwa rhyolithischer Zusammensetzung tritt lokal im Bereich der weitverbreiteten Ergußgesteine des westlichen Nordamerika auf (Yellowstone Park und Taos County, New Mexico; von dort stammt hauptsächlich das Rohmaterial für die industrielle Verarbeitung).

Pechstein ist ein hydratisierter (mit bis 10% Wasser) und teilweise entglaster Obsidian. Man erkennt ihn an seinem harz- bis pechartigen Glanz. Von der Farbe her ist er grau, schwarz, olivgrün, braun oder rot. Man unterscheidet einheitlich gefärbte, 'gefleckte und gestreifte Varietäten. Eine Typlokalität für Pechstein liegt in der Gegend von Meißen, Vorkommen in den USA finden sich bei George Town und Silver Cliff, Colorado.

Tachylit ist ein Gesteinsglas von basaltischer Zusammensetzung. Es ist meistens grünlich-schwarz bis schwarz und auch in dünnen Splittern so gut wie opak. Wie der Name andeutet (griechisch: schnell löslich) ist Tachylit in Säuren leicht löslich. Im Vergleich zum Obsidian zeigt er eher Fett- als Glasglanz. Kristalline Einschlüsse kommen vor. Als Tachylite kann man die glasigen Randpartien der Pillows in den Pillowlaven (s. S. 177 und Abb. 4-33) ansehen.

Palagonit ist eine besondere Art von vulkanischem (i. a. basaltischem) Glas, das aus untermeerisch zerspratzter Lava in Verbindung mit der Pillow-Bildung entsteht. Nach RITTMANN (1960) ist der Begriff *Hyaloklastit* vorzuziehen. Auf Island versteht man unter Palagonittuff auch subglazial gebildete Pyroklastite und noch andere klastische Gesteine.

Bimsstein ist ein schaumiges Glas von grauweißer, gelblicher, brauner, hellgrauer bis fast schwarzer, selten roter Farbe und seidigem Glanz. Bims besteht aus subparallel verflochtenen Glasfasern, die Hohlräume umgeben oder sich um Einsprenglinge herumwinden. Er ist so porös und leicht, daß er auf dem Wasser schwimmt und daher von Meeresströmungen weithin verfrachtet werden kann. Bims ist vor allem ein Produkt von solchen Vulkanen, die zähe, gasreiche und daher explosive Laven fördern, und sehr häufig Bestandteil von Ignimbriten (s. S. 201). Bimssteinartige, jedoch dunkle und meist schwerere *Schlacken* findet man auch als Krusten auf der Oberseite von Lavaströmen.

Bimsstein von der Insel Lipari wird als Scheuer- und Poliermittel für verschiedene Zwecke verwendet, so als Toilettenartikel, als Scheuerpulver, zum Glätten von Holz vor der Behandlung mit Öl, Wachs oder Lack und als Poliermittel für alle möglichen Materialien.

Bims wird ferner für Leichtbausteine und für schalldämpfenden Verputz in großem Umfang abgebaut. Er kommt in fast allen Vulkangebieten vor. Die vor ca. 11 000 Jahren aus verschiedenen Zentren des Laacher Beckens in der Eifel ausgeworfenen Massen bildeten eine geschlossene Bimstuff-Decke bis in die Umgebung von Marburg; diese Bimse haben trachytische bis phonolithische Zusammensetzung.

Als *Peles Haar* bezeichnet man auf Hawaii braune, fadenartige Glasfasern basaltischer Zusammensetzung, die man gelegentlich mattenartig auf Lavaströmen findet. Die Glasfasern sind im allgemeinen nur einen halben Millimeter im Durchmesser dick, aber bis mehrere Meter lang. Sie entstehen beim Zerplatzen von Gasblasen an der Oberfläche eines Lavastromes. Die Lava wird dabei zu langen Glasfäden ausgezogen, die der Wind verweht und anhäuft. Peles Haar findet man relativ häufig in der Umgebung des Kilauea auf der Insel Hawaii; der Name ist mythologischen Ur-

Abb. 4-35 Gutgeschichtete Pyroklastite an den Flanken des Oshima in Japan. Die Lagen sind keineswegs gefaltet, die Neigung kommt vielmehr dadurch zustande, daß die niederfallenden Pyroklastika das vorgefundene Relief nachzeichnen. Das Material hat etwa basaltische Zusammensetzung; die hellen Partien bestehen vor allem aus Lapilli, die dunkleren sind Aschen. (Foto: R. S. Fiske)

sprungs, denn die Eingeborenen betrachten den Kilauea-Krater als Heimstätte der Pele, der Göttin des Feuers.

PYROKLASTITE

Als Pyroklastite bezeichnet man alle lockeren und verfestigten Gesteine, die aus von Vulkanen ausgeworfenem klastischen Material verschiedenster Art und Korn-

192

größe bestehen, einschließlich der flüssigen oder halbflüssigen Fetzen zerspratzender Lava.

RITTMANN (1981) gliedert in *Tephra,* das sind Lockerprodukte aller Art, *Tuffe und Tuffite,* das sind verfestigte Auswurfmassen ohne (Tuffe) und mit (Tuffite, in Wasser abgelagert) Sedimentbeimengung, *Synaptite oder Schweißschlackenbildungen* aus verschweißten Lavafladen und *Ignimbrite,* die aus überquellenden Glutwolken besonderer Art (Aschenströme, pyroclastic flows) hervorgehen.

Die Zuordnung der Pyroklastite ist schwierig: Einige rechnen sie zu den Magmatiten, andere wollen sie bei den Sedimentgesteinen untergebracht wissen. Das Richtige traf wohl der amerikanische Geologe C.K. WENTWORTH, der einen großen Teil seiner Arbeit den vulkanischen Vorgängen auf Hawaii widmete, mit den Worten: «They are igneous on the way up and sedimentary on the way down» (sie sind magmatisch auf dem Weg aufwärts und sedimentär auf dem Weg abwärts). Jedenfalls sind sie ein gutes Beispiel dafür, daß selbst die drei Hauptgruppen der Gesteine durch Zwischenbildungen verbunden sind und daß alle Klassifizierungen weitgehend künstlich sind. In diesem Buch werden die Pyroklastite am Ende des Abschnittes über die magmatischen Gesteine eingeordnet, da sie letztendlich stets aus vulkanischen Aktivitäten herzuleiten sind. Damit stehen sie andererseits direkt vor dem Kapitel über die Sedimentgesteine, mit denen sie durch die Art der Ablagerung, der Verfestigung und, teilweise, durch die Schichtigkeit doch auch eng verbunden sind (Abb. 4-35). Zahlreiche Vulkanbauten bestehen aus vielfachem Wechsel von Tuff- und Lavabänken.

Tabelle 4-6   Korngrößen der Pyroklastite.

Größe in mm	Bezeichnung der Komponenten	Tephra (unverfestigt)	verfestigte Pyroklastite
> 64	Bomben bzw. Blöcke	Bomben bzw. Blöcke	Agglomerat bzw. Pyroklastische Breccie
2–64	Lapilli	Lapilli	Lapilli-Tuff
< 2	Aschen	Aschen	Aschen-Tuff

Tephra

Unverfestigte Pyroklastite (= Tephra) werden nach der Korngröße eingeteilt. Demgemäß benennt man auch die Tuffe (im Sinne verfestigter vulkanischer Pyroklastite) nach Größe und Anteil ihrer Bestandteile (siehe auch Tab. 4-6 und Abb. 4-36). Wie man sehen kann, spielen außerdem die Gestalt und die Genese der größeren Bruchstücke eine Rolle. Weiterhin kann man die chemische Zusammensetzung – sofern bekannt – durch die Voransetzung des entsprechenden Gesteinsnamens ausdrücken (z.B. «andesitische Lapilli»). Auch die Art der enthaltenen Pyroklasten dient zur weiteren Kennzeichnung; so spricht man etwa von Glasasche oder Kristalltuff. Die in dem Diagramm Abb. 4-37 verwendeten Begriffe «vitrisch» und «lithisch» sind im Deutschen bis jetzt nicht allgemein gebräuchlich, wären aber zur näheren Kenn-

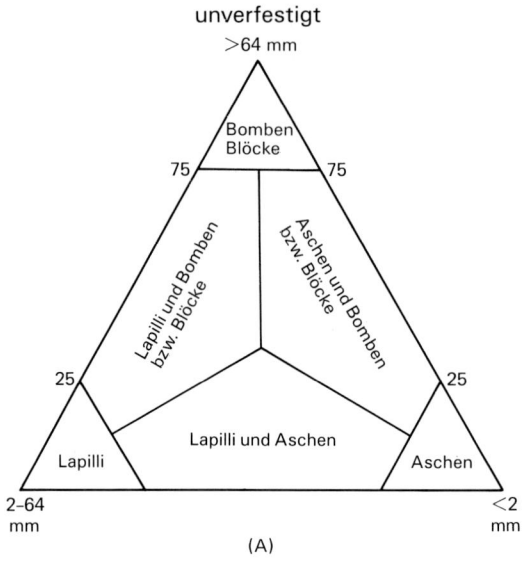

unverfestigt
>64 mm

Bomben
Blöcke

75   75

Lapilli und Bomben
bzw. Blöcke

Aschen und Bomben
bzw. Blöcke

25   25

Lapilli und Aschen

Lapilli   Aschen

2–64
mm

<2
mm

(A)

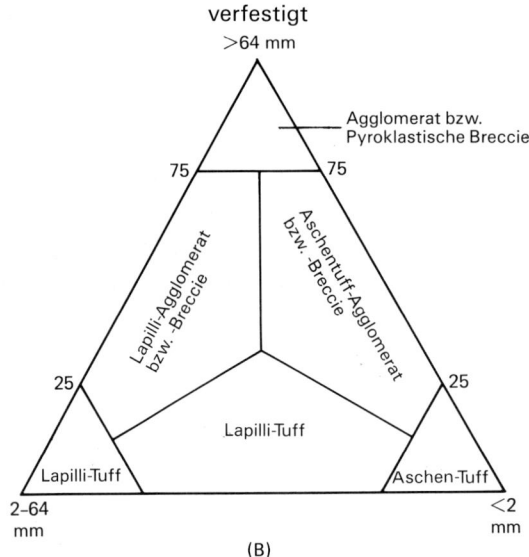

verfestigt
>64 mm

Agglomerat bzw.
Pyroklastische Breccie

75   75

Lapilli-Agglomerat
bzw. -Breccie

Aschentuff-Agglomerat
bzw. -Breccie

25   25

Lapilli-Tuff

Lapilli-Tuff   Aschen-Tuff

2–64
mm

<2
mm

(B)

Abb. 4-36 Klassifizierung unverfestigter und verfestigter Pyroklastite nach der Korngröße der Komponenten im Konzentrationsdreieck.

zeichnung zu verwenden. Die vollständige Benennung einer zu 75% aus Glas mit rhyolithischem Chemismus bestehenden Asche wäre danach also: «vitrische, rhyolithische Asche».

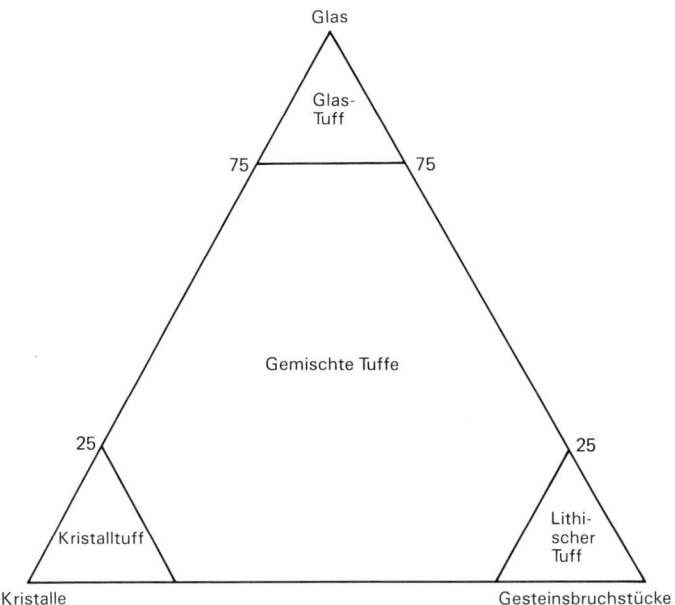

Abb. 4-37 Klassifizierung der Pyroklastite im Konzentrationsdreieck nach der Art der Komponenten, die in die Namengebung eingehen kann; Kristalltuffe z.B. sind Pyroklastite, die zu 75% oder mehr aus Kristallbruchstücken bestehen, der Rest sind Glasaschen und/oder Lapilli usw.

Abb. 4-38 Vulkanische Bombe vom Mauna Kea, Hawaii. (Foto: Skinner)

195

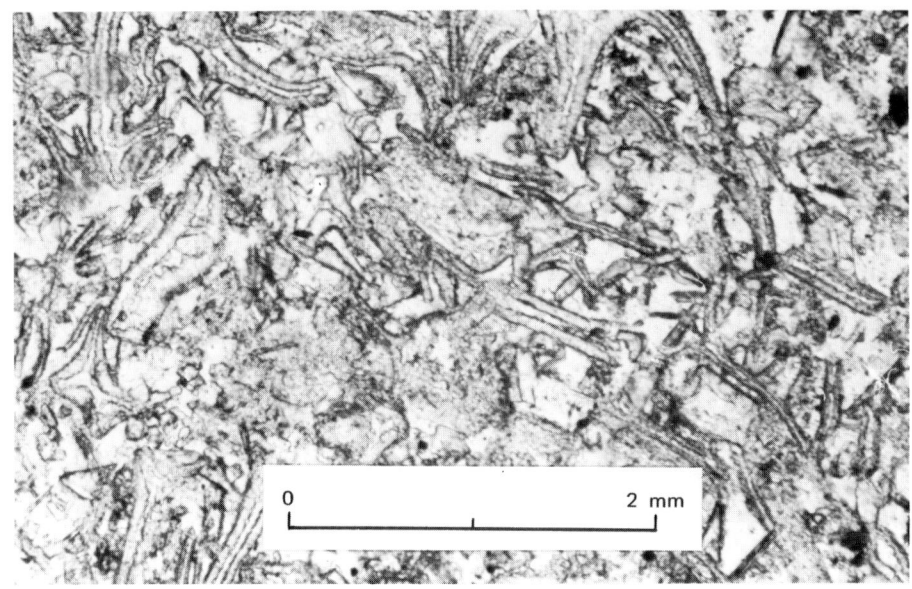

Abb. 4-39   Dünnschliff eines Ignimbrites rhyolithischer Zusammensetzung, der weitgehend aus glasigen, scherbenförmigen Komponenten besteht.

Die verschiedenen Komponenten kann man wie folgt unterscheiden:

Bomben bilden sich aus ganz oder teilweise geschmolzenem Material während des Fluges durch die Luft. Dadurch erhalten sie eine etwa kugelig-gedrehte oder spindelförmige Gestalt (Abb. 4-38).

Blöcke werden während der Eruption aus dem Vulkanschlot mitgerissen oder stammen aus der Decke der Magmenkammer. Sie können aus älteren Laven oder Nebengestein bestehen.

Lapilli sind Bruchstücke von Kristallen, Gesteinen oder Glas mit einem Durchmesser von 2 bis 64 Millimeter.

Aschen sind Kristalle, Glas- oder Gesteinsbruchstücke, die weniger als zwei Millimeter Durchmesser aufweisen.

Die Gesteinsbruchstücke sind meist kantig ausgebildet. Die größeren Auswürflinge zeigen abgebrochene Ecken und Kanten, da sie sich während des Ausbruchs aneinander oder an den Wänden des Vulkanschlotes abarbeiten. Die glasigen Komponenten sind häufig von charakteristischer scherbenartiger Gestalt (Abb. 4-39). Obwohl die Komponenten der Glasaschen zumeist nur in mikroskopischer Größenordnung auftreten, kann man sie manchmal schon mit 10facher Vergrößerung unter der Lupe beobachten.

Pyroklastite weisen ferner noch folgende besondere Kennzeichen und Merkmale auf:

Sortierung nach der Größe der Komponenten kann sich sowohl in der Schichtung als auch in lateraler Korngrößenabnahme widerspiegeln. Wegen ihrer Größe und ih-

196

res Gewichts fallen große Blöcke naturgemäß näher bei der Ausbruchstelle nieder; Windtransport ist unwahrscheinlich. Sortierung ist dann meist kaum bemerkbar, kann jedoch in manchen Fällen recht ausgeprägt sein, zumal bei nachträglicher Umlagerung durch Wasser.

Nichtvulkanisches Material in Pyroklastiten kann zweierlei Herkunft haben: Einerseits kann es sich um Gesteinsbruchstücke aus der Wandung der Magmenkammer oder des Vulkanschlots handeln, die während des Ausbruchs mit dem «echten» pyroklastischen Material mitgefördert werden. Andererseits können herkömmliche Sedimente, Kiese, Sande, Silte und Tone, gleichzeitig mit pyroklastischem Gesteinsmaterial in einem Sedimentationsraum abgelagert worden sein. Ablagerungen dieser Art wird man dann jedoch eher zu den Sedimentgesteinen als zu den Pyroklastiten zählen. Man bezeichnet sie allgemein als Tuffite (s. u.). Wechsellagerungen von Sedimenten und pyroklastischen Gesteinen findet man in Sedimentationsbecken, die im Bereich zeitweiser vulkanischer Aktivität liegen.

Fossilien können in pyroklastischen Gesteinen auftreten. Tatsächlich werden gelegentlich in vulkanischen Tuffen wohlerhaltene nichtmarine Pflanzen- und Tierversteinerungen entdeckt. Als Beispiele seien genannt: die berühmten Blätter aus der obermiozänen Middlegate Formation (Nevada) oder die «fossilen» Menschen und Tiere von Pompeji, die während der Eruption des Vesuvs im Jahre 79 n. Chr. unter Asche und Bims begraben wurden.

Tuffe und Tuffite

Die Umwandlung der losen Pyroklasten oder der Tephra zu Festgesteinen erfolgt, wenn überhaupt, durch Druck und/oder Zementierung. In einigen Fällen sind die Pyroklasten bei der Ablagerung noch so heiß, daß sie anschließend zu einem kompakten Gestein verschweißt werden (solche verschweißte Tuffe, zu denen auch viele Ignimbrite zählen, werden im Anschluß S. 201 beschrieben). Ebenso wie bei den Sedimentgesteinen kann die verkittende Substanz aus verschiedenen Mineralien wie Calcit, Quarz oder Zeolithen bestehen. Sie wird unter Mithilfe des Grundwassers ausgeschieden. Da auch Calcit beteiligt sein kann, brausen manche pyroklastischen Gesteine mit verdünnter Salzsäure heftig auf. Genauso wie in anderen Gesteinen, kann man auch in Pyroklastiten nachträgliche Veränderungen beobachten. Vor allem Tuffe zeigen Umwandlungserscheinungen, da sie sehr porös und damit wasserdurchlässig sind und die Komponenten meist leicht angreifbar sind. Silifizierung, Entglasung der Glasanteile und chemische Verwitterung sind häufig zu beobachtende Erscheinungen. Vulkanische Gase oder thermale Wässer verstärken die Vorgänge. Zu erwähnen ist noch, daß glasreiche Tuffe durch zirkulierendes Grundwasser gelegentlich opalisiert werden.

Grobkörnige Pyroklastite sind im Vergleich zu anderen Gesteinen relativ einfach zu erkennen. Andererseits können manche sehr feinkörnige Aschentuffe leicht mit Tonsteinen, Schiefertonen, Mergeln und dergleichen verwechselt werden. Stark verfestigte Kristalltuffe mit sehr feiner, womöglich nachträglich etwas veränderter Grundmasse können mit den entsprechenden porphyrischen Effusivgesteinen ver-

(A)

0   5 cm

Abb. 4-40   Stark verfestigte Pyroklastite. (A) Lapilli und kleine Bomben in einer Asche-matrix, Clark Co. Nevada. (B) Lapillituff mit Komponenten recht verschiedener Zusammen-setzung.

wechselt werden. Allerdings wird man bei eingehender Untersuchung mit der Lupe bald eingeschlossene Glasscherben, zerbrochene Kristalle oder kleine Gesteins-bruchstücke erkennen (Abb. 4-40). Während viele Tuffe wegen ihres Gehaltes an scherbigen Glasbestandteilen oder zerbrochenen Kristallen eine rauhe Oberfläche aufweisen, fühlen sich die meisten feinkörnigen, homogenen Sedimentgesteine eher glatt an. Wegen der unterschiedlichen Härte ihrer Komponenten kann man – im Ge-gensatz zu Tonsteinen und Kreiden – mit Tuffen eine Messerklinge oder den Ham-mer meistens ritzen. Trotz alledem können manche Tuffe und Tuffite makrosko-pisch nicht sicher eingeordnet werden.

Wie die Tephra, kann man auch die verfestigten pyroklastischen Gesteine durch einen entsprechenden Zusatz näher beschreiben, unter Verwendung der Tabelle 4-6 und des Diagramms Abb. 4-37. Eine verfestigte Tephralage aus glasiger Asche rhyo-lithischer Zusammensetzung wäre demnach ein «vitrischer rhyolithischer Tuff». Auch sollte man darauf hinweisen, wenn es sich um einen verschweißten Tuff han-

```
        0                        5 cm
        |_____|
(B)
```

delt. Die Bezeichnung «tuffitisch» verwendet man zur Kennzeichnung von Sedimenten mit einem merkbaren, aber noch nicht überwiegenden Gehalt an pyroklastischem Material (z. B. tuffitischer Mergel). Über Hyaloklastite s. S. 191.

Schweißschlackenbildungen oder Synaptite entstehen nur in unmittelbarer Nähe von Lavafontänen. Sie können bankförmig ausgebreitet sein oder zu kleinen Kegeln zusammentreten. In tieferen Bereichen solcher Anhäufungen können die Lavafladen so intensiv verschweißt sein, daß die Masse das Aussehen einer geflossenen Lava annimmt. Nach oben zu wird die Verfestigung geringer oder sie unterbleibt ganz.

Schlammströme. Pyroklastite, die während oder unmittelbar nach der Ablagerung mit Wasser (Eruptionsregen z. B.) in Berührung kommen, können sich dann als Schlammströme (mud flows) oder *Lahars* weiterbewegen, oft mit großer Geschwindigkeit. Sie sind damit besonders gefährlich; ein Schlammstrom – jetzt betonartig verhärtet – verschüttete z. B. Herculaneum bei dem Vesuv-Ausbruch 79 n. Chr. Riesige (prähistorische) Schlammströme sind im Bereich der Cascade Range-Vulkane in Nordamerika bekannt.

Vorkommen. Pyroklastite kommen in allen Gebieten vulkanischer Aktivitäten vor. Agglomerate und pyroklastische Breccien treten für gewöhnlich nur innerhalb der näheren Umgebung der Ausbruchstelle auf. In vielen Fällen ist die laterale Verbreitung nicht größer als die vertikale Mächtigkeit. Im Gegensatz dazu bedecken viele Aschentuffe tausende von Quadratkilometern. – Zu nennen sind noch die Schlotbreccien in ehemaligen Vulkanschloten.

Bei manchen Ausbrüchen werden während einer einzigen Eruptionsphase ungeheure Mengen pyroklastischen Materials ausgestoßen. Über die beiden Hauptausbrüche des Krakatau, einer Vulkaninsel in der Sundastraße westlich von Java, am 26. und 27. August 1883 existieren detaillierte Berichte: So war in der näheren Umgebung das Meer mit einer so mächtigen Bimssteinschicht bedeckt, daß nur noch die stärksten Schiffe manövrierfähig waren. Faustgroße Bimse wurden bis zu 40 Kilometer von der Insel weggeschleudert. Die Asche bedeckte ein Gebiet von ungefähr 750000 km^2; schätzungsweise 16 km^3 pyroklastisches Material wurden ausgeworfen. Das ist genug, um ganz Manhattan bis zum 25. Stockwerk der Hochhäuser mit Asche zu bedecken. Staub und Asche wurden bis zu 25–30 Kilometer in die Höhe geworfen, ein Teil des Staubes erreichte sogar eine Höhe von 80 Kilometern. Die feinen Staubpartikel, die jahrelang in der oberen Atmosphäre verblieben, sind wahrscheinlich für die außergewöhnlich roten Sonnenauf- und -untergänge in den Herbst- und Wintermonaten der Jahre 1883/84 verantwortlich. Die entstandene Flutwelle war in der näheren Umgebung bis zu 30 Meter hoch und erreichte die 8700 Kilometer entfernte südafrikanische Küste in weniger als 12 Stunden. Ungefähr ein gutes Drittel der Insel verschwand, das Wasser erreichte an der Stelle eine Tiefe von 270 m. Später erhob sich innerhalb der so entstandenen Caldera ein neuer Vulkan, der Anak Krakatau. Wie kürzlich durchgeführte Untersuchungen ergaben, waren verschiedene prähistorische Eruptionen von noch größeren Ausmaßen vorausgegangen.

Verwendung. Vulkanische Aschenlagen bilden gelegentlich sehr gute Zeitmarken, wenn es darum geht, Gesteinsfolgen zeitlich zu korrelieren oder geologische Abläufe zu rekonstruieren. Sie sind dazu besonders geeignet, da sie in relativ kurzer Zeit abgelagert wurden und sich in vielen Fällen über ein sehr großes Gebiet erstrecken. Zumal in Island wurde eine eigene Tephra-Chronologie, etwa der historischen Ausbrüche der Hekla, entwickelt.

In manchen Vulkangebieten, wie etwa in der Auvergne und in der Umgebung von Rom und Neapel, wurden und werden Tuffe in großem Umfang als Bausteine verwendet. In den Colli Albani wurde der Peperino albano, ein aschgrauer, stark verfestigter Tuff mit hellen und dunklen Komponenten, bis vor kurzem abgebaut.

Bentonit ist ein spezielles Umwandlungsprodukt bestimmter Tuffe. Fumarolentätigkeit, Thermalwasser und Verwitterung bewirken weitgehende Zersetzung unter Bildung von Tonmineralien aus der Montmorillonit-Gruppe (Smektite), die die Hauptbestandteile der als Bentonite bezeichneten Tonsteine bilden. Sie sind grauweiß und fühlen sich z. T. seifig an, sind aber meist schwer erkennbar, es sei denn, die ursprüngliche pyroklastische Struktur tritt noch hervor. Bentonite quellen z. T. mit Wasser (Blähtone) und haben noch andere technisch nutzbare Eigenschaften, z. B. die Fähigkeit, bestimmte Stoffe zu absorbieren. Man kann sie daher als Filter zum Reinigen von Ölen, Fetten und anderen Substanzen nutzen, ferner als Spülung bei Bohrungen u. a.

In Mittel- und Südeuropa ist Bentonit sehr gesucht, spärliche Vorkommen finden sich aufgrund einer Tuffeinschaltung in der Molasse (Miozän). In Mittelitalien sind Bentonite vor allem an die ausgedehnten Tuffareale nördlich von Rom gebunden.

Die Ignimbrite

Absätze von besonders gearteten Glutwolken, die als Suspension von reichlich Schmelzpartikeln, Kristall- und Gesteinsbruchstücken in Gasen aufzufassen sind und sich ähnlich wie leichtbewegliche Flüssigkeiten ausbreiten, bezeichnet man als Ignimbrite. Derartige Ströme werden auch etwas allgemeiner «ash flow» (Aschenströme oder Fließaschen) genannt, die daraus entstehenden Ablagerungen auch «ash flow»-Tuffe – im Gegensatz zu den durch die Luft transportierten «air fall»-Tuffen. Unter Ignimbriten im engeren Sinne versteht man, nach der ursprünglichen Definition von MARSHALL (1932, 1935) in Neuseeland, vor allem saure Gesteine (rhyolithischer bis dacitischer Zusammensetzung) von beträchtlicher räumlicher Ausdehnung. Ash flows gibt es hingegen in allen Größenordnungen.

Je nach Temperatur bei der Ablagerung sind derartige Pyroklastite verschweißt (durch Zusammensintern der geschmolzenen Anteile, «welded tuff») oder nur schwach, z. T. auch gar nicht verfestigt. Der auffallendste Unterschied zwischen ash flow- und air fall-Bildungen ist, daß letztere meist mehr oder weniger gut sortiert und stets deutlich geschichtet sind, während ash flow-Tuffe gar nicht oder nur grob

Abb. 4-41   Ignimbrit mit dunklen «Flammen», die aus glasigen Schlacken bestehen. Das Gesteinsbruchstück etwas über der Mitte ist ein rhyolithischer Porphyr. Neumexiko. (Foto: Skinner)

gebankt und völlig unsortiert erscheinen; allenfalls reichern sich grobe und schwere Komponenten an der Basis eines Stromes an. Sehr heiß gebildete, überwiegend aus Glas und Kristall-Aschen bestehende Ignimbrite größerer Mächtigkeit sind oft nur schlecht von Ergußgesteinen zu unterscheiden, am ehesten noch anhand der Lagerung. Denn zähe, etwa rhyolithische Schmelzen werden kaum in Form weit ausgedehnter, relativ dünner Decken ausfließen. So ergab sich z. B., daß ein Großteil der «Quarzporphyre» in der Umgebung von Bozen (Südtirol, vgl. S. 180) in Wirklichkeit rhyolithische bis rhyodacitische Ignimbrite sind.

In einigen Punkten gibt die Entstehung der Ignimbrite immer noch Rätsel auf, vor allem weil der Vorgang der Bildung noch nie unmittelbar beobachtet werden konnte. Glutwolkenausbrüche, wie diejenigen der Montagne Pelée auf Martinique (1902), sind nicht vergleichbar. Der einzige ignimbritartige Ausbruch war der des Katmai (Alaska) im Jahre 1912, bei dem das später so benannte «Tal der 10000 Dämpfe» durch anschließend teilweise verschweißte Bims-Aschen-Ströme gefüllt wurde. Zeugen gab es nicht.

Echte Ignimbrite zeigen im Handstück ein charakteristisches Bild (Abb. 4-41). Nehmen die glasigen Schlacken sehr stark überhand, so wird das Gestein einem Obsidian ähnlich. In manchen Fällen ist die Entscheidung, ob ein air fall- oder ein ash flow-Tuff vorliegt, nicht einfach, da es auch verschweißte «gewöhnliche» Tuffe geben mag. Namentlich bei grobblockigen, chaotischen Bildungen kann es Zweifel geben; im allgemeinen wird man jedoch bei genauer Beachtung der Aufschlußverhältnisse zum richtigen Ergebnis kommen. Im Gegensatz zu normalen Tuffen zeigen Ignimbrite häufig säulige Absonderung (s. S. 177).

Manche Ignimbrite, die auf geneigter Oberfläche deponiert wurden, können unmittelbar nach der Ablagerung noch ins Fließen geraten sein (Rheoignimbrite RITTMANNs, z. B. am Monte Amiata, Toscana). Dementsprechend können solche Gesteine echte Fließstrukturen erkennen lassen.

Vorkommen. Kleinere Vorkommen von Fließaschen finden sich in vielen Vulkangebieten. So kann man viele der mittelitalienischen Tuffe und auch die campanischen Tuffe um das Somma-Vesuv-System als Ignimbrite bezeichnen. Bimssteinströme finden sich auch im Bereich des Crater Lake in Oregon, die weit ausgedehnten Aschen im westlichen Nordamerika sind jedoch überwiegend air fall-Tuffe. Riesige Ignimbritdecken finden sich vor allem in den Anden und in Neuseeland. Sie können unter Umständen tausende von km^3 Material enthalten und nähern sich damit der Größenordnung der Plateaubasalte.

Weiterführende Literatur

Hierzu siehe Kapitel 6, Seite 316.

KAPITEL 5

SEDIMENTE UND SEDIMENTGESTEINE

Die Sedimentgesteine gehen aus der Zerstörung bereits existierender («präexistenter») Gesteine aller Art durch physikalische, chemische und – untergeordnet – biogene Verwitterungsvorgänge hervor. Durch den Abtransport und die spätere Ablagerung der dabei entstehenden Gesteins- und/oder Mineralpartikel bzw. durch die Wegfuhr von Stoffen in gelöster Form und deren Wiederausfällung durch chemische oder chemisch-biogene Prozesse entstehen dabei zunächst lockere Sedimente, die in der Regel erst durch Abscheidung eines Bindemittels, durch Kompaktion oder andere diagenetische Vorgänge zu einem festen Gestein werden. Nur einige der chemisch gebildeten Sedimente liegen sofort als Festgesteine vor. Durch weitergehende Diagenese können bestimmte Sedimente in der Zusammensetzung und im Gefüge erheblich verändert werden.

Anmerkung der Übersetzer. Die in der englischen Originalausgabe vorgegebene Gliederung in «sedimentary and diagenetic rocks» (wörtlich «sedimentäre und diagenetische Gesteine») wurde nicht übernommen, da sie die ohnehin komplizierte Klassifizierung der Sedimente noch schwieriger gestalten würde. Auch sei darauf hingewiesen, daß gerade bei Gesteinsbestimmungen ohne besondere Hilfsmittel (wie sie in diesem Buch angestrebt werden) die Unterscheidung etwa eines «normalen» Kalksteins von einem «diagenetischen» Kalkstein im allgemeinen kaum möglich sein dürfte. Daher wird die übliche Einteilung beibehalten. Ein weiterer Grund dafür ist, daß sich dieses Buch nicht nur an Fachstudenten, sondern auch an den weiten Kreis der Sammler und sonstigen geologisch interessierten Leser richtet, worauf in der Darstellung Rücksicht zu nehmen ist.

Die Sedimentgesteine bilden weniger als 10% der Erdkruste, bedecken aber, wenn auch z. T. nur als ganz dünne Haut, ca. 75% der Kontinente. Sie treten dem Beobachter nahezu allenthalben in Straßenanschnitten, Steinbrüchen, Kiesgruben und natürlichen Aufschlüssen entgegen.

Vor allem zwei Merkmale sind kennzeichnend für die sedimentäre Natur eines Gesteins: einmal die *Schichtung* (Abb. 5-1 A) und zweitens die *Präsenz von Fossilien* (Abb. 5-1 B). Die Schichtung resultiert aus der lagigen Anordnung des sedimentierten Gesteinsmaterials, Fossilien sind versteinerte Reste von Lebewesen sowie auch Lebensspuren aus der geologischen Vergangenheit. Obwohl diese beiden Gegebenheiten in Sedimentgesteinen sehr viel häufiger zu beobachten sind als in anderen Gesteinen, sind sie keine uneingeschränkt gültigen Kriterien. Manche Tiefengesteine und viele Vulkanite zeigen bankige Ausbildung, pyroklastische Gesteine sind häufig gut geschichtet und können Fossilien enthalten; in metamorphen ehemaligen Sedimentgesteinen erkennt man manchmal noch die ursprüngliche Schichtung und gelegentlich sogar Fossilspuren. Andererseits sind viele Sedimente nicht oder schlecht

Abb. 5-1   Das auffallendste Kennzeichen der Sedimentgesteine ist die Schichtung (oder Bankung) sowie der häufig zu beobachtende Gehalt an Fossilien. (A) Ausgeprägte Bankung in Sedimentgesteinen der ordovizischen Juniata Formation, Walker Mountain, Virginia. (Foto: T. M. Gathright jr.) – (B) *Devonaster eucharis* (Hall) und andere Fossilreste in einem Siltstein der Hamilton Formation (Devon) aus dem Colgate University Quarry, Hamilton, New York. (Courtesy of G. A. Cooper und der Smithsonian Institution)

geschichtet, zumindest ist eine Bankung im Aufschluß nicht immer sichtbar, im Handstück sogar fast nie, und es gibt mächtige Folgen von Schichtgesteinen ohne jedes Fossil.

Trotzdem können (bis auf wenige bemerkenswerte Ausnahmen) die meisten Sedimentgesteine untereinander und von Gesteinen der anderen Hauptklassen auf einfache Weise unterschieden werden. Wie bei den magmatischen Gesteinen geben auch hier die Zuammensetzung und die Gefügemerkmale die wichtigsten Hinweise zur Bestimmung, und die weitere Untergliederung der Sedimentgesteine erfolgt nach diesen Gesichtspunkten.

Aus der Zusammensetzung und dem Gefüge eines Sedimentgesteines kann man ferner auf das Ausgangsmaterial schließen und die Erosionsvorgänge, die Transportweise, die chemischen, physikalischen und gegebenenfalls biologischen Verhältnisse im Ablagerungsraum und auch die diagenetischen Prozesse rekonstruieren. Zusammensetzung, Gefüge und, sofern vorhanden, Fossilinhalt eines Sedimentgesteins faßt man unter dem Begriff «Fazies» zusammen.

(B)

| 0 | 2 cm |

DIE ZUSAMMENSETZUNG DER SEDIMENTGESTEINE

Das Ausgangsmaterial der Sedimente stammt von Gesteinen, dazu können noch Produkte biogener Vorgänge kommen. Somit können Sedimentgesteine Bruchstücke magmatischer, metamorpher und sedimentärer Gesteinskörper, von Ganggesteinen, von Lockergesteinen und Böden, Absätze aus wässerigen Lösungen sowie Weich- und Hartteile der verschiedensten Lebewesen enthalten.

An der Erdoberfläche sind die Gesteine atmosphärischen Einflüssen, zirkulierendem Grundwasser und somit der chemischen und physikalischen Zerstörung ausgesetzt. Diese Vorgänge bezeichnet man als *Verwitterung*. Deren Ausmaß hängt von der Zusammensetzung des Gesteins, von den klimatischen Bedingungen und auch von der Morphologie des Gebietes ab. In trockenen, warmen oder kalten Klimaten spielt die physikalische Verwitterung die überwiegende Rolle, in feuchten, warmen oder heißen Klimagebieten hingegen die chemische. Vielfach laufen jedoch chemische und physikalische Verwitterung nebeneinander her und ergänzen sich.

Bei der physikalischen Verwitterung werden große Gesteinskörper allmählich in immer kleinere Stücke zerlegt, so beispielsweise durch die Frostsprengung. Dabei entstehen keine neuen Stoffe. Es können lediglich einzelne Mineralien separiert werden, z. B. Quarz- und Feldspatkristalle aus einem Granit. Anders ist es bei der chemischen Verwitterung. Unter dem Einfluß des Wassers werden bestimmte Mineralien, namentlich silikatische, völlig zerlegt, zumindest ein Teil der Stoffe geht in Lösung und kann somit abgeführt werden, während aus dem Rest völlig neue Verbindungen, z. B. Tonmineralien, entstehen.

Verwitterungsprodukte, die am Ort ihrer Entstehung verbleiben, bezeichnet man als Residual- oder Rückstandsgesteine, hierzu zählen auch die Böden (s. S. 265). Werden die Produkte dagegen abtransportiert und an anderen Stellen wieder abgelagert, so spricht man von Sedimenten im eigentlichen Sinne. Organische Substanzen, die an Ort und Stelle in Torf umgewandelt wurden, wären ein Beispiel für Residualgesteine. Strandsande und Flußtrübe (Auelehm) wurden hingegen transportiert und abgelagert und sind somit echte Sedimente.

Die Produkte der *physikalischen Verwitterung* rangieren in der Größenordnung von riesigen Blöcken bis zu kleinsten Gesteinspartikeln. Die Transportmittel sind die Schwerkraft, das Wasser, das Gletschereis und der Wind. Die Ablagerung findet dann statt, wenn sie die Kraft verlieren, die mitgeführten Partikel weiter zu transportieren. Die entstandenen kiesigen, sandigen, siltigen oder tonigen Ablagerungen verfestigen sich zu Konglomeraten oder Breccien, Sand-, Silt- oder Tonsteinen. Ausführliche Untersuchungen, auch experimenteller Art, lassen aus der Beschaffenheit lockerer und verfestigter Sedimente Rückschlüsse auf das Ablagerungsmilieu ziehen; z. B. besteht ein direkter Zusammenhang zwischen Transport beziehungsweise Ablagerung und Größe und Gewicht der mitgeführten Gesteinspartikel.

Die Produkte aus der *chemischen Verwitterung* werden meist in Lösungen, seltener auch in kolloidaler Form transportiert. Die Transportmedien sind das Oberflächen- und das Grundwasser, die auch Bestandteile der Atmosphäre (CO_2), organische Verbindungen (Huminsäuren z. B.) oder vulkanische Produkte mit sich führen. Schätzungsweise tragen Grundwasser und Flüsse jährlich ungefähr 2,75 Milliarden Tonnen an gelösten Substanzen von den Kontinenten ins Weltmeer. Die gelösten Stoffe können überall aus dem Wasser abgeschieden werden, z. B. in den Porenräumen von Gesteinen, in Höhlen, an Quellaustritten usw., die Hauptmasse aber gelangt in die großen Sedimentationsräume, vor allem in die Ozeane. Je nach den Umständen werden Calcit, Aragonit, SiO_2 in Gelform, Steinsalz u. a. ausgefällt und bilden dann entsprechende Gesteine. Biogene Vorgänge spielen dabei eine sehr viel größere Rolle (chemisch-biogene Sedimentbildung) als rein chemische (Evaporitbildung). Da Ausfällung und Ausflockung nach bekannten chemischen Gesetzmäßigkeiten ablaufen, kann man aus der Beschaffenheit der Ablagerungen auf die physikalischen und chemischen Verhältnisse während der Sedimentation schließen. Dabei darf man nicht außer acht lassen, daß einmal gebildete Sedimente nicht notwendigerweise da verbleiben, wo sie entstanden sind, sondern wieder aufgearbeitet, weiter transportiert und erneut abgelagert werden können. Das neue Ablagerungsmilieu kann sich grundlegend vom ursprünglichen unterscheiden.

Meistens werden Gemenge aus physikalischen und chemischen Verwitterungsprodukten gemeinsam transportiert und oft auch gemeinsam abgelagert. So entstandene Sedimente müssen entsprechend bezeichnet werden (sandige Kalke, tonige Kalke oder Mergel, kohlige oder eisenschüssige Sandsteine usw.).

Oft gibt die Farbe, die aus der Zusammensetzung des Gesteins resultiert, Hinweise auf das Ablagerungsmilieu. Dies gilt vor allem für feine Sande, Silte oder Tone, die grauweiß wären, wenn nicht Spuren organischer Substanzen oder feinstverteilte Mineralien eine intensivere Färbung verursachen würden. Aus bestimmten Farben kann man mit Sicherheit auf bestimmte Mineralpigmente schließen, selbst wenn sie nicht einmal mikroskopisch erkennbar sind. Häufig auftretende Färbungen und ihre Ursachen sind folgende:

Rötliche und rötlich-braune Farbtöne stammen vom Hämatit, der vor allem in Sedimenten aus oxidierendem Milieu auftritt. Solche Bedingungen findet man häufig in festländischen, etwas seltener in marinen Bereichen.

Gelbe und rostig braune Farbtöne weisen auf die Anwesenheit von Limonit hin, der sich bevorzugt unter oxidierenden Verhältnissen bei Anwesenheit von Wasser bildet. Entsprechende Gesteine auf dem Festland entstehen vor allem in küstennahen Schelfbereichen (Brauneisenoolithe z. B.).

Hellblaue bis grünlich-graue Farbtöne deuten auf neutrales bis leicht reduzierendes Milieu hin, meist in marinen Ablagerungsräumen.

Dunkelgrüne und graublaue Farben zeigen die Anwesenheit von Fe^{2+}-Mineralien an, grün sind auch Glaukonit-führende Sedimente. Unvollständig zersetzte organische Substanzen verursachen dunkelgraue oder schwarze Farben, ebenso wie feinverteilter Pyrit oder andere Eisensulfide, die im allgemeinen unter reduzierenden Bedingungen entstehen. Als Ablagerungsmilieu kommen abgeschlossene marine Becken in Frage (wie etwa heute die Ostsee oder das Schwarze Meer, auch Seen und Sümpfe sowie der Gezeitenbereich).

Der Farbe von Sedimenten ist also besondere Beobachtung zu widmen, da sich von den verschiedenen Schattierungen wichtige Hinweise für die Genese ableiten lassen. Zu diesem Zwecke wurde 1963 von der Geological Society of America die sogenannte «Rock-Color-Chart» entwickelt, mit der man Sedimentfarben durch Vergleich genauestens bestimmen kann.

Die Anwesenheit von Fossilien bietet wichtigste Hinweise auf das Ablagerungsmilieu, da die meisten Pflanzen und Tiere an ganz bestimmte Verhältnisse gebunden sind. So kann man allgemein feststellen, daß Muscheln mit dicken Schalen vor allem im Brandungsbereich vorkommen, währenddessen z. B. die dünnwandigen Ammonitengehäuse auf offenes und tieferes Meer deuten. Näheres hierzu ist aus der einschlägigen paläontologischen und palökologischen Literatur zu entnehmen.

Unter Diagenese versteht man die Verfestigung bzw. die Umwandlung von Lockergesteinen in Festgesteine unter relativ niedrigen Temperaturen. Man faßt unter diesem Begriff sämtliche physikalischen, chemischen und biologischen Vorgänge, die bei der Gesteinsverfestigung eine Rolle spielen, zusammen. Ausgenommen sind die Prozesse, die zur Metamorphose führen, doch ist die Grenze zwischen Diagenese und Metamorphose nicht genau festzulegen.

Zu den wichtigen diagenetischen Prozessen rechnet man Entwässerung (Kompaktion), Ausfällung aus Porenwässern und damit Abscheidung von zementierenden Mineralien und Rekristallisationen. Die Diagenese setzt bereits während oder unmittelbar nach der Ablagerung des Sediments ein und spielt sich im Grenzbereich Wasser/Sediment oder im Sediment selber ab. Die Prozesse können ebenso submarin wie subaerisch ablaufen, aber auch am Boden von Seen oder im Grundwasser oder unter dem Einfluß vadoser Wässer erfolgen. Die Vorgänge werden weitgehend durch die physikalischen und chemischen Eigenschaften des Sediments und des Ablagerungsraumes bestimmt; Umwandlung findet dann statt, wenn sich die Bestandteile eines Sediments unter den gegebenen Verhältnissen in ihrer Gesamtheit als instabil erweisen. Ist dies nicht der Fall, unterbleibt die Diagenese.

Lösliche Mineralien können durch zirkulierende Wässer teilweise oder völlig aus dem Sediment abgeführt werden. Umgekehrt können aus solchen Lösungen ausfallende Niederschläge vorhandene Hohlräume füllen. Weniger stabile Mineralien werden durch stabile Phasen verdrängt. Bei Verdrängungen verlaufen Lösung des Altbestandes und Ausfällung neuer Mineralien gleichzeitig. Beispielsweise werden Calcit und Aragonit oft durch Dolomit oder Hornstein verdrängt. Unter Rekristallisation versteht man die Lösung und Ausfällung des gleichen Stoffbestandes. Hier-

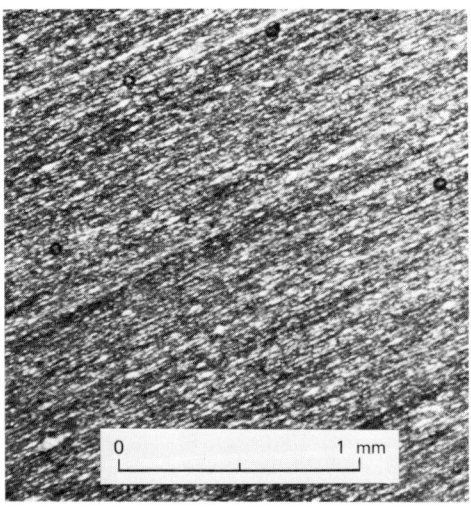

Abb. 5-2 Dünnschliff eines triassischen Schiefertons, dessen Verfestigung weitgehend auf Kompaktion beruht. Hamden, Connecticut. (Foto: Skinner)

bei können gewisse Veränderungen im Mineralbestand, vor allem aber in der Struktur der Sedimente auftreten. So kann ein feiner, calcit- oder aragonithaltiger Schlamm zu einem grobkörnigen Calcitaggregat rekristallisieren. Alle solchen Vorgänge können vollständig oder nur teilweise ablaufen und zur Zerstörung sedimentärer Strukturen, wie etwa einer Feinschichtung, oder von Fossilien führen.

Verschiedene Sedimente werden schon bei der Ablagerung als Festgesteine gebildet, so einige Evaporite und viele Höhlen- und Quellenablagerungen; die meisten Sedimente jedoch werden erst durch die Diagenese verfestigt.

Tonreiche Sedimente werden allein durch die Kompaktion zu Festgestein. Durch das Gewicht der überlagernden Sedimente entweicht das enthaltene Wasser aus dem Porenraum, dessen Volumen dadurch verringert wird. Die zusammengepreßten Tonmineralblättchen haften dann ohne besonderes Bindemittel fest aneinander (Abb. 5-2). Das Ausgangsmaterial wird, abgesehen von der Entfernung des Porenwassers, nicht verändert.

Bei Rekristallisationen verwachsen die einzelnen Kristalle u. U. so eng, daß sich eine Art von Implikationsgefüge herausbilden kann; solche Vorgänge lassen sich auch als beginnende Metamorphose auffassen. Dabei finden vor allem mineralogische, weniger chemische Umwandlungen statt.

Bei der Zementierung wird der Porenraum durch Mineralsubstanzen erfüllt, die aus zirkulierenden Lösungen ausfallen und die einzelnen Komponenten zusammen-

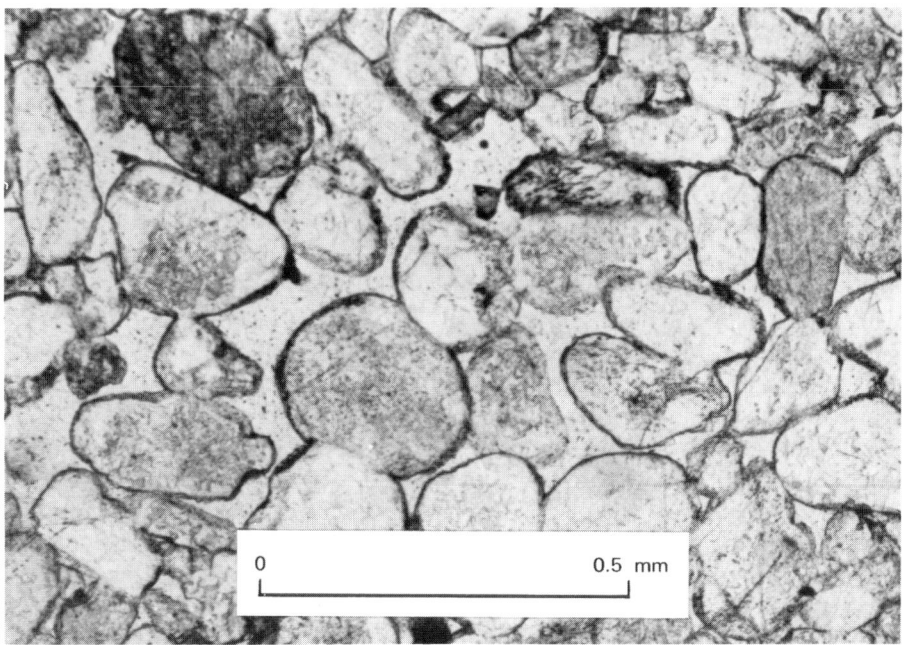

Abb. 5-3 Dünnschliff eines Sandsteins, dessen Verfestigung vor allem auf der Ausscheidung eines calcitischen Zements zwischen den gerundeten, überwiegend aus Quarz bestehenden Körnen beruht. (Foto: Skinner)

halten (Abb. 5-3). Die als Zement dienenden Mineralien stammen entweder aus dem Sediment selbst oder sie werden von außen zugeführt. Dadurch kann das Zementierungsmittel von der gleichen chemischen Beschaffenheit sein wie das Sediment oder sich davon unterscheiden. So kann z. B. ein Quarzsand durch Quarz, Calcit oder seltener durch Mineralien wie Hämatit oder Siderit gebunden sein. Somit kann der Gesamtchemismus eines Gesteins beträchtlich verändert werden. In vielen Gesteinen kann man diagenetisch bedingte Veränderungen bereits makroskopisch erkennen. Da sie wertvolle Hinweise über den Werdegang eines Gesteins geben können, sollte man ihnen stets gesonderte Aufmerksamkeit widmen.

DAS GEFÜGE DER SEDIMENTGESTEINE

Im Handstück-Bereich kann man, z. T. allerdings nur mit Lupe oder Mikroskop, zwei verschiedene Arten von Gefügen unterscheiden:

1. Klastische Gefüge entstehen, wenn mechanisch abgelagerte Partikel beliebiger Art und Herkunft durch Bindemittel verschiedenster Natur verfestigt werden.
2. Mosaik- bis Verzahnungsgefüge kommen entweder durch unmittelbare Ausfällung von Mineralien zustande, sei es während der Sedimentbildung, sei es während der Diagenese, oder durch Rekristallisierungsvorgänge.

Bei Karbonatgesteinen können sich beide Gefügetypen überlagern und sind dann mit einfachen Hilfsmitteln nicht mehr zu unterscheiden.

Klastische Gefüge

Die Klasten sind sehr verschiedener Natur. Überwiegend handelt es sich um Gesteinspartikel, die vor allem bei der physikalischen Verwitterung anfallen (Sandkörner, Kies). Aber auch Schalen oder Skeletteile, intakt oder zerbrochen, gehören hierher (Muschelschill, Korallenschutt). Schließlich können Sedimente während oder unmittelbar nach der Bildung klastisch umgelagert werden (Schlickgerölle). Jedoch werden nicht alle aus derartigen Klasten bestehenden Sedimente zu den klastischen Gesteinen im engeren Sinne gerechnet (vgl. den Abschnitt Klassifikation der Sedimentgesteine S. 221). Das jeweilige Gefüge wird anhand der Korngestalt, Korngröße, der Sortierung, der Korndichte und der (allfälligen) Diagenesevorgänge beschrieben. Verändern sich diese Kenngrößen rhythmisch, oder tritt ein vertikaler Wechsel im Material auf, so kommt eine Schichtung zustande. – Im folgenden werden die verschiedenen Kenngrößen der klastischen Gefüge näher betrachtet.

Die Korngestalt wird mittels der Rundung und mittels der Sphärizität beschrieben. Der Grad der Rundung ist ein Maßstab für die Abnützung der Ecken und Kanten transportierter Gesteinspartikel. Hierzu verwendet man die Bezeichnungen eckig, kantengerundet, gut gerundet und sehr gut gerundet (Abb. 5-4). Das Maß, mit dem sich ein Gesteinspartikel der Kugelform annähert, ist die Sphärizität. Zur Beschreibung genügen Bezeichnungen wie kugelig, diskusartig, plattig, prismatisch, stengelig oder unregelmäßig (Abb. 5-5).

Die *Rundung* und die *Sphärizität* hängen vom ursprünglichen Gefüge des Ge-

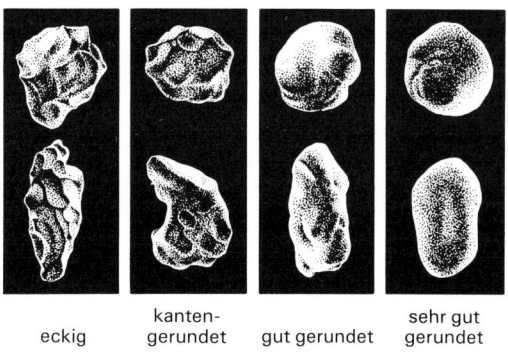

kanten-   sehr gut
eckig   gerundet   gut gerundet   gerundet

Abb. 5-4   Rundungsgrad. Umgezeichnet nach M-C. Powers, Journ. of Sedimentary Petrology, vol. 23, 1953.

Abb. 5-5   Sphärizität und Rundungsgrad. Die Stücke bestehen alle aus ein und derselben
Arkose; sie wurden in einer Kiesbank bei New Haven, Connecticut, aufgesammelt. So wie sie
angeordnet sind, sollen sie zeigen, wie sich aus einem mehr plattigen (rechts oben) und einem
eher stengeligen Bruchstück (links oben) durch zunehmende Abrollung schließlich ein gut ge-
rundetes, annähernd kugeliges Geröll entwickelt. (Foto: Skinner)

Tabelle 5–1   *Korngrößen und Bezeichnungen der klastischen Sedimente.*
Aus Murawski, Geologisches Wörterbuch, 8. Auflage; vereinfacht und ergänzt
durch die Spalte «Feldbezeichnungen».

Bezeichnungen und Korngrößen nach DIN 4022		mm	Bezeichnungen nach v. Engelhardt (1948/1953)				Feldbezeichnungen	
							locker	fest
Stein		> 200				Blockwerk	Blockschutt	
	Stein	> 63			Grobkies	Blockkies	Kies Schotter Schutt	Konglomerat bzw. Breccie
Kies	Grobkies	63–20	Kies	Mittelkies		Grob-Mittelkies		
	Mittelkies	20–6,3			Feinkies	Fein-Mittelkies		
	Feinkies	6,3–2,0				Kleinkies		
Sand	Grobsand	2,0–0,63	Grand		Grobsand	Kiessand	Sand	Sandstein
	Mittelsand	0,63–0,2		Sand	Mittelsand	Grob-Mittelsand		
	Feinsand	0,2–0,063			Feinsand	Fein-Mittelsand		
Schluff	Grobschluff	0,063–0,02		Silt		Staubsand		
	Mittelschluff	0,02–0,006	Schluff		Schluff	Schluff	Silt	Siltstein
	Feinschluff	0,006–0,002						
Ton	Ton	< 0,002	Ton		Ton	Ton	Ton	Tonstein Schieferton

Abb. 5-6 (A) Geschrammtes oder gekritztes Geschiebe (Dolomit) aus einer Moräne der Wisconsin-Eiszeit, Isabella Co., Michigan. (Foto: Dietrich) – (B) Durch sandbeladenen Wind geformter Block, sog. Windkanter, aus feinkörnigem Gabbro, aus einer Düne. Leelenau Co., Michigan. Der Belichtungsmesser rechts unten ist etwa 7 cm lang. (Foto: M. L. Whitney)

steinspartikels, von seiner Härte und von den Transportbedingungen ab. Der Rundungsgrad wird vor allem von der Transportweite bestimmt: Je weiter und schneller das Gesteinsbruchstück transportiert wurde, desto höher ist auch der Rundungsgrad. In der Sphärizität spiegelt sich eher das ursprüngliche Gefüge der Partikel wider. Einige Geröllformen, wie die der Windkanter oder der gekritzten Geschiebe, lassen eine besondere Art der Entstehung erkennen (Abb. 5-6). Es darf nicht außer acht gelassen werden, daß zwischen Rundung und Sphärizität kein unmittelbarer Zusammenhang bestehen muß. Gut gerundet bedeutet nicht gleichzeitig kugelig (auch ein keilförmiges Geröll ohne Ecken und Kanten ist gut gerundet), ebenso wie hohe Sphärizität nicht unbedingt gut gerundet bedeuten muß (ein Würfel hat einen hohen Sphärizitätsgrad).

Auch die *Oberflächenbeschaffenheit* gibt oftmals wichtige Beschreibungsmerkmale, etwa poliert, matt, gekritzt, löchrig, gefurcht oder angeschlagen; sie kann auch das Ergebnis mehrerer Vorgänge sein.

Für die *Korngröße* gibt man einen mittleren Durchmesser an. Korngrößen und -bezeichnungen und die zugehörigen Locker- bzw. Festgesteine sind in Tab. 5-1 zusammengestellt. Auch der Grad der *Sortierung* geht in die Bezeichnung ein (Abb. 5-7): Ein gut sortiertes Sediment besteht aus Körnern von durchschnittlich gleicher Größe und Gewicht, ein schlecht sortiertes enthält Komponenten unterschiedlicher Größe. Korngröße und Sortierungsgrad geben wichtige Hinweise zur Genese des Sedimentgesteins. Bei fluviatilen Ablagerungen bestimmt die Fließgeschwindigkeit, ab wann ein Gesteinspartikel bestimmter Größe nicht mehr weiter transportiert wird. Während ein Wildbach sowohl kleine als auch größte Gerölle transportieren kann, führt ein träge mäandrierender Strom nur kleinste Partikel mit sich. So kann man die Korngröße als grobes Maß für die zurückgelegte Strecke heranziehen. Bei plötzlicher Abnahme der Wassergeschwindigkeit entstehen schlecht sortierte Ablagerungen, während kontinuierliche Strömungen zu sehr gut sortierten Sedimenten führen.

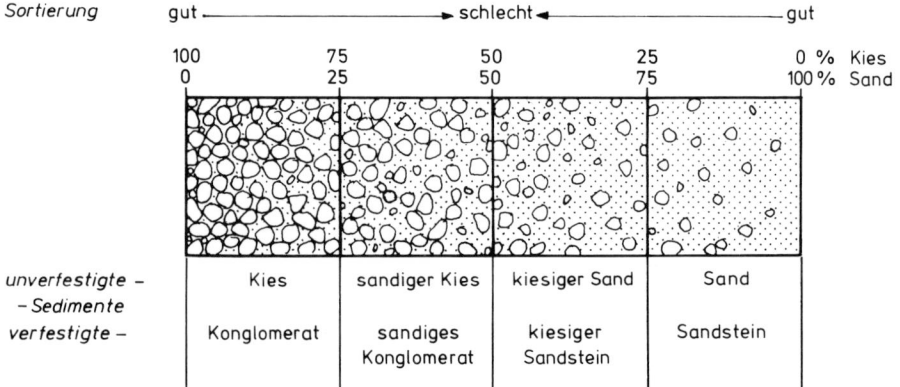

Abb. 5-7   Sortierungsgrad bei klastischen Sedimenten und Sedimentiten, dazu die Bezeichnungen der entsprechenden Fest- und Lockergesteine. In gleicher Weise wird bei Silt- und Tongesteinen verfahren.

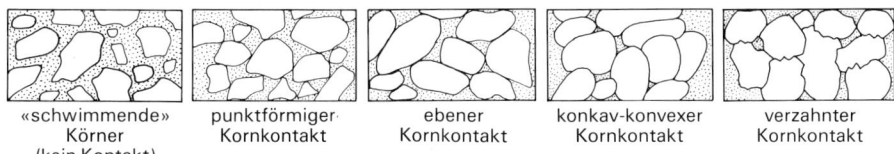

| «schwimmende» Körner (kein Kontakt) | punktförmiger Kornkontakt | ebener Kornkontakt | konkav-konvexer Kornkontakt | verzahnter Kornkontakt |

Abb. 5-8   Verschiedene Möglichkeiten des Kornkontaktes in klastischen Sedimentiten.

Die *Packung* ist ein Maß für das Verhältnis der Komponenten zum aufgefüllten Porenraum. Hierbei spielen Größe, Form und Anordnung der Körner sowie der Grad der Sortierung eine wichtige Rolle. Zur Beschreibung der Packungsdichte verwendet man Bezeichnungen wie in Abb. 5-8 angegeben. Aus der Sortierung und der Orientierung der Komponenten kann man auf die Vorgänge, die während der Sedimentation abliefen, rückschließen. Zum Beispiel gibt die dachziegelartige Anordnung von Geröllen einen Hinweis auf die Fließrichtung.

Während der ersten Phase der Ablagerung sind die meisten Sedimente noch lose und haben ein relativ hohes Porenvolumen. Später wird das Sediment durch das Gewicht der überlagernden Sedimente zunehmend verdichtet. Der Verdichtungsgrad gibt auch Hinweise auf den Zeitpunkt der Zementierung. Außer Korngröße, Sortierung und Packungsdichte gibt es noch zwei weitere Eigenschaften, die sich quantitativ erfassen lassen: die Porosität und die Permeabilität. Unter *Porosität* versteht man den prozentmäßigen Anteil des Porenvolumens am Gesamtvolumen, die *Permeabilität* bezeichnet die Durchlässigkeit eines Gesteins gegenüber Flüssigkeiten. Sind die Porenhohlräume in einem Gestein miteinander nicht verbunden, so ist trotz hoher Porosität die Permeabilität klein. Sind hingegen die Porenräume miteinander verbunden, so können sowohl Porosität als auch Permeabilität groß sein. Die Permeabilität spielt eine wichtige Rolle für die Bewegung (und auch die Gewinnung) von Erdöl, Erdgas und Grundwasser. Packung und Durchlässigkeit eines Gesteins werden mit Begriffen wie dicht oder locker gepackt bzw. porös oder dicht beschrieben.

Die Verfestigung eines Lockergesteins hat unter Umständen erhebliche Gefügeänderungen zur Folge; diese kann man z. T. direkt beobachten, z. T. an den Gesteinseigenschaften ablesen (bei sehr feinkörnigen Gesteinen und bei Karbonaten ist man jedoch normalerweise auf das Mikroskop und/oder andere Labormethoden angewiesen). Bei grobkörnigen Gesteinen kann man den Kontakt zwischen den Komponenten unter sich bzw. zur Matrix und zum Zement mit unbewaffnetem Auge oder der Lupe studieren. Somit kann Art, Anordnung und Verbindung der Komponenten, also das Gefüge, einfach beschrieben werden. Einen calcitisch gebundenen Quarzsandstein erkennt man am Bruch, besser noch mit Hilfe verdünnter Salzsäure. Schiefertone spalten entsprechend den blättchenförmigen Tonmineralien in parallelen Platten usw.

Mosaik- und Verzahnungsgefüge

Beim Auskristallisieren aus Lösungen – unmittelbar beim Sedimentationsvorgang oder im Verlauf der Diagenese – sowie bei Rekristallisationsvorgängen entstehen

Abb. 5-9   Wellenrippeln (Rippelmarken) in einem Dolomit aus dem oberen Kambrium. Tazewell Co., Virginia. (Foto: W. E. Moore)

Korngefüge, die denen der grobkörnigen Magmatite und mancher Metamorphite zumindest vergleichbar sind. Man beschreibt die Kornform (xenomorph, hypidiomorph, idiomorph) und die Beschaffenheit der Korngrenzen, die mosaikartig sein kann oder Verzahnung erkennen läßt. Verzahnte Korngrenzen entstehen vor allem bei intensiver Rekristallisation; man kann dann ohne weiteres von Implikationsgefügen sprechen. Allerdings kommt man – abgesehen von grobkristallinen Hohlraumausfüllungen – für die Beschreibung derartiger Gefüge in der Regel ohne Mikroskop nicht aus; in einigen wenigen Fällen genügt auch schon eine starke Lupe. Naturgemäß erscheinen solche Gefügebilder in erster Linie bei Evaporiten, Karbonaten und anderen chemischen Sedimenten, können aber auch bei der Zementierung mancher klastischer Gesteine erwartet werden.

Weitere Sedimentgefüge verschiedener Art

Schichtung. Das bezeichnendste Merkmal der Sedimentgesteine ist die Schichtung. Sie entsteht durch eine kurzfristige Unterbrechung und/oder Abänderung des Sedimentationsvorganges, die meist rhythmisch erfolgt. Die Schichtdicke schwankt etwa zwischen 0,5 mm und 10 m. Schichtgrenzen sind nicht notwendigerweise gleichzeitig Schichtfugen; Schicht- oder Bankfugen werden vielfach erst durch die Verwitterung herausgearbeitet.

Klüftung. Auch tektonisch kaum oder gar nicht beanspruchte Sedimentgesteine sind, wie alle anderen Gesteine, an Klüften zerlegt. Diese stehen meist annähernd senkrecht zu den Schichtflächen und sind entweder offen oder mit Calcit oder Quarz, seltener auch mit anderen Mineralien zugesetzt. Engständige Klüftung kann unter Umständen mit Schichtung verwechselt werden.

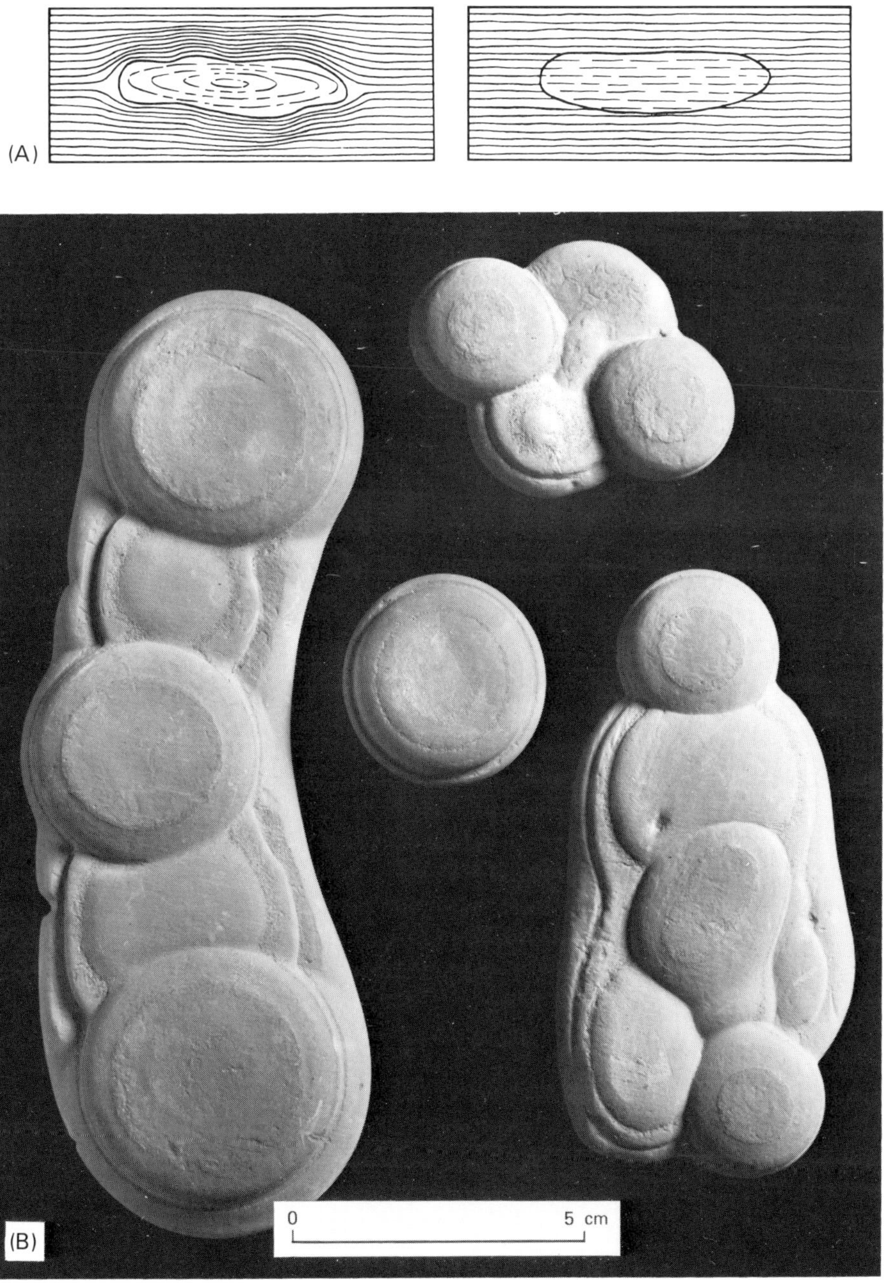

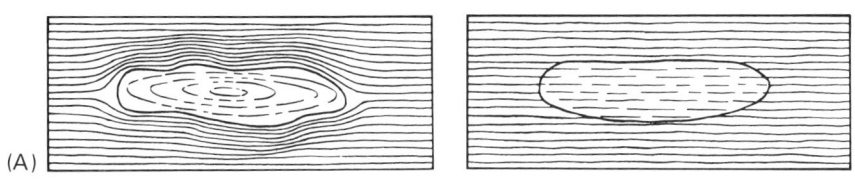

(A)

(B)

Abb. 5-10   Konkretionen. (A) Die Querschnittszeichnungen zeigen je eine Konkretion
(links), die während der Sedimentbildung und eine andere (rechts), die nach abgeschlossener
Sedimentation entstanden ist. (B) Kalkkonkretionen aus einem pleistozänen Seesediment aus
Connecticut. (Foto: Skinner)

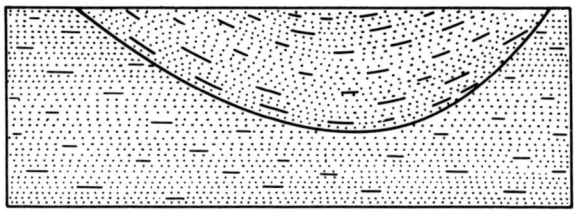

Abb. 5-11   Rinnensedimentation. Unmittelbar nach der Ablagerung wurde in dem noch frischen Sediment eine Rinne ausgewaschen und anschließend mit (fast) gleichem Material verfüllt.

Diskordanz. Bei ununterbrochener Sedimentation liegen die Schichten *konkordant* übereinander. Erfolgt eine längere Unterbrechung des Sedimentationsvorganges, verbunden mit Heraushebung und Abtragung, eventuell auch tektonischer Verstellung, so spricht man von Diskordanz. Die wichtigsten Formen sind in Abb. 5-16 wiedergegeben.

Sedimentgänge. Ein Sonderfall von Diskordanz liegt vor, wenn sich in einem fertigen Sedimentstapel offene Spalten, Karst- oder andere Hohlräume bilden und diese anschließend mit Sediment verfüllt werden. Somit können jüngere Sedimente ältere gangartig durchsetzen, ein Erscheinungsbild, das für Sediment- oder Schichtgesteine an sich äußerst untypisch ist.

Rinnenfüllung. Eine Diskordanz im kleinen liegt vor, wenn durch Erosion im frischen, noch unverfestigten Sediment entstandene Rinnen mit gleichartigem Material wieder aufgefüllt werden (Abb. 5-11).

Trockenrisse. Wenn unverfestigte, feinkörnige Sedimente für kurze Zeit über den

Abb. 5-12   Dendriten auf Solnhofener Plattenkalk. Die Ausscheidungen von Braunstein (MnO_2) aus Lösungen auf der Schichtfläche erinnern an moosartige Pflanzen. (Foto: Smithsonian Institution)

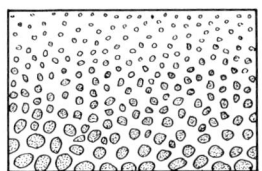

Abb. 5-13   Gradierte Schichtung.

Wasserspiegel gelangen, kann ein polygonales System von Schrumpfungs- oder Trockenrissen entstehen.

Kreuzschichtung und Rippelmarken. Wird Sand oder Silt nicht horizontal, sondern in einem Winkel zur allgemeinen Schichtlagerung sedimentiert, so entsteht eine sogenannte Kreuzschichtung (Schrägschichtung). Diese kann in sehr verschiedenen Größenordnungen auftreten und sowohl terrestrischer wie mariner Entstehung sein (Abb. 5-18, S. 227). Kleinmaßstäbliche, unter Wasser gebildete Kreuzschichtung kommt häufig in sogenannten Rippelmarken zum Ausdruck (Abb. 5-9).

Geopetale Gefüge. Jede Art von Sedimentgefüge, das erkennen läßt, wo in einer Schicht ursprünglich oben und unten war, wird als Geopetalgefüge bezeichnet. Rinnenfüllungen und gradierte Schichtung sind Beispiele dafür.

Abb. 5-14   Dachziegelartige Anordnung von Geröllen. (Foto: Dietrich)

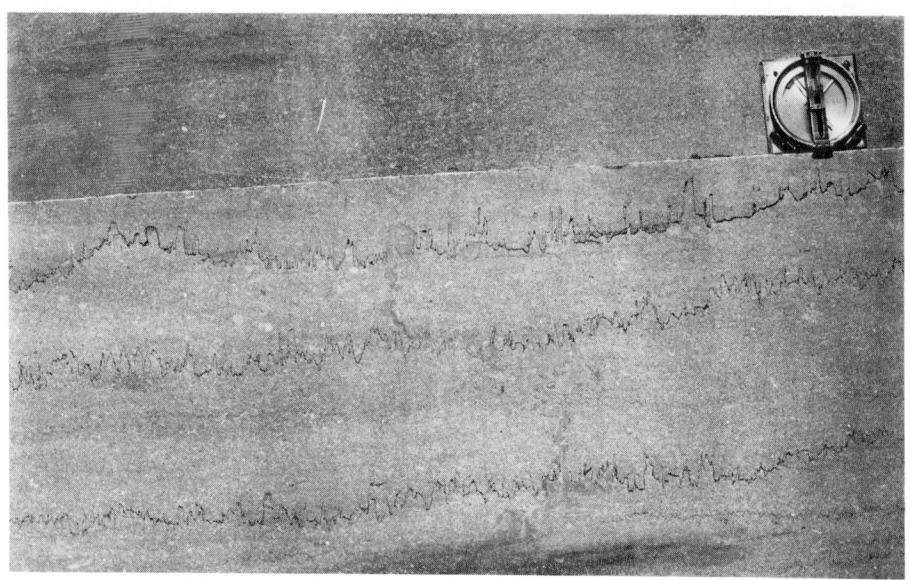

Abb. 5-15   Stylolithen in einem Kalkstein aus Tennessee. Kantenlänge des Geologenkompasses etwa 10 cm. (Foto: T. N. Dale, Sammlung Pirsson)

Gradierte Schichtung liegt vor, wenn in einer Bank oder Schicht die Korngröße von unten nach oben erkennbar abnimmt (Abb. 5-13).

Dachziegelartige Anordnung findet man häufig bei plattigen oder stengeligen Flußgeröllen, wobei die Neigung der Gerölle der Strömung entgegengerichtet ist (Abb. 5-14).

Anhangsweise seien noch einige in Sedimenten regelmäßig oder auch nur gelegentlich anzutreffende Besonderheiten erwähnt.

Dendriten sind Ausscheidungen von Manganoxiden und/oder Eisenhydroxiden auf Schicht- oder Kluftflächen, die wie versteinerte Pflanzen aussehen (Abb. 5-12).

Konkretionen sind Mineralaggregate, die sich in einem Sediment während oder nach dessen Entstehung gebildet haben und deutlich gegen das umgebende Gestein abgegrenzt sind (Abb. 5-10 A). Sie haben häufig die Gestalt einer abgeplatteten Kugel oder auch ganz unregelmäßige Formen (Abb. 5-10 B).

Tongerölle sind kugelig abgerollte Schlammkörper von 5–10 cm Durchmesser, die aus losgerissenen Schlammbrocken entstehen und sich mit einer Kruste aus Sandkörnern überziehen. Wenn sie in einem Sedimentgestein konserviert, gewissermaßen «fossil» werden, kann man sie unter Umständen mit Konkretionen verwechseln.

Pisolithe können entstehen, wenn Regentropfen in staubfeinen Sand fallen, und sich Kügelchen bilden. Häufig findet man sie in feinen vulkanischen Aschen. – Unter Pisolithen = Erbsensteinen versteht man auch in heißen Quellen entstandene kugelförmige Abscheidungen von Aragonit.

Stylolithen oder Drucksuturen sind unregelmäßig geformte Säume in manchen Sedimentgesteinen, vor allem Kalken. Sie bestehen aus unlöslichen Materialien wie

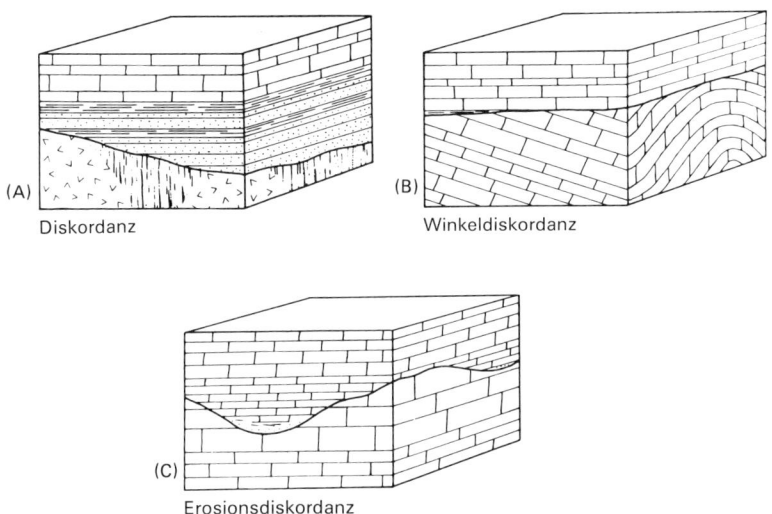

(A) Diskordanz

(B) Winkeldiskordanz

(C) Erosionsdiskordanz

Abb. 5-16 Diskordanzen. (A) Eine Sedimentfolge liegt diskordant auf magmatischen und/oder metamorphen Gesteinen («nonconformity»). (B) Eine Sedimentfolge liegt mit Winkeldiskordanz über einer gefalteten und teilweise abgetragenen Serie («angular unconformity»). (C) Zwischen der Ablagerung der älteren und der jüngeren Sedimentfolge liegt eine Zeit, in der Erosion stattfindet; man spricht daher von Erosionsdiskordanz («disconformity»).

Ton, kohligen Substanzen, eventuell auch Pyrit und werden als Folge von Drucklösungen gedeutet (Abb. 5-15).

DIE KLASSIFIKATION DER SEDIMENTGESTEINE

Die Einteilung der Sedimente und Sedimentgesteine wird verschieden gehandhabt. Einerseits kann man die genetischen, andererseits die materialmäßigen Gesichtspunkte in den Vordergrund stellen. Die im folgenden vorgelegte Gliederung in 4 Hauptgruppen entspricht in etwa der in den deutschen Lehrbüchern gebräuchlichen; sie ist eher genetisch ausgerichtet.

1. Klastische oder mechanische Sedimentgesteine
Das Material stammt aus dem Abtrag präexistenter Gesteine bei (überwiegend) physikalischer Verwitterung, wird in klastischer Form transportiert und mechanisch abgelagert. Die weitere Untergliederung erfolgt nach Korngröße, Kornform und Zusammensetzung.

2. Chemische Sedimentgesteine oder Ausscheidungsgesteine
Das Material stammt aus dem Abtrag präexistenter Gesteine bei (überwiegend) chemischer Verwitterung, wird in gelöster Form transportiert und am Sedimentationsort aus der Lösung ausgefällt. Die Abscheidung kann rein anorganisch erfolgen oder unter Mitwirkung von Lebewesen (chemisch-biogen). Die weitere Untergliederung erfolgt teils nach der Zusammensetzung, teils nach der Genese.

Tabelle 5-2   Tabellarische Zusammenstellung wichtiger Sedimentgesteine;

1. Klastische oder mechanische Sedimentgesteine

Konglomerat und (sedimentäre) Breccie, Fanglomerat, Moräne
Sandstein; hierzu Quarzsandstein, Arkose, Grauwacke, Glaukonitsandstein
Siltstein; hierzu auch Löß
Tonstein und Schieferton

2. Chemisch-biogene Sedimentgesteine und Ausscheidungsgesteine

a) Chemisch-biogene Sedimentgesteine
Kalkstein; hierzu Fossilschuttkalk und Muschelschill, Kreide, Oolith und
    Onkolith, Riffkalk und Stromatolithkalk, Kalktuff und Travertin, Kieselkalk,
    Hornsteinknollenkalk, Mergel (klastisch z.T.)
Dolomit; hierzu Hornsteinführender Dolomit, Dolomitmergel
Kieselgestein; hierzu Radiolarit, Kieselgur (Diatomeenerde), Schwammnadel-
    gestein, Kieselmergel (klastisch z.T.), Kieseloolith, Tripel und Polierschiefer
Phosphorit
Sedimentäre Erzgesteine, z.B. Brauneisenoolith (z.T. anorganisch-chemisch
    ausgeschieden)

b) Ausscheidungsgesteine (Evaporite)
Steinsalz, Edel- oder Abraumsalz
Gips und Anhydrit
Kalkstein, Dolomit, Rauhwacke

3. Kaustobiolithe oder organische Sedimentgesteine

Torf, Braunkohle, Steinkohle, Anthrazit
Bituminöse Gesteine; hierzu bituminöse Tonschiefer, Sandsteine und
    Karbonate, Asphalt, Erdwachs

4. Residualsedimente oder Rückstandsgesteine

Böden
Verwitterungstone oder -lehme
Laterit und Bauxit

3. Kaustobiolithe oder organische Sedimentgesteine
Das Material stammt aus der Lebewelt; es handelt sich um unvollständig zersetzte
organische Substanz. Der Bildungsvorgang ist mehr oder weniger sedimentähnlich,
z. T. ist die organische Substanz erheblich mit anderem Sedimentmaterial vermischt.
Die weitere Untergliederung erfolgt nach der Zusammensetzung und dem Grad der
Inkohlung.

222

4. Residualsedimente oder Rückstandsgesteine

Das Material wird durch die chemische und/oder physikalische Verwitterung bereitgestellt, bleibt jedoch ganz oder teilweise an Ort und Stelle; eine Ablagerung im Sinne des Wortes findet nicht statt. Die weitere Untergliederung erfolgt nach der Zusammensetzung.

KLASTISCHE SEDIMENTGESTEINE

Unter klastischen Sedimentgesteinen i. e. S. versteht man zumeist nur solche, deren Bestandteile aus den Abtragungsgebieten als Klasten herantransportiert und mechanisch abgelagert worden sind. Hierzu gehören die Konglomerate, die sedimentär gebildeten Breccien, Sandsteine, Siltsteine und Tonsteine. Ein Sonderfall sind die geologisch sehr bedeutsamen Olisthostrome, die aus untermeerischen Schlammströmen hervorgehen.

Konglomerate und Breccien

Wie in Tab. 5-2 und Abb. 5-17 A und B dargestellt, bestehen Konglomerate überwiegend aus gut gerundeten Geröllen verschiedener Größe oder Blockwerk, die Breccien weitgehend aus eckigen und kantigen Bruchteilen derselben Korngrößen. (Man müßte eigentlich immer von *sedimentären* Breccien sprechen, da sonst eine Verwechslung mit pyroklastischen oder tektonischen Breccien möglich wäre, doch geht meist aus dem Zusammenhang hervor, um was es sich handelt.)

Konglomerate und Breccien zeigen sehr verschiedenes, «buntes» Aussehen, da die Komponenten und die Matrix aus vielerlei Gesteinsarten und/oder Mineralien zusammengesetzt sein können. Fossilien findet man in diesen grobklastischen Bildungen selten, Schichtung bzw. Bankung ist eher undeutlich bis gar nicht ausgebildet.

In der Praxis ist es zumeist nötig, die Beschaffenheit eines Konglomerats oder einer Breccie etwas zu erläutern, indem man die Korngröße angibt, z. B. Konglomerat mit Komponenten in Kiesgröße, oder die Zusammensetzung nennt, z. B. Quarzit-Konglomerat. Ist die Zusammensetzung bunt, so spricht man auch von polymikten Breccien oder Konglomeraten; monomikt sagt man dagegen, wenn nur eine Gesteinsart als Komponente auftritt. Doch ist es dann zweckmäßiger, diese näher zu bezeichnen.

Basalkonglomerate finden sich häufig am Beginn einer neuen Sedimentfolge über einer Diskordanz.

Brandungskonglomerate beinhalten Gerölle, die durch die Tätigkeit der Brandung auf Abrasionsflächen an Steilküsten entstanden sind.

Einsturz- oder Einbruchsbreccien entstehen gelegentlich in Höhlensystemen, vor allem aber über Salz- und Gipsstöcken, die durch Subrosion (= unterirdische Erosion durch das Grundwasser) abgelaugt worden sind.

Fanglomerate sind verfestigte, sehr schlecht sortierte Schuttmassen, die bei katastrophalen Regengüssen in ariden Gebieten entstehen und sich schwemmkegelartig ausbreiten.

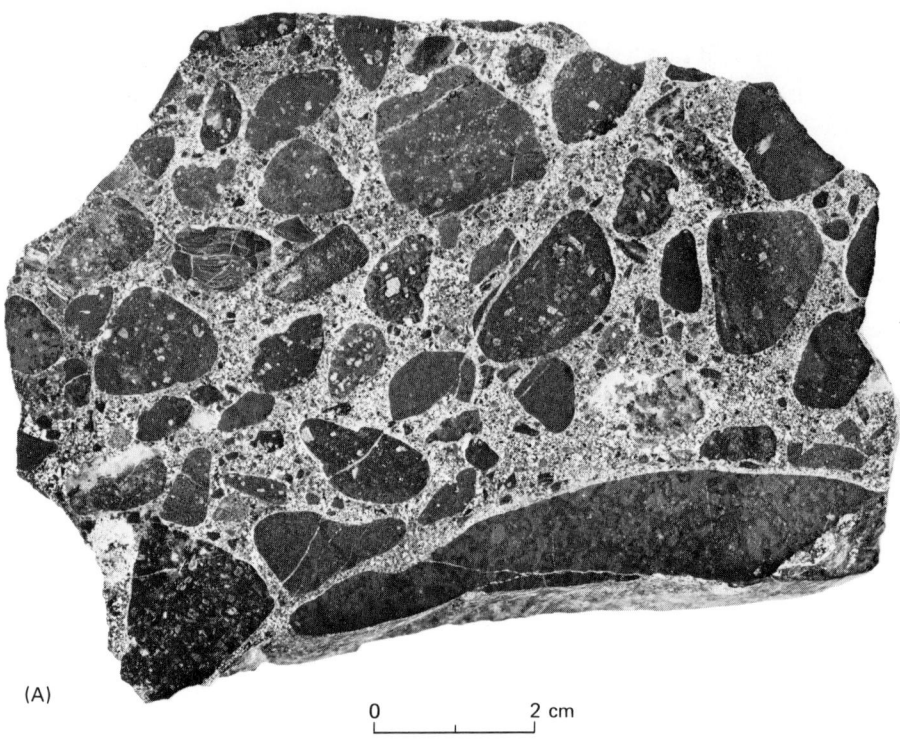

(A)

0 |_____| 2 cm

Abb. 5-17 (A) Konglomerat aus Arkosegeröllen in feinkörniger Matrix. (B) Breccie aus Marmorbruchstücken in einer Matrix aus Calcit und feinkörnigen Silikaten. Beide Stücke angeschliffen. (Foto: Skinner)

Agglomerate sind grobklastische Gesteine, die überwiegend vulkanisches Material enthalten und daher bei den Pyroklastiten zu nennen sind (s. S. 193).

Hangschuttbreccien sind verfestigte ältere Hangschuttmassen (Schuttkegel), die in Hochgebirgen nicht selten angetroffen werden.

Tillite sind verfestigte Moränen; dementsprechend ist das Material in der Regel schlecht sortiert. Auch von Eisbergen transportierte und nach deren Abschmelzen abgelagerte Schuttmassen können verfestigt auftreten.

Intraformationelle Breccien (Intraklast-Karbonate) bestehen aus umgelagerten und resedimentierten Sedimenten (meist, wenn auch nicht immer, handelt es sich bei diesen um noch nicht ganz verfestigte Karbonate; vgl. S. 241). Sie sind, z.T. nur bankweise, ungestörten Schichten des gleichen Gesteins zwischengeschaltet.

Olisthostrome, Olistholithe. In tektonisch aktiven Gebieten können riesige Massen bereits fertiger Sedimentgesteine zusammen mit noch unverfestigten Sedimenten abgleiten und sich in Form entsprechend dimensionierter Schuttströme untermeerisch fortbewegen. Da die Sedimentation trotzdem weiter anhält, finden sich solche Olisthostrome schließlich normalen Sedimentfolgen zwischengeschaltet. Riesenblöcke, manchmal von km-Länge, die den Olisthostromen eingelagert sein

0   5 cm

(B)

können, bezeichnet man als Olistholithe. Olisthostrome besonderer Entstehung mit beträchtlichen Gehalten an Ophiolithen nennt man Melanges. Kennzeichnend ist die völlig fehlende Sortierung (Tonfraktion bis Riesenblöcke) und das Ausmaß; im Handstück oder Einzelaufschluß ist die Natur solcher Gesteine in der Regel nicht zu erkennen.

Unabhängig von der Genese sind Konglomerate und Breccien von großem geologischen Interesse, denn vielfach läßt sich aus den Komponenten auch die Herkunft des Materials ableiten. Aus der Zusammensetzung lassen sich häufig mit der Ablagerung zeitgleich ablaufende tektonische Vorgänge rekonstruieren. Manchmal sind auch Rückschlüsse auf das Klima während der Bildungszeit möglich.

Vorkommen. Konglomerate sind allen klastischen Sedimentserien wenigstens lagenweise, häufig auch in dicken Folgen eingeschaltet, sedimentäre Breccien sind weniger häufig. Bereits im mittleren Präkambrium Finnlands finden sich Konglomerate, im obersten Präkambrium sind Tillite verbreitet. Konglomerate sind auch im terrestrischen Old Red – zusammen mit Arkosen, Quarzsandsteinen und Siltiten – Englands, Spitzbergens und Grönlands enthalten. Konglomerate, Fanglomerate und andere klastische Gesteine treten im Perm Mitteleuropas wie auch der Alpen

225

auf, sie markieren den Beginn einer neuen Schichtreihe nach Beendigung der varistischen Orogenese und der Abtragung dieser Gebirge. Konglomerate und Breccien kennzeichnen verschiedene Diskordanzen in der mittleren und höheren Kreide der Nördlichen Kalkalpen. Intraformationelle Breccien sind in mächtigen Karbonatgesteinen der Trias der Kalkalpen nicht selten. Mächtige Konglomerate sind in Gestalt riesiger Schuttfächer am Fuß der aufsteigenden Alpen in der südbayerischen Molasse (Oligozän und Miozän) enthalten. Eiszeitliche Konglomerate, hier auch Nagelfluh genannt, sind sodann am Nordrand der Alpen weit verbreitet. – Riesige Olisthostrome treten an der Ostseite des Nordappenins im jüngeren Tertiär auf. Von den außereuropäischen Vorkommen ist das interessanteste die Witwatersrand-Group (älteres bis mittleres Präkambrium), die über 5000 m mächtige Konglomerate und Sandsteine enthält, vor allem aber die «reefs», die goldführende ehemalige Flußseifen darstellen. Bekanntlich sind dies die wichtigsten Goldlagerstätten der Erde.

Verwendung. Konglomerate und Breccien wurden und werden gerne als Bausteine, heute mehr zu Fassadenverkleidung verwendet. Vor allem aus den Alpen kommen einige grobklastische Gesteine quartären Alters, die in den näher gelegenen Städten häufig zu sehen sind (Brannenburger Nagelfluh aus dem Inntal, Ceppo aus den Südalpen usw.). Harte Molassekonglomerate wurden früher als Mühlsteine in den Handel gebracht.

Sandsteine

Lockere Sande bestehen aus einem Gerüst von Sandkörnern, die z. T. in einer noch feineren Matrix eingebettet sind. Zwischen den Körnern sind Lücken; werden diese durch ein Bindemittel ausgefüllt, so wird aus dem Sand ein Sandstein. Das allgemeine Erscheinungsbild eines Sandsteins hängt von der Korngröße, Korngestalt, Anordnung und Zusammensetzung der Komponenten ab sowie von der Farbe und der Art der Matrix beziehungsweise des Zements. Bei der Ansprache eines Sandsteins sollte man alle diese Aspekte berücksichtigen. Zum Beispiel bezeichnet man einen Sandstein aus Quarzkörnern von 0,5–1 Millimeter Durchmesser, der calcitisch gebunden ist und der lagenweise durch Hämatit gefärbt ist, als einen rot-weiß gebänderten, grobkörnigen, calcitgebundenen Sandstein.

Sandsteine sind weiß, hellgrau, blaßgelb, rötlich oder gelblich-braun, seltener auch grünlich, blau oder violett. In manchen Sandsteinen ändert sich die Farbe von Schicht zu Schicht, andere sind gefleckt. Die Färbung hängt von feinen Kornüberzügen sowie von der Matrix oder dem Zement ab. Die Eigenfarbe der Sandkörner spielt eine untergeordnete Rolle. Rötliche Tönungen sind auf Hämatit zurückzuführen, gelblich-braune auf Limonit. In diesem Fall spricht man auch von eisenschüssigen Sandsteinen. Die Matrix besteht häufig aus Tonmineralien und Quarzkörnern im Siltgrößenbereich, der Zement ist meistens Calcit, Dolomit oder Quarz. Je nach Beschaffenheit bezeichnet man einen Sandstein als tonhaltig, siltig, calcitisch, dolomitisch oder durch Quarz gebunden. Oft treten mehrere Dinge als Bindemittel auf; man spricht dann zum Beispiel von einem calcitisch gebundenen, tonigen Sandstein.

Sandsteine sind feinschichtig oder dünn- bis dickbankig. Die Bänke können so

Abb. 5-18 Schräg- oder Kreuzschichtung in äolisch sedimentierten Sanden, die anschließend verfestigt wurden. (Foto: T. Nichols)

mächtig werden, daß das Gestein im Aufschluß homogen erscheint. Die Schichtung resultiert aus Unterschieden in der Mineralzusammensetzung, der Farbe, der Korngröße, der Korngestalt, der Korndichte oder aus dem Zusammentreten mehrerer Kriterien. Am häufigsten wirken sich die Korngröße und die Farbe aus.

Kreuzschichtungen, gradierte Schichtungen und Rippelmarken kommen in Sandsteinen bedeutend häufiger vor als in anderen Sedimentgesteinen. Vor allem äolische Sandsteine zeigen oft eine intensive Kreuzschichtung, die über andere Schichtungen dominiert (Abb. 5-18).

Quarz ist der Hauptbestandteil der meisten Sandsteine; daher versteht man zumeist unter «Sandstein» einen Quarzsandstein. Der Grund für das Vorherrschen von Quarz liegt in der Zusammensetzung der Ausgangsgesteine (häufig Granit) sowie in der Widerstandsfähigkeit dieses Minerals gegenüber Verwitterung und Transport.

Weitere in Sandsteinen häufige Mineralien sind Feldspat und Hellglimmer. Viele Sandsteine enthalten Schwermineralien wie Granat, Augit usw. Sande in Flüssen oder an Stränden sind häufig Seifen mit Gold, Platin, Zinnstein, Monazit, Magnetit, Chromit, Ilmenit, Rutil, gelegentlich auch mit Edelsteinen wie Diamant, Rubin, Sapphir, Spinell und Zirkon. Diese Mineralien können dann natürlich auch in verfestigten Sandsteinen, «fossilen Seifen», auftreten. Nehmen solche Bestandteile neben Quarz mehr als 25 Prozent des Gesamtvolumens ein, so sollte dies in der Bezeichnung, zum Beispiel granatreicher Sandstein, zum Ausdruck kommen.

Arkosen sind feldspatführende, oft fein konglomeratisch oder brecciös ausgebildete Sandsteine, die granitischen Gesteinen ähnlich sehen können. Die meisten Arkosen bestehen zu mehr als 25 Prozent aus schlecht sortiertem, eckigen bis wenig gerundeten Kalifeldspat, Quarz, etwas Glimmer und Plagioklas. Dies läßt auf Herkunft aus granitischen oder metamorphen Gesteinskomplexen granitischer Zusammensetzung und vor allem auf überwiegend physikalische Verwitterung schließen; die chemische Verwitterung tritt weitgehend zurück, da die wenig beständigen Feldspäte ansonsten zersetzt wären. Auch wird der Sedimentationsbereich nicht weit vom Liefergebiet entfernt gewesen sein. Die Farbe der Arkosen ist meistens rot, was auf terrestrische oder jedenfalls oxidierende Bedingungen im Ablagerungsbereich schließen läßt.

Grauwacke bezeichnet dichte, unreine, graue bis grünliche Sandsteine, die zu mehr als 25% aus schlecht gerundeten Feldspatklasten, sonstigen Mineral- und vor allem Gesteinsbruchstücken zusammengesetzt sind. Die Komponenten liegen in der Feinkies-, Sand-, Silt- und Tonfraktion vor, die Sortierung ist also schlecht. Häufige Gesteinsbestandteile sind basische Vulkanite, Tonschiefer, Hornsteine und Phyllite. Der Zementgehalt ist bei vielen Grauwacken gering, die Matrix besteht zu einem hohen Prozentsatz aus meist dunklen Tonen. Zement, sofern vorhanden, ist meist Quarz oder Calcit. Bei allen Grauwacken macht sich beim Anhauchen des Gesteins ein eigentümlicher toniger Geruch bemerkbar.

Glaukonitische Sandsteine enthalten als Nebengemengteil Glaukonit, der jedoch bei der Sedimentation auf chemischem Weg gebildet wird (oder biogen z. T.?). Auch Siltsteine und Mergel können Glaukonit führen. Das Mineral entsteht ausschließlich im marinen Milieu. Manche «Glaukonite» erweisen sich allerdings bei genauer

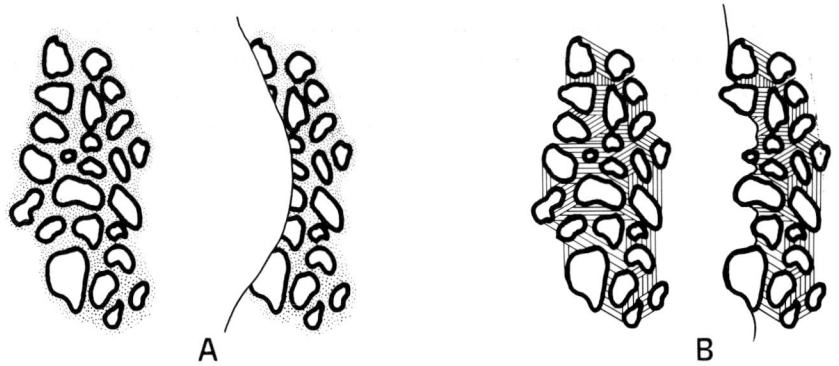

Abb. 5-19 (A) Quarzsandstein, dessen Komponenten durch Quarz verfestigt sind: muscheliger, glatter Bruch, der auch die Körner durchschneidet. (B) Quarzsandstein mit calcitischem Zement: beim Bruch treten die Körner heraus und führen zu einer rauhen Oberfläche.

Untersuchung als Chlorit. Die Gesteine sind oft deutlich grün gefärbt («Grünsandsteine»).

Durch Verwitterung wechselt die Farbe des Glaukonits in Gelblich oder Braun. Glaukonitische Sandsteine und andere Glaukonit enthaltende Sedimentite finden sich überall in marinen Gesteinsserien eingeschaltet. – Glaukonit enthält merklich Kalium, daher werden Grünsande, so in New Jersey, lokal als Dünger abgebaut. Als regenerationsfähige Basenaustauscher werden sie gelegentlich auch als Wasser-Weichmacher verwendet.

Bituminöse Sandsteine und Sande (Teersande) weisen einen relativ hohen Anteil an intergranular gebundenen, hoch viskosen, asphaltartigen Kohlenwasserstoffen auf. Meistens, wenn nicht immer, sind die flüchtigeren Bestandteile aus solchen «Ölsanden» entwichen.

Sedimentäre «Quarzite» sind kieselig gebundene Quarzsandsteine mit glattem Bruch. Gewöhnliche Sandsteine brechen meistens im Bindemittel, dadurch entsteht eine rauhe, sandpapierartige Oberfläche. Bei solchen «Quarziten» geht der Bruch aufgrund der Bindung durch chalcedonartigen Quarz sowohl durch die Körner als auch durch den Zement (Abb. 5-19) und ist typisch muschelig. An sich sollte der Begriff «Quarzit» metamorphen Quarzsandsteinen vorbehalten bleiben. Zumindest sollte durch Bezeichnungen wie «sedimentärer Quarzit» dessen Natur gekennzeichnet werden (die englischen Ausdrücke «orthoquartzite» für sedimentäre und «metaquartzite» für metamorphe Gesteine sind im Deutschen nicht eingeführt). Übrigens ist es manchmal nicht möglich am Handstück zu entscheiden, ob es sich um einen sedimentären oder einen metamorphen Quarzit handelt. Im Gelände ist durch die Beobachtung der Beziehungen zu anderen Gesteinsverbänden eine Verwechslung kaum möglich.

Vorkommen. Sandsteine jeder Art sind noch verbreiteter als Konglomerate und in allen sedimentären Gesteinsfolgen zu finden. Im Präkambrium Skandinaviens ist der Jotnische Sandstein zu nennen, im Devon Englands, Grönlands und auf Spitzbergen der terrestrische Old Red Sandstein, im Rheinischen Schiefergebirge finden sich Grauwacken und der (sedimentäre) Taunus-Quarzit. Sandsteine, Arkosen und Konglomerate erscheinen im Karbon des Saarlandes und des Ruhrgebietes und, sehr ausgedehnt, im Rotliegenden, das sich über das bereits abgetragene varistische Gebirge breitet. Weit verbreitet treten Sandsteine in der Germanischen Trias (Buntsandstein, Keuper) auf. Im Alpenbereich sind Sandsteine in der Molasse, Grauwacken in den Flysch-Zonen charakteristisch, andere, wie z.B. die Raibler Sandsteine, sind den mächtigen Karbonatserien der alpinen Trias zwischengeschaltet. Typische Glaukonitsandsteine sind der Abbacher Grünsandstein (s.u.) und der Essener Grünsand (Kreide). Grünsandsteine aus der Kreide und dem Alttertiär sind auch am Nordfuß der Ostalpen und in den Schweizer Kalkalpen, den helvetischen Decken, häufig.

Bituminöse Sande («Teersande») finden sich in großer Verbreitung, z.B. in Alberta, Canada (Athabaska Tar Sands, Kreide), ferner in Venezuela und im nördlichen Zentralsibirien.

Verwendung. Sandsteine werden seit eh und je als Bausteine verwendet. Früher nützte man sie auch für Bodenbeläge, harte konglomeratische Varietäten für Mühlsteine, sehr feinkörnige für Schleifsteine usw. Buntsandstein, in Deutschland seit der Römerzeit gewonnen, war vor allem der bevorzugte Baustein für die gotischen Dome Mitteleuropas. Der harte Burgsandstein (Keuper) bildet viele Burgfelsen und wurde früher allenthalben abgebaut, zumal ein Arkose-«Quarzit» südlich von Nürnberg. Viel verwendet wurde seinerzeit auch der glaukonitische Abbacher Grünsandstein (Oberkreide) aus der Gegend von Regensburg, der jedoch wegen seiner tonreichen Matrix wenig widerstandsfähig ist.

Quarzgebundene Sandsteine sind dagegen von einer sprichwörtlichen Haltbarkeit: Als die St. Peters Church in Lamerton, England, abbrannte, blieb der Turm, der aus einem «freestone» genannten Sandstein errichtet war, erhalten, obwohl die sechs großen Glocken im Glockenstuhl zu schmelzen begannen. Ein charakteristischer Baustein der Städte im Osten der USA ist ein «brownstone» genannter triadischer Sandstein aus Portland in Ohio, der schon im 17. Jahrhundert gewonnen wurde und zur Errichtung der als «brownstone mansion» bekannten Gebäude diente. Er wurde sogar nach San Francisco verschifft.

Rezente und fossile Seifen waren und sind Quellen für viele mineralische Rohstoffe; so für Gold aus Kalifornien (Sutter's Mill) und aus dem Klondike District; für Platin aus dem Ural, Kolumbien oder Tasmanien; für Diamanten früher aus Indien, Brasilien und heute aus vielen Gebieten Afrikas; Rubine, Sapphire, Spinelle und Zirkone aus Birma und Ceylon (Sri Lanka); Zinnstein aus Malaysia; Ilmenit, Rutil, Monazit und Zirkon aus Australien usw.

Asphalt aus Teersanden wurde von den Sumerern bereits 3000 v. Chr. als Bindemittel für Kunstwerke verwendet. Die Ägypter mumifizierten um 2500 v. Chr. ihre Toten durch Zusatz von Asphalt. Und die Babylonier verwendeten ihn um 700 v. Chr. zum Abdichten und wasserfest machen. – Teersande stellen riesige potentielle Erdölreserven dar. In einigen Gebieten der USA werden sie direkt zu Straßendecken verarbeitet. Aus den bereits genannten Athabaska Tar Sands in Alberta werden heute schon täglich 6500 Tonnen Öl erzeugt.

Sehr reine Quarzsande können für die Glasherstellung herangezogen werden;

hierzu wurde früher z. B. der Promberger Glassand in der südbayerischen Molasse abgebaut. Auch als Rohstoff für Siliziumverbindungen sind solche Sandsteine geeignet, wie etwa der unterkambrische Rewin Sedimentary Quartzite aus Virginia.

Ein ganz neuartiger Anwendungsbereich für Sandsteine mit hoher Porosität und Permeabilität ist die Nutzung für die unterirdische Speicherung von Öl und Gas.

Siltsteine

Unter Siltsteinen versteht man an sich verfestigte Silte, jedoch umfaßt der Begriff wohl auch schluffreie Tonsteine. Bei den Komponenten handelt es sich für gewöhnlich um eckige Bruchstücke von vornehmlich Quarz mit der Korngröße Silt oder Schluff. Im angelsächsischen Sprachraum wurde für schluffreie Tonsteine und andere schluffige Gesteine mit Korngrößen kleiner als Feinsand (nach DIN, siehe Tab. 5-2) die Bezeichnung «mudstone» eingeführt, für die es jedoch keine Übersetzung gibt.

Siltsteine neigen zu blaßgelben, orangebraunen, gelben, grauen oder grünlichen Farbtönen. Die meist feingeschichteten Gesteine zeigen im Handstückbereich oftmals Kreuzschichtung und Rinnenfüllungen. Echte Siltsteine sind härter und dichter als «mudstones» und eher plattig bis massig, niemals blättrig wie Schiefertone (s. S. 232).

Siltsteine oder mudstones, die aus (teilweise unverfestigtem) äolisch sedimentiertem Staub bestehen, bezeichnet man als Löß, der im allgemeinen von blaßgelber oder bräunlich-grauer Farbe ist. Die meist gut sortierten Ablagerungen fühlen sich schluffig an, sind ziemlich porös und gelegentlich calcitisch gebunden. Löß zeigt meist keine Schichtung und neigt zu Absonderung an senkrechten Flächen. In Flußtälern bildet er oft steile Uferböschungen. In Lößablagerungen finden sich häufig Calcitkonkretionen («Lößkindl») und auch solche von Limonit. In humiden (feuchten) Klimagebieten sind Lösse in der Regel wenigstens oberflächlich in Lößlehme umgewandelt.

Vorkommen. Die meisten Siltsteine sind Sand- und Tonsteinen zwischengeschaltet. In gradierten Bänken, wie sie im Flysch am Nordrand der Ostalpen häufig sind, ist die sich vielfach wiederholende Folge Feinkonglomerat – Sandstein – Siltstein – Tonstein oft gut zu beobachten.

Lößablagerungen glazialer Herkunft treten an vielen Orten der Erde auf, so in den eisfreien Gebieten Europas und Nordamerikas während der quartären Kaltzeiten. Zumal an den Leehängen größerer Flußtäler findet man mächtige Lößvorkommen. Charakteristische Lößlandschaften mit senkrecht eingeschnittenen Schluchten bis zu 10 m Tiefe sind vor allem in China häufig.

Verwendung. Gelegentlich werden Siltsteine als Straßenmaterial abgebaut. Früher verwendete man sie oft als Schleifsteine.

Tonsteine und Schiefertone

Unter diesen Namen hat man die verschiedensten Gesteine zusammengefaßt. Als Tonstein bezeichnet man ein Gestein, das aus klastischen Sedimentpartikeln in der

Abb. 5-20   Dünnblättrig spaltender Schieferton. Antrim Shale, Mississippian (Unterkarbon), Central Alpena Co., Michigan. (Foto: Skinner)

Tonfraktion besteht. Feinplattig ausgebildeter Tonstein läuft unter Schieferton. Fehlt jede Schiefrigkeit, so spricht man im Englischen von «mudstone» (s. o.), der Begriff ist jedoch im Deutschen in diesem Zusammenhang nicht brauchbar. Die Schiefrigkeit äußert sich in dicht aufeinanderfolgenden Diskontinuitätsflächen, die meist parallel der Schichtung liegen (Abb. 5-20). Sie hängt von der Art, der Kristallinität, dem prozentmäßigen Anteil und von der Orientierung der am Aufbau des Gesteins beteiligten Tonmineralien ab. Die blättrig oder leistenförmig ausgebildeten Tonmineralien orientieren sich während der Sedimentation und der Kompaktion parallel zur Schichtung. Gewöhnlich sind Tonsteine aus Illit, Montmorillonit und/oder Chlorit schiefrig ausgebildet, während kaolinitreiche Gesteine eher massig erscheinen. Schiefertone und Tonsteine werden häufig anhand der Farbe bezeichnet, nach Besonderheiten in der Zusammensetzung oder nach dem Schiefrigkeitsgrad. Beispielhafte Bezeichnungen wären etwa roter Schieferton, Seekreiden, fein lamellierter Schieferton usw. Eine Klassifikation nach dem Tonmineralbestand ist nur mit Hilfe röntgenographischer Untersuchungen möglich.

Viele Tonsteine sind grau, blau, grünlich, rotbraun oder verschiedenfarbig gefleckt. Einige wenige sind durch kohlige Substanzen, Bitumen und/oder fein verteilten Pyrit fast schwarz. Tonsteine können fast ausschließlich aus Tonmineralien bestehen. Auch wenn beachtliche Mengen von Quarz und Glimmer beigemengt sind, wirken solche Gesteine wegen der außerordentlich feinen Korngrößen durchwegs homogen. Auf die Tonmineralien ist der eigenartige Geruch zurückzuführen, der an feuchten oder angehauchten Handstücken bemerkbar wird. Die meisten Tonsteine sind weich, zerreiblich oder krümelig. Da sie sehr oft ausschließlich aus Tonmineralien bestehen, fühlen sie sich geschmeidig an. Spürt man zwischen den Fingern Körner, so liegt bereits schluff- oder silthaltiger Tonstein vor.

Schwarze Schiefertone führen meist kohlige oder bituminöse Beimengungen. Viele enthalten diagenetisch entstandenen Pyrit oder Markasit. Der dazu nötige Schwefel entstammt dem Schwefelwasserstoff, der aus dem im Ton enthaltenen organischen Material freigesetzt wurde. Wenn sulfidhaltige Schiefertone zu verwittern beginnen, entstehen häufig Gips und/oder Alaunmineralien, die man im Aufschluß als weiße Ausblühungen beobachten kann. Derartige Schiefertone bezeichnet man auch als Alaunschiefer.

Relativ häufig findet man in tonigen und mergeligen Sedimenten Tonsteinkonkretionen. Meist treten sie lagenweise angereichert auf. Ihr Durchmesser ist für gewöhnlich kleiner als 50 cm, doch sind gelegentlich über 1 m große Gebilde dieser Art beobachtet worden.

Viele Schiefertone wurden allein durch die Kompaktion verfestigt. In kalkhaltigen Schiefertonen kann Calcit als Bindemittel auftreten. Kalkhaltige Schiefertone gehen in Mergel und schließlich in tonige Kalksteine über.

Wegen ihrer ausgesprochenen Schiefrigkeit ähneln die Schiefertone den schon metamorphen Tonschiefern. In den meisten Fällen können beide, auch wenn die geologischen Verhältnisse unbekannt sind, im Handstück unterschieden werden. Im feuchten Zustand haben Schiefertone im Gegensatz zu Tonschiefern den typisch tonigen Geruch. Tonschiefer sind meist deutlich härter und zeigen einen seidigen Glanz im Gegensatz zu dem eher stumpfen Aussehen der Schiefertone. Schließlich können sich in Tonschiefern sedimentäre Schicht- und (metamorphe) Schieferungsflächen unter beliebigen Winkeln schneiden (vgl. Abb. 6-13, S. 299). Dies ist bei Schiefertonen nicht zu beobachten.

Argillit ist ein außerordentlich stark verfestigter, jedoch nicht schiefrig ausgebildeter Tonstein, der bereits in metamorpher Umwandlung begriffen ist. Manche Argillite sind im Handstück von feinkörnigen Vulkaniten kaum zu unterscheiden.

Bentonit bildet sich bei der Zersetzung vulkanischer Tuffe; er wurde bereits im Kapitel über Pyroklastite beschrieben (S. 200).

Toneisenstein ist ein dichtes, braunes oder dunkelgraues Gestein, das hauptsächlich aus Siderit, auch Limonit, und bis zu 30% Ton besteht. Er bildet häufig Lagen von Knollen oder Konkretionen und ist vielfach mit kohlehaltigen Gesteinen oder Kohlen verbunden.

Ölschiefer enthalten zu einem verhältnismäßig hohen Prozentsatz feste organische Substanz. Durch Destillation kann man aus ihnen gasförmige und flüssige Kohlenwasserstoffe erzeugen; sie stellen daher eine riesige potentielle Rohstoffquelle für Erdölprodukte aller Art dar. Aus besonders reichhaltigen Ölschiefern gewinnt man bis zu 900 l Erdöl pro Tonne.

Phosphathaltige Schiefertone haben mit über 7,5% P_2O_5 einen auffällig hohen Phosphorgehalt, der auf phosphathaltige Brachiopodenschalen, Crustaceen oder Zähne, Knochen und/oder Schuppen von Fischen zurückgeführt werden kann. In einigen Fällen nimmt man eine Phosphatzufuhr während der Diagenese an. Man kann diese Gesteine makroskopisch von gewöhnlichen Schiefertonen kaum unterscheiden. Vgl. auch S. 254.

Konglomeratische oder brecciöse Tonsteine entstehen durch die Verfestigung von tonig-grobklastischen Ablagerungen, wie Moränen, Hangrutschmassen, Schlammströmen oder Turbiditen. In den meisten Gesteinen dieser Art schwimmen große Klasten in einer tonigen oder siltig-tonigen Matrix. Hierzu gehören auch die sogenannten Rosinenmergel.

Vorkommen. Tonsteine stellen schätzungsweise etwa 50% aller Sedimentgesteine dar; sie bilden sich unter den verschiedenartigsten Bedingungen. In Frage kommen Flußmündungen, Lagunen, Watts, Inlandseen, tiefe marine Becken, Süßwasserseen und glazial entstandene Seen. Schiefertone findet man in nahezu allen Sedimentabfolgen. Einzelfundorte anzugeben ist nicht sinnvoll. – Argillite sind selten. Toneisensteine findet man häufig in Kohleflözen.

Ein riesiges Ölschiefervorkommen, der eozäne Green River Shale, erstreckt sich über Teile von Wyoming, Utah und Colorado. Wirtschaftlich zur Zeit nicht interessante Vorkommen stellen die liassischen Posidonienschiefer mit der Ichthyosaurier-Fundstelle Holzmaden oder die sog. Ichthyolschiefer im Hauptdolomit (Obertrias) der Nördlichen Kalkalpen dar.

Verwendung. Tone und Tonsteine sind in erster Linie Rohstoffe für die keramische Industrie, sodann zusammen mit Kalk für die Zementherstellung, weiterhin für die Papierindustrie als Füllmittel und Farbstoff usw. In der Bohrtechnik wird Ton in beachtlichen Mengen für die Spülung benötigt. Bestimmte Tone blähen sich unter hohen Temperaturen auf und können dann als Zuschlag für Leichtbeton Verwendung finden. – Ölschiefer, wie der erwähnte Green River Shale, sollen Reserven von einigen hundert Milliarden Barrel Erdöl darstellen. Phosphathaltige Schiefer werden lokal als Rohstoff für Phosphordünger abgebaut. Manche schwarze Schiefertone, wie etwa der unterkarbonische Chattannooga Shale aus Tennessee, werden in Zukunft vielleicht als Uranlieferant Bedeutung haben; örtlich enthalten sie bis zu 0,006% Uran.

Geschichtliches. Tone gehören zu denjenigen mineralischen Rohstoffen, die schon frühzeitig in größeren Mengen vom Menschen verarbeitet wurden. Gebrannte Tonstatuetten, die möglicherweise bereits aus dem Aurignacien (30000 bis 20000 v. Chr.) stammen, wurden in Mähren gefunden, mindestens 10000 Jahre alte Tonwaren entdeckte man in Ägypten. Ziegel aus gebranntem Ton wurden bereits zur Zeit des Babylonischen Reiches verwendet (2800 v. Chr.) – Die Sioux schnitzten aus einem rotbraunen Tonstein ihre Friedenspfeifen und verschiedene andere Gegenstände. Das gelegentlich als «catlinite» bezeichnete Material findet sich um Pipestone City in Minnesota und bei Flandreau, South Dakota. – Die Ureinwohner von Amerika, Afrika und Ozeanien verwendeten Tone für Kriegsfarben.

CHEMISCHE SEDIMENTGESTEINE

Wie schon angedeutet (S. 221), umfaßt der Oberbegriff «Chemische Sedimente» sowohl Gesteine rein anorganischer Entstehung als auch solche, an deren Bildung Organismen in irgendeiner Form mitwirken. Unter die anorganischen Sedimentite fallen die Evaporite oder Eindampfungsgesteine sowie Kalksinter, Tropfsteine und Kieselsinter (diese als Absätze von heißen Quellen). Alle anderen chemischen Sedimentgesteine sind letztlich unter maßgeblicher Beteiligung von Organismen entstanden, wenn auch manche Nebengemengteile rein chemisch gebildet sein können. Nachträgliche, unter Umständen weitgehende chemische Umwandlungen sind nicht eben selten, so bei der noch ziemlich ungeklärten Entstehung der Dolomite. Klastisch zugeführte Gemengteile sind häufig, z. B. enthalten viele Karbonatgesteine mehr oder weniger viel Ton und werden dann Mergel genannt. Schließlich können einzelne Bestandteile auch durch Ausflockung aus kolloidalen «Lösungen» in die Sedimente gelangen.

Die weitere Unterteilung wird am einfachsten nach der Zusammensetzung vorgenommen, wobei dann der Hauptgemengteil für die Benennung ausschlaggebend ist; Nebengemengteile werden eventuell zusätzlich genannt (sandiger Kalk, dolomitischer Kalk, bituminöser Dolomit usw.). Eine Komplizierung tritt dadurch ein, daß chemisch-biogene Sedimente entweder nach der Entstehung an Ort und Stelle bleiben, oder aber anschließend klastisch umgelagert werden, oder schließlich erhebliche Veränderungen durch diagenetische Vorgänge erfahren können.

EVAPORITE

Evaporite entstehen durch die vollständige oder teilweise Verdunstung einer wässerigen Lösung. Obwohl sich Evaporite auch in Seen bilden können, überwiegen die marinen Ablagerungen nach Mächtigkeit und Verbreitung sehr stark. Deswegen seien Eindampfungsbildungen aus Seen (Salzseen, Sodaseen u. a.) hier nur kurz erwähnt: Man benennt sie nach dem jeweiligen Hauptmineral wie Soda, Glauberit, Mirabilit oder Trona und noch anderen mehr.

Die Hauptbestandteile der Evaporite entsprechen naturgemäß den im Meerwasser gelösten Ionen; dies sind vor allem Natrium Na^+, Calcium Ca^{2+}, Kalium K^+, Chlorid Cl^-, Sulfat $(SO_4)^{2-}$ und Karbonat $(CO_3)^{2-}$. Bei der Eindampfung scheiden sich die Salze dieser Ionen entsprechend der Löslichkeit und der sich ständig ändernden Konzentration in einer vorhersagbaren Folge ab. Es ergibt sich folgende Abscheidungsreihe: Calcit oder Aragonit (Kalkstein), gefolgt von Gips und/oder Anhydrit, Halit (Steinsalz) und den selteneren Salzen von Magnesium, Kalium und anderen Ionen, die auch als Edelsalze zusammengefaßt werden. Im allgemeinen wiederholen sich solche Abscheidungsfolgen, häufig sogar zyklisch. Die Bildungsweise der Evaporite ist im einzelnen immer noch nicht geklärt. Eines der erstaunlichsten Phänomene ist ihre oft ungeheure Mächtigkeit: Bei der Eindampfung von 100 Meter normalem Meerwasser entstehen ungefähr 1,4 Meter Steinsalz und 0,08 Meter Gips. Indessen sind viele Schichtfolgen von einigen hundert Metern Mächtigkeit bekannt; im Graben des Toten Meeres vermutet man sogar über 8000 m Salzgesteine. Die einzige Erklärung für derartige Mächtigkeiten sieht man nach wie vor in der Annahme abgeschlossener Meeresbecken, in denen die Eindampfungsrate größer oder gleich der Zuflußrate ist.

Ein anderes Problem ist, weshalb in manchen Salzlagerstätten die Mengenverhältnisse der einzelnen Produkte so stark von den errechneten Werten abweichen.

Weiterhin stellt sich die Frage, ob Anhydrit diagenetischen Ursprungs ist oder nicht. Da in manchen Schichtfolgen Gips in geringerer Tiefe vorkommt als Anhydrit, folgern manche Bearbeiter, daß dieser gewissermaßen diagenetisch, durch Dehydratation, aus Gips entstanden ist. Diese Hypothese erfordert allerdings ein Abwandern zirkulierenden Porenwassers. Andere bleiben jedoch bei der herkömmlichen Erklärung, da sichergestellt ist, daß zumindest ein Teil des Anhydrits, genauso wie der Gips, aus der Eindampfung stammt. Die Verfasser bevorzugen die «diagenetische» Hypothese, gehen aber auf beide Möglichkeiten ein.

Karbonate

Einige wenige Kalksteine und Dolomite sind unmittelbar durch Eindampfung entstanden. Leider kann man vom Aussehen her meist nicht auf die Entstehungsart schließen, doch ergeben sich zumeist aus den Gesteinsverbänden die nötigen Hinweise. Manchmal sind auch echte Evaporitmineralien in solchen Karbonaten enthalten, oder wenigstens «Negative» von Steinsalzwürfeln.

Sicher zu den Evaporiten zählen die kalkigen oder dolomitischen *Rauhwacken*. Das sind zellig-poröse, oft breccienartige Gesteine, die auch Zellenkalk respektive Zellendolomit genannt werden. Man nimmt an, daß die Hohlräume durch Herauslösen von Anhydrit oder Gips entstanden sind. Sie treten fast immer in Verbindung mit anderen Evaporitgesteinen auf.

Gips und Anhydrit

Zwischen Mineral- und Gesteinsnamen besteht bei Gips und Anhydrit kein Unterschied, «Gipsstein» oder dergleichen setzte sich nicht durch. Beide Gesteine sind meistens weiß, können aber auch gelbe, rote, braune, graue oder schwarze Farbtöne annehmen. Die Kristalle sind körnig ausgebildet oder zeigen intergranulare Verwachsungsgefüge. Die meist fein- bis mittelkörnigen Anhydrite sind verhältnismäßig homogen, häufig aber auch fein geschichtet. Der fein- bis grobkörnige Gips enthält oft Drusen mit Gipskristallen (Fraueneis) oder mit Fasergips gefüllte Gängchen, wobei die Fasern senkrecht auf der Gangwand stehen. Größere, durch Rekristallisation entstandene Kristalle verleihen dem Gips wie auch dem Anhydrit gelegentlich ein fast porphyrisches Aussehen. Gips und Anhydrit können in Wechsellagerung mit Steinsalz, Rauhwacken, Dolomiten und oft bituminösen Tongesteinen auftreten. Feinlamellierte Anhydrite werden als Warvensedimente (Warven = rhythmische, durch Jahreszeitenwechsel bedingte Feinschichtung) aufgefaßt. Häufig treten auch Knollen von Gips oder Anhydrit in Tongesteinen auf. Dabei entsteht ein breccienartiges Gefüge (Abb. 5-21). Viele Gipsgesteine zeigen eine stark gewellte, verbogene Schichtung («Gekrösegips»), die durch Hydratation von Anhydrit und der daraus resultierenden Volumenzunahme verursacht wird. In diesem Fall ist mit Sicherheit Gips durch Wasseraufnahme aus Anhydrit entstanden.

Gips kann durch seine geringere Härte leicht von Anhydrit und ähnlich aussehenden Kalksteinen oder Dolomiten unterschieden werden. Da Anhydrit nicht mit verdünnter Salzsäure braust, ist er seinerseits leicht von Kalk zu unterscheiden.

Vorkommen. Gips und Anhydrit sind zu verschiedenen Zeiten weltweit verbreitet. Im allgemeinen sind sie in marinen Schichtfolgen mit Steinsalz, Dolomit, Kalkstein, Rauhwacken und Tonsteinen verbunden. Häufig bilden Gips und Anhydrit, z. T. mit Schwefel und Rauhwacken, den «Gipshut» über Salzstöcken. Gipshüte entstehen durch Subrosion und sind eigentlich Residualgesteine (s. S. 264). Die Reduktion des Schwefels erfolgt durch anaerobe Bakterien z. B. der Gattung *Desulfovibrio.*

Die Zahl der Vorkommen von Gips ist sehr groß; sie sind z. T. identisch mit jenen der Salzlagerstätten. Gipslagerstätten ohne Salz finden sich z. B. im Keuper Nordbayerns, im Zusammenhang mit den Raibler Schichten und dem permischen (ausge-

Abb. 5-21   Gipsknollen im Tonstein. Alabaster, Iosco Co., Michigan. (Foto: Dietrich)

laugten) Haselgebirge in den Nördlichen Kalkalpen. Anhydrit tritt an der Erdoberfläche eher selten auf.

Verwendung. Für Gips gibt es viele Verwendungsmöglichkeiten, die bekannteste ist die als Stuck- und Estrichgips. Große Mengen benötigt die Zementindustrie. Ferner dient Gips als weiches Füllmaterial, z.B. für Farbstifte, oder als Schreibkreide. Lokal ist er auch als Dünger verwendbar. Sehr dichter und gleichmäßiger Gips wird als Alabaster bezeichnet. Das weiße bis verschiedenfarbig getönte Gestein diente schon in Ägypten in den Pyramiden als Ornamentgestein zu kleinen Statuen und dergleichen mehr. Kunstgewerbliche Gegenstände werden seit eh und je aus dem Alabaster von Volterra/Toskana angefertigt. Über die Mehrdeutigkeit des Begriffes «Alabaster» s. S. 239. Anhydrit geht in die chemische Industrie zur Herstellung von Düngemitteln und Schwefelsäure.

Steinsalz

Steinsalz besteht oft fast vollständig aus dem Mineral Halit. Das Gestein ist mosaikartig körnig. Die durchsichtigen bis durchscheinenden Kristalle sind farblos, leicht bläulich, grau, schwarz oder rot gefärbt. Steinsalz ist oft mit Gips, Anhydrit, anderen Salzmineralien oder Ton gemengt, auch feinschichtige Wechsellagerung ist häufig. Durch den charakteristischen Geschmack kann Steinsalz von allen anderen Gesteinen leicht unterschieden werden.

Vorkommen. Salzlagerstätten sind weltweit verbreitet, sie sind gleichzeitig Vorkommen für Gips und Anhydrit und teilweise auch für die sogenannten Edel- oder Abraumsalze. In Mitteleuropa sind vor allem die Zechsteinsalze in Nord- und Mitteldeutschland von Bedeutung, sie treten überwiegend in Form der sogenannten Salzdiapire auf, auch Salzdome genannt. Solche Salzdome sind ferner in Louisiana, Texas und Mexiko, z.T. auch vor der Küste, sehr verbreitet.

Das Salz kann gewissermaßen, aus seiner ursprünglichen Lagerung gepreßt, in die hangenden Sedimentformationen «intrudieren». Salzdome besitzen meist einen kreisrunden Grundriß. Sie haben im allgemeinen weniger als einige Kilometer im Durchmesser.

Flachliegende Salzlagen sind im germanischen Muschelkalk und auch im Tertiär des Oberrheintalgrabens eingeschaltet. Ein riesiges Vorkommen dieser Art ist die silurische Salina-Formation, die sich in einer Mächtigkeit von 90–180 m im Staat New York, in Pennsylvania, im nördlichen Virginia und im Ostteil von Ohio über eine Gesamtfläche von über 2,5 Millionen Quadratkilometern ausbreitet und um 185 Millionen Tonnen Steinsalz enthält. In den Nördlichen Kalkalpen ist das permische Haselgebirge zu nennen, das ein Gemenge von Salz, Gips, Anhydrit und Ton darstellt und im Zuge der alpinen Gebirgsbildung stark durchbewegt worden ist. Oberflächennah ist es häufig ausgelaugt, so daß nur Gips- und Tonmassen übrigbleiben.

Verwendung. Die Vorkommen des Haselgebirges werden von vorgeschichtlicher Zeit bis heute ununterbrochen ausgebeutet. Die eisenzeitlichen Bergbaue bei Hallstatt in Oberösterreich (Hall = Salz) gaben der Hallstattzeit (750–400 v. Chr.) den Namen. Natürliche Salzquellen wurden mit Sicherheit schon sehr viel früher genutzt. In den USA ergaben archäologische Untersuchungen, daß auf den Lagerstätten in Nevada schon vor fast 3000 Jahren Salz gewonnen wurde.

Auch heute wird Salz als Steinsalz bergmännisch abgebaut. Es wird aber auch aus natürlichen Salzquellen oder künstlich erzeugten Solen gesotten. Auch durch Verdunstung von Meerwasser in entsprechend eingerichteten Anlagen, sogenannten Salzgärten, wird Salz gewonnen. Im Handel wird es in fester Form oder als Lösung vertrieben. Die Verwendung zum Würzen und Konservieren von Lebensmitteln ist bekannt. Salzstreuung im Winter auf Straßen und Gehwegen ist leider immer noch üblich. Sehr große Mengen werden in der chemischen Industrie benötigt. Zur Zeit ist die Frage aktuell, ob sich stillgelegte Salzbergwerke für die Endlagerung von radioaktivem Müll eignen.

Sehr viel wertvoller als Steinsalz sind die Edel- oder Abraumsalze, von denen hier nur Sylvin KCl, Kainit $KMg[Cl|SO_4] \cdot 2\tfrac{3}{4} H_2O$ und Carnallit $KMgCl_3 \cdot 6H_2O$ erwähnt seien.

Kalksinter, Tropfsteine, Kieselsinter

Im Grunde genommen fallen Sinterbildungen ihrer geringen Verbreitung halber gar nicht unter die Sedimentgesteine im eigentlichen Sinne; man kann sie aber trotzdem hier anschließen.

Kalksinter tritt in Überzügen, aber auch in derben Massen auf, so z. B. in den berühmten Sinterterrassen von Pamukkale, dem antiken Hierapolis, in der Türkei.

Eine besondere Form der Kalksinterbildungen sind die Tropfsteine in Höhlen: Stalaktiten wachsen an der Decke hängend, Stalagmiten vom Boden nach oben. Die Ausscheidung von Calciumkarbonat aus wässeriger Lösung erfolgt stets nach dem gleichen Prinzip: Wenn dem Wasser Kohlendioxid (CO_2) entzogen wird, sei es durch Erwärmung, sei es durch starke Bewegung (Sprudeln), sei es durch Druckentlastung, sei es durch pflanzliche Organismen, fällt Calciumkarbonat aus. In Höhlen soll eine Änderung des CO_2-Partialdruckes für die Abscheidung verantwortlich sein.

Sehr grobkristalliner Sinterkalk wird auch als Onyx oder Onyxmarmor bezeichnet (ein Teil des «Alabasters», besonders der italienische «alabastro onice» und der «Ägyptische Alabaster», ist nicht Gips, sondern derartiger Sinterkalk).

An manchen warmen Mineralquellen, so im Karlsbad (Karlovy Vary, ČSSR), bildet sich auch Aragonit in konzentrisch-schaligen, radialstrahligen Kügelchen (bis 5 mm Durchmesser), die Erbsen- oder Sprudelstein genannt werden. Aragonit scheidet sich aus wässeriger Lösung bei Temperaturen über 29° C ab, darunter entsteht Calcit.

Aus dem Wasser heißer Quellen und Geysire wird manchmal SiO_2 in Form von Opal ausgefällt. Solche Abscheidungen bezeichnet man allgemein als Kieselsinter, Ablagerungen von Geysiren auch als Geysirit. In reinster Form sind diese Gesteine weiß, Verunreinigungen verursachen jedoch häufig verschiedenste Färbungen. Kieselsinter ist porös bis einigermaßen dicht und kann in loser oder verfestigter Form vorliegen.

Vorkommen und Verwendung. Kiesel- und Kalksinter kommen zusammen im Yellowstone National Park in Wyoming vor, z. B. die berühmten Kalksinterterrassen an den Mammoth Hot Springs. Tropfsteine sind weltweit in den so benannten Tropfsteinhöhlen verbreitet (Abb. 5-22); besonders berühmt ist die Adelsberger

Abb. 5-22   Stalaktiten und Stalagmiten (Höhe 6 m) in einer Höhle bei Luray, Virginia. (Abbildung mit Genehmigung der Luray Caverns, Virginia)

Grotte in Slowenien. Der als «Onyx» bezeichnete Sinterkalk findet sich z. B. in der Toscana, man verwendet ihn für kunstgewerbliche Gegenstände, aber auch, in dünnen, gelblich durchscheinenden Scheiben, für Kirchenfenster, Verkleidungen, Einlegearbeiten und ähnliches.

CHEMISCH-BIOGENE SEDIMENTGESTEINE

In jüngerer Vergangenheit hat sich ergeben, daß die Bildung des größten Teils aller chemischen Sedimente der Lebenstätigkeit von Organismen zuzurechnen ist. Insbesondere gilt dies für Kalkgesteine aller Art, die entweder aus Schalen oder Skelett-Teilen bestehen oder als Stoffwechselprodukte vor allem der Cyanobacteria («blaugrüne Algen») anzusehen sind. – Die Einteilung der chemisch-biogenen Sedimentite erfolgt zunächst nach den Hauptbestandteilen, also nach der Zusammensetzung, sodann nach genetischen Gesichtspunkten.

Kalkstein

Sedimentgesteine, die überwiegend bis ganz aus dem Mineral Calcit bestehen, bezeichnet man als Kalksteine.

240

Jeder Versuch, die Vielfalt der Kalksteine in ein System zu bringen, bleibt unbefriedigend. Legt man nur, rein beschreibend, die Korngröße zugrunde, so vernachlässigt man die Genese. Eine Einteilung nach der Genese scheitert meist daran, daß diese nicht immer erkennbar ist bzw. daß die ursprünglichen Merkmale durch Rekristallisationsvorgänge verwischt sind. Außerdem sind sehr viele Kalke genetisch uneinheitlich im Aufbau; z. B. finden sich sehr häufig Kalkklasten dieser oder jener Art mit grobspätigem Zement (Sparit) verbunden: Ob aber dieser unmittelbar ausgeschieden oder durch Umkristallisation einer ursprünglich feinkörnigen Matrix gebildet wurde, bleibt offen. Somit bestehen sehr viele Kalksteine aus anorganisch-chemischen, biogenen und anderen klastischen Bestandteilen in allen möglichen Mischungs-verhältnissen. – Schließlich sind noch marine Kalksteine von terrestrischen (einschließlich solcher, die in Seen entstanden sind) zu unterscheiden. Diese Schwierigkeiten führten zu einer Vielzahl von Klassifizierungsversuchen und einer entsprechend umfangreichen Nomenklatur. Überdies ist eine exakte Bestimmung nur unter dem Mikroskop möglich, allenfalls bei sehr großer Erfahrung mit Hilfe einer Lupe.

Die folgende Darstellung beschränkt sich daher, nach einer kurzen Skizzierung der allgemeinen Eigenschaften, auf eine Aufzählung der wichtigsten Typen.

Die meisten marinen Kalke entstehen durch Verfestigung entweder von Kalk-schlämmen (Calcit und/oder Aragonit) oder von mechanisch sedimentierten Klasten verschiedener Herkunft oder aber durch direkte biogene Anlagerung. Terrestrische Kalke sind meist unmittelbare Ausscheidungen aus Lösungen, wenn auch unter Beteiligung von pflanzlichen Organismen, oder unverfestigte Kalkschlämme.

Kalke sind sehr verschieden gefärbt, wenn auch vorherrschend weißlich, gelblich oder grau. Härte und Dichte sind gering, entsprechend der Mohs-Härte 3 des Calcites. Die Unterscheidung von Dolomit, Gips, Anhydrit, Kieselgesteinen erfolgt am einfachsten mit Hilfe kalter verdünnter Salzsäure (ca. 1 Teil HCl auf 3–4 Teile Wasser): Beim Betupfen von Kalk zeigt sich lebhaftes Brausen durch entweichendes Kohlendioxid, die anderen Gesteine reagieren nicht.

Calcit ist, wie erwähnt, Hauptgemengteil; der bei der Sedimentation häufig zunächst gebildete Aragonit ist nicht beständig. Treten andere Bestandteile in merkbarem Umfang hinzu, so gehen diese in den Namen ein: Kalkmergel und Mergel (+ Ton), sandiger Kalk, auch Kalksandstein genannt (+ Quarzsand), Kieselkalk (+ SiO_2 in feinster Verteilung), Hornsteinknollenkalk (+ SiO_2 in Form von Hornsteinknollen), bituminöser Kalk (+ Kohlenwasserstoffe), dolomitischer Kalk (+ Dolomit).

Klastische Kalksteine bestehen überwiegend aus mechanisch abgelagerten Kalk-bruchstücken, die an Ort und Stelle entstanden oder mehr/weniger weit transportiert sein können. Man bezeichnet sie auch als *allochems* (im Sinne von FOLK; ein deutscher Ausdruck existiert nicht).

Zur Korngrößeneinteilung der Karbonate verwendet man eigene Begriffe, die unabhängig von der Genese sind: Calcirudit = Kies, Calcarenit = Sand, Calcilutit = kleiner als Sand. Als Partikel kommen vor allem in Frage: Intraklaste, Fossilreste, Ooide, Onkoide und Pellets (Pillen).

Intraklastische Kalke enthalten Bruchstücke von halbfestem bis schon verfestigtem Sediment, das aufgearbeitet, umgelagert und resedimentiert wurde. Die Komponenten treten in Sand- bis Kiesgröße auf; sie können zwar beliebige Formen

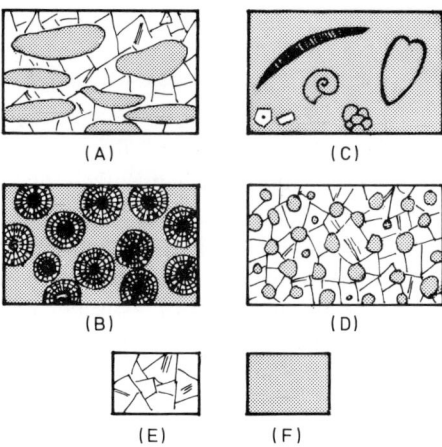

Abb. 5-23 Karbonatgesteine. (A) Intraclasts in spätigem Zement (Sparit). (B) Ooide, ca. 3fach vergrößert in einer Matrix aus feinstkörnigem Calcit (Mikrit). (C) Fossildetritus in Mikrit. (D) Pellets, ca. 3fach vergrößert in Sparit. (E) Sparit, (F) Mikrit.

haben, sind indessen meist plattig-tafelig. Ein Großteil der intraformationellen Breccien gehört hierher.

Fossilführende Kalke sind zu einem beträchtlichen Anteil aus Schalen, Bruchstücken von Schalen und anderen aus $CaCO_3$ gebildeten Gehäusen oder Skelettresten zusammengesetzt. Fossilschutt kommt mechanisch, durch Wellenschlag und Strömungstransport oder durch die Freßtätigkeit größerer Wasserbewohner zustande. Viele marine Kalke sind weitgehend bis ganz aus Foraminiferengehäusen, Muschel- oder Brachiopodenschalen, Bruchstücken von Kalkalgen und dergleichen mehr aufgebaut, doch sind die Fossilreste durch Rekristallisation oftmals stark verwischt.

Oolithe nennt man Gesteine, die überwiegend aus Ooiden bestehen. Ooide sind kugelige Gebilde von 0,2 bis 2 mm Durchmesser mit konzentrisch-schaliger oder radialstrahliger Struktur. Manche Oolithe erinnern an Fischrogen, daher der Name. Sie sind im Flachwasser gebildet, vermutlich nicht ohne Beteiligung von Organismen.

Onkolithe bestehen aus Onkoiden, die ebenfalls konzentrisch-schalig aufgebaut sind, jedoch kugelige bis ganz unregelmäßige Formen zeigen und mit Sicherheit von Organismen wie Cyanobakterien gebildet werden. Sie können bis mehrere cm lang sein und werden auch als Mumien bezeichnet; dementsprechend nennt man die Gesteine dann Mumienkalke.

Pellet- oder Pillenkalke enthalten rundliche Körperchen, die sich von Ooiden durch geringeren Durchmesser und das Fehlen einer Internstruktur unterscheiden. Pellets sieht man z. T. als die Verdauungsprodukte schlammfressender Wirbelloser, z. T. auch als Algensporen an.

Allodapische Kalke. Von den als Intraklasten bezeichneten Partikeln stammen mit Gewißheit nur ganz wenige aus der mechanischen Verwitterung von Kalken auf

242

dem Festland. Erkennt man derartige Komponenten sicher, so bezeichnet man sie als Lithoklasten terrestrischer Herkunft. Lithoklasten und echte Intraklasten sind nicht voneinander zu unterscheiden, wenn nicht der Fossilinhalt oder eine andere charakteristische Eigenheit auf die wahre Herkunft hinweist. Deswegen verwendet man im allgemeinen einfach die Bezeichnung «Kalkklasten».

Sehr wichtig sind hingegen die allodapischen Kalke (allodapos = anderswoher stammend). Man erkennt sie besonders dann recht leicht, wenn klastische Kalke, deren Komponenten durch den Fossilinhalt sich als Flachwasserbildungen einstufen lassen, küstenfernen Tiefwassersedimenten bankweise zwischengeschaltet sind.

Mikrit und Sparit. Sind die Komponenten klastischer Kalksteine in einer sehr feinkörnigen Matrix aus Karbonatschlamm eingebettet, so bezeichnet man diese als Mikrit. Ist das karbonatische Bindemittel hingegen grobspätig und klar ausgebildet, so spricht man von Sparit. Auch Kalke, die vollständig aus mikrokristallinem Karbonat bestehen, werden kurzerhand als Mikrite angesprochen.

Häufig werden die Vorsilben, die auf den allochemischen Charakter eines Gesteins hinweisen (intra-, bio-, oo-, pel- usw.), sodann die erste Silbe der Bezeichnung der Matrix (-mik- oder -spar-) und die Korngröße (-rudit, -arenit, -lutit) zu einem Wort zusammengezogen. Zum Beispiel versteht man unter einem Intramikrudit eine Breccie aus Intraklasten in einer sehr feinkörnigen Matrix, ein Biosparit ist ein fossilschuttführender Kalkstein, dessen Komponenten sparitisch verbunden sind, ein Pelmikrit ist ein pelletführender Kalklutit oder -mikrit usw. Man kann natürlich auch die Korngröße und die Mineralart angeben und durch Beiwörter die Beschaffenheit der Komponenten und die Bindungsart bezeichnen, z. B. oolithischer Calcarenit (oder analog Dolarenit) mit mikritischer Matrix, anstatt Oomikarenit. Dieses Verfahren ist zu bevorzugen. – Ein anderes Klassifikationsschema beruht auf der exakten Auswertung des Bildungsgefüges (meist nur mikroskopisch möglich). Es richtet sich nach dem Verhältnis Komponenten zu Matrix und danach, ob die Komponenten erst nach der Ablagerung zementiert wurden oder ob die Wachstumsgefüge noch erkennbar sind (etwa in Riffkalken).

Fossilschuttkalke bestehen ganz oder überwiegend aus Fossilresten wie Schalen oder Skelett-Teilen. Herrscht eine bestimmte Fossilart vor, so spricht man z. B. von Crinoidenkalk, Korallenkalk oder Hydrobienkalk (Hydrobien gehören zu den Gastropoden). Schalentrümmerkalk, auch Muschelschill oder Lumachelle genannt, besteht aus lose gepackten bis fest zementierten Muschelschalen (Abb. 5-24); Schalen und Matrix zeigen oft unterschiedliche Färbung. – *Kreide* ist ein staubfeiner, z. T. nur schwach verfestigter Kalk, der aus verschiedensten Mikroorganismen besteht. Unter dem Mikroskop beobachtet man Foraminiferen, Skelett-Teile von Algen, zu einem geringen Prozentsatz aber auch Kieselskelette wie Diatomeen, Radiolarien oder Schwammnadeln. Kreide ist meistens weiß, seltener auch grau, gelblich-grau oder fleischfarben, bröckelig und sehr porös. Häufig findet man in solchen Kreideablagerungen Knollen von dunkelgrauem Hornstein (Flint, Feuerstein). Die «Kreide» von Rügen oder in Dänemark besteht großenteils aus Coccolithen.

Lithographischer Kalkstein ist ein sehr dichter, extrem feinkörniger Kalk mit einer charakteristischen, leicht cremefarbenen, weißlichen oder blaugrauen Farbe und auffallend muscheligem Bruch. Nur mit dem Rasterelektronenmikroskop läßt

0   2 cm

Abb. 5-24 Muschelbreccie oder Muschelschill, auch Lumachelle genannt. St. Augustine, Florida. (Foto: Skinner)

sich bestimmen, ob derartige Gesteine aus ausgefälltem Kalkschlamm, sehr kleinen biogenen Bruchstücken oder einer Kombination der beiden bestehen.

Nichtklastische Kalke entstehen durch chemisch-biogene Abscheidung aus wässeriger Lösung, wobei der biogene Anteil an den Vorgängen unterschiedlich groß sein kann. Sie finden sich in marinen wie in terrestrischen Bildungsbereichen.

Die wesentlichen Merkmale sind die unmittelbare Ausfällung aus Lösungen und der Verbleib an Ort und Stelle. (Die unter den klastischen Kalken erwähnten Ooide, Onkoide, Pellets sowie Schalen- und Skelett-Teile entstehen natürlich auf die gleiche Weise, jedoch sind die Partikel *nach* ihrer Bildung mechanisch abgelagert.) Ob und wie weit Umlagerungsvorgänge dabei eine zusätzliche Rolle spielen, läßt sich am Gestein vielfach nicht ablesen. Die Korngrößen-Nomenklatur bleibt übrigens gleich.

Stromatolith- und Riffkalke. Die wichtigsten Bildungen dieser Art sind die Stromatolithen, die in der Regel eine planparallele, etwas runzelige Feinschichtung im Millimeterbereich aufweisen, aber auch die Gestalt von umgedrehten Schüsseln, von Blumenkohl, von stumpfen Säulen und noch andere Formen annehmen können; ein Sonderfall sind die bereits genannten Onkoide. Rezent beobachtet man, daß Stromatolithen durch die Lebenstätigkeit der sogenannten *Cyanobacteria* entstehen; diese entziehen dem Wasser CO_2 und bringen dadurch Calciumkarbonat zur Ausfällung. Sie bilden auf dem Grund stehender und fließender Gewässer «Algenmatten», die auch klastische Bestandteile einfangen können; dadurch kommt die feine Lamellierung noch deutlicher zum Ausdruck. Klares, warmes Flachwasser wird bevorzugt, ist aber nicht unbedingt Voraussetzung. – Stromatolithen kennt man seit dem Präkambrium und führt sie aufgrund rezenter Vergleiche ebenfalls auf *Cyanobacteria* (früher «Cyanophyceae» = Blaugrüne Algen) zurück, doch kommen sicher auch andere, ähnlich nieder organisierte Lebewesen in Frage.

Bei vielen Stromatolithen verstärkt sich die Lamellierung durch wechselnde Grauschattierungen, die auf unterschiedlichen Gehalten an organischer Substanz beruhen.

Viele Stromatolithkalke kann man zu den Riffbildungen im weiteren Sinne rechnen. Riffkalke sind im Grunde genommen Stoffwechselprodukte von Lebensgemeinschaften kalkabscheidender, mariner Organismen, die festsitzen und gerüstartige Strukturen aufbauen. Diese wiederum dienen als Sedimentfänger. Als Riffbildner kommen in Frage vor allem Algen, Korallen, Bryozoen, einige Muscheln, Kalkschwämme und Foraminiferen. Die durch deren Tätigkeit entstehenden Gerüste sind zwar hin und wieder noch erkennbar (Bioherme und Biostrome); man findet dann mehr oder weniger lose verflochtene, ineinander verwachsene Organismenreste, die zum guten Teil in Lebensstellung erhalten sind. Die dazwischen liegenden Hohlräume sind teilweise oder ganz mit Sparit und/oder mit Sediment gefüllt. Auf den ersten Blick wirken manche Riffgesteine wie eine fossilreiche Breccie. Meist sind jedoch die Riffgerüste weitgehend zertrümmert, vor allem durch den Wellenschlag (Riffgesteine bilden sich nur in sehr flachem Wasser), und so bestehen Riffe, rezente wie fossile, in der Regel zu 90% oder mehr aus Riffschutt (vgl. Abb. 5-25) und ließen sich daher auch bei den klastischen Kalken einordnen.

Wegen ihrer großen Bedeutung für die Erdölindustrie wurden derlei Gesteine intensiv untersucht, woraus sich wiederum eine komplizierte Terminologie entwickelte. Da eine entsprechende Klassifizierung ohne Dünnschliffuntersuchung fast immer unmöglich ist, wird auf die Wiedergabe verzichtet (Anmerkung der Übersetzer).

Travertin und Kalktuff

Terrestrische Kalke, die aus warmen oder kalten Quellen abgeschieden werden, nennt man Travertin oder Kalktuff. Als Travertin sollten strenggenommen nur Bildungen aus warmen, mit (ehemaliger) Vulkantätigkeit in Zusammenhang stehenden Quellen bezeichnet werden. Kalktuffe bilden sich aus kalten Wässern; sie sind wesentlich lockerer und zellig-porös. Indessen werden die beiden Begriffe oft nicht auseinandergehalten. Kalktuffe umschließen sehr häufig Blätter, Schilf oder Stengel von Caraceen. Travertin ist fester, meist deutlich gebändert und weiß, gelblich oder cremefarben und läßt sich gut polieren. Für die Kalktuffe im obigen Sinne nimmt man an, daß die Ausfällung durch «Algen» *(Cyanobacteria)* und andere pflanzliche Organismen begünstigt wird, möglicherweise gilt dies auch für die Travertine.

Im englischen Sprachgebrauch versteht man unter «travertine» so gut wie alle auf dem Festland gebildeten Kalkausscheidungen, einschließlich Kalksinter und Tropfsteine (s. S. 239), auch Kalkonyx u. a.

Weitere festländische Kalke sind z. B. Almkalke, die aus Moorwässern abgeschieden werden, die teilweise klastischen Seekreiden und andere Süßwasserkalke, die wiederum meist als Algenkalke anzusehen sind.

Rekristallisierte Kalksteine

Im Verlaufe der Diagenese kann es zu erheblichen Rekristallisationsvorgängen kommen. Unter Diagenese versteht man, wie erwähnt (S. 208), alle Umwandlungsvorgänge in Sedimenten, die zur Verfestigung führen und bei verhältnismäßig niedrigen Temperaturen – unter 200°C und bei höchstens 3–4 kbar – ablaufen (s. S. 271, vgl. das Diagramm Abb. 6-2 A). Genau genommen leiten die diagenetisch bedingten Umwandlungen und die daraus resultierenden Gesteine in den Bereich der Metamorphose über. Im wesentlichen treten bei der Rekristallisation von Kalken Kornwachstum, Vereinheitlichung der Korngröße und Verzahnungserscheinungen an den Korngrenzen ein. Der Übergang zum Marmor im Sinne eines metamorphen Gesteins ist somit eigentlich fließend. Bei sorgfältiger Beachtung der Gesteinsvergesellschaftung ist jedoch eine Verwechslung kaum möglich.

Starke Rekristallisation verwischt die sedimentären Merkmale oftmals sehr weitgehend, so z. B. Schichtgrenzen; Fossilien werden bis zur Unkenntlichkeit verändert oder verschwinden gänzlich.

Vorkommen. Kalksteine jeder Art sind seit dem älteren Präkambrium innerhalb mariner Sedimentserien weltweit verbreitet, terrestrische Karbonate treten hingegen stark zurück.

Fossilschuttkalke sind z. B. im Ordovizium Nordeuropas (Orthocerenkalke) oder in der Trias (Crinoidenkalke) häufig. Ein berühmtes Gestein dieser Art ist der eozäne Kalk, der zum Bau der Cheops-Pyramide bei Gizeh in Ägypten verwendet wurde. Die 2,5 Millionen, je zwei Tonnen schweren Quader bestehen zum überwiegenden Teil aus Nummuliten (Großforaminiferen), die in einer Matrix aus feinkörnigem Fossilschutt eingebettet sind.

Oolithe und Onkolithe sind im Schweizer Jura in Ablagerungen jurassischen Alters häufig; sie erscheinen auch in der Trias der Nördlichen Kalkalpen, die überwiegend aus Kalken und Dolomiten errichtet sind. Riffgesteine spielen hier eine große Rolle (Abb. 5-25); kleine Riffstotzen, die teilweise noch die ursprünglichen Strukturen erkennen lassen, trifft man zumal in der Rhätischen Stufe (Obertrias) an. Ein bekanntes Riff ist das El Capitan Reef in den Guadalupe Mountains (Texas/New Mexico). Im untersten Tertiär von Dänemark ist der Faxekalk, ein Bryozoengestein, seit langem bekannt. – Kalke, die man als Kreide, auch Schreibkreide, bezeichnet, gaben der Kreidezeit den Namen; bekannte Beispiele sind die White Cliffs von Dover, weitere finden sich in Dänemark (Stevns, Møns) oder auf der Insel Rügen (Stubbenkammer).

Ein weltbekanntes Gestein ist der Solnhofener Plattenkalk, oft, aber nicht ganz richtig, Lithographen-Schiefer genannt. Er wurde im oberen Jura abgelagert und

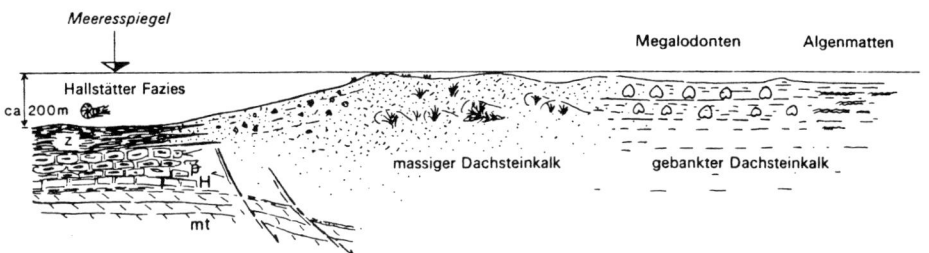

Abb. 5-25   Aufbau eines Riffes, gezeigt an einem Beispiel aus der Trias der Nördlichen Kalkalpen. (Aus Bögel/Schmidt, Kleine Geologie der Ostalpen. – Ott Verlag Thun 1976). z Zlambach-Schichten, P Pötschenkalk, H Hallstätter Kalk, mt Mitteltrias

Riffe und die Sedimente der Riff-Rückseite («Lagune») entwickeln sich in sehr flachem Wasser, bei stetig absinkendem Untergrund. Auf der Rückseite bilden sich gebankte Kalke, z. B. Dachstein-Plattformkalke, mit Rasen von blaugrünen Algen («Stromatolithen»), mit Megalodontenbänken usw. Das Riff selbst wird von ganz verschiedenen Organismen aufgebaut, nicht nur von Korallen, sondern auch von Hydrozoen, Kalkschwämmen, festsitzenden Mikroorganismen usw. Der größte Teil des zentralen Riffbereiches besteht allerdings nicht aus den von den Organismen errichteten Riffbauten, sondern aus den Trümmern dieser Bauten, aus Riffschutt. Im Vorriff-Bereich rollt der Riffschutt abwärts und verzahnt sich schließlich mit den Sedimenten des offenen Meeres, im Fall der Dachstein-Riffe mit Gesteinen in Hallstätter Fazies. – An synsedimentären Störungen sinkt der Riffkörper verhältnismäßig rasch ein; damit erklärt sich die durchwegs viel größere Mächtigkeit der Riffgesteine gegenüber den Ablagerungen des offenen Meeres. Das Bild gilt etwa für die Zeit oberstes Nor – Rät.

kommt in der weiteren Umgebung von Eichstätt (Mittelfranken) vor. Das Sediment setzt sich überwiegend aus feinsten Calcitkriställchen zusammen. Ab und zu beobachtet man Coccolithen, das sind winzige Plättchen, die Teile des Gehäuses einer Gruppe pflanzlicher Flagellaten bilden. Sie werden erst unter dem Elektronenmikroskop sichtbar. Seine Berühmtheit verdankt der Solnhofener Plattenkalk einerseits seiner Eignung für den Steindruck (Lithographie), andererseits der Fülle von Fossilien, die mit mehreren 100 Arten vertreten sind; darunter sind die einzigen Funde des reptilienhaften Urvogels Archaeopteryx (Abb. 5-26). Die Erhaltung ist so ausgezeichnet, daß man nicht nur Federn, Weichteile von Fischen und Tintenfischen sowie Insekten samt Flügeln, sondern sogar Abdrücke von Quallen findet.

Geologisch jung – aus dem jüngeren Tertiär und dem Pleistozän stammend – sind die meisten Travertine, die in der Römischen Vulkanprovinz zwischen den Albaner Bergen und dem Bolsenasee verbreitet vorkommen; bei Viterbo läßt sich an heißen Quellen die Travertin-Abscheidung unmittelbar beobachten. Weitere Fundorte sind z. B. Cannstatt bei Stuttgart oder der seinerzeit für Fossilfunde bekannte obermiozäne Thermalsinterkalk (Böttinger Marmor) im Uracher Vulkangebiet.

Verwendung. Die Nutzung des Kalksteins – der zu den am häufigsten gewonnenen mineralischen Rohstoffen zählt – als Baustein, zu Plattenverkleidungen und zu

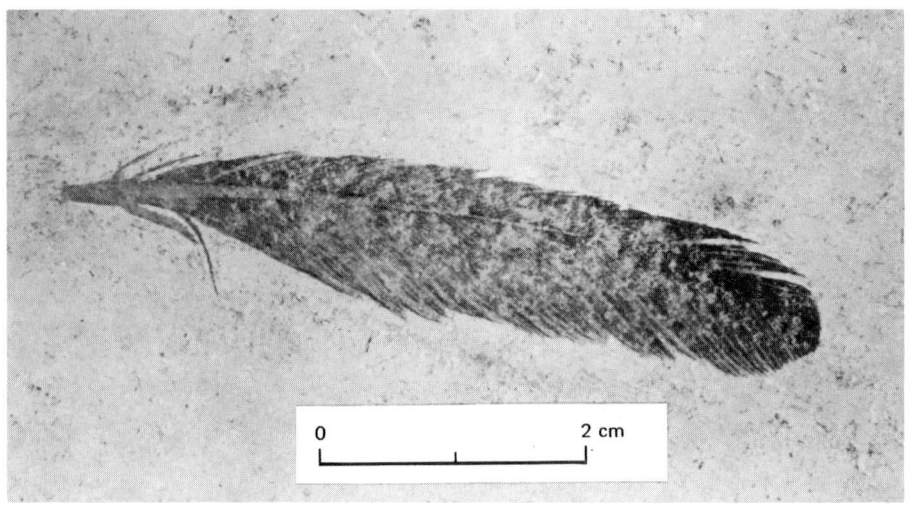

Abb. 5-26 Feder des «Urvogels» Archaeopteryx aus dem Solnhofener Plattenkalk. (Foto: Ostrom)

Straßenschotter ist bekannt. Viele Kalke lassen sich gut polieren und laufen im Handel dann unter «Marmor» (s. S. 295), z.B. der dunkle belgische Crinoidenmarmor (aus dem Karbon), der Treuchtlinger Marmor (Oberjura aus dem Fränkischen Jura) oder der Untersberger Marmor (Oberkreide vom Untersberg in Berchtesgaden).

Der Solnhofener Plattenkalk wird seit römischer Zeit gewonnen und als Fußbodenbelag, für Wandverkleidungen und dergleichen gebraucht. Von besonderem Interesse war jedoch die Verwendung für die Lithographie (Steindruck), nachdem Alois Senefelder im Jahre 1793 dieses Druckverfahren entwickelt hatte.

Travertin wird seit 2500 Jahren im Gebiet zwischen Rom und Tivoli in riesenhaften Steinbrüchen abgebaut, früher zu massiven Bausteinen, heute zu Plattenverkleidungen. Viele Gebäude des alten Rom, auch das Colosseum (Amphiteatrum Flavium), wurden aus diesem Gestein errichtet.

Bei der Eisenverhüttung wird Kalkstein als Flußmittel zugesetzt. Er ist weiter ein wichtiger Rohstoff für die Zementherstellung und wird in der Landwirtschaft zur Verbesserung saurer Böden verwendet. Auch die chemische Industrie hat Bedarf an Kalk.

Dolomit

Reiner Dolomit als Sedimentgestein besteht überwiegend aus dem gleichnamigen Mineral. Treten andere Bestandteile hinzu, so benennt man die Gesteine analog den Kalken (s. S. 241). Namen wie «Dolostein» oder «Dolomitstein» setzten sich nicht durch.

Die Bildung der Dolomite – sie kommen fast ausschließlich in marinen Sedimentabfolgen vor – ist nach wie vor nicht geklärt. Einige Dolomite sind sicherlich durch chemische oder biochemische Ausfällung entstanden. Verschiedene Merkmale deuten jedoch bei der Mehrzahl der Vorkommen auf eine nachträgliche Magnesiumzufuhr hin; das grobkörnige Gefüge vieler Dolomite läßt sich am besten durch Rekristallisation erklären. Wann jedoch Magnesiumzufuhr und, gegebenenfalls, Rekristallisation stattfinden, zu Beginn, während oder nach der Diagenese, ist immer noch unklar.

Dolomite haben die gleichen Farben, Korngrößen und Gefüge wie die Kalksteine; sie können sich z. B. bei Aufarbeitung, Umlagerung und Resedimentation genau wie die entsprechenden klastischen Kalke (S. 241) verhalten.

Dolomite können durch die Reaktion mit verdünnter Salzsäure leicht und sicher von Kalken unterschieden werden; reiner Dolomit reagiert zwar in Pulverform oder an frischen Schlagstellen ebenfalls, jedoch im Gegensatz zu den heftig aufbrausenden Kalksteinen nur schwach. Bei unreinen Kalken und Dolomiten sowie bei Gesteinen, die aus Calcit und Dolomit in Wechsellagerung bestehen, führt der Salzsäuretest allerdings nicht immer zu sicheren Ergebnissen. Man wendet dann die in Kapitel 2 beschriebenen Färbetechniken an. Im Gelände kann man beide Gesteine auch anhand ihres unterschiedlichen Verhaltens gegenüber der Verwitterung unterscheiden. Verwitterte Dolomite zeigen vielerorts eine gelblichbraune, wildlederartig aufgerauhte Oberfläche. Sedimentäre Dolomite und Dolomitmarmore sind im Handstück unter Umständen schwer auseinanderzuhalten; man hat dann die Gesteinsverbände zu beachten.

Vorkommen. In Anbetracht dessen, daß Dolomite offenbar in der Regel durch Magnesiumzufuhr aus kalkigen Sedimenten entstehen, ist zu erwarten, daß beide Gesteine häufig gemeinsam vorkommen. Typlokalität sind die Südtiroler Dolomiten, denn Gesteine aus der Mittel- und Obertrias sind dort häufig als Dolomit entwickelt. In den Nördlichen Kalkalpen ist der obertriadische Hauptdolomit annähernd das meistverbreitete Gestein.

Verwendung. Dolomite werden als Straßenschotter, Werksteine und besonders als roh behauene Bausteine verwendet. Manche im Handel als Marmore bezeichneten Gesteine sind in Wirklichkeit Dolomite. Reiner Dolomit wird in zunehmendem Maße anstelle von Kalk als Flußmittel für die Eisenverhüttung verwendet, da die dabei anfallende Dolomitschlacke nicht gelöscht werden muß und daher für Leichtbaustoffe direkt genutzt werden kann. Dolomit ist ein wichtiger Magnesium-Rohstoff für die chemische Industrie und die Landwirtschaft; ferner wird er zur Bodenverbesserung und als Füllmaterial gebraucht. Gebrannter und gemahlener Dolomit wird auch für Feuerfeststeine genutzt. Calcinierter Dolomit findet als sanft angreifendes Schleifmittel Verwendung.

Mergel

Wie schon erwähnt (S. 241) bezeichnet man Kalk-Tongemische als Mergel: Je nach Tongehalt unterscheidet man Tonmergel, Mergel und Kalkmergel. Während der Kalkgehalt chemisch-biogen entsteht, wird der Ton klastisch zugeführt. Mergel sind häufig reich an Mikrofossilien wie Foraminiferen. Sind noch weitere Gemengteile vorhanden, so spricht man je nach dem von sandigen, kieseligen, glaukonitischen oder bituminösen Mergeln, sind vereinzelte Gerölle eingestreut, von Rosinenmergeln, ferner gibt es Dolomitmergel. – Mergel verwittern leicht, können aber in fri schem Zustand sehr hart sein. Charakteristisches Merkmal ist der erdige Geruch, der sich beim Anhauchen bemerkbar macht. Im täglichen Sprachgebrauch werden auch lehmige Kiese, Almkalke und andere tonige Lockergesteine als «Mergel» bezeichnet.

Vorkommen und Verwendung. Mergel sind in marinen Sedimentserien weltweit verbreitet, meist als Einschaltung zwischen Kalken oder Sandsteinen. Sie sind wichtiger Rohstoff für die Zementindustrie.

Kieselgesteine

Sedimente, die mehr oder weniger Kieselsäure (SiO_2, $SiO_2 \cdot nH_2O$) enthalten, lassen sich unter dem Oberbegriff Kieselgesteine zusammenfassen. Man kann vereinfachend drei Gruppen unterscheiden: Gesteine, die ganz oder nahezu ganz aus Kieselsubstanz bestehen, wie Radiolarite oder Kieselgur, nachträglich verkieselte Sedimentite, z. B. Kieselkalk, und schließlich Kalke, Dolomite, Sandsteine, auch Breccien, die Kieselsäure in Form von Kugeln, Knollen und ganz unregelmäßigen Kör-

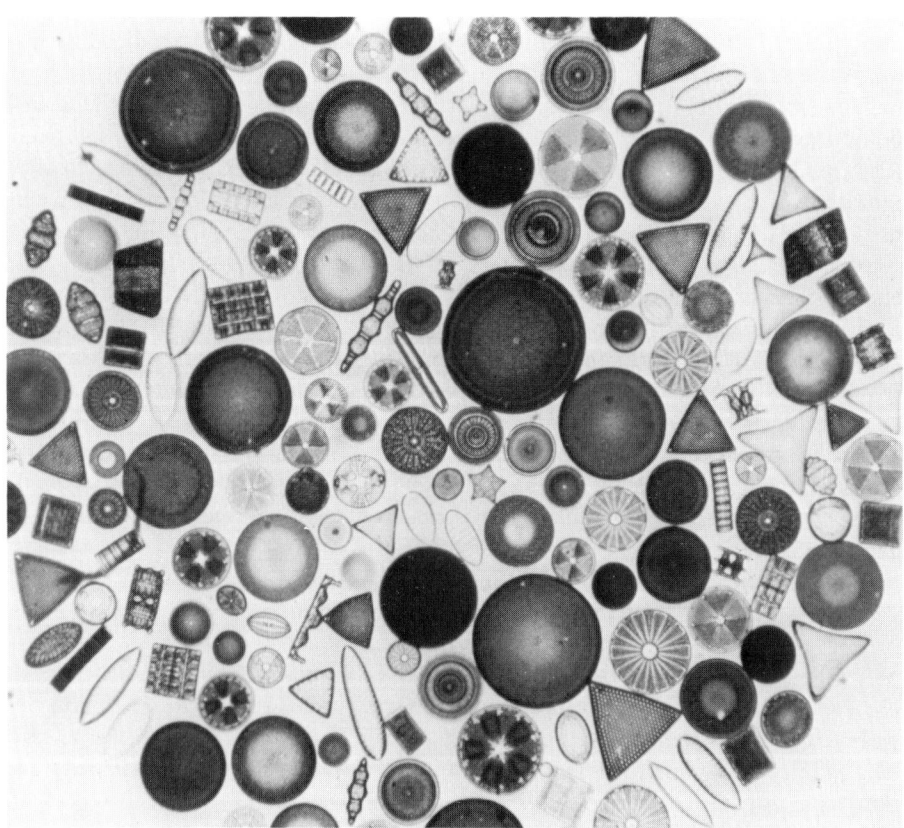

Abb. 5-27 Marine Diatomeen, ca. 400fach vergrößert. (Foto: M. H. Hohn)

pern von z. T. beträchtlicher Größe enthalten. Man nennt sie allgemein Hornsteinknollenkalke, hornsteinführende Sandsteine usw.

Kieselgesteine entstehen entweder primär durch Anhäufung von Organismen, die Hartteile aus Opalsubstanz bilden (Radiolarien, Schwammnadeln), im Sediment oder durch diagenetische Umwandlungen von anderen Gesteinen wie Kalken usw., die nachträglich verkieselt werden (wobei in der Regel unbestimmt bleibt, ob die Verkieselung schon während der Sedimentation, früh-, spät- oder postdiagenetisch erfolgt ist), oder schließlich durch konkretionsartige Ansammlung von Kieselsubstanz in Knollen, z. B. in den auch als Flint oder Feuerstein bezeichneten kugeligen Gebilden. Als Quelle für die Kieselsäure sieht man im allgemeinen Organismen mit Kieselskeletten an.

Bei der Bildung der Kieselgesteine wie der Hornsteine liegt die Kieselsäure wohl zunächst als Opal vor, der jedoch durch Alterung mehr oder weniger rasch in mikrobis kryptokristallinen Quarz übergeht. Kieselgesteine aller Art sind meist weiß, grau oder gelblichbraun. Es treten aber auch rote (viele Radiolarite z. B.), gelbe, rosa, grünliche, bläuliche, braune oder schwarze Farbschattierungen auf. Gelegentlich kann man auch verschiedenfarbig gebänderte Formen beobachten. Der Glanz reicht von beinahe glasig über porzellanartig bis stumpf. Im Handstück erscheinen die meisten Hornsteine mikrokristallin, sie sind daher dicht und haben muscheligen, manchmal auch splittrigen Bruch. Durch die Härte unterscheiden sich Kieselgesteine leicht von ähnlich aussehenden Gesteinen wie Pechstein (s. S. 191). Manchmal beobachtet man Einschlüsse von Calcit und Dolomit; namentlich Dolomit-Rhomboeder sind nicht so selten. An der Oberfläche sind derlei Kristalle allerdings meist weggelöst. Man bezeichnet sie wohl auch als negative «Pseudomorphosen nach Dolomit» (Abb. 5-28).

Wenig Hornstein enthaltende Gesteine bezeichnet man als kieselig, wie z. B. manche Kieselkalke, deren ursprüngliche Sedimentstruktur noch deutlich erkennbar ist.

Radiolarite und Lydite sind Radiolariengesteine, wobei der Begriff Lydit paläozoischen Sedimenten dieser Art vorbehalten bleibt. Radiolarien sind einzellige Tiere, die ein vielstrahliges Kieselskelett ausbilden (eine nur rezent bekannte Gruppe hat ein aus Strontiumsulfat bestehendes Skelett). Der größte Teil derartiger Gesteine scheint in der Tiefsee entstanden zu sein; charakteristisch ist das gemeinsame Vorkommen mit Basalten, Gabbros und Ultramafititen in den sogenannten Ophiolithen (s. S. 168). Es gibt aber auch Radiolariengesteine, die in flachem Wasser abgelagert worden sind.

Kieselgur (Diatomeenerde) ist ein lockeres, kreideartiges Sediment, das vorwiegend aus ganzen und zerbrochenen Diatomeenschalen besteht (Abb. 5-27). Diatomeen sind freischwimmende, einzellige Algen, die in mikroskopisch kleinen Doppelschalen aus Opal leben. Um sich ihre Größe vorzustellen, muß man wissen, daß ein etwa daumengroßes Stück Kieselgur eine viertel Milliarde dieser kleinen Lebewesen enthält. Diatomeenerde ist meist weiß, aber auch blaßgelb, grau oder bräunlich und im allgemeinen so leicht, daß sie auf dem Wasser schwimmt. Da Kieselgur nicht mit Säure aufbraust, ist sie nicht mit Kreide zu verwechseln. Von Tonen unterscheidet sie das Fehlen des tonigen Geruchs, der sich sonst beim Anhauchen bemerkbar macht.

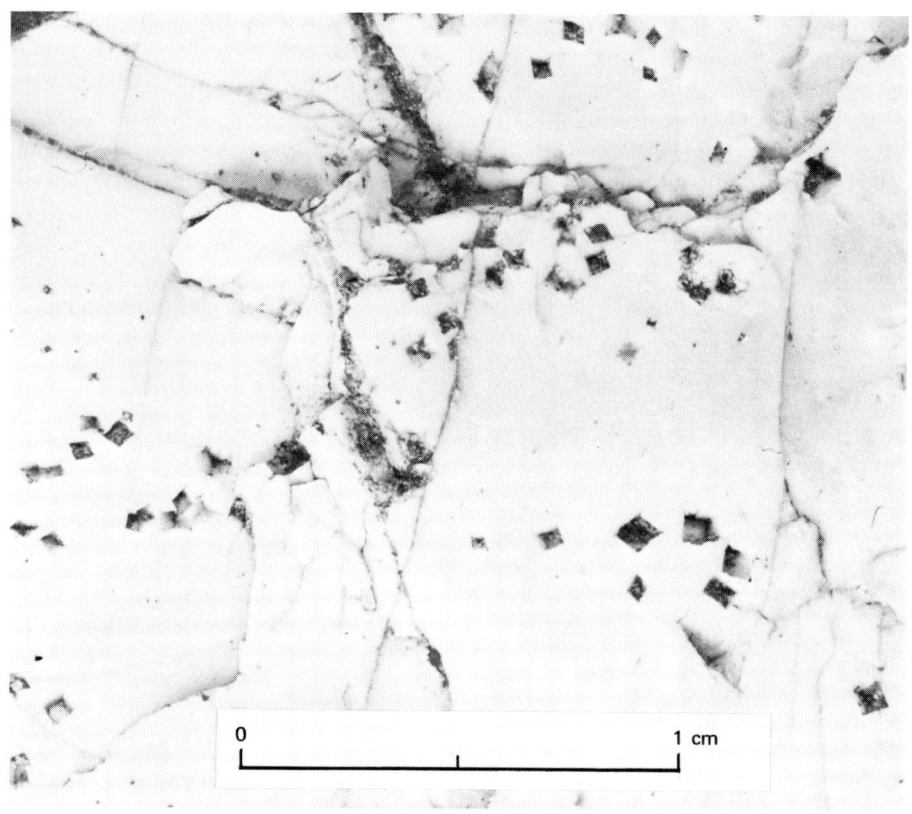

Abb. 5-28 Negativkristalle von Dolomit im weißen Hornstein. Copper Ridge Formation (Kambrium-Ordovizium). Giles Co., Virginia. (Foto: Dietrich)

Diatomit. Diatomeenschlämme sind auch auf den Ozeanböden weit verbreitet. Daraus entstehende Festgesteine werden als Diatomite bezeichnet.

Tripel ist ein poröses, auch Klebschiefer genanntes Kieselgestein, das an der Zunge klebt (Name!). Teilweise handelt es sich um verfestigte Kieselgur, z. T. werden auch andere, nicht biogen entstandene Gesteine so genannt.

Schwammnadelgesteine enthalten aus Opalsubstanz bestehende Skelett-Teile von Kieselschwämmen; solche, die über 50% Schwammnadeln (Spiculae) enthalten, nennt man auch Spiculite oder Spongiolithe. Schwammnadelgesteine sind also zumeist keine reinen Kieselsedimente, sondern Kalke oder Mergel (Kieselmergel), die Kieselschwammnadeln enthalten.

Kieseloolithe bestehen aus kieseligen Ooiden in einer ebensolchen Matrix. Manchmal enthalten die Ooide Quarzkörnchen als Kern, sind also möglicherweise bereits als Kieselgesteine entstanden. In den meisten Fällen dürfte es sich jedoch um nachträglich verkieselte Kalkoolithe handeln.

Hornsteinknollen und Feuersteine sind unregelmäßige bis kugelige Gebilde von wenigen mm bis 1 m Durchmesser bzw. Länge. Feuersteine, auch Flint genannt, fin-

252

den sich oft lagenweise in Kalken, zumal in der Schreibkreide. Er ist dunkelgrau bis schwarz (manchmal entpuppt sich eine derartige Knolle als verkieselter Seeigel) und häufig mit einer hellen Rinde umgeben. Feuerstein ist sehr dicht mit typisch muscheligem Bruch. Die gewöhnlichen, unregelmäßig geformten Hornsteine brechen meist nicht so glatt, ja oft sogar splittrig (nur einige wenige haben jaspisähnliches Aussehen) und sind grau, beige oder braun, auch rot oder gelb. Gelegentlich finden sich Breccien mit hornsteinartigem Bindemittel. – Dieserart Hornsteine sind nicht als selbständige Gesteine zu betrachten, sondern stets Bestandteil anderer Sedimentite.

Die Genese der Hornsteinknollen ist schwer verständlich, und es gibt verschiedene Theorien. Vor allem die Art und Weise, wie (und warum) die Kieselsäure in Lösung geht und an anderer Stelle wieder ausgeschieden wird, ist unklar. Zu Beginn der Diagenese sind wandernde Porenlösungen jedenfalls beteiligt.

Jaspis zählt eher zu den Mineralien (Chalcedon), doch wird auch eine rote, glattbrechende Hornsteinvarietät gelegentlich so bezeichnet. Jaspilite sind kieselreiche Hämatiterze. Sie sind ebenso wie die Itabirite präkambrischen Alters und stets wenigstens schwach metamorph. Vgl. S. 256.

Wetzsteinschiefer sind verkieselte Kalke, die aufgrund ihrer Kornbeschaffenheit früher zu Wetzsteinen verarbeitet wurden. Bankige Kieselgesteine aus dem Paläozoikum von Arkansas und Oklahoma, die in gleicher Weise genutzt wurden, nennt man dort Novaculite, jedoch sind diese zumindest teilweise durch Metamorphose aus Radiolarit entstanden.

Porzellanit ist unreiner Hornstein, der auf den Bruchflächen unglasiertem Porzellan ähnlich sieht. Häufige Verunreinigungen sind Calcit, Ton, Silt und Tuffe; aller Wahrscheinlichkeit nach sind die Porzellanite z. T. verkieselte vulkanische Tuffe.

Verkieselte Fossilien. Neben den Organismen, deren Skelette oder Gehäuse primär aus Kieselsäure bestehen, finden sich gelegentlich sekundär (und selektiv) verkieselte Muschelschalen und andere Fossilreste in Kalken. Man kann sie mit Säuren herausätzen.

Vorkommen. Kieselgesteine und hornsteinführende Sedimente sind allenthalben verbreitet. Auch in den heutigen Ozeanen bilden sich Radiolarienschlämme in Äquatornähe, in höheren Breiten dagegen Diatomeenschlämme. Radiolarite sind in Oberjuraschichtfolgen der Nördlichen Kalkalpen und der Südalpen verbreitet, altpaläozoische Gesteine gleicher Art werden als Lydite bezeichnet. Radiolarite finden sich ferner in den Ophiolithserien der sogenannten Steinmann-Trinität (S. 169) örtlich in den Hohen Tauern, auf Korsika, in größerem Umfang z.B. im Franciscan Chert (Jura) in Kalifornien.

Schwammnadelgesteine (Kieselmergel, Spiculite) finden sich vor allem im alpinen Jura. Kieselgur oder Diatomeenerde bildet sich in Süßwassersedimenten, also in Seeablagerungen, z.B. in den mittelitalienischen Vulkangebieten. Ein mariner Diatomit miozänen Alters tritt in einer fast 1600 m mächtigen Schichtfolge im südlichen Kalifornien auf.

Hornstein- und Feuersteinknollen-führende Kalke sind weit verbreitet in der alpinen Trias, im alpinen wie außeralpinen Jura und, oft bankweise angereichert, in der Schreibkreide auf Rügen und in Dänemark. Von dort stammen die zahlreichen Feu-

Abb. 5-29 Hornsteinknollen in Dolomit. Fundort wie Abb. 5-28. (Foto: Dietrich)

ersteingeschiebe in den glazialen Ablagerungen Norddeutschlands. Altpaläozoische Hornsteinkalke und -dolomite sind aus Nordamerika bekannt (Abb. 5-29).

Verwendung. Feuerstein war der wichtigste Werkstoff der Steinzeit. An zahlreichen Stellen in England, Belgien, in der Nähe von Wien und anderenorts ist sogar jungsteinzeitlicher Bergbau auf dieses Material nachgewiesen. Ansonsten fand Feuerstein außer zum Feuerschlagen und für die Steinschloßflinten – daher der Name Flint – nur wenig praktische Verwendung. Gelegentlich wurde er anstelle von Sand oder Sandstein als SiO_2-Quelle benutzt, zur Zeit untersucht man seine Brauchbarkeit als Rohstoff für die keramische Industrie. Jaspisartige Hornsteine werden ab und zu auch verschliffen.

Kieselgesteine wurden früher vielfach zur Herstellung von Wetzsteinen abgebaut, so z.B. in den Ammergauer Alpen. Hierfür fand auch der Novaculit der Ouachita River Region (Arkansas – Oklahoma – Texas) in großem Umfang Verwendung.

Kieselgur wird allenthalben gewonnen für Isoliermaterial, Filter und Füllstoff, Tripel («Polierschiefer») als Poliermittel und ebenfalls als Füllstoff.

Phosphorit

Sedimentgesteine, die größtenteils aus Apatit und ähnlichen Phosphatmineralien bestehen, bezeichnet man als Phosphorite. Solche im weiteren Sinne sedimentäre

254

Phosphatgesteine sind unterschiedlicher Entstehung: Ihre Bildung erfolgt entweder primär-sedimentär aufgrund biogen-chemischer Anreicherungen oder durch sekundäre Umlagerungsvorgänge, bei denen Kalke durch Phosphatmineralien verdrängt werden. Phosphorit ist schwarz, bräunlich bis grauweiß und besitzt einen stumpfen Glanz. Man unterscheidet dichte und körnige, z. B. aus Ooiden bestehende Varietäten. Manche enthalten Muschelbruchstücke, Bitumina, Calcit, Dolomit, Schwefelkies, Markasit, Ton und Hornstein. Da Phosphorit nicht mit kalter, verdünnter Salzsäure braust, kann er leicht von ähnlich aussehenden Kalken unterschieden werden. Mit etwas Übung kann man Phosphorite auch an der etwas höheren Dichte erkennen (3,1 gegenüber 2,7 für Kalkstein und 2,85 für Dolomit). Außerdem kann man auf verwitterten Oberflächen häufig einen bläulich-weißen Überzug beobachten.

Der Phosphor der Phosphorite ist weitgehend direkt biogener Herkunft (Knochen, Zähne, Guano). Teilweise kann jedoch eine Entstehung durch biochemische Ausfällung angenommen werden. Eine Verdrängung von Kalken durch Phosphatsubstanz kann synsedimentär und/oder während der Diagenese stattfinden oder auch postdiagenetisch, z. B. durch Verwitterungslösungen.

Nicht selten enthalten Sedimentgesteine (Kalke, Sandsteine) Phosphoritknollen, die sich auch rezent am Meeresboden finden können. Sie treten bei sogenannter Mangelsedimentation auf. Dazu kommt es, wenn über längere Zeiträume relativ wenig sedimentiert wird, trotzdem aber relativ reiches Leben herrscht. Phosphorit wird dann angereichert, ebenso Fossilreste, Eisen- und Manganmineralien. Wenige Dezimeter Sedimentgestein können dann einen Zeitraum repräsentieren, in dem unter Normalbedingungen einige 10–100 m Sediment abgelagert werden.

Guano. Durch die Auslaugung von angehäuftem Vogelmist können in ariden Gebieten phosphatreiche Ablagerungen entstehen. Da die meisten dieser Ablagerungen nur sehr wenig verfestigt sind, wird man sie allenfalls als Lockersedimente ansprechen. Häufig enthalten sie Reste von Knochen und Federn. Man findet Guano vor allem auf den Inseln vor der Küste Perus, vor der Küste Westafrikas und in der Karibischen See. Einige wenige Vorkommen werden zur Herstellung von Phosphatdünger genutzt.

Vorkommen und Verwendung. Phosphorit ist für die Herstellung von Dünger und für die chemische Industrie von grundlegender Bedeutung. Bis zu zwei Meter mächtige Phosphoritlager kommen in der permischen Phosphoria Formation von Idaho, Montana, Utah, Wyoming und im südlichen Alberta vor. Weitere Lagerstätten sind in Florida und in Kalifornien bekannt. Die weltweit größten Lieferanten sind Algerien, Tunesien und Marokko. Die Phosphorite der Phosphoria Formation stellen, für die Zukunft, ein riesiges Rohstoffpotential für Uran dar, trotz niedrigem Gehalt schätzt man die Reserven auf über 500 Millionen Tonnen Uran.

Mitteleuropa ist arm an Phosphaten. Sandsteine, auch glaukonitische, die Phosphoritknollen enthalten, finden sich in manchen helvetischen Gesteinen am Nordrand der Kalkalpen.

Sedimentäre Erze

Bestimmte Sedimentgesteine sind durch relativ hohe Gehalte an Elementen wie Eisen, Mangan, Blei, Zink und Kupfer ausgezeichnet. Da diese Bildungen an sich Gegenstände der Lagerstättenkunde sind, seien sie hier nur am Rande mitgenannt.

Eisenreiche Sedimentite. Gesteine mit verschiedener Genese mit einem Eisengehalt von mehr als 15% bezeichnet man wohl auch als «Eisenformationen». Meist handelt es sich um chemische Sedimente, die als Eisenmineralien Limonit, Hämatit, Magnetit, Siderit, Chamosit oder Greenalith enthalten (Greenalith ist ein Mineral aus der Serpentingruppe, bei dem Fe an die Stelle von Mg tritt) sowie Pyrit oder auch Markasit und – selten – Magnetkies. Die wichtigsten Fe-Sedimente sind die sogenannten Bändererze (Abb. 5-30), die aus einem Wechsel von SiO_2-reichen und eisenreichen Lagen (Hämatit, Hämatit + Magnetit, Magnetit, auch andere Fe-Mineralien wie Siderit oder Greenalith) bestehen. Diese als Jaspilite, Taconite oder Itabirite bezeichneten Sedimentgesteine treten nur im Präkambrium auf, hier jedoch in oft riesigen Lagern. Über ihre Entstehung besteht keine Klarheit, zumal sie meist metamorph verändert sind (s. S. 312). Zu den Bildungsprozessen gehören jedenfalls chemische, wahrscheinlich überwiegend biochemische Ausfällungen unter Bedingungen, wie sie späterhin in der Erdgeschichte nicht mehr gegeben waren. Nachträgliche, diagenetische und/oder metamorphe Umwandlungsvorgänge spielen stets eine wesentliche Rolle. Präkambrisch sind auch die Greenalith-Gesteine.

Ein Beispiel für jüngere Eisensedimente sind die teilweise oolithischen Trümmererze von Salzgitter (Unterkreide) mit Limonit, Chamosit und Siderit. Brauneisenoolithe finden sich im Lias (Minette in Lothringen) und im Dogger im Schwäbisch-Fränkischen Jura. Eisenreiche Tonsteine werden als Toneisenstein bezeichnet. Von komplizierter Entstehung sind die Limonit-Siderit-Sedimente von Amberg in der Oberpfalz (Kreide).

Manganführende Sedimentite. Mangananreicherungen sind in Sedimenten häufig; vor allem treten Rhodochrosit (Mangankarbonat) und MnO_2-Mineralien (Pyrolusit-Psilomelan-Kryptomelan usw.) in Erscheinung. Die rezenten Ozeanböden sind an vielen Stellen – oft sehr dicht – mit MnO_2-Knollen bedeckt (Abb. 5-31); gelegentlich kommen solche Knollen auch in Seen vor. Sie sind onkoidartig im Aufbau und möglicherweise biogener Entstehung. Mangankarbonate treten primär sedimentär in bituminösen oder vulkanosedimentären Ablagerungen auf oder in Gemeinschaft mit Manganoxiden in Form von Oolithen (eine riesige Lagerstätte findet sich bei Nikopol/UdSSR). Mangan in Form von Krusten und Knollen ist häufig an Sedimente wie Radiolarite oder in tieferem Wasser entstandene, auf Mangelsedimentation hinweisende Rotkalke gebunden (alpiner Jura).

Sulfidische Erze in Sedimentiten. Eisen-, Kupfer-, Blei- und Zinksulfide werden nicht selten in bestimmten Sedimentgesteinen angetroffen. Ob die Ausscheidung synsedimentär erfolgte oder ob sich die Erzmineralien während der Diagenese anreicherten, ist nicht immer zu entscheiden. Die in Frage kommenden Mineralien sind vor allem Schwefelkies, Kupferglanz, Bornit, Bleiglanz und Zinkblende; die betreffenden Sedimente sind meist feinklastisch und bituminös. Die Sulfidmineralien können bis zu 20% an den Sedimenten Anteil haben; der Mansfelder Kupferschiefer

0 |_____._____| 20 mm

Abb. 5-30 Bändereisenerz, Präkambrium. Südafrika. Heller Hornstein wechselt mit dunklen Hämatitlagen = Beispiel für feingeschichtetes Sedimentgestein. (Foto: Skinner)

enthält maximal 3% Kupfer und 2% Zink. Bei derartigen bitumenreichen Sedimenten ist eine direkte Ausfällung der Metalle durch Schwefelwasserstoff – dessen Gehalt in schlecht durchbewegtem Meerwasser stark ansteigen kann – als gegeben anzunehmen.

Vorkommen. Die präkambrischen Bändererze sind weltweit verbreitet (Minas Gerais/Brasilien, Lake Superior/USA, Labrador/Kanada, Krivoirog/Ukraine, Simbabwe, Südafrika und stellen mit die wichtigsten Eisenvorräte der Welt dar. Die Chamositerze von Wabana in Neufundland sind ordovizisch, die Hämatiterze der Chuton Formation silurisch. Die vulkanosedimentären Roteisenerzlager im Lahn-Dill-Gebiet sind im Devon entstanden, ähnlich entstanden sind die Siderit-Hämatit-Erze von Vareš in Jugoslawien. Die kreidezeitlichen Trümmererze von Salzgitter und die aus Verwitterungslösungen abgeschiedenen Amberger Brauneisen-Vorkommen wurden schon erwähnt. Die größten Manganlagerstätten der Welt sind Ciaturi (Georgien) und Nikopol (Ukraine). Mangankarbonate und Manganoxide finden sich verbreitet, wenn auch in geringen Mengen, im alpinen Jura (Nördliche Kalkalpen). Sedimentäre Bleiglanz-Zinkblende-Vererzungen sind in der alpinen Mitteltrias (Nördliche Kalkalpen, Drauzug) häufig.

Die bekanntesten Vorkommen sedimentär entstandener Kupfersulfiderze sind die bituminösen Kupferschiefer und Kupfermergel aus dem Zechstein (Perm), die

257

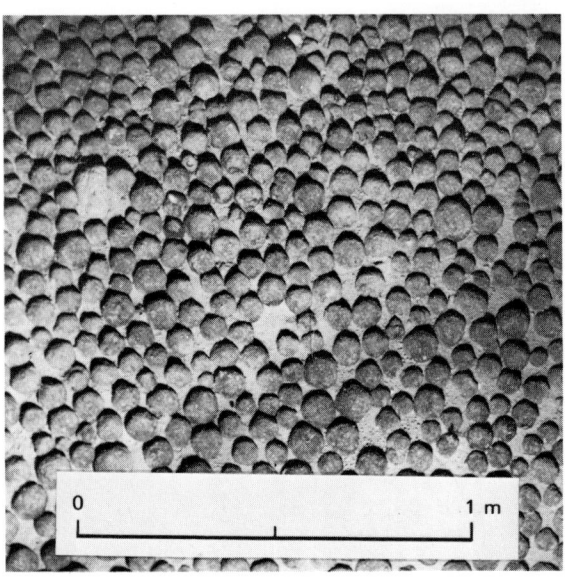

Abb. 5-31 Ozeanboden, mit Eisen-Manganknollen bedeckt. Pazifik, 5320 m Tiefe. (Foto: Lamont-Doherty Observatory of Columbia University).

von der Rheinischen Masse bis an die Oder verbreitet, aber nur selten abbauwürdig sind (Mansfeld, Sudetenvorland/Polen). Sedimentär sind auch die sehr großen präkambrischen Kupfervorkommen in Zaire und Zambia. – Auf dem Boden des Roten Meeres entstehen rezent Erzschlämme mit Blei, Zink und Kupfer im Bereich heißer «Quellen».

KAUSTOBIOLITHE

Als Kaustobiolithe bezeichnet man Anreicherungen von organischen Kohlenstoffverbindungen oder von Kohlenstoff, also von nicht vollständig verwesten Überresten von Pflanzen und Tieren, die brennbar sind. Sie können gesteinsartig fest, zähflüssig bis leichtflüssig oder gasförmig sein – die beiden letztgenannten (Erdöl und Erdgas) benötigen ein Trägergestein.

Ob man die Kaustobiolithe zu den chemisch-biogenen Sedimentiten im weiteren Sinne rechnet oder als eigenständige Gruppe innerhalb der Sedimentgesteine einordnet, ist Ansichtssache.

Alle Kaustobiolithe basieren naturgemäß auf dem Element Kohlenstoff. Man unterscheidet zwei Gruppen:

1. Kaustobiolithe, in denen der Kohlenstoff überwiegend in Form von Verbindungen wie Lignin, Huminsäuren oder als reiner Kohlenstoff vorliegt; das sind Torf, Braun- und Steinkohle sowie Anthrazit.

2. Kaustobiolithe, in denen der Kohlenstoff weit überwiegend in Form von Kohlenwasserstoffen enthalten ist; das sind bituminöse Gesteine, Asphalt, Erdöl und Erdgas.

Mit wenigen Ausnahmen haben die Kaustobiolithe mehr oder weniger starke diagenetische Veränderungen erfahren.

Torf, Braunkohle, Steinkohle, Anthrazit

Das Ausgangsmaterial für Torf und die meisten Kohlen sind höhere Pflanzen, die in Sümpfen und Seen, also im limnischen Milieu, oder in zeitweilig von Meeresvorstößen erfaßten Gebieten, im paralischen Milieu, heranwachsen. Beteiligt sind vor allem Schachtelhalm, Binsen, Riedgras, baumartige Gewächse und Torfmoose; zur Zeit sind mehrere 1000 Arten in Kohlen nachgewiesen. Demzufolge ist die wichtigste Substanz Zellulose, dazu kommen Schwefelverbindungen und mineralische Bestandteile verschiedenster Art. Nach ihrem Absterben wird durch Bedeckung mit Wasser oder Sediment eine völlige Zersetzung verhindert. Dabei entstehen Kohlendioxid, Methan und aus dem verbleibenden Material Torf.

Bei zunehmender Überdeckung durch Sediment und damit ansteigendem Druck und zunehmender Temperatur kommt im Verlauf der Diagenese der sogenannte Inkohlungsprozeß in Gang. Wasser und gasförmige Anteile (N_2, O_2) werden ausgetrieben, Kohlenstoff relativ angereichert: Aus dem Torf wird zunächst Braun- und Glanzkohle, dann Steinkohle und unter extremen Bedingungen Anthrazit (Abb. 5-32). Das Endglied der Reihe – allerdings ist dann nicht mehr von Diagenese, sondern von Metamorphose zu sprechen – ist Graphit. Naturgemäß besteht ein Zusammenhang zwischen dem geologischen Alter und dem Grad der Inkohlung, doch gibt es beträchtliche Ausnahmen. So gibt es Glanzkohlen in der tertiären Molasse Südbayerns (hier Pechkohle genannt) und Steinkohlen tertiären Alters in Alaska oder in der Antarktis.

Die Kohlen bestehen aus folgenden, *Lithotypen* genannten Kohlearten:
Glanzkohle (Vitrit): stark glänzende, nicht abfärbende Kohlelagen, bis 5 mm dick, mit muscheligem Bruch;
Halbglanzkohle (Clarit): seidige, glänzende Kohlen, denen feine, matte Streifen eingelagert sind, nicht abfärbend;
Mattkohle (Durit): matte bis fettglänzende Kohlen mit rauher Oberfläche, grau bis schwarz;
Faserkohle (Fusit): schwarze, holzkohlenähnliche Bildungen, porös, zerreiblich, mit seidigem Glanz, stark abfärbend.

Viele Kohlen enthalten in geringem Umfang Tonmineralien, Siderit, Schwefelkies und andere Verunreinigungen, die beim Verbrennen einen Teil der Asche ausmachen. Vor allem die Poren in der Faserkohle sind oft mit Pyrit oder Calcit ausgefüllt. Eisenmineralien treten häufig in Form von Toneisenstein-Konkretionen auf.

Obwohl die Inkohlungsgrade kontinuierlich ineinander übergehen, kann man die einzelnen Kohlearten makroskopisch einigermaßen unterscheiden, insbesondere dann, wenn die geologischen Verhältnisse bekannt sind (Abb. 5-32).

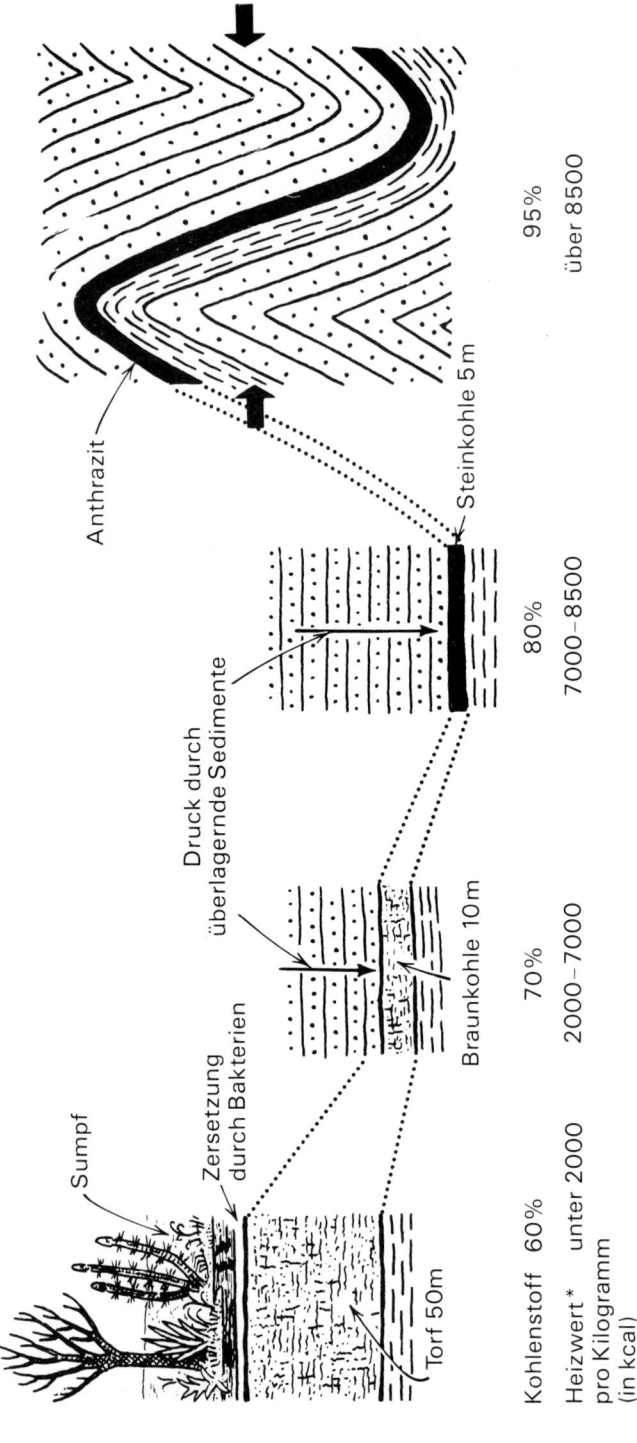

Abb. 5-32 Die Umwandlung von pflanzlichem Material in Kohlen (Inkohlungsreihe). (Aus Flint & Skinner, Physical Geology, 2nd. ed. John Wiley 1977)

* Anmerkung: Die Angaben für die Heizwerte sind verschiedenen Lehrbüchern entnommen.

Torf. Unter Torf versteht man hellgelblich bis braune, auch fast schwarze Massen aus teilweise zersetzten Pflanzenresten, die in frischem Zustand schwammartig mit Wasser getränkt sind. Durch Trocknen wird Torf krümelig und leicht entzündlich. Nach der Entstehung unterscheidet man Niedermoortorf (Binsen und Riedgras, sonstige Pflanzen aller Art) von Hochmoortorf (überwiegend Moos der Gattung *Sphagnum*).

Braun- und Glanzkohle. Durch Kompaktion entsteht aus Torf Braunkohle, die mittelbraun bis fast schwarz erscheint und einen braunen Strich hat. Der Glanz ist stumpf bis pechartig (Glanz- oder «Pech»kohle). Zersetzte Holzfasern sind häufig erkennbar. Beim Trocknen zerfällt Braunkohle gerne in kleine Stücke (Glanzkohle nicht); sie brennt mit rauchiger, gelber Flamme und starkem Geruch. Bei zunehmender Inkohlung, z.B. durch tektonische Beanspruchung, entsteht Glanzkohle, die im Gegensatz zur Braunkohle verkokbar ist.

Steinkohle. Die Steinkohlen sind dunkelgrau bis samtschwarz, matt oder glänzend und haben einen schwarzen Strich. Sie zerfallen an der Luft nicht. Pflanzenreste sind makroskopisch in der Kohle selbst nicht erkennbar (wenngleich sehr oft in Begleitgesteinen). Häufig ist die Steinkohle gebändert, wobei die einzelnen Lagen verschiedenartig aufgebaut sind (siehe oben und Abb. 5-33). Sie ist spröd und bricht vorwiegend senkrecht zur Bänderung. Die handelsübliche (verkokbare) Fettkohle brennt mit gelber Flamme und öligem Geruch.

Magerkohle (Semianthrazit) ist von «gewöhnlicher» Steinkohle nicht zu unterscheiden, sie ist jedoch nicht verkokbar.

0   2 cm

Abb. 5-33 Steinkohle von Pocahontas, West Virginia. (Foto: G. K. McCauley)

Anthrazit. Den höchsten Inkohlungsgrad weist der Anthrazit auf. Er ist glänzend schwarz und bricht muschelig, zeigt manchmal irisierende Farben, ist schwer entzündbar und brennt mit bläulicher, rauch- und geruchloser Flamme. – Anthrazit entsteht aus Steinkohle vor allem dann, wenn die kohlehaltigen Schichtfolgen stärkere tektonische Deformationen erfahren haben. Metamorph umgewandelter Anthrazit wird zunächst als Metaanthrazit bezeichnet, die Endstufe ist der Graphit.

Boghead- und Kännelkohle. Kohlen, die beträchtliche Bitumengehalte aufweisen und aus Faulschlamm (Sapropel) hervorgegangen sind, nennt man Sapropelkohle. Beispiele sind die Bogheadkohle, die zum guten Teil aus Algen gebildet ist, während die Kännelkohle vorwiegend auf Sporen und Pollen zurückzuführen ist. Beide makroskopisch kaum identifizierbare Arten sind für gewöhnlich anderen Kohlen zwischengeschaltet, treten also nicht selbständig auf.

Gagat (Jet) ist eine sehr dichte, homogene, bituminöse Kohleart, die aus in Faulschlamm eingebettetem Holz entsteht. Die besten Varietäten sind tiefschwarz, samtig glänzend und gut polierbar. Man findet Gagat in Form isolierter Massen in bituminösen Schiefern. Ein Hauptvorkommen war Yorkshire in England. Gagat wurde und wird zu Schmuck und kunstgewerblichen Arbeiten verwendet.

Vorkommen. Kohlen sind zwar weltweit verbreitet, in allen geologischen Perioden seit dem Devon, im Verhältnis zu den übrigen Sedimentgesteinen jedoch eher selten. Auch vor dem Devon, sogar im Präkambrium, treten anthrazitartige Gesteine auf, z. B. der Schungit im jüngeren Präkambrium des Baltischen Schildes. Da zu dieser Zeit noch keine höheren Pflanzen existieren – deren allgemeine Verbreitung erst im Devon einsetzt – sind diese Bildungen auf Algen zurückzuführen. Besonders häufig treten Steinkohlen im Karbon (Steinkohlenzeit) auf, weniger dann im Perm und im Mesozoikum. Das Tertiär ist gewissermaßen die Zeit der Braunkohlen (Ausnahmen siehe oben).

Die Mächtigkeit der Steinkohleflöze schwankt zwischen wenigen mm und 10 m, der Durchschnitt bewegt sich bei 50 cm. Ausnahmen sind das 24 m dicke Flöz von Adaville in Wyoming und ein 50-m-Flöz im französischen Zentralmassiv.

Braunkohlen sind ebenso verbreitet. Die mitteleuropäischen Flöze erreichen 100 m, das Flöz von Morwell in Australien 170 m Mächtigkeit. Torf ist kaum älter als pleistozän. Die meist nicht großen Vorkommen sind überwiegend in den ehemals vergletscherten Gebieten Nordamerikas und Nordeuropas sowie im Alpenraum zu suchen. Ein ausgedehntes Torflager von 2 m Dicke findet sich in der Atlantikküstenebene (Virginia und North Carolina) im Gebiet der Dismal Sümpfe.

Die europäischen Steinkohlenvorkommen erstrecken sich über weite Bereiche im Saar- und im Ruhrgebiet, in Belgien und im Zentralmassiv, in Oberschlesien und in Großbritannien. Braunkohlenlager sind vor allem im Rheinland, in der Oberpfalz und in dem berühmten Geiseltal in Mitteldeutschland zu erwähnen.

Verwendung. Kohle ist einer der Hauptenergielieferanten. Steinkohle wird darüber hinaus in großem Umfang auf Koks, Gas, Leichtöl, Teer sowie verschiedene chemische Rohstoffe verarbeitet, neuerdings in zunehmendem Maße auch Braunkohle. Torf ist ein billiges Brennmaterial und wird ferner für Torfmull abgebaut. In der Zukunft werden die Kohleverflüssigung – als Ersatz für Erdöl – sowie die direkte Umwandlung in Gas an Ort und Stelle, also in der Tiefe, eine wichtige Rolle spielen.

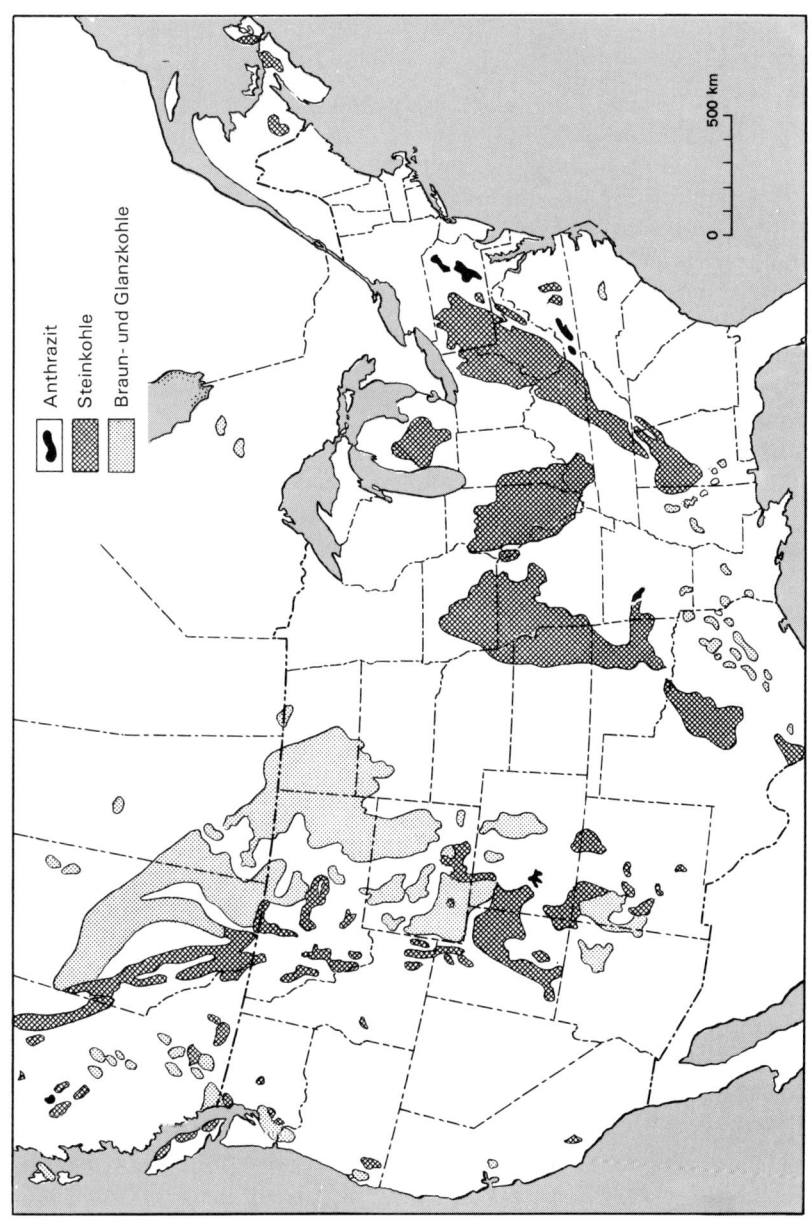

Abb. 5-34 Kohlefelder in Nordamerika. (Aus Flint & Skinner, Physical Geology, 2nd. ed.
John Wiley 1977)

Kohlenwasserstoffe

Kohlenwasserstoffe oder Bitumina treten in folgenden Formen auf: in bituminösen Gesteinen (s. S. 229, 234), als Asphalt, als Erdöl und Erdgas. Lediglich die bitumenführenden Gesteine («Erdöl-Muttergesteine») sind als echte Sedimente anzusehen. Asphalt bildet sich im Bereich natürlicher Austritte von Erdöl in Kontakt mit dem Sauerstoff der Luft. Zur Bildung von Erdöl- und Erdgas-Anreicherungen sind folgende Bedingungen unerläßlich: Druck- und Temperaturerhöhung, um flüchtige Kohlenwasserstoffe aus den Muttergesteinen auszutreiben, poröse oder klüftige Gesteine (Träger) zur Aufnahme und geeignete Sedimente, die die Trägergesteine nach oben abdichten und das Entweichen verhindern.

Bitumina entstehen nach heute allgemeiner Ansicht aus unvollständig zersetzten tierischen Überresten in schlecht durchlüfteten, durch Schwefelwasserstoff «vergifteten» marinen Ablagerungsbereichen.

Vorkommen und Verwendung. Vorkommen sind weltweit überall zu erwarten. Die Verwertung der Muttergesteine ist vorerst noch nicht allgemein wirtschaftlich möglich (s. S. 229). Die Verwendung zur Gewinnung von Primärenergie sowie als Rohstoff für die Petrochemie darf als bekannt vorausgesetzt werden.

RESIDUALSEDIMENTE

Die Residualsedimente, auch Rückstandsgesteine genannt, sind keine Ablagerungsgesteine im engeren Sinne. Ihre Entstehung beruht zwar auf Verwitterungsvorgängen ($\pm$ Wirkungen des Grundwassers), doch wird das anfallende Material weder transportiert (jedenfalls nicht sehr weit) noch abgelagert; es bleibt vielmehr weitgehend an Ort und Stelle. Trotzdem schließt man derartige Bildungen üblicherweise an die Sedimentgesteine an.

Verwitterung bedeutet physikalische (mechanische) Zerlegung und/oder chemische Zersetzung bzw. Lösung vorhandener Gesteine oder zutage ausstreichender Lagerstätten (s. S. 267). Beide Vorgänge laufen gemeinsam ab, jedoch überwiegt in Abhängigkeit vom Klima je nachdem die physikalische (trocken und kalt oder warm) oder die chemische (feucht gemäßigt oder tropisch warm) Verwitterung. Die physikalische Zerstörung führt vor allem zu gröber klastischen Residualsedimenten, wie Seifen und nicht abtransportiertem Verwitterungsschutt. Die chemischen Vorgänge beinhalten jedoch nicht nur Zerstörung des vorhandenen Gesteins, sondern es finden gleichzeitig auch Neubildungen statt; wechselweise spielen Oxidation, Reduktion und Hydratation eine Rolle. Vielfach wirkt auch das Grundwasser mit, zumal bei den Vorgängen im Bereich zutage ausstreichender Erzlagerstätten. Alte Mineralgemeinschaften (Paragenesen) werden dabei zerstört, wenigstens teilweise, und neue geschaffen.

Von Interesse sind vor allem zwei relativ häufige Gruppen von Bildungen, nämlich die Rückstandstone, Laterite und Bauxite einerseits und die Anreicherungen bzw. Umlagerungen im Bereich der Oxidations- und Zementationszone über bestimmten Minerallagerstätten andererseits.

An sich gehören hierher auch die *Böden*. Man versteht darunter nicht nur reine Verwitterungsrelikte, sondern kompliziert zusammengesetzte Bildungen, die unter Beteiligung von Organismen entstehen: Böden setzen sich zusammen aus Gesteins- und Mineralbruchstücken, neugebildeten Mineralien (vor allem Tonmineralien), organischen Verbindungen, die bei der Zersetzung abgestorbener Pflanzen entstehen, sowie gasförmigen und flüssigen Phasen. Diese außerordentlich komplexen Systeme sind Gegenstand eines eigenen Wissenszweiges, der Bodenkunde. Sie bleiben im Rahmen dieses Buches außer acht. Näheres findet sich in GANSSEN, R.: Grundsätze der Bodenbildung, Bibliograph. Institut, Mannheim 1965 oder SCHEFFER, F. u. a.: Lehrbuch der Bodenkunde, Enke, Stuttgart 1982.

Zu den Böden im weiteren Sinne zählen auch Bildungen wie Salzböden, die durch aufsteigende und an der Erdoberfläche verdunstende Lösungen zustandekommen und weitgehend auf warmaride (= wüstenhafte) und semiaride (= steppenartige) Klimate beschränkt sind. Ausgeschieden werden dabei z. B. Gips, Steinsalz, auch Calcit, ferner Eisenoxide u. a. Mineralien. Absteigende Lösungen scheiden hingegen – in kühlfeuchten Klimaten bei geeignetem Substrat – Limonit oder Hämatit ab, in Form des sehr harten Ortsteins. Salzböden sind im mitteleuropäischen Raum nicht zu erwarten, Ortsteinbildungen sind dagegen im kühlfeuchten Klima in sandigen, gut durchlässigen Böden häufig.

Rückstandstone

Rückstandstone, auch Verwitterungslehme genannt, sind unterschiedlich feste Bildungen, die aus meist verschiedenen Tonmineralien ± Sand bestehen. Kaolinit bzw. Montmorillonit herrschen vor, je nach Ausgangsmaterial.

In reiner Form wären solche Tone weiß. Allgegenwärtige Verunreinigungen durch Fe- und/oder Mn-Oxide bzw. organische Substanzen rufen gelbliche, braune, rote oder (dunkel) graue Färbungen hervor, aber auch grünliche oder violette. Im feuchten Zustand sind die meisten Tone geschmeidig (knetbar), trocken kleben sie an der Zunge. Angehaucht oder angefeuchtet weisen sie einen charakteristisch erdigen Geruch auf.

Rückstandstone sind, wenn man die Lagerungsverhältnisse nicht beachtet, von in Suspension transportierten und später abgelagerten Tonen nicht zu unterscheiden. Oft kann man den Übergang von Ton über teilweise verwittertes Material bis zum unveränderten Gestein in einem vertikalen Profil gut beobachten. Typische Ausgangsgesteine sind Granite und Syenite, Gneise und tonreiche Sedimentite, von den Lockergesteinen Moränen und Löß. Alle diese Gesteine enthalten mehr oder weniger Al-Mineralien, wie Feldspäte, die leicht zu Tonmineralien verwittern, wobei die Alkalien abgeführt werden. Echte Rückstandstone entstehen durch chemische Verwitterung vor allem im feucht gemäßigten Klimabereich, jedoch auch in den immerfeuchten Tropen.

Auf die aus vulkanischen Tuffen entstehenden Bentonite wurde bereits im Abschnitt über die pyroklastischen Gesteine eingegangen (s. S. 200).

Vorkommen. Rückstandstone oder Verwitterungslehme finden sich vor allem in den nichtvergletscherten Gebieten zwischen den Alpen und dem Bereich des nordeuropäischen Inlandeises. Vor allem die Lösse sind weitgehend in Lößlehme verwandelt (s. S. 231). Ältere, tertiäre Verwitterungslehme sind in den tieferen Lagen der Mittelgebirge verbreitet.

Verwendung. Hierzu vergleiche den Abschnitt Tonsteine S. 234.

Laterit und Bauxit

Im feucht gemäßigten Klima geht die Verwitterung silikatischer Mineralien im allgemeinen bis zu den Tonmineralien, Alkalien werden weggeführt. Im tropischwechselfeuchten Klima hingegen wird auch Siliziumdioxid abtransportiert, es bleiben nur Oxide und Hydroxide des Eisens (Laterit) und des Aluminiums (Bauxit) zurück. Laterite und Bauxite können stark verfestigt und hart, aber auch erdig locker auftreten. Die Mineralien, die vor allem auftreten, sind Limonit und Hämatit bzw. Gibbsit und Diaspor.

Laterit und Bauxit sind nicht streng definiert. Insbesondere wird Laterit z.T. als Überbegriff verstanden, meist aber doch den Al-reichen Bildungen, also den Bauxiten, gegenübergestellt.

Laterite und vor allem Bauxite können in drei verschiedenen Varietäten auftreten (allein oder zusammen), und zwar in pisolithischer, in massiger oder in schwammartiger Form. Pisolithe bestehen aus Kügelchen konkretionärer Entstehung, die wie kleine Gerölle aussehen können (Abb. 5-35). Meistens weisen die Pisolithe einen Durchmesser von weniger als zwei Zentimetern auf; sie können dicht oder locker gepackt sein. Oft haben sie die gleiche Farbe oder sie sind etwas dunkler als die Matrix. Der interne Aufbau kann konzentrisch, radialstrahlig oder dicht sein. Dichte Pisolithe ähneln der feinkörnigen, ebenfalls dichten Matrix. Die schwammartig-zellige Varietät weist im allgemeinen rundliche, nahe beieinanderliegende Hohlräume auf, die ungefähr einen Zentimeter im Durchmesser haben. In gewissen Fällen sind die Gefüge des Ausgangsgesteins noch erkennbar erhalten geblieben, andererseits können Bauxitanreicherungen auch weitgehend umgelagert sein.

Bauxite sind meist grauweiß, hellgrau, cremefarben, rosa-gelbbraun oder bräunlich, Laterite hingegen sind dunkelbraun, dunkelrot oder beinahe schwarz. Bauxit und Laterit können noch weitere Mineralien enthalten wie beispielsweise Quarz, Tonmineralien wie Kaolinit, Halloysit und Nontronit, Titan- und Manganoxide sowie Phosphatmineralien.

Obwohl man die Lateritbildung heute in situ beobachten kann, sind die dazu führenden, außerordentlich komplexen Prozesse noch nicht vollständig geklärt. Die wichtigsten Ausgangsbedingungen sind: durchlässiges, Eisen und Aluminium enthaltendes Gestein, ein tropisch-wechselfeuchtes Klima, wie es z.B. in Monsungebieten gegeben ist, die Anwesenheit leicht saurer Verwitterungslösungen, ein eher ausgeglichenes Relief, bei dem ein rascher Abtransport des durch die Verwitterung bereitgestellten Materials nicht möglich ist, und schließlich genügend Zeit. Die Tatsache, daß viele Laterite mit Tonen gemeinsam auftreten, läßt die Annahme zu, daß die Tonbildung gewissermaßen als Zwischenstadium der Lateritgenese anzusehen ist.

Vorkommen. Wegen der klimatisch bedingten Entstehung sind Laterite bzw. Bauxite auf die niederen Breitengrade beschränkt. Man findet sie vorwiegend in spätmesozoischen, tertiären oder in rezenten Ablagerungen, letztere zum Beispiel in Ostindien, im nördlichen Australien und im südöstlichen Asien, in Westafrika, in Westindien, im nördlichen Südamerika und im Dschungel von Brasilien. Fossile Laterite und Bauxite in heute in höheren Breiten liegenden Gebieten lassen auf ehemals

Abb. 5-35 Bauxit mit Pisoliten aus Gibbsit, Diaspor und etwas Kaolinit. Bauxitlagerstätte Lightner bei Spottswood, Augusta Co., Virginia. (Foto: Dietrich)

andere Klimabedingungen schließen. Man findet Laterit z. B. in kretazischen und älteren Sedimenten auf Long Island. In Europa treten vor allem die sogenannten Karstbauxite auf. Sie reichern sich über Karbonatgesteinen auf alten Landoberflächen an, meist in Dolinen oder anderen Hohlformen. Solche Vorkommen kennt man z. B. in den Nördlichen Kalkalpen zwischen Gosau (Oberkreide) und Triaskalken und -dolomiten. Die großen südfranzösischen Lagerstätten um Les Baux finden sich in Kreidekalken. Weitere Fundstellen sind z. B. aus Istrien bekannt.

Der Bauxit von Arkansas liegt über Nephelinsyeniten, der von Alabama und Georgia ist aus Rückstandstonen hervorgegangen. Der Bauxit von Oregon entstand auf einem eisenreichen Basalt mittelmiozänen Alters. Die größten Lagerstätten befinden sich in Australien.

Verwendung. Die Bezeichnung Laterit leitet sich von dem lateinischen Wort «later», Ziegelstein, ab. Laterit kann zu einem sehr haltbaren Baustein verarbeitet werden. Man schneidet ihn in die gewünschte Größe, befeuchtet die Blöcke und trocknet sie sodann. Dabei werden die im Laterit enthaltenen kolloidalen, wasserhaltigen Eisenhydroxide teilweise irreversibel in Goethit überführt.

Bauxit ist mit Abstand das wichtigste Aluminiumerz.

Oxidations- und Zementationszone

Anhangsweise sei hier kurz auf die besonderen Verwitterungs- und Umwandlungsvorgänge in Verbindung mit Erzlagerstätten eingegangen, obwohl deren Behandlung an sich der Lagerstättenkunde vorbehalten ist.

267

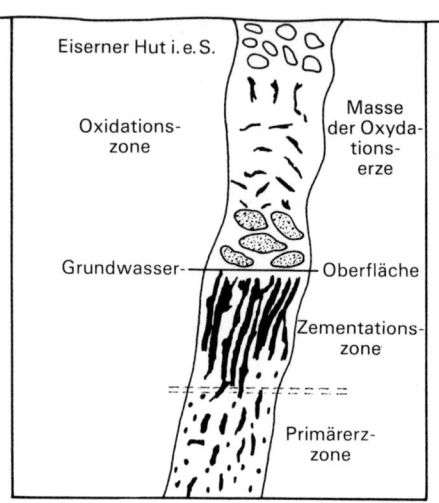

Abb. 5-36   Schematische Darstellung einer gangartigen Erzlagerstätte mit Oxidations- und Zementationszone.

Wie aus Abb. 5-36 ersichtlich, stehen die Mineralien der Oxidationszone (und des Eisernen Hutes im engeren Sinne) einerseits und der Zementationszone andererseits genetisch in naher Beziehung.

Das Prinzip der Bildungsvorgänge ist folgendes: In dem Bereich, in dem eine Lagerstätte, z.B. sulfidischer Erze, zu Tage ausgeht, werden Erzmineralien unter dem Einfluß der Atmosphärilien zerstört und ein Teil der Metalle nach unten abgeführt. Pyrit vor allem geht unter Bildung von Schwefelsäure in Limonit über, der als «Eiserner Hut» im obersten Teil einer solchen Lagerstätte verbleibt. Die Schwefelsäure intensiviert die Lösungsvorgänge, die Metalle werden als komplexe Sulfate in die Tiefe abtransportiert. Im Bereich *über* der Grundwasseroberfläche, in der *Oxidationszone,* werden verschiedene Metalle je nachdem als Oxide, Hydroxide, Karbonate und Silikate ausgeschieden. *Unter* der Grundwasseroberfläche, in der *Zementationszone,* kommt es bei reduzierenden Bedingungen zur Abscheidung von metallischem Kupfer und Silber und einer Reihe von Sulfidmineralien – dies ist die Reicherzzone der alten deutschen Bergleute, so genannt wegen der Anreicherung von Silber vor allem.

Der Eiserne Hut ist meist durch ein löcherig-zelliges Aussehen charakterisiert und enthält weit überwiegend Limonit, dazu Mineralien der Braunsteingruppe, seltener auch Hämatit und in ariden (trockenen) Gebieten wohl auch Jarosit $KFe_3[(OH)_6|(SO_4)_2]$ und andere lösliche Verbindungen. (Abb. 5-37 A, B).

Die Masse der Mineralien der Oxidationszone wird durch Reaktionen der Lösungen untereinander oder mit dem Nebengestein gebildet; bei Anwesenheit von Kalken z.B. schlagen sich eine Reihe von (meist) wasserhaltigen Schwermetall-Karbonaten nieder. Häufig treten auf: Azurit $Cu_3[OH|CO_3]_2$, Malachit $Cu_2[(OH)_2|CO_3]$, Cerrusit $PbCO_3$, Smithsonit $ZnCO_3$ und Hydrozinkit

(A)

0   10 cm

(B)

Abb. 5-37 Handstücke aus Oxidationszonen. (A) Limonit in kugelig-niedriger Ausbildung aus dem Eisernen Hut über einer Pyritlagerstätte. Gardiner Mine, Bisbee, Arizona. (B) Schwammartig-zellige Masse, aus einem Zinkblenderz hervorgegangen. Empire Zinc Mine, Hanover, New Mexico. (Aus R. Blanchard, 1968, Bull. 66, Nevada Bur. Mines)

$Zn_5[(OH)_3 | CO_3]_2$ (zusammen mit Hemimorphit bilden diese beiden Mineralien den «Galmei», der ein Gemenge ist), Wulfenit $PbMnO_4$, Manganoxide, Chrysokoll $CuSiO_3 \cdot nH_2O$ (amorph), Hemimorphit $Zn_4[(OH)_2 | Si_2O_7] \cdot H_2O$, Anglesit $PbSO_4$, Antlerit $Cu_3[(OH)_4 | SO_4]$, Brochantit $Cu_3[(OH)_4 | SO_4]$, Chalkanthit $CuSO_4 \cdot 5H_2O$ u.a. – Naturgemäß ist ein Teil dieser Mineralien auch schon in der primären Lagerstätte vorhanden.

Treffen die Lösungen auf reduzierende Bedingungen, wie sie unterhalb der Grundwasseroberfläche gegeben sind, so fallen die verschiedenen Schwermetalle als Elemente (Cu, Ag) und vor allem als Sulfide aus, teilweise in Form von Imprägnationen, teilweise werden die Mineralien der primären Lagerstätte verdrängt. Dabei wird in erster Linie Eisen durch Metalle mit größerer «Neigung» zu Schwefel ersetzt; in der Reihenfolge abnehmender Affinität sind dies Quecksilber, Silber, Kupfer, Wismut, Blei, Uran, Nickel, Kobalt. Bei diesen Vorgängen bleibt im allgemeinen ein Teil der primären Erze erhalten, so daß auf den Bestand der tiefer liegenden Lagerstätte geschlossen werden kann.

Vorkommen und Verwendung. Der Eiserne Hut gab und gibt wichtige Hinweise zum Auffinden tiefer liegender Lagerstätten. Früher stellten derartige Bildungen sehr wichtige Eisenlagerstätten dar, da Limonit leicht verhüttbar ist; über Pyriterzen z.B. entstanden auf diese Weise einfach zugängliche Eisenerzvorkommen. Auch der Bergbau auf Kupferkarbonate in Oxidationszonen ist sehr alt, so wurden derartige Erze z.B. in der Negev-Wüste vor 3500 Jahren im Untertagebau gewonnen. In dieser Grube wurde auf mehreren Sohlen, die durch ein kompliziertes System von Schächten verbunden waren, gebaut. Eine der berühmtesten Oxidationszonen ist die von Tsumeb im Otavibergland, aus der einmalige Mineralstufen in die Sammlungen der ganzen Welt gelangt sind.

Die Zementationszonen sind vor allem dadurch von Bedeutung, daß in ihnen sonst arme Erze zur Bauwürdigkeit gelangen. Dies gilt besonders für die disseminated porphyries (s. S. 149), in deren Zementationszonen die primär sehr geringen Kupfergehalte in Form von Kupferkies zu dem erheblich höherwertigen Kupferglanz angereichert worden sind. In der Vergangenheit spielten vor allem die zementativ angehäuften Kupfer- und Silbererze der erwähnten Reicherzzonen eine große Rolle, oft auch über «Lagerstätten», die seinerzeit gar nicht als solche gelten konnten. Reicherze fanden sich z.B. über den riesigen Pyritlagern in der spanischen Provinz Huelva mit dem bekanntesten Vorkommen Rio Tinto. Ähnliche Vererzungen fanden sich auch über den vielen Sulfidgängen in den deutschen Mittelgebirgen. Naturgemäß sind diese an sich schon nur geringmächtigen Vorkommen heute längst abgebaut.

Weiterführende Literatur

Hierzu siehe Kapitel 6, Seite 316f.

KAPITEL 6

METAMORPHITE UND MIGMATITE

Als Metamorphite bezeichnet man Gesteine, die in festem Zustand durch die Einwirkung erheblicher, länger anhaltender Druck- und/oder Temperaturerhöhungen aus Magmatiten oder Sedimentiten hervorgegangen sind. Unter Metamorphose versteht man alle diejenigen Vorgänge, die zur Bildung metamorpher Gesteine führen und zwischen den Bedingungen der Diagenese einerseits und der vollständigen Gesteinsaufschmelzung andererseits ablaufen (Metamorphose ist aus dem Griechischen abgeleitet und bedeutet Umgestaltung). Auch bereits «fertige» Metamorphite können, wenn sie stark veränderten Druck/Temperatur-Bedingungen ausgesetzt werden, neuerlich metamorphosiert werden.

Bei hohen Temperaturen kommt es in Abhängigkeit vom Druck und auch von der Zusammensetzung des betroffenen Gesteins schließlich zur Aufschmelzung oder Anatexis; diese kann partiell oder vollständig sein. Nicht vollständig aufgeschmolzene und sodann wieder erstarrte Gesteine bezeichnet man als Migmatite, als Mischgesteine, da sie sowohl (ältere) metamorphe als auch (jüngere) magmatische Anteile enthalten und somit eigentlich zwischen diesen beiden Gesteinsgruppen stehen (vgl. Abb. I-2, S. 19).

DIE METAMORPHOSE UND DIE METAMORPHEN FAZIESBEREICHE

Die metamorphen Vorgänge führen zu Veränderungen im Gefüge und/oder im Mineralbestand eines Gesteins, meist zu beidem gleichzeitig, wobei der Gesamtchemismus im großen und ganzen entweder erhalten bleibt oder sich in gewissem Umfange ändert. So können z.B. Wasser oder Kohlendioxid ausgetrieben werden. Zunehmende Drücke und Temperaturen im Verein mit aktiven fluiden Phasen intensivieren die metamorphen Prozesse.

Je nach überwiegenden Vorgängen oder Bedingungen unterscheidet man zwischen der vor allem durch *mechanische Zertrümmerung* bestimmten *Kataklase (Dislokationsmetamorphose),* der *thermisch* gesteuerten *Kontaktmetamorphose* und schließlich der durch *Druckerhöhung und Temperaturanstieg* infolge Versenkung in der Erdkruste verursachten *Regionalmetamorphose.* Dazu kommt noch die *Metasomatose,* die durch vielfältige *Stoffverschiebungen* gekennzeichnet ist.

Metasomatische Vorgänge können unter allen möglichen Bedingungen ablaufen, z.B. auch schon während der Diagenese (s. S. 208) oder in Verbindung mit kontaktmetamorphen Veränderungen des Nebengesteins oder aber auch bei der Regionalmetamorphose. Wesentlich ist dabei, daß zwar die Stoffe *in flüchtiger Form transportiert* werden (hydrothermal, pneumatolytisch oder wie auch immer, *nicht* jedoch als Schmelze), die eigentlichen Reaktionen, wie z.B. Verdrängungen, jedoch im wesentlichen *im festen Zustand* ablaufen.

Von einer Metamorphose im engeren Sinne spricht man dann, wenn eine vorhandene und unter ganz bestimmten Bedingungen stabile Mineralgemeinschaft hinreichend lange *deutlich anderen Druck/Temperatur-Bedingungen* ausgesetzt wird, so daß sich eine neue, diesen angepaßte Paragenese und gegebenenfalls auch ein verändertes Gefüge herausbilden kann. Hierfür muß hinreichend Zeit vorhanden sein. Ginge nämlich eine solche Neueinstellung des Gleichgewichtes sehr rasch vor sich, so könnte man unter atmosphärischen Gegebenheiten, also im Aufschluß, unveränderte metamorphe Gesteine überhaupt nicht beobachten.

Diese «Konservierung» höhergradiger Metamorphite hat allerdings noch einen anderen Grund: Da während der Metamorphose die fluiden Phasen weitgehend ausgetrieben werden, fallen diese wichtigen Agenzien für den weiteren Ablauf aus, die Gesteine werden dadurch gewissermaßen reaktionsträger (vgl. NICKEL 1983, S. 183).

Das bedeutet jedoch nicht, daß die Metamorphite immer nur ganz bestimmte Bildungsbedingungen widerspiegeln müssen. Vielmehr ist häufig eine mehrfache Prägung erkennbar: *Prograde Metamorphose* liegt vor, wenn nicht- oder niedermetamorphen Gesteinen durch Temperatur- und Druckzunahme höhermetamorphe Eigenschaften aufgeprägt werden. Bei der *retrograden Metamorphose* oder *Diaphthorese* hinterläßt eine schwächere Metamorphose ihre Spuren in anfänglich stärker metamorphen Gesteinen. Oft dauern die verändernden Bedingungen nur kurze Zeit an, so daß die Gesteine ein vollständig neues chemisch-physikalisches Gleichgewicht nicht erreichen, und man dementsprechend an ein und demselben Stück mehrere Metamorphosestadien beobachten kann.

Metamorphe Vorgänge spielen sich also, vereinfacht gesprochen, in folgenden Bereichen der Erdkruste ab: einmal in unmittelbarer Nachbarschaft sehr großer Bewegungsflächen, sodann in den Kontaktzonen von Magmatiten mit beliebigen Nebengesteinen und schließlich in mehr oder weniger tief versenkten Krustenteilen, meistens im Zusammenhang mit Gebirgsbildung.

Bei der Kataklase spielen einseitig gerichteter Druck und dementsprechende Bewegungsvorgänge die entscheidende Rolle, bei der Kontaktmetamorphose die thermische Beeinflussung (mit oder ohne Metasomatose) des Nebengesteins und bei der Regionalmetamorphose schließlich der allseitige (hydrostatische) und der einseitig gerichtete Druck, steigende Temperatur sowie die Wirkung aktiver fluider Phasen. Die großräumige Regionalmetamorphose wird wohl auch als «Dynamo-Thermo-Metamorphose» bezeichnet.

Die in den erwähnten Bereichen entstehenden Gesteine sind meist recht gut charakterisiert. Die kataklastischen Gesteine sind meist regellos feinstkörnig, können aber auch Scher- oder Schieferungsflächen erkennen lassen. Die Kontaktgesteine sind überwiegend regellos körnig oder weisen größere Einsprenglinge in einer feinkörnigen Grundmasse auf; oft ist auch das ursprüngliche Gefüge noch erhalten. Die regionalmetamorphen Gesteine zeigen als bezeichnendes Merkmal Schieferung bzw. lagige Anordnung tafelig-blättriger Mineralien (Abb. 6-1). In allen Fällen ist es

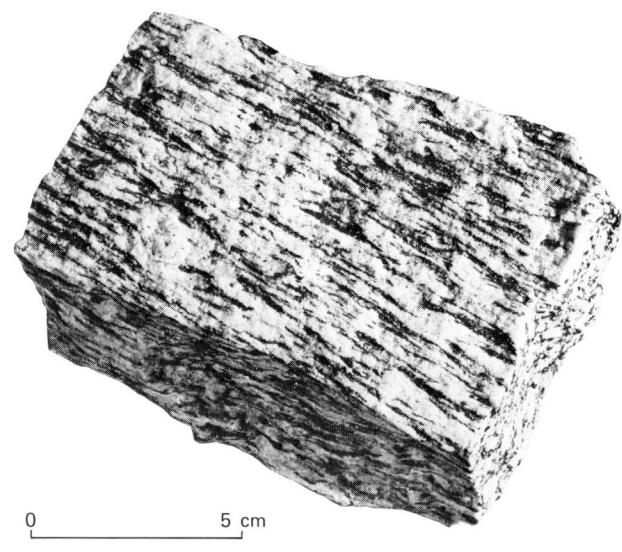

0   5 cm

Abb. 6-1   Gneis mit grobschiefrigem Gefüge, hervorgerufen durch die lagige Anordnung der Biotitblättchen. (Ward's Natural Science Establishment, Inc.)

nützlich, die Gesteinsverbände bzw. die allgemeinen geologischen Gegebenheiten zu beachten.

Kataklase ist in der Regel unmittelbar auf die Bewegungsflächen oder jedenfalls auf relativ schmale Zonen beschränkt. Die kontaktmetamorphen Zonen (Aureolen) sind meist schmal (Zentimeter bis Kilometer), die Intensität nimmt mit der Entfernung vom verursachenden Magmatit rasch ab. Bestimmte Mineralien sind für bestimmte Temperaturbereiche charakteristisch. Beide Metamorphosearten stellt man wohl auch ihrer, räumlich gesehen, eher geringen Bedeutung halber als «lokale Metamorphose» der regionalen gegenüber.

Für die Gesteine der Regionalmetamorphose ist der Begriff der *Mineralfazies* von entscheidender Bedeutung. Unter bestimmten Druck/Temperatur-Bedingungen stellen sich dafür bezeichnende Mineralparagenesen ein. Druck und Temperatur nehmen bei der Versenkung eines Stückes Erdkruste nicht synchron zu, sondern in Abhängigkeit von der Versenkungsgeschwindigkeit. Ist diese sehr hoch, kommt die Temperatur gewissermaßen nicht nach, da Gesteine schlechte Wärmeleiter sind; die Gesteine sind, gemessen an der Tiefenlage, zu «kalt». Umgekehrt kann ein aktiver Wärmeaufstieg relativ wenig tief liegende Massen stärker aufwärmen als durchschnittlich zu erwarten wäre. Im ersten Falle spricht man von einer Hochdruck-Niedertemperatur-, im zweiten von einer Niederdruck-Hochtemperatur-Metamorphose (der Extremfall liegt bei oberflächennaher Kontaktmetamorphose vor). Natürlich bestehen alle Übergänge. Man erhält somit Bereiche verschiedenster Druck/Temperatur-Verhältnisse (abgekürzt P/T-Verhältnisse), die üblicherweise in einem sogenannten P/T-Diagramm dargestellt werden (Abb. 6-2 A). Darin kann man nun verschiedene Areale abgrenzen, innerhalb welcher jeweils bestimmte Mi-

273

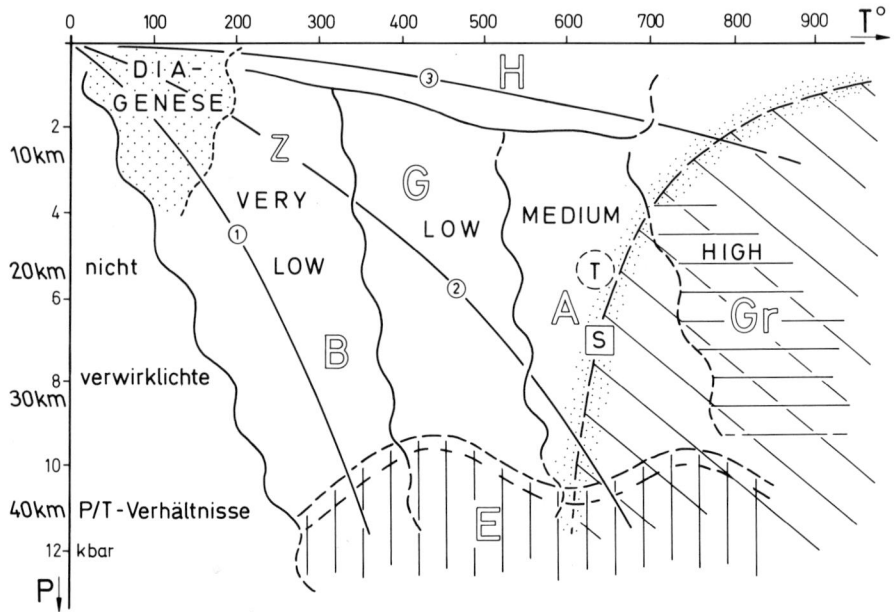

Abb. 6-2   (A) Metamorphe Faziesbereiche und Metamorphosegrade im Druck-Temperatur-Diagramm. Kombinierte Darstellung nach verschiedenen Autoren. H – Hornfelsfazies; Z – Zeolithfazies; B – Blauschieferfazies; G – Grünschieferfazies; A – Amphibolitfazies; Gr – Granulitfazies; E – Eklogitfazies (vgl. auch Tab. 6-1).
Kurve 1 – mittlerer geothermischer Gradient in Gebieten sehr rascher Versenkung; Kurve 2 – geothermischer «Normal»-Gradient (Temperaturzunahme etwa 3° C pro 100 m); Kurve 3 – mittlerer geothermischer Gradient im Bereich oberflächennaher magmatischer Vorgänge; Kurve S – Schmelz- oder Anatexiskurve; in diesem P/T-Bereich beginnen «feuchte» Gesteine von ungefähr granitischer Zusammensetzung aufzuschmelzen. T – Tripelpunkt; hierzu siehe Abb. 6-2 (B).

neralparagenesen in etwa stabil sind. Bezogen auf bestimmte Ausgangsgesteine benennt man diese Areale nach charakteristischen Gesteinstypen und erhält so 6 Gruppen oder Mineralfazies-Bereiche (als Ausgangsgestein oder Edukt ist dabei Basalt angenommen, mit Ausnahme der Granulit- und der Hornfelsfazies):

Blauschieferfazies – Typgesteine sind die durch eine blaue Hornblende (Glauko-phan) und graublauen Lawsonit bläulich gefärbten Blau- oder Glaukophanschiefer.

Grünschieferfazies – Typgesteine sind die durch grüne Mineralien wie Chlorit, Epidot, Aktinolith u. a. gefärbten Grünschiefer.

Amphibolitfazies – Typgesteine sind die Amphibolite, die aus überwiegend dunkelgrüner oder schwarzer Hornblende bestehen und dazu Plagioklas, auch Granat enthalten, bei oft gneisartigem Gefüge.

Granulitfazies – Typgestein ist der Granulit, ein granitartig zusammengesetztes Gestein mit Pyroxen und Granat und massigem Gefüge.

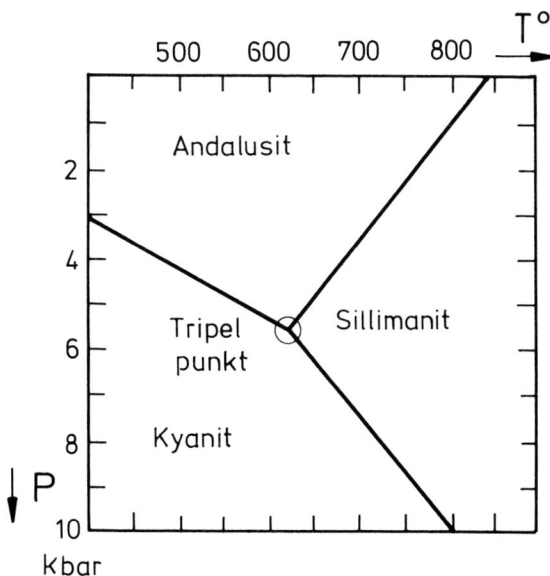

Abb. 6-2 (B) Stabilitätsbereiche für die drei verschiedenen Modifikationen der Verbindung $Al_2[O|SiO_4]$ (Aluminiumsilikate). Die drei Felder treffen sich im sogenannten Tripelpunkt, dessen experimentell ermittelte Lage je nach Autor etwas verschieden angegeben wird. Nach Richardson et al., 1969, American Journ. of Science, vol. 267.

Eklogitfazies – Typgestein ist der aus rotem Granat und grünem Augit (Omphazit) bestehende Eklogit.

Hornfelsfazies – Typgestein sind die äußerst feinkörnigen, meist dunklen, fast hornsteinartig-dichten Hornfelse, deren Zusammensetzung sehr verschieden sein kann.

Natürlich ist zu beachten, daß die mineralogische Zusammensetzung eines Metamorphites nicht nur vom Faziesbereich, sondern vornehmlich auch von der Zusammensetzung des Ausgangsgesteins abhängt; dementsprechend können in ein und demselben Faziesbereich ganz verschiedene Mineralparagenesen auftreten. Einige Beispiele zeigt Tab. 6-1.

Für Ausgangsgesteine, die reich an Tonmineralien sind, also z.B. Grauwacken, sandige Schiefertone oder dergleichen, gelten die Aluminiumsilikate (S. 77) als Indexmineralien, die bestimmte P/T-Bereiche bezeichnen (Abb. 6-2 B). Auch wenn zwei davon oder alle drei zugleich auftreten, ist eine Einordnung noch möglich, da dann in der Regel eines oder auch zwei davon gerade in Umwandlung in das dritte begriffen ist. – Experimentelle Untersuchungen haben die P/T-Bedingungen für viele in der Natur vorkommende Paragenesen bekannt gemacht, so daß deren Einordnung in den jeweiligen Faziesbereich möglich ist.

Zwei Paragenesen der sogenannten Zeolithfazies, einer sehr schwachen Metamorphose (in Tab. 6-1 nicht enthalten), seien hier noch wenigstens genannt: die Laumontit-Prehnit- und die Pumpellyit-Prehnit-Paragenese. Sie sind in der Regel

Tabelle 6-1   *Übliche Mineralgemeinschaften in den verschiedenen Faziesbereichen*

Metamorphe Fazies	Ausgangsgesteine		
	Basaltische Gesteine	Tonreiche Gesteine	Karbonatische Gesteine
Blauschiefer	Glaukophan, Lawsonit, Chlorit, Pumpellyit, Jadeit	Glaukophan, Lawsonit, Chlorit, Aragonit, Quarz, Muskovit	Tremolit, Aragonit, Muskovit, Glaukophan
Grünschiefer	Chlorit, Aktinolith, Epidot, Albit	Chlorit, Muskovit, Albit, Quarz	Calcit, Dolomit, Tremolit, Phlogopit, Epidot, Quarz
Amphibolit	Hornblende, intermediäre Plagioklase, Epidot, Almandin	Biotit, Muskovit, Quarz, Granat, Na-reiche Plagioklase	Calcit, Diopsid, Grossular, ± Forsterit; oder Calcit, Diopsid, Skapolith, Phlogopit
Granulit	$Ca Mg Si_2O_6$ Diopsid, Hypersthen, Granat, intermediäre Plagioklase	$KAl Si_3O_8$ Granat, Orthoklas, intermediäre Plagioklase, Quarz, Sillimanit oder Kyanit Al_2SiO_5	Calcit, Plagioklas, Diopsid
Eklogit	Jadeitische Pyroxene, Pyrop, Rutil ± Kyanit/Oisthen	—	—
Hornfels	Diopsid, Hypersthen, Plagioklas	Biotit, Orthoklas, Quarz, Cordierit, Andalusit	Calcit, Wollastonit, Grossular

nur in wenig tief versenkten Vulkaniten basaltischer oder andesitischer Zusammensetzung erkennbar und, da die wesentlichen Mineralien sich meist in der Matrix verbergen, im Handstück kaum zu erfassen. Überdies läßt die Beschaffenheit solcher Gesteine makroskopisch kaum Anzeichen von Metamorphose erkennen, so daß sich eine weitere Besprechung hier erübrigt. Im übrigen kann man die Zeolithfazies als Übergang zwischen Diagenese und Metamorphose ansehen.

Zu Abb. 6-2 A ist folgendes zu ergänzen:
Neben dem Druck, der durch das Gewicht der überlagernden Gesteinsmassen entsteht, spielt der Partialdruck fluider Phasen bei der Metamorphose eine erhebliche Rolle, zumal der Wassergehalt. Z. B. kann sich aus einem «feuchten» Gestein basaltischer Zusammensetzung selbst bei noch so hohen Drücken niemals ein Eklogit bilden. Feuchte Gesteine von graniti-

schem Gesamtchemismus gelangen nicht in den Bereich der Granulitfazies, sie werden bereits viel früher – im Bereich der Kurve M in Abb. 6-2 A – aufgeschmolzen. – Übrigens erscheinen in der Einteilung des P/T-Diagrammes nach WINKLER einfach 4 Bereiche, die als sehr schwach-gradig, schwach-gradig, mittel-gradig und hoch-gradig bezeichnet werden.

Schließlich sei noch die alte Gliederung der Regionalmetamorphose in 3 Zonen erwähnt. Danach hatte zu gelten:

Epizone   – niedriger allseitiger und hoher gerichteter Druck, niedrige Temperatur
Mesozone – mittlerer allseitiger und noch ausgeprägter gerichteter Druck, mittlere Temperatur
Katazone   – hoher allseitiger und kaum gerichteter Druck, hohe Temperatur

Mit dieser Einteilung wurde zwangsläufig stets die falsche Vorstellung eines zonaren Baues im Sinne von Epi = geringe Tiefe, Meso = mittlere Tiefe und Kata = große Tiefe verbunden. Der prinzipielle Unterschied zur jetzt üblichen Gliederung, die immerhin schon auf ESKOLA (1915) zurückgeht, ist augenfällig (vgl. hierzu NICKEL 1983, S. 53ff.).

Um die Faziesbereiche im Feld zu erfassen, erarbeitet man sogenannte Mineralisograden. Vom nichtmetamorphen in den zunehmend metamorphen Bereich fortschreitend kartiert man z. B. das Erstauftreten von Chlorit, hält dann das Erscheinen von Biotit fest und so fort. Die Linien, mit denen man die Bereiche des jeweiligen Erstauftretens der Mineralien abgrenzt, werden als Isograden bezeichnet. Die fertige Isogradenkarte gibt dann einen Überblick über die Verteilung der P/T-

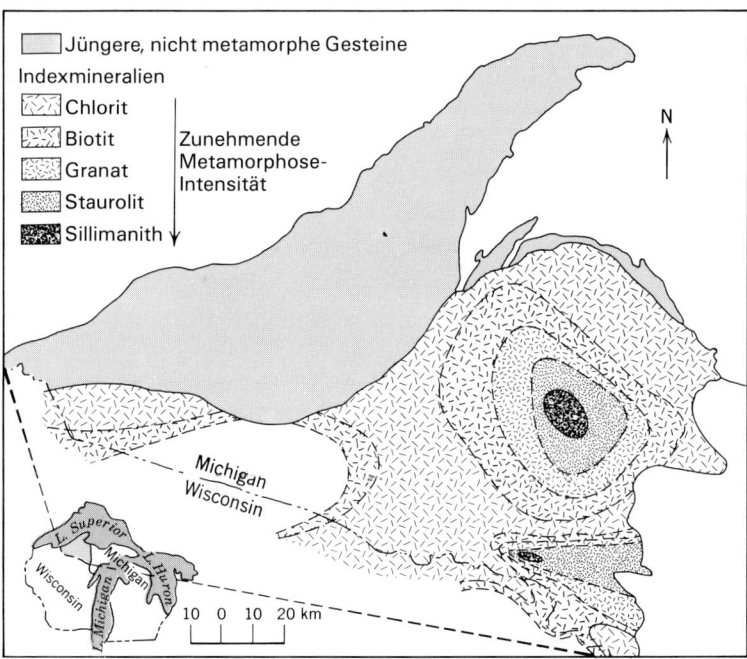

Abb. 6-3   Metamorphe Zonierung in Michigan. Die Metamorphose fand vor 1,5 Milliarden Jahren statt. (Nach James, Geol. Soc. Amer. Bull. vol. 66, 1955)

Verhältnisse in einem metamorphen Gebiet. Abb. 6-3 gibt ein Beispiel. Vergleichbar einfache Bilder kennt man aus Mitteleuropa allerdings nicht.

Die Unterscheidungsmöglichkeiten der Metamorphite gegenüber den Magmatiten und Sedimentiten wurden bereits in den betreffenden Kapiteln erörtert; mit Hilfe des Gefüges ist dies meist nicht schwierig. Probleme könnte es bei Marmoren und Quarziten geben, doch hilft hier die Beachtung der Geländeverhältnisse weiter.

DIE ZUSAMMENSETZUNG DER METAMORPHITE

Im wesentlichen ist die pauschale Zusammensetzung der Metamorphite durch die der Ausgangsgesteine bestimmt und allenfalls von entweichenden oder hinzukommenden fluiden Phasen. Der mineralogische Aufbau hängt von den P/T-Bedingungen während der Kristallisation ab. Eine Reihe von Mineralien, die in metamorphen Gesteinen gängig sind, finden sich weder in Magmatiten noch in Sedimentiten (Tab. 6-2).

Die Metamorphose eines Gesteins kann entweder aus einer Kornvergröberung (sog. Sammelkristallisation) bei den vorhandenen Mineralien bestehen oder aus der Neubildung von Mineralien durch Reaktionen oder aus beidem.

Bei monomineralischen Gesteinen macht sich die Metamorphose oft *nur* als Sammelkristallisation (Bewegungen an den Korngrenzen: ein Teil der Körner wächst auf Kosten der anderen) bemerkbar; so wird z. B. aus einem reinen Kalk nur Marmor, aus Hornstein oder Sandstein nur Quarzit, aus Dolomit nichts anderes als Dolomitmarmor entstehen. Enthält das Ausgangsgestein (Edukt) mehrere Mineralarten, so können diese miteinander reagieren; im Beispiel eines hornsteinführenden Dolomites entsteht ein Diopsid-Hornfels (vgl. Abb. 6-10):

$$CaMg[CO_3]_2 + 2\,SiO_2 \rightarrow CaMg\,Si_2O_6 + 2\,CO_2$$

Dolomit   Quarz   Diopsid   Kohlendioxid

Porenwässer können weitere Substanzen enthalten. Bedenkt man die Vielfalt der möglichen Ausgangsgesteine, der gegebenenfalls zugeführten Elemente und der Bedingungen, unter denen die Vorgänge ablaufen können, so überrascht nicht, daß es eine so große Anzahl von Metamorphiten gibt.

Zur Beurteilung der Entwicklung eines metamorphen Gesteins ist Voraussetzung die Kenntnis des Mineralbestandes und der dafür in Frage kommenden Vorgänge und der Bedingungen, unter denen die vorgefundene Paragenese stabil ist. Ist dies alles geklärt, so wird der Schluß auf das Ausgangsgestein und auf den Grad der Metamorphose möglich sein.

Tab. 6-3 enthält eine Reihe von Metamorphiten und deren Ausgangsgesteine.

DAS GEFÜGE DER METAMORPHITE

Form und Anordnung der Mineralbestandteile eines Metamorphites sagen einiges über die abgelaufenen Vorgänge aus. Stark zerbrochene bis pulverisierte Körner

Tabelle 6-2   Die wichtigeren Mineralien der metamorphen Gesteine.
A: Mineralien, die als Hauptbestandteile häufiger Metamorphite auftreten. – B: Mineralien, die als faziesbezeichnende Nebengemengteile auftreten oder Hauptbestandteile seltenerer Metamorphite bilden. – C: Mineralien, die nur gelegentlich oder in Kontaktmetamorphiten auftreten.
Die mit * bezeichneten Mineralien sind gleichzeitig Hauptbestandteile auch der übrigen Gesteine.

A	B	C
Amphibole*	Andalusit	Chondrodit
Biotit	Chloritoid	Hämatit
Calcit*	Cordierit	Granat
Chlorit	Epidot/Zoisit	Magnesit
Dolomit*	Granat	Phlogopit
Muskovit	Graphit	Pyrophyllit
Plagioklase*	Kyanit	Pyroxene
Kalifeldspat*	Pyroxene*	Skapolith
Quarz*	Sillimanit	Sphen
Serpentin	Staurolith	Spinell
	Stilpnomelan	Turmalin
	Talk	Vesuvian
	Zeolithe	Wollastonit

Tabelle 6-3   Die wichtigeren Metamorphite und ihre Ausgangsgesteine.

Metamorphit	Ausgangsgestein
Kataklasit	jederart Gestein
Hornfels	verschiedene Gesteinsarten, vor allem Schieferton
Kalksilikatfels	vor allem mergelige Kalke oder Dolomite
Gneis und Glimmerschiefer	Plutonite und Vulkanite etwa granitischer Zusammensetzung, Arkosen, Grauwacken, Schieferton
Grünschiefer (Grünstein)	Basalt, Andesit, Gabbro
Amphibolit und Hornblendegneis	Basalt und Gabbro, Andesit und Diorit, mergelige Dolomite und Kalke
Tonschiefer und Phyllit	Schieferton, saure Vulkanite und Pyroklastite
Quarzit	Sandstein, Radiolarit
Metakonglomerat	Konglomerat
Marmor	Kalkstein oder Dolomit
Serpentinit	Peridotit, Pyroxenit

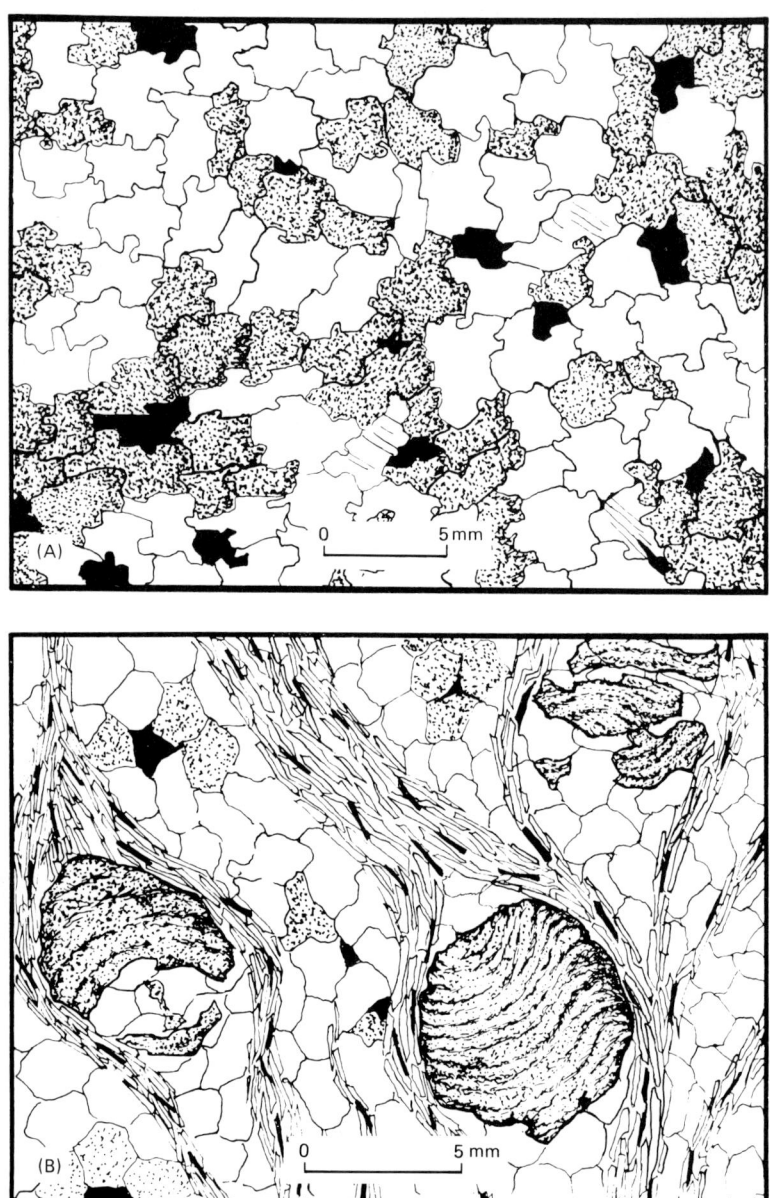

Abb. 6-4 Häufig vorkommende metamorphe Gefüge im Dünnschliff. (A) Granoblastisches Gefüge in einem Hypersthen-Diopsid-Plagioklas-Magnetit-Hornfels präkambrischen Alters. Brier Hill Quadrangle, St. Lawrence Co., New York. (B) Kristalloblastisches Gefüge in einem Granatglimmerschiefer aus der Lynchburg Gneis-Serie (Präkambrium). Floyd Co., Virginia.

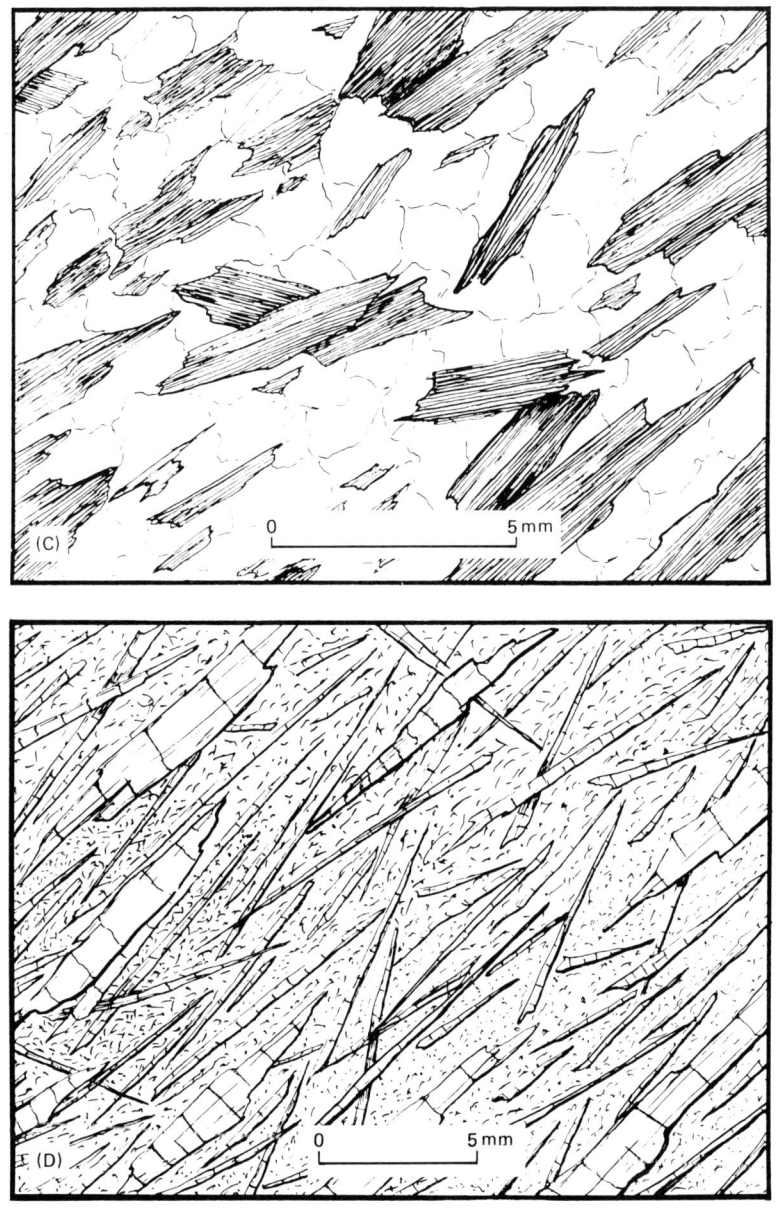

(C) Lepidoblastisches Gefüge in einem Biotitglimmerschiefer (wie oben). (D) Nematoblasti-
sches Gefüge in einem Zoisit-führenden Amphibolit (wie oben).

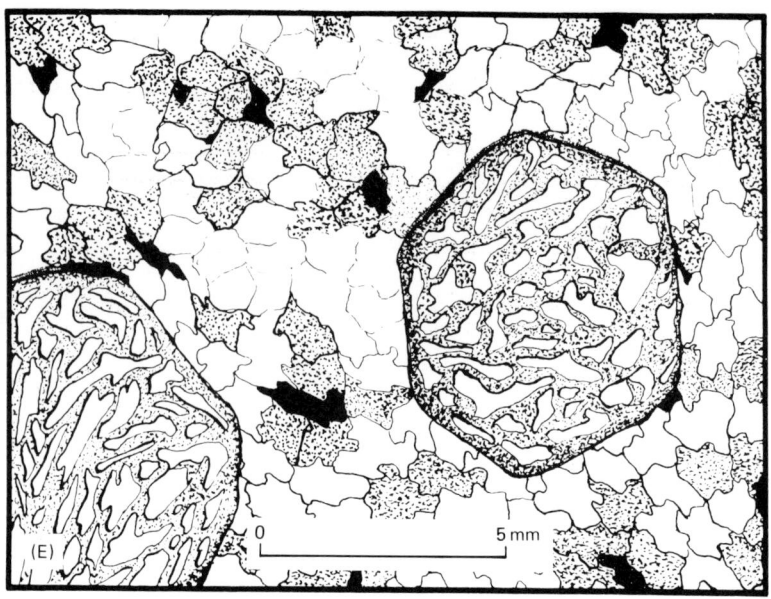

(E) Poikiloblastische Gefüge idiomorpher Granaten in einem Granatglimmerschiefer (wie oben).

z.B. deuten auf Kataklase (Dislokationsmetamorphose), ein gleichkörniges Mosaikgefüge hingegen auf mehr statische Umwandlung und so fort.

Die Korngröße reicht von submikroskopisch bis zu grobkörnig; die Feldspataugen in manchen Gneisen können faustgroß werden. Die Kornform ist idiomorph bis xenomorph und gegebenenfalls recht vielfältig. Die gegenseitige Anordnung der Körner reicht von streng geregelt nach Art, Größe und Form bis hin zu völlig beliebig.

Die im folgenden aufgelisteten Begriffe sind zur Beschreibung weitgehend kornabhängiger Gefüge mehr oder weniger gebräuchlich («Blastese» heißt Sprossung; s. hierzu auch die Abb. 6-4 bis 6 und 7):

granoblastisch – Gefüge aus isometrischen Körnern, die teils mosaikartig (Pflastergefüge), teils verzahnt sind

idioblastisch – Gefüge aus Körnern, die Eigengestalt erkennen lassen

kataklastisch – Gefüge, das durch intensiv zerbrochene oder zerriebene Körner gegeben ist

kristalloblastisch – Sammelbegriff für Gefüge, die durch Kristallwachstum unabhängig von einer vorhergegangenen Deformation entstanden sind

kristalloplastisch – Gefüge, die durch Kristallwachstum während der Deformation entstanden sind

lepidoblastisch – Gefüge aus subparallel angeordneten blättrigen oder schuppigen Kristallen

Abb. 6-5   Augengneis aus der Grayson Gneis-Serie (Präkambrium). Grayson Co., Virginia.
Länge des Taschenmessers 8 cm. (Foto: Dietrich)

megablastisch – porphyroblastische (s. u.) Gefüge mit besonders starken Größen-
unterschieden
metablastisch – Gefüge, die durch eine bevorzugt wachsende Kristallart gekennzeichnet sind (meistens Feldspäte; linsenförmige, große Feldspäte werden als
«Augen» bezeichnet)
nematoblastisch – Gefüge aus subparallel angeordneten stengeligen, seltener faserigen Kristallen
poikiloblastisch – Gefüge mit großen Kristallen, die kleinere einschließen (Sieb-
struktur)
porphyroblastisch – Gefüge mit signifikant größeren Kristallen in einer feineren
Grundmasse
xenoblastisch – Gefüge aus Kristallen, die keinerlei Eigengestalt erkennen lassen.

DIE KLASSIFIKATION DER METAMORPHITE UND DER MIGMATITE

Die Einteilung der Metamorphite erfolgt nach der Genese; ausschlaggebend sind
dabei die Bedingungen, unter welchen die Metamorphose abläuft. Man unterschei-

283

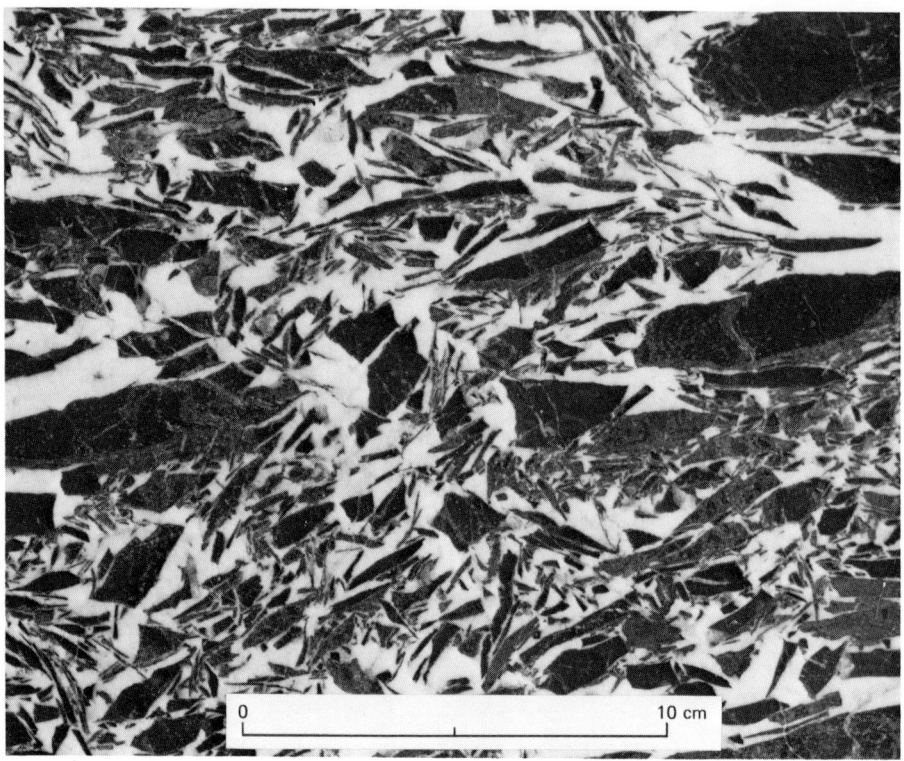

Abb. 6-6   Kataklastische Breccie; Scherben aus schwarzem Marmor, mit Calcit verfestigt. (Foto: Skinner)

det zwischen einerseits *lokaler Metamorphose,* das ist die kataklastische und die Kontaktmetamorphose, und andererseits *regionaler Metamorphose,* die in Regionalmetamorphose im engeren Sinne und in die Versenkungsmetamorphose untergliedert werden kann. Die beginnende Aufschmelzung wird auch als Ultrametamorphose umschrieben, gängiger ist der Begriff *Anatexis.* Sie führt zur Bildung der Migmatite. – Die weitere Unterteilung der Metamorphite basiert im wesentlichen auf ihrer Eingliederung in bestimmte Faziesbereiche, und dann auf der mineralogisch-chemischen Zusammensetzung der Ausgangsgesteine.

Gesteine, die sicher aus Magmatiten entstanden sind, werden zusammenfassend als *Orthogesteine,* solche, die sich von Sedimentiten ableiten lassen, als *Paragesteine* bezeichnet. Im Handstück sind die Produkte manchmal nicht auseinanderzuhalten. So ist etwa ein Gneis, der auf einer Grauwacke beruht, kaum von einem aus einem Granit hervorgegangenen zu unterscheiden. Im Feld, bei Beachtung der geologischen Verhältnisse, ist die Unterscheidung meist nicht schwierig.

Abb. 6-7   Kataklase im Dünnschliff. (A) Anfangsstadium. (B) Fortgeschrittenes Stadium ▷ der Zertrümmerung. Quarz-Feldspatgestein aus der Fries-Störungszone. Montgomery Co., Virginia.

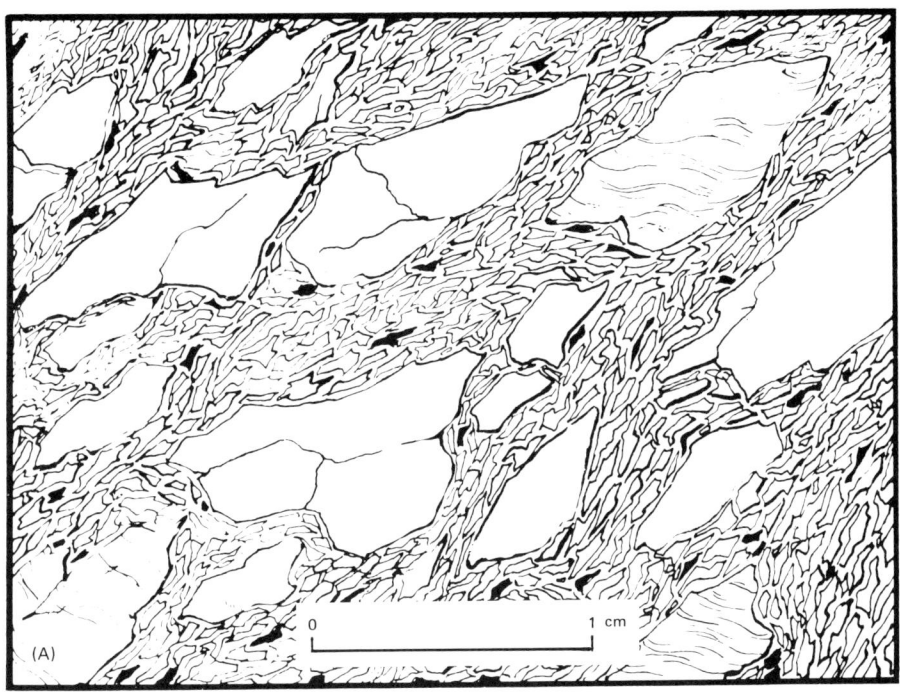

(A)

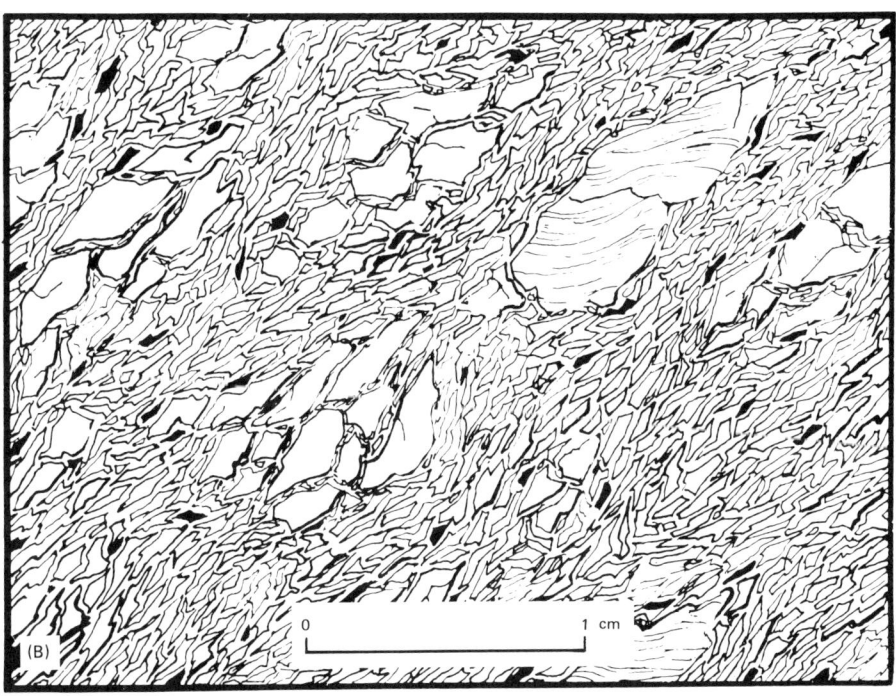

(B)

285

Die Metamorphite

KATAKLASTISCHE GESTEINE

Tektonische Breccien, Mylonite und Phyllonite faßt man als kataklastische Gesteine zusammen; zu den Metamorphiten im eigentlichen Sinne gehören davon nur solche, die bei Temperaturen über 200°C entstanden sind. Damit wären in diesem Kapitel an sich nur ein Teil der Mylonite und die Phyllonite zu erörtern. Da aber die rein tektonisch entstandenen (Reibungs-)Breccien und nicht rekristallisierten Mylonite in diesem Buch an anderer Stelle keinen Platz finden, mögen sie hier mitbehandelt werden.

Kataklastische Gesteine können aus jeder beliebigen Gesteinsart entstehen, durch mechanische Zertrümmerung längs (meist größerer) Bewegungsflächen. Die Vorgänge reichen vom bloßen Zerbrechen der Gesteine bis hin zur Zermahlung im Kornbereich. Erfolgt die Kataklase unter Metamorphosebedingungen, kommt es zu Kornregelungen, Rekristallisationen und gegebenenfalls zur Kristalloblastese. Typisch ist die Neubildung von Sericit und Chlorit. Wasser und die bei der Zerbrechung entstehende Wärme begünstigen die Prozesse. Die Beanspruchung innerhalb solcher Bewegungszonen ist auch an der charakteristischen Druckzwillingslamellierung in Calciten erkennbar.

Manche solcher Gesteine lassen sich megaskopisch (im Handstück) von den Magmatiten, Sedimentiten oder Metamorphiten, aus denen sie hervorgegangen sind, nur dann unterscheiden, wenn man die geologischen Verhältnisse ihres Vorkommens kennt. – Sie treten meist räumlich begrenzt auf, so direkt an Störungen, in Scherzonen oder im Bereich von großen Falten in deformierten Serien. Gelegentlich werden sie allerdings in angrenzende Gesteine eingepreßt. Eine Interpretation solcher dann fast gangartig erscheinender Vorkommen ist oft problematisch.

Der Grad der Zerscherung und Zertrümmerung liefert die Kriterien für die Ansprache dieser Gesteine. Dabei spielen die Korngröße, das Gefüge und die Dichte eine maßgebende Rolle. Auch die Festigkeit gibt in vielen Fällen Aufschluß; tektonische Breccien sind oft bröckelig, dichte Mylonite hingegen hart. Im allgemeinen sind derlei Bildungen recht verwitterungsanfällig.

Tektonische Breccien

Man versteht darunter Reibungs- oder Störungsbreccien an Verschiebungsflächen, aber auch Trümmergesteine, die durch Druck ohne besondere Bewegungen entstehen. Oft sind die Komponenten gerundet, so daß die Bildungen an Konglomerate erinnern. Andererseits bestehen tektonische «Breccien» in großen Scherungszonen häufig nur aus Gesteinsmehl (Störungsletten). Sie werden wohl auch als Mylonite bezeichnet, doch sollte dieser Begriff besser den metamorphen Kataklasiten vorbehalten bleiben.

Alle derartigen Gesteine bestehen aus meist regellos verteilten Bruchstücken, die in einer feineren Matrix eingebettet sind; diese kann auch tonig ausgebildet sein (Störungs- oder Verwerfungsletten). Viele dieser Gesteine sind schwach- oder unverfestigt, und man nimmt an, daß sie unter relativ geringem (allseitigem) Druck entstanden sind. Größere Komponenten können einen Durchmesser von mehreren Metern besitzen, die feinere Matrix besteht im allgemeinen aus Gesteinsmehl in Ton- bis Sandkorngröße. Obwohl bei tektonischen Breccien meist eckige Bruchstücke auftreten, beobachtet man manchmal, wie erwähnt, gerundete Komponenten, deren Form durch Abrieb während der Bewegungen entstanden ist.

Wie gesagt, ist es oftmals schwierig, solche Bildungen im Handstück makroskopisch von sedimentären Breccien (Konglomeraten) zu unterscheiden, wenn die geologischen Verhältnisse nicht bekannt sind. Folgende zwei Kriterien weisen auf tektonische Entstehung hin: polierte und geriefte Oberflächen, sogenannte Harnischflächen (Abb. 6-8) und zerbrochene Gesteinsstücke, die noch aneinander passen.

Da tektonische Breccien meist in hohem Maße durchlässig sind, begünstigen sie das Zirkulieren von Wasser. Ihre Aufschlüsse sind daher häufig von Quellen oder Feuchtstellen markiert. Manchmal sind sie mineralisiert und können sogar Erzlagerstätten bilden. Bleiglanz, Zinkblende und andere Sulfide sind dann in der Matrix fein verteilt oder verdrängen Matrix und/oder Komponenten. Ein Beispiel einer solchen mineralisierten tektonischen Breccie ist die Lagerstätte (Blei-Zink) von Cœur d'Alene im nördlichen Idaho.

Mylonite

Der Name Mylonit kommt aus dem Griechischen und bedeutet etwa «durch die Mühle». Man versteht darunter Kataklasite, die unter höheren Drücken zerrieben, pulverisiert und zerschert wurden; die Komponenten lassen eine Regelung erkennen (die megaskopisch allerdings meist nicht sichtbar ist).

Viele Mylonite sind extrem feinkörnig bis dicht. Sie sehen dadurch Hornsteinen oder feinkörnigen Magmatiten sehr ähnlich. Manche Mylonite enthalten Mineral- oder Gesteinsbruchstücke, die bedeutend größer sind als die einbettende Matrix, und sind dann mit porphyrischen Effusivgesteinen leicht zu verwechseln (deswegen werden sie manchmal auch als «Pseudoporphyre» bezeichnet). Im allgemeinen haben solche größeren Bruchstücke ellipsoide Form; die beiden längeren Achsen sind dann parallel zur Hauptbewegungsfläche eingeregelt. Häufig sind sie auch von typischen Harnischflächen begrenzt. – Mylonite, die deutlich Rekristallisation erkennen lassen, bezeichnet man als Blastomylonite.

Phyllonit ist eine von B. SANDER geprägte Bezeichnung für mylonitische Gesteine, die «echten» Phylliten (s. S. 299) ähnlich sehen. Glänzende Glimmer und Graphit treten häufig als Bestandteile hervor. Im Handstück sind die meisten Phyllonite von Phylliten nur dann zu unterscheiden, wenn die geologischen Verhältnisse bekannt sind. Zu den Phylloniten ist auch ein Teil der Diaphtorite (S. 312) zu rechnen.

Pseudotachylite sind extrem dichte Mylonite, die teilweise oder ganz aus Glassubstanz bestehen (daher der Name, vgl. Tachylit S. 181). Bei sehr intensiven Bewegun-

Abb. 6-8 Harnischfläche in triassischen Gesteinen. Washington D.C. (Foto: T. M. Gathright jr.)

gen entlang von Gleitflächen unter hohem Druck kann soviel Reibungswärme entstehen, daß es schließlich zur Aufschmelzung kommt. Diese seltenen Gesteine kommen meist nur in zentimetermächtigen «Gängen» vor (Maximum: 1 m). Verwechslungsmöglichkeit mit echten Ganggesteinen besteht. Ohne genauere Untersuchung sind Pseudotachylite in der Regel wohl nicht sicher von normalen dichten Myloniten («Ultramyloniten») zu unterscheiden.

Vorkommen und Verwendung. Kataklastische Gesteine kann man innerhalb von Störungszonen auf der ganzen Welt beobachten. Mylonite finden sich im Bayerischen Wald entlang des Pfahles und im Bereich des Donaurandbruches – hier sind sie unter der Lokalbezeichnung «Winzergesteine» bekannt. Im kristallinen Teil des Odenwaldes ist der Granit längs der NNE streichenden Otzberg-Störung auf mehrere Kilometer mylonitisiert.

Ein maximal 30 cm breites Band (manchmal zerschlägt es sich in mehrere Streifen) von ultramylonitischem oder pseudotachylitischem Gestein begleitet die etwa

700 Kilometer lange Periadriatische Naht in den Alpen. Echte Pseudotachylite sind aus den Ötztaler Alpen bekannt.

Die San Andreas Störung in Kalifornien ist auf ungefähr 1000 Kilometer Länge von einer um 3,5 Kilometer breiten Zone kataklastischer Gesteine begleitet.

Gelegentlich werden Kataklasite, insbesondere Karbonatgesteinsbreccien, zu dekorativen Platten oder Säulen von recht auffallendem Aussehen verarbeitet. In der italienischen Renaissance- und Barockarchitektur sieht man derartige Gesteine recht häufig.

GESTEINE DER KONTAKTMETAMORPHOSE

Wenn ein Magma intrudiert oder als Lava an der Erdoberfläche ausfließt, werden die von der heißen Schmelze betroffenen Gesteine mehr oder weniger stark metamorph verändert. Die üblichsten Auswirkungen sind: Farbwechsel; Frittung von Tonen und Sandsteinen; Austreibung fluider Phasen aus den Nebengesteinen (Wasser, CO_2, aus Kohle kann Naturkoks entstehen); beginnende Kristalloblastese bis völlige Neukristallisation, wobei Paragenesen entstehen, die den höheren Temperaturen angepaßt sind; Einwirkung fluider Phasen aus der Schmelze auf das Nebengestein mit Neubildung von Mineralien und/oder Wegfuhr von Stoffen. Naturgemäß können auch mehrere Vorgänge gleichzeitig oder nacheinander ablaufen.

Dies sind die Vorgänge in der *Exokontaktzone,* Veränderungen können aber auch innerhalb des magmatischen Gesteins, in der *Endokontaktzone* wirksam werden, z. B. Greisenbildung (s. Tab. 7-1, S. 322).

Die Bildung von Hornfelsen, Kalksilikatfelsen und kontaktmetasomatischen Mineral- und Erzlagerstätten zählt zu den wichtigeren Erscheinungsformen der Kontaktmetamorphose.

Die reine Thermometamorphose ist durch die Bildung neuer Mineralien gekennzeichnet, wobei im wesentlichen die Bestandteile der betroffenen Gesteine remobilisiert werden, Stoffzufuhr jedoch nur ganz untergeordnet stattfindet. Derartige Hornfelse entstehen im Kontakt mit relativ «trockenem» Magma, d. h. einem Magma, das wenig flüchtige Bestandteile enthält. Andere Hornfelse bilden sich aus Schiefertonen, Tonschiefern oder dichten feinkörnigen Gesteinen, die für flüchtige Bestandteile undurchlässig sind. Im Gegensatz dazu stehen die Kalksilikatfelse und die Skarne mit einem Mineralbestand, der zumindest zum Teil durch die Zufuhr flüchtiger Bestandteile bedingt ist. Ausgangsgesteine sind meist durchlässige Karbonate, die leicht umkristallisieren und/oder teilweise verdrängt werden. Damit leiten die Vorgänge jedoch schon zur Kontaktmetasomatose über. Anreicherung von Eisen- und Kupfererzen (Oxiden und Sulfiden), die metasomatisch im Bereich von Granit-Karbonatkontakten entstehen, bezeichnet man mit einem alten schwedischen Bergmannsausdruck als Skarn.

Die Kontaktzonen (Aureolen) können wenige Millimeter bis 3 Kilometer mächtig sein. Dies hängt von der Größe des Magmenkörpers, seiner Temperatur, aber auch von der Beschaffenheit des Nebengesteins ab. Hornfelse neigen zur Entwicklung zonar gebauter Aureolen, parallel zur Außenfläche des Magmenkörpers, wobei mit

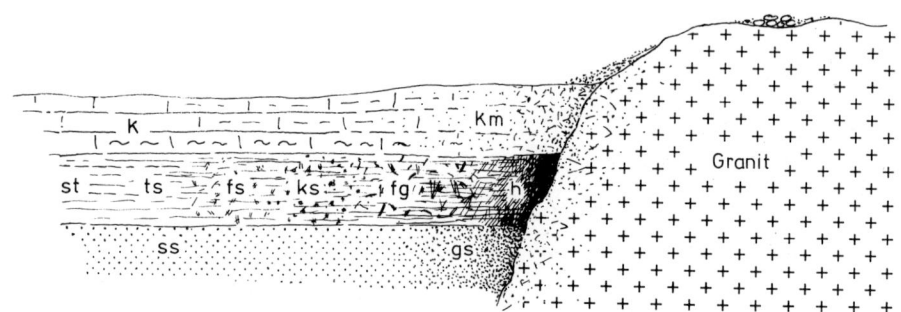

Abb. 6-9 Kontaktmetamorphe Veränderungen verschiedener Sedimente im Bereich eines Granitkörpers. Ohne Maßstab. K – Kalkstein, Kalkmergel; km – Kalksilikatfels, Kontaktmarmor; st – Schieferton; ts – Tonschiefer; fs – Fleckschiefer; ks – Knotenschiefer; fg – Frucht- und Garbenschiefer; h – Hornfels; ss – Sandstein; gs – gefritteter Sandstein. Der kontaktnahe Randbereich des Granitkörpers ist vergreist (Näheres im Text).

zunehmender Entfernung von der Kontaktfläche abnehmend veränderte Gesteine zu beobachten sind: Hornfels – Garben- bzw. Fruchtschiefer – Knotenschiefer – Tonschiefer – Schieferton (Abb. 6-9).

Kalksilikatfelse und ähnliche Bildungen sind weniger regelmäßig angeordnet und der Übergang vom veränderten zum unveränderten Gestein ist oft abrupt. Kontaktmetasomatische Vererzungen sind z. T. auch an Störungen gebunden.

Anmerkung der Übersetzer. Der Gebrauch des Begriffes *Skarn* ist uneinheitlich. Teilweise gilt er als Synonym für kontaktmetamorph entstandene Kalksilikatfelse. Der englische Ausdruck *tactite* wird etwa mit Skarn gleichgesetzt, wiederum aber im Sinne von Kalksilikatfels. Andererseits behält man in der lagerstättenkundlichen Terminologie «Skarn» den vererzten Kalksilikatfelsen mit teilweise komplizierter Geschichte (mehrere metamorphe Überprägungen usw.) vor. Ein englisches Wort für Kalksilikatfels scheint es nicht zu geben. Es ist nicht zweckmäßig, Skarn = Kalksilikat zu setzen, vielmehr sollte der Begriff nur in der alten lagerstättenkundlichen Bedeutung Verwendung finden.

Hornfelse und Kontaktschiefer

Hornfelse sind meist harte, homogene, dichte bis feinkörnige Gesteine, die gelegentlich Porphyroblasten enthalten. Als gröbere Gemengteile können auftreten: Andalusit, Cordierit, Korund, Epidot (oder Klinozoisit), Granat, Hornblende, Hypersthen, Plagioklas, Sillimanit, Spinell, Magnetit, Staurolith und Vesuvian.

Hornfelse können schwarz, grau-grünlich oder nahezu weiß sein. Wie viele andere dichte, fast homogene Gesteine zeigen sie typisch muscheligen Bruch. Die sporadisch eingeschalteten, idiomorph bis xenomorph ausgebildeten Porphyroblasten enthalten nicht selten winzige Einschlüsse. Sie geben den Hornfelsen oftmals ein fleckiges bis knotiges Aussehen. Dichte Varietäten sehen Hornsteinen, Felsiten, dichten Andesiten oder Basalten ähnlich. Bemerkenswert ist, daß einige Hornfelse

Abb. 6-10 Diopsid-Hornfels aus der Kontaktzone des Boulder Batholithen, Montana. Das Gestein war ursprünglich ein Dolomit mit Hornsteinknollen und ist durch die Kontaktmetamorphose weitgehend in Diopsid umgewandelt. (Foto: Dietrich)

ihr Edukt gewissermaßen nachahmen. Diopsid-Hornfels aus der Kontaktzone des Boulder Batholiths in Montana erinnert stark an den ursprünglichen hornsteinführenden Dolomit (Abb. 6-10). Andere erinnern ganz und gar nicht an ihr Ausgangsgestein. Wegen der großen Vielfalt können Hornfelse makroskopisch nur dann einigermaßen sicher zugeordnet werden, wenn die geologischen Verhältnisse bekannt sind. Unter dem Mikroskop ist die Einstufung leichter.

Die erwähnten fleckigen Hornfelse leiten über zu den Kontaktschiefern, die aus Schiefertonen bzw. Tonschiefern hervorgehen. Auf die Hornfelszone folgen zunächst Garbenschiefer mit deutlich erkennbaren büscheligen Andalusitblasten sowie Cordierit, dann folgen die Fruchtschiefer mit Getreidekorn-ähnlichen Mineralneubildungen und die Knotenschiefer, in denen die neuwachsenden Kristalle nur die Schieferflächen etwas aufwölben. Die letzte Stufe sind die Fleckschiefer mit zu dunklen Flecken zusammengezogenem Kohlenstoff oder Bitumen, die aus dem Gestein ausgetrieben worden sind.

Die genauere Ansprache der Hornfelse und Kontaktschiefer erfolgt aufgrund der Zusammensetzung. Ist diese nicht bekannt, so muß man sich auf erkennbare Mineralien beschränken und benennt die Gesteine dementsprechend z. B. als Chiastolithschiefer, Granathornfels oder dergleichen. Naturgemäß kann man die Benennung auch von dem Ausgangsgestein herleiten, wenn dieses beobachtet und bestimmt werden kann.

Kalksilikatfelse

Reine Kalke oder Dolomite werden am (trockenen) Kontakt zu Marmoren, die sich in nichts von den gleichnamigen regionalmetamorphen Gesteinen unterscheiden (S. 295). Sind die Karbonatgesteine hingegen unrein, vor allem SiO_2-haltig und/oder tonig, oder erfolgt Zufuhr von SiO_2 aus dem Magmatit, so bilden sich Kalksilikatfelse. Diese dichten bis grobkörnigen Gesteine bestehen weitgehend oder vollständig aus Ca-Silikaten wie Tremolit, Diopsid, Grossular und gegebenenfalls Calcit. Ferner können sich Wollastonit, Axinit, Fluorapatit, Phlogopit, Skapolith und Turmalin bilden. Einige dieser Mineralien enthalten Bor, Fluor und Phosphor, die charakteristische fluide Bestandteile granitischer Magmen sind. Um so eher darf ein Teil der Kalksilikatfelse (und erst recht der Skarne) als Ergebnis kontaktmetasomatischer Vorgänge angesehen werden.

Weitere typische Kontaktminerale sind Andradit, Hedenbergit sowie Korund, Fluorit, Graphit, Humit, Magnesit, Magnetit, Monticellit, Olivin (besonders Forsterit), Plagioklas (besonders Anorthit), Scheelit, Titanit, Spinell, verschiedene Sulfide, Topas und Vesuvian.

Solche Mineralgesellschaften finden sich im Gebiet des Somma-Vesuv-Systems häufig auch an Kalk- und Dolomitauswürflingen, die ja ebenfalls als kontaktmetamorphe Gesteine anzusehen sind (vgl. Abb. 4-27, S. 182).

Die Zusammensetzung der Kalksilikatgesteine zeigt meistens bereits im Handstück größere Schwankungen. Einige bestehen nur aus einem oder zwei Mineralien und werden dementsprechend benannt, z. B. Granatfels, Magnesitfels oder Wollastonitmarmor.

Kontaktmetasomatische Vererzungen (Skarne)

In Fe-reichen Kalksilikatgesteinen findet man in Butzen, Schnüren oder Äderchen Anreicherungen von Erzen. Die daneben am häufigsten auftretenden Nichterze sind Andradit (selten Grossular), Pyroxene der Diopsid-Hedenbergit-Reihe, ferner Amphibole, Epidot, etwas Calcit und/oder Quarz. Häufige Erzmineralien sind Magnetit, Hämatit (im allgemeinen als Eisenglanz), Ilmenit, Kupferkies, Bornit, Bleiglanz und Zinkblende, Molybdänglanz, Pyrit, Magnetkies, Arsenkies, Scheelit und Wolframit, Zinnstein u. a. Ein großer Teil dieser Vererzungen scheint auf Verdrängungen zu beruhen. Insbesondere zeigen die Sulfide Wesenszüge, die darauf hinweisen, daß sie ursprüngliche Kalksilikate oder Oxide verdrängt haben. – Einige nehmen an, daß die Erzmineralien aus hydrothermalen Lösungen stammen, andere vermuten pneumatolytische Vorgänge oder Transport durch Diffusion. Wie auch immer, zur Bildung solcher Vererzungen sind beträchtliche Stoffwanderungen erforderlich.

Naturkoks entsteht, wenn auch sehr selten, durch Thermometamorphose oder auch durch einfache natürliche Verbrennungsvorgänge (Erdbrände). Er ist glänzend bis stumpf, dunkelgrau bis schwarz und weist unterschiedliche Porositätsgrade auf. Im Gegensatz zu industriell hergestelltem Koks besitzt der Naturkoks eine bedeutend größere Inhomogenität. Chemische Analysen zeigen, daß der Gehalt an Kohlenstoff, Asche und flüchtigen Bestandteilen viel stärker variiert. In der Entzündbarkeit und im Brennverhalten ist der Naturkoks eher mit der Magerkohle vergleichbar als mit industriell hergestelltem Koks.

Vorkommen. Gefrittete Gesteine findet man häufig in der Nähe von Lavaströmen, an Basaltgängen oder oberflächennahen Intrusivkörpern. Derartige Bildungen sind an den vielen Basaltgängen und Schloten im Buntsandstein nicht selten beobachtbar.

Hornfelse kommen überwiegend in der Kontaktzone granitischer Intrusivkörper vor. Wie aus der Abb. 6-2 A entnommen werden kann, entstehen sie im allgemeinen bei relativ geringem Druck. Solche Hornfelse finden sich im Bereich des Harzes; hier hat der Brocken-Granit sein «Dach» verändert. Bekannt sind auch die Hornfelse von Weiler bei Weißenburg im Grundgebirge der Pfalz. Im Nordwesten der Böhmischen Masse entstanden Hornfelse aus ehemaligen Grauwackenschiefern im Bereich des Kaiserwaldes zwischen Erbendorf, Marienbad und dem Luppauer Gebirge. Gute Kontaktschiefer treten um die Fichtelgebirgsgranite auf. Kalksilikatfelse sind aus dem mittleren Schwarzwald bekannt, im Böhmerwald im Gebiet von Krumau sowie im Waldviertel (Österreich). Sehr schöne Kontaktmarmore sind in hervorragenden Aufschlüssen im südlichen Adamello-Gebirge anzutreffen. Schließlich sind die klassischen Vorkommen im Monzoni-Gebirge bei Predazzo zu nennen. Typische Vorkommen in den USA finden sich um die Intrusiva der White Mountains in New Hampshire, der Sierra Nevada in Kalifornien und an dem bereits erwähnten Boulder Batholith in Montana.

Skarne sind nicht nur wirtschaftlich wichtig, sondern auch berühmte Mineralfundstellen: so die Pyrit-Hämatit-Lagerstätten auf Elba oder Trepča in Jugoslawien, in Nordamerika gehört z. B. Magnet Cove in Arkansas hierher. Altberühmte Skarnlagerstätten enthält das skandinavische Grundgebirge.

Naturkoks kann sich bilden, wenn Kohleflöze von Basaltgängen durchschlagen werden. Ein bekanntes Vorkommen findet sich bei Bilina in Nordwestböhmen, ČSSR. Im Ruhrgebiet ist das Flöz Präsident von einem ca. 1 m mächtigen Olivinbasaltgang durchschlagen, 20–80 cm Kohle sind am Kontakt in Koks verwandelt. Ein Beispiel für Nordamerika ist vom Book Cliffs Kohlefeld im Wasatch Plateau in Utah bekannt. Zu erwähnen ist noch die nicht seltene Erhöhung des Inkohlungsgrades im Kontaktbereich. So liegt unter der Weichbraunkohle von Handlova in der

Slowakei ein Lagergang, der ein beträchtliches Areal in wertvollere Glanzbraunkohle verwandelt hat.

Verwendung. Skarnerze werden, soweit sie wirtschaftlich sind, abgebaut. Ein Element, das sich an Granit-Kontaktzonen hält, ist das für Spezialstähle wichtige Wolfram. Gelegentlich findet sich der für Feuerfeststeine wichtige Sillimanit in Kontaktgesteinen angereichert. – Ansonsten gibt es für die Kontaktgesteine als solche kaum Verwendungsmöglichkeiten.

GESTEINE DER REGIONALMETAMORPHOSE

Die räumliche Verbreitung der kataklastischen und der kontaktmetamorphen Gesteine ist gering. Im Gegensatz dazu können von der Regionalmetamorphose riesige, oft nach tausenden von Quadratkilometern messende Gebiete erfaßt werden; im allgemeinen geschieht dies in enger Verknüpfung mit gebirgsbildenden (orogenen) Vorgängen. Ein spezieller Fall ist die sogenannte Versenkungsmetamorphose, durch die Teile der Erdkruste besonders schnell in große Tiefen befördert werden (vgl. Abb. 4-25, S. 179); dabei entstehen Hochdruckgesteine wie z. B. die Glaukophanschiefer.

Im Zuge einer Regionalmetamorphose finden, im allgemeinen unter lebhafter Mitwirkung fluider Phasen, intensive Mineralreaktionen statt, wobei dem gerichteten Druck eine wichtige Rolle zukommt. Die neu entstehenden Paragenesen sind für die jeweils herrschenden P/T-Bedingungen bezeichnend und lassen sich daher in die entsprechenden Fazesbereiche einordnen (Abb. 6-2 und 3). Blättrige und stengelige Mineralien reagieren auf den gerichteten Druck derart, daß sie bevorzugt in bestimmten Richtungen wachsen. Dies führt zu dem lagig-schiefrigen Gefüge, das eines der Hauptmerkmale vieler Metamorphite im Handstück ist (man faßte sie daher früher gerne unter dem Oberbegriff «kristalline Schiefer» zusammen). In anderen Fällen, z. B. bei Quarziten, ist die Orientierung der Körner erst unter dem Mikroskop erkennbar.

In den folgenden Abschnitten werden zuerst die monomineralischen Gesteine behandelt, sodann die gängigeren unter den Metamorphiten, die aus mehreren Mineralien bestehen, und zwar in der Reihenfolge zunehmender Metamorphose.

Aus monomineralischen Edukten gehen unter allen Bedingungen gleiche Produkte hervor. Bei den aus mehreren Mineralien bestehenden Gesteinen kann sich innerhalb eines jeden Fazesbereiches ein diesem entsprechendes Gleichgewicht einstellen. – Zwei Gesteinsreihen sind besonders charakteristisch.

Aus tonhaltigen Sedimentiten, z. B. schwach siltigen oder sandigen Schiefertonen, feinkörnigen Grauwacken, sehr tonreichen Sandsteinen, können sich entwickeln: Tonschiefer (sehr niedrig-gradige Metamorphose) – Phyllit oder Quarzphyllit (niedrig-gradige Metamorphose) – Glimmerschiefer und Gneis (niedrig- bis mittel-gradige Metamorphose); hier setzt dann, normalen H_2O-Druck vorausgesetzt, bereits die Anatexis ein («Ultrametamorphose»). Bei sehr niedrigem Wassergehalt entsteht ein Granulit (hoch-gradige Metamorphose).

Aus Vulkaniten von ungefähr basaltischem Gesamtchemismus entwickeln sich: Äußerlich kaum veränderter Metabasalt (sehr niedrig-gradige Metamorphose) – Grünschiefer (niedrig-gradige Metamorphose) – Blauschiefer (niedrig-gradige Hochdruckmetamorphose) – Amphibolit (niedrig- bis mittel-gradige Metamorphose) – Pyriklasit (hoch-gradige Metamorphose im mittleren Druckbereich) – Eklogit (hoch-gradige Metamorphose bei sehr hohem Druck und sehr niedrigem Wassergehalt).

Marmore

Marmore sind metamorphe Gesteine, die überwiegend aus Calcit bzw. Dolomit bestehen und unter allen möglichen Metamorphosebedingungen gebildet werden können. Indessen werden in der natursteinverarbeitenden Industrie *alle* Karbonatgesteine, also auch Sedimente, die sich gut polieren lassen, «Marmor» genannt. Im folgenden wird die Bezeichnung «Marmor» jedoch im streng petrographischen Sinne verwendet.

Marmor ist schneeweiß, grau, schwarz, blaßgelb, gelb, schokoladenbraun, rosa, mahagonirot, bläulich, lavendelfarben oder grünlich. Die Färbung kann einheitlich sein oder fleckig, das Gestein streifig durchziehen oder «marmorieren». Marmore sind meist ziemlich reine Karbonatgesteine, können aber auch durch vielerlei Mineralien verunreinigt sein, so durch Diopsid, Epidot (oder Klinozoisit), Feldspäte, Forsterit, Graphit, Grossular, Hellglimmer, Humit, Periklas, Phlogopit, Pyrit, Quarz, Skapolith, Serpentin, Titanit, Spinell, Talk, Tremolit, Vesuvian und Wollastonit (vgl. den Abschnitt Kalksilikate, S. 292).

Calcit- und Dolomitmarmore können feinkörnig bis sehr grobkörnig sein, doch bleibt innerhalb eines bestimmten Gesteinskörpers die Korngröße relativ einheitlich. Kalkmarmor ist eher grobkörnig bei mosaikartigem oder verzahntem Korngefüge, Dolomitmarmor ist feinkörniger und zeigt einen charakteristischen «zuckerkörnigen» Verband, weshalb dieses Gestein in der Schweiz schlechthin «zuckerkörniger Dolomit» genannt wird (Abb. 6-11 A und B).

Grobkörniger Marmor zeigt stets einen typisch spätigen Bruch aufgrund der rhomboedrischen Spaltbarkeit von Calcit bzw. Dolomit. Härte, die Spätigkeit und die Reaktion mit Salzsäure machen die Unterscheidung gegenüber ähnlich aussehenden Anorthositen oder Anhydriten leicht. Grobkristallin rekristallisierte, nicht metamorphe Kalke bzw. Dolomite sind bei Beachtung des Verbandes kaum zu verwechseln. Insbesondere die genannten verunreinigenden Mineralien fehlen in normalen sedimentären Karbonatgesteinen samt und sonders.

Wie erwähnt, entstehen aus Karbonatgesteinen sowohl durch die Kontakt- wie auch durch die Regionalmetamorphose völlig gleich aussehende Gesteine, lediglich können regionalmetamorphe Marmore gelegentlich eine leichte Schieferung aufweisen, die den Kontaktgesteinen fehlt. Durchbewegte Marmore sind eindeutig regionalmetamorpher Herkunft. Bei Gesteinen, die Pyrochlor oder Koppit enthalten, muß der Verdacht bestehen, daß es sich um Karbonatite handeln könnte (vgl. S. 167). Der Übergang vom Marmor zum Kalksilikatfels ist fließend, unreine Kalke, Mergel, kieselig-dolomitische Gesteine usw. werden, ebenso wie im Kontaktbereich,

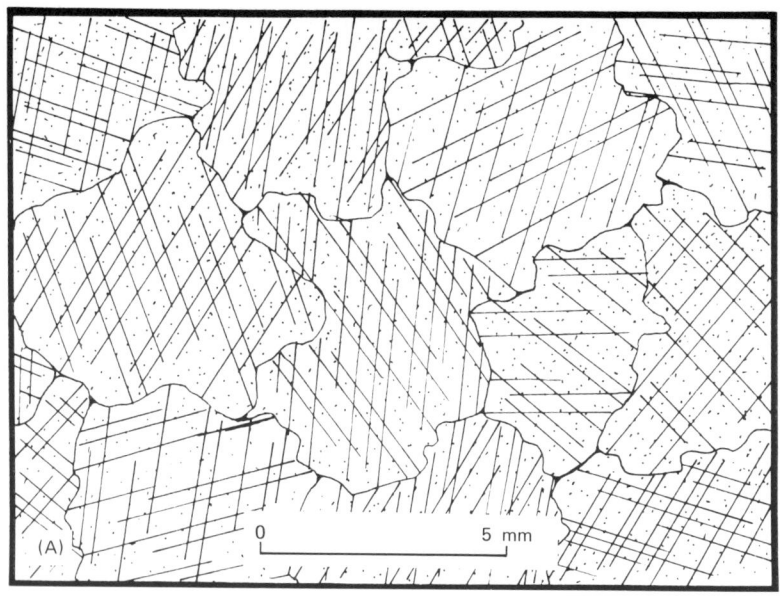

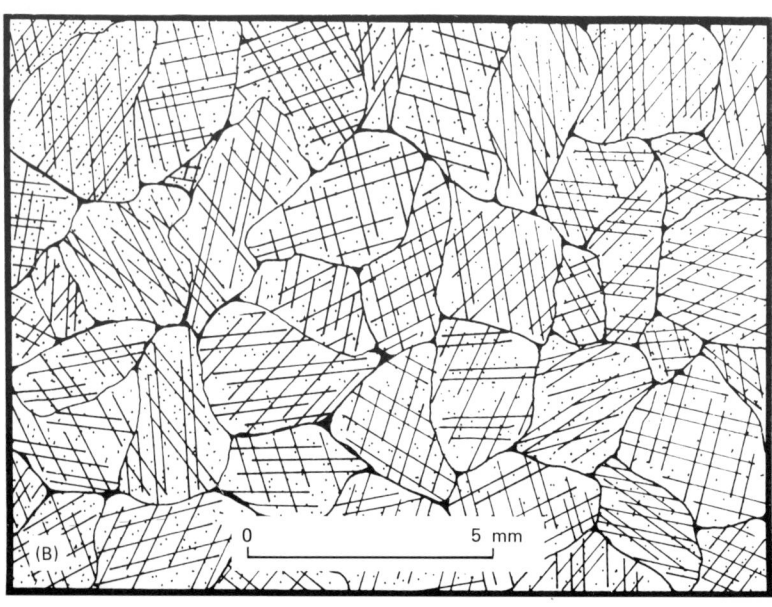

Abb. 6-11   Marmorgefüge im Dünnschliff. (A) Korngefüge mit Verzahnung in Kalkmarmor. Macomb, St. Lawrence Co., New York. (B) Typisch «zuckerkörniges» Gefüge in Dolomitmarmor. Dutchess Co., New York.

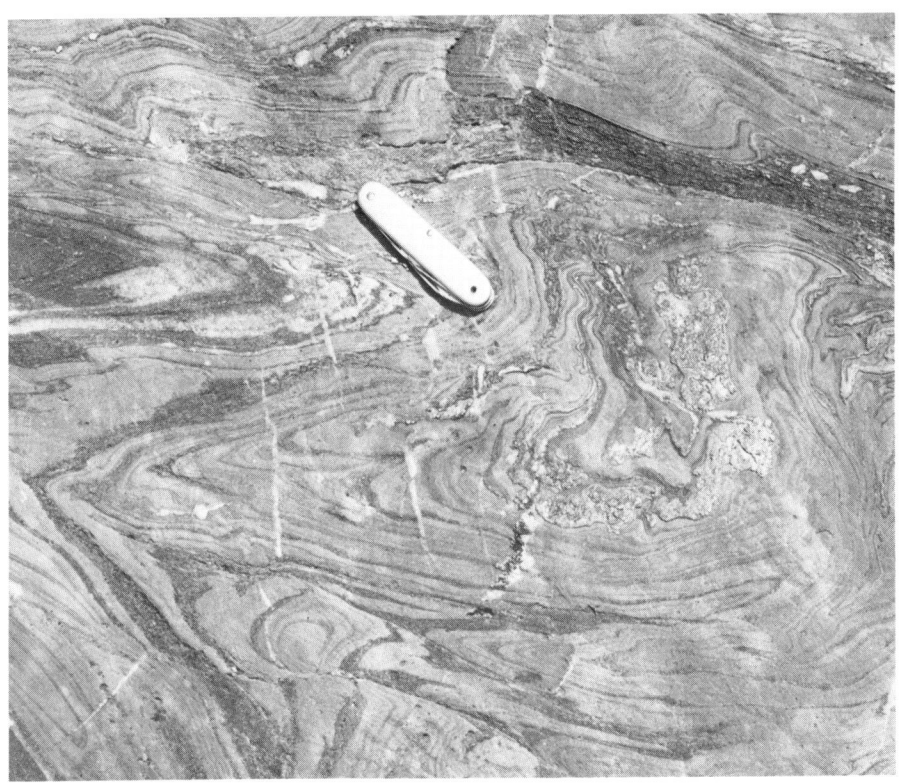

Abb. 6-12   Wirr gefaltetes Gefüge (infolge plastischen Verhaltens) im Marmor. Val Malenco, Italienische Westalpen. (Foto: K. Bucher)

auch hier zu Kalksilikatfelsen. Kalke, die Reste organischer Substanz enthalten, werden zu Graphitmarmoren.

Vorkommen und Verwendung. Im Marmor kann man vielfach «Fließgefüge» und Verfaltungen beobachten (Abb. 6-12). Angeschnitten und poliert sind solche Gesteine sehr dekorativ. Wegen seiner geringen Härte (H = 3) kann reiner Marmor leicht bearbeitet werden und findet seit der Antike reiche Verwendung in der Bildhauerei und Architektur. Während man die rein weißen Marmore vorwiegend für Statuen und Kunstgegenstände heranzieht, verwendet man farbiges oder gemustertes Material bevorzugt für bauliche Zwecke.

Die am besten bekannten Marmore stammen aus Italien (Carrara) und Griechenland (pentelischer Marmor). Viele griechische Bild- und Bauwerke, wie zum Beispiel der Parthenon, wurden aus reinem Marmor errichtet. Die Vielfalt des Marmors aus Carrara in den Apuanischen Alpen im Nordapennin ist unglaublich; in der weißen Form, die in riesigen Blöcken gewonnen werden kann, war er schlechthin *das* Material für den Bildhauer Michelangelo Buonarotti.

In Mitteleuropa findet man Marmor im NW der Böhmischen Masse zwischen

Plan und Ludlitz im Kaiserwald, in der Krumauer Zone im Böhmerwald, im Bayerischen Wald und im Fichtelgebirge (z. B. Wunsiedler Marmor).

Zahlreiche Vorkommen befinden sich in den Alpen: so in den Stubaier Alpen und am Südrand des Schneeberger Zuges südwestlich von Sterzing sowie bei Laas (Lasa) im Vintschgau (Laaser Marmor) und in Form vieler Einschaltungen im Kristallin der östlichen Alpen. Weniger als Gestein als wegen seiner Vielfalt an Mineralien berühmt ist der «zuckerkörnige Dolomit» von Lengenbach im Binnatal (Wallis).

In Nordamerika wurden im metamorphen Gesteinsgürtel der Grenville-Provinz in Quebec und Ontario sowie in den Appalachen und in den Rocky Mountains riesige Mengen an Marmor für kommerzielle Zwecke gewonnen. Im Augenblick befindet sich der größte Abbau in Nordamerika bei Proctor, Rutland County, Vermont. Der Marmor zeigt hier eine Vielfalt von Farben: weiß, schwarz, grau, blau, grün und mehrfarbig. Das Washington Monument im «District of Columbia» besteht aus drei verschiedenen Marmorvarietäten: Der Sockel wurde bis zu einer Höhe von 46 m aus einem grobkörnigen, calcitischen Marmor aus Texas, Maryland, errichtet; darüber schließt sich ein Marmor aus Lee, Massachusetts, an; die Spitze bis ungefähr 120 m bildet ein feinkörniger, magnesiumreicher Marmor aus Cockeysville, Maryland.

Quarzite

Quarzite im engeren Sinne sind metamorphe Gesteine, die zu wenigstens 80% aus Quarz bestehen und sich, ebenso wie die Marmore, unter den verschiedensten Bedingungen bilden können; kontaktmetamorphe Quarzite sind von regionalmetamorphen nicht zu unterscheiden. Ausgangsgesteine können sein: Sandsteine, Hornsteine wie Radiolarite, Kieselschiefer.

Nach wie vor werden nicht metamorphe, aber kieselig gebundene Sandsteine als «Quarzite» bezeichnet, so z. B. der Taunus-Quarzit, ein Sandstein aus dem Unterdevon des Rheinischen Schiefergebirges, oder der Ölquarzit, ein muschelig brechender, glaukonitischer Sandstein aus der Unterkreide der Flyschzone am Nordrand der Alpen (siehe auch S. 229 und Abb. 5-19). Die im Englischen üblichen Begriffe Orthoquarzit für sedimentäre und Metaquarzit für metamorphe Gesteine werden im Deutschen nicht verwendet.

Quarzite sind meist weiß, können aber auch in jeder anderen Farbe auftreten; grau, rot oder verschiedene Brauntöne sind häufig. Quarzite sind fein lamelliert bis massig, dünn- oder dickbankig, die Schieferung ist meist undeutlich ausgebildet oder fehlt ganz. Die Nomenklatur für die Sandsteine, nach der Korngröße, ist manchmal auch für Quarzite anwendbar (s. S. 226), meist sind sie jedoch derart stark umkristallisiert, daß nicht einmal mehr festgestellt werden kann, ob das Ausgangsgestein ein Sandstein oder Hornstein war. Das Korngefüge ist mosaikartig oder verzahnt. Charakteristisch für unreine Quarzite sind Mineralien wie z. B. Aluminiumsilikate, Biotit, Chlorit, Hämatit (Eisenglanz), Magnetit, Muskovit (Sericit) u. a. Danach kann man die Quarzite in die entsprechenden Faziesbereiche einordnen. Glimmerreiche Quarzite lassen naturgemäß eher Schieferung erkennen; sie leiten zu den Quarzphylliten über (S. 302).

298

Abb. 6-13   Tonschiefer. Die Schieferungsflächen schneiden das sedimentäre Gefüge mit einem Winkel von etwa 45°. Vermont. (Foto: Skinner)

Metamorphe Konglomerate – man bezeichnet sie auch als Metakonglomerate – verhalten sich etwa zu Konglomeraten wie Quarzite zu Sandsteinen. Vielfach ist allerdings nur die Matrix metamorph, häufig sind größere karbonatische Komponenten gelängt und/oder chemisch verändert. Metakonglomerate, Geröllgneise und ähnliche Gesteine können auf verschiedenen Ursprungsgesteinen basieren; ein Beispiel dafür sind die metamorphen Tillite.

Vorkommen und Verwendung. Quarzite kommen in allen metamorphen Serien relativ häufig vor. In Deutschland treten Quarzitgneise z.B. im Oberpfälzer Wald und im Spessart auf. In die eintönigen Sedimentgneis-Serien des Altkristallins der Ostalpen sind regelmäßig Quarzite eingeschaltet. Deutlich metamorphe Quarzkonglomerate finden sich an der Basis mesozoischer Schichtfolgen auf dem Altkristallin der Stubaier Alpen. Metamorphe, präkambrische Tillite kennt man aus Skandinavien.

Ein Kuriosum ist ein glimmerreicher, «biegsamer» Quarzit, der als Itacolumit oder Gelenkquarz bezeichnet wird; ein Vorkommen findet sich in den Sauratown Mountains, North Carolina.

Reine Quarzite sind als Rohstoff für die Herstellung von Glas und feuerfesten Ziegeln sowie als Ausgangsprodukt für Eisen-Silizium-Legierungen verwendbar. Gelegentlich gewinnt man sie auch als Schotter, manche Glimmerquarzite auch für Plattenverkleidungen und dergleichen.

Tonschiefer und Phyllite

Tonschiefer entstehen aus Schiefertonen (S. 231), sind extrem feinkörnig und in der Regel sehr stark geschiefert, so daß sie sich leicht in dünne Tafeln, parallel zur Schieferung, spalten lassen. Die Schieferung kann der ehemaligen Schichtung entspre-

Abb. 6-14   Nach der Schieferung gespaltene Platte aus dem Arvonia Tonschiefer; die sedimentäre Schichtung verläuft von rechts oben nach links unten. (Foto: Holsinger Studio, Charlottesville, Virginia)

chen, diese aber auch in beliebigen Winkeln schneiden (Abb. 6-13 und 14). Fossilien finden sich nicht selten, sie sind oft deutlich deformiert. Massige metamorphe Tonsteine sind schwer von unveränderten Gesteinen gleichen Gefüges zu unterscheiden und selten; die im Englischen dafür gültige Bezeichnung «argillite» hat im Deutschen keine Entsprechung. Tonschiefer sind von Schiefertonen schlecht abzutren-

Abb. 6-15 Phyllit. (A) Handstück mit deutlicher Fältelung aus dem Wills Phyllit. Floyd Co., Virginia. (B) Dünnschliff aus dem Wepawaug Phyllit. Woodbridge, Connecticut. (A Foto: Dietrich; B Foto: Skinner)

nen (die beiden Begriffe werden übrigens häufig verwechselt), ein Merkmal sind neugebildete, fein schimmernde Sericit-Häutchen auf den Schieferungsflächen, ferner sind Tonschiefer meist härter. Im Querbruch zeigen sie einen stumpfen Glanz.

Die Farbe der Tonschiefer ist sehr variabel. Normalerweise überwiegen graue bis graublaue Töne, bituminöse oder Graphit enthaltende Varietäten sind schwarz, solche mit Hämatit oder Limonit rot bzw. braun, Chlorit ruft grüne Tönungen hervor. Viele Tonschiefer sind mehrfarbig gefleckt oder gestreift. Pyrit und Markasit können in eingesprengten Kristallen oder Konkretionen auftreten.

Phyllite sind feinkörnig, doch sind die Körner allenfalls noch mit der Lupe erkennbar. Die Schieferungsflächen sind nunmehr sehr deutlich mit glänzenden Sericit-Tapeten belegt, Chlorit und Graphit nehmen häufig teil. Entsprechend dem vorherrschenden Mineral sind die Phyllite (silber-)grau bis grünlich, deutlich grün oder schwärzlich (abfärbend!) getönt. Die Oberflächen sehen oft wie poliert aus; häufig sind sie allerdings auch gefältelt bis feinst gerunzelt (Abb. 6-15).

Wesentliches Merkmal zur Unterscheidung gegen die schwächer metamorphen Tonschiefer ist die Ausbildung von Porphyroblasten (die allerdings auch fehlen können und nicht mit den Neubildungen in kontaktmetamorphen Tonschiefern verwechselt werden dürfen!). Als solche können auftreten: Albit, Andalusit, Chlorit, Chloritoid, Karbonate, Magnetit, Pyrit, Stilpnomelan. Hauptbestandteile der normalen Phyllite (Sericitphyllite) sind Muskovit, stets als Sericit ausgebildet, Chlorit und Quarz; doch trennt man davon, je nach Zusammensetzung, noch Quarzphyllite und Kalkphyllite ab. Manche «Phyllite» sind das Produkt einer retrograden Metamorphose und sollten dann besser als Diaphtorite bzw. bei sehr starker Durchbewegung als Phyllonite bezeichnet werden (s. S. 212 und 287).

Tonschiefer, Sericitphyllite, Muskovit-Glimmerschiefer sowie Gneise von entsprechender Pauschalzusammensetzung, die alle aus sehr tonreichen Edukten hervorgehen, faßt man auch unter dem Sammelbegriff *Metapelite* zusammen.

Vorkommen und Verwendung. Tonschiefer und Phyllite kommen in den meisten regionalmetamorphen Gesteinsprovinzen wenigstens untergeordnet vor. In Mitteleuropa lassen sie sich vor allem in dem als Saxothuringikum bezeichneten Abschnitt der varistischen Gebirge (Sudeten, Erzgebirge, Fichtelgebirge, Thüringer Wald) verfolgen. Kalkphyllite bilden einen Teil der sogenannten Bündner Schiefer in den Westalpen und in den Hohen Tauern, Quarzphyllite treten in den Ostalpen in mehreren größeren Arealen auf. Weithin verschickt werden Tonschiefer aus dem Altpaläozoikum im nördlichen Wales.

Tonschiefer verwendet man als Dachziegel, als Fliesen, für Tischplatten aller Art; früher waren sie das Material für Schultafeln. Manche «Tonschiefer» des Natursteinhandels sind in Wirklichkeit Phyllite.

Glimmerschiefer

Prototyp der «Kristallinen Schiefer» sind die Glimmerschiefer. Sie sind gröber körnig als die Phyllite; vor allem erscheint der Muskovit nicht mehr in Form von Sericit-Häutchen, sondern in erkennbaren Blättchen, ebenso auch andere Glimmer, namentlich Biotit. Der zweite Hauptbestandteil ist Quarz; Feldspat tritt sehr stark zurück. Das Gefüge ist in der Regel deutlich schiefrig oder plattig. Die Namengebung orientiert sich an der Glimmerart, die den Hauptbestandteil bildet (Muskovit-, Biotit-Glimmerschiefer) und zusätzlich an Nebengemengteilen, die meist als deutlich ausgebildete Porphyroblasten in Erscheinung treten (Granat-Muskovit-Glimmerschiefer, Staurolith-Muskovit-Glimmerschiefer; Abb. 6-16), oder an bestimmten Gefügemerkmalen (Graphit-Fleckenschiefer).

Zu den weit verbreiteten Varietäten zählen die Muskovit-, die Biotit- und die Biotit-Muskovit-Glimmerschiefer. Paragonit-Glimmerschiefer und Fuchsit-haltige Varietäten sind relativ selten. Muskovit und Paragonit sind meistens silbrig-weiß, Biotit ist bräunlich-schwarz oder bronzefarben und Fuchsit hellgrün. In den Gesteinen mit zwei Glimmern treten Biotit und Muskovit sowohl einzeln auf als auch in Aggregaten, die teils aus Muskovit, teils aus Biotit bestehen. Aus tonig-mergeligen Sedimenten entstehen Karbonatglimmerschiefer, analog zu den Kalkphylliten (bei höher-gradiger Metamorphose gehen daraus Kalksilikatfelse hervor). Durch die Lage der meist xenomorphen Glimmerblättchen wird die Schieferung des Gesteins maßgebend geprägt. Häufig sind die Schieferungsflächen unregelmäßig gekrümmt oder verfältelt. Quarz, der zweite Hauptbestandteil, ist gewöhnlich körnig ausgebildet. Die linsigen Quarzkörner oder -aggregate sind mit ihrer Längsachse parallel zur Schieferung eingeregelt. In manchen Glimmerschiefern erscheint etwas Feldspat.

Glimmerschiefer führen an Nebengemengteilen z.B. Almandin, Staurolith oder Sillimanit. Diese Mineralien sind meist idioblastisch und bis zu mehreren Zentimetern lang, Granate im Extremfall faustgroß. Weitere Mineralien, die makroskopisch erkennbar in Glimmerschiefern auftreten können, sind Amphibole, Chlorit, Epidot (und Klinozoisit), Zoisit, Graphit und Disthen. Glimmerschiefer, die reichlich Karbonat, fein verteilt oder in gröberen Porphyroblasten, enthalten, werden als Kalkglimmerschiefer bezeichnet. An diese Gesteine hält sich bevorzugt auch Graphit.

Die Zusammensetzung der meisten Glimmerschiefer weist darauf hin, daß sie aus tonreichen Sedimentiten, wie Siltiten und Schiefertonen, oder aus sauren vulkanischen Tuffen entstanden sind. Die für die metamorphe Fazies charakteristischen Mineralien sind in den meisten Glimmerschiefern (wegen ihrer Größe) makroskopisch erkennbar; sie sind gemeinhin in die Grünschiefer- bis niedere Amphibolitfazies einzuordnen.

Vorkommen und Verwendung. Glimmerschiefer sind ähnlich weit verbreitet wie die gängigen Sedimentgneise (mit denen sie ja auch durch alle Übergänge verbunden sind) und dementsprechend in allen regionalmetamorphen Regionen mit niedrig- bis mittel-gradiger Metamorphose anzutreffen. Häufig umrahmen sie in Form von sogenannten Schieferhüllen höher metamorphe Areale, so in den westlichen Sudeten, im Riesen- und im Adlergebirge. Ein kambrischer Staurolithschiefer tritt im Spessart auf. In den Alpen sind Glimmerschiefer häufig, einerseits bilden sie mit Sedimentgneisen und anderen Gesteinen das Ostalpine Altkristallin, andererseits sind sie Bestandteil der Unteren Schieferhülle, z. B. der Zillertaler Alpen. Kalkglimmerschiefer treten innerhalb der Bündner Schiefer auf. Glimmerschiefer werden, sofern sie gut spalten, gelegentlich als Baustein verwendet. In Nordamerika liegen bezeichnende Vorkommen in der Grenville-Provinz in Kanada und New York oder in der Piedmont-Provinz in Nord- und Südcarolina. Hier wird der Gehalt die-

Abb. 6-16 Glimmerschiefer mit Porphyroblasten. Das obere Handstück ist ein Staurolith-glimmerschiefer aus der Lynchburg Serie, Stuart, Patric Co., Virginia. Das untere Handstück ist ein Beispiel für Granatglimmerschiefer aus derselben Formation. Burke's Fork, Floyd Co., Virginia. (Foto: Dietrich)

ser Gesteine an Aluminiumsilikaten für die Feuerfestindustrie genutzt. In einigen Vorkommen, z.B. in Alabama, findet auch der Graphit aus Graphit-Glimmerschiefern Verwertung. Auch in Indien werden Glimmerschiefer auf Aluminiumsilikate abgebaut.

Gneise

Unter Gneis versteht man mittel- bis grobkörnige, deutlich bis undeutlich geschieferte Metamorphite recht verschiedener Zusammensetzung, aber stets mit merklichem bis überwiegendem Gehalt an Feldspäten; darin liegt der ausschlaggebende Unterschied zu den Glimmerschiefern (weniger im Metamorphosegrad). Unter den Bestandteilen treten daher körnige Mineralien gegenüber den blättrigen oder stengeligen deutlich in den Vordergrund.

Die am häufigsten auftretenden körnigen Mineralien sind Quarz, Kalifeldspat (im allgemeinen Mikroklin oder Mikroklin-Perthit) und Na-reicher Plagioklas. Als charakteristische Nebengemengteile treten z.B. Cordierit, Sillimanit, Granat und Staurolith als körnige Komponenten auf. Biotit, Muskovit und auch Hornblende in verschiedenen Mengenverhältnissen prägen die Schieferung der Gesteine (Abb. 6-1). Gneise sind deutlich plattig und spalten bevorzugt parallel zu den Schieferungsflächen, bei anderen herrscht mehr unregelmäßiger Bruch vor, besonders wenn die Feldspäte recht groß entwickelt sind. Gelegentlich zeichnet bei Sedimentgneisen die Schieferung die ehemaligen Schichtflächen nach, häufiger verläuft sie jedoch beliebig dazu. Vielfach ist sie, wie gesagt, überhaupt schwach ausgeprägt. Bei Gesteinen, die eine deutliche Hell-Dunkel-Bänderung zeigen (Abb. 6-17), sollte man nicht von Schieferung, sondern von Lagenbau sprechen. Derartige Gefüge bilden sich häufig als Folge beginnender Aufschmelzung der hellen Bestandteile heraus. Dieser Vorgang wird auch als *Metatexis* = erstes Stadium der Anatexis bezeichnet, die betreffenden Gesteine als metatektische Gneise (vgl. S. 307). Faltung in verschiedenster Größenordnung sowie Scherflächen sind häufig zu beobachten.

Viele Gneise enthalten größere Feldspatkristalle oder Mineralien wie Granat, Andalusit und Staurolith, die in eine feinkörnigere Matrix eingebettet sind. Diese Phänokristalle können wohl auch Relikte des Ausgangsgesteins nachbilden, z.B. kleine Gerölle, sind aber in der Regel als Porphyroblasten während der Metamorphose gesproßt. Soweit solche Gemengteile bestimmbar sind, kann man die Gesteine in die entsprechende metamorphe Fazies einordnen. Porphyroblasten sind idiomorph oder hypidiomorph, vielfach jedoch unregelmäßig gestaltet. Als «Augen» bezeichnet man für gewöhnlich größere, linsenförmig ausgebildete Feldspatkristalle (Abb. 6-5). Feldspäte und Glimmer bestimmen weitgehend die Farbe, hell- bis dunkelgrau herrscht vor. Manchmal rufen die Feldspäte rötliche Tönungen hervor.

Die zahllosen Gneistypen werden nach dem Ausgangsgestein, nach dem Mineralbestand und/oder nach dem Gefüge benannt. «Gneis» bezeichnet wie gesagt nicht ein Gestein annähernd bestimmter Zusammensetzung, sondern in etwa feldspatreiche Metamorphite aus den Bereichen höherer Grünschieferfazies bis hin zur beginnenden Anatexis oder, gegebenenfalls, zur Granulitfazies; die meisten Gneise entsprechen der Amphibolitfazies, sind also etwa mittel-gradig metamorph. Als Edukte kommen vor allem in Frage Gesteine der Granit-Gruppe, saure Vulkanite,

Abb. 6-17   Bändergneis. Kongshavn bei Kristianssund, Norwegen. (Foto: Dietrich)

Arkosen und Grauwacken, tonreiche Sand- und Siltsteine, Schiefertone und dergleichen. Gneise, die aus (sauren) Magmatiten hervorgegangen sind, werden als *Ortho-
gneise* den Sediment- oder *Paragneisen* gegenübergestellt. Ganz allgemein trennt
man Ortho- von Parametamorphiten ab, sofern das Edukt erkennbar ist. Ein Gneis,
der eindeutig aus einem Granit hervorgegangen ist, heißt dementsprechend Granit-
gneis. Ohne Detailuntersuchung ist die Zuordnung allerdings nur möglich, wenn die
Verbandsverhältnisse im Feld eindeutig sind. Weiteres Einteilungsmerkmal ist der
Mineralbestand: Beispiele wären Quarzitgneise, Biotit-Plagioklas-Gneise, Hornblendegneise (s. u.), Cordierit-Sillimanit-Gneise. Nach dem Gefüge schließlich kann
man beispielsweise Augengneise, Flasergneise, Bändergneise, Schiefergneise, Plat-
tengneise, Geröllgneise usw. unterscheiden.

Manche Magmatite lassen gneisartig gebänderte Gefüge erkennen, ohne metamorph zu sein. Vor allem Fließstrukturen in Vulkaniten führen unter Umständen zu einem straffen Lagenbau; gute Beispiele sind z. B. am Rieserferner Tonalit südlich der Hohen Tauern zu beobachten. Unter starkem, gerichtetem Druck erstarrte Granite im Odenwald bezeichnet NICKEL als Flasergranite oder Primärgneise (s. S. 149). Streng genommen sind auch die metatektischen Gneise (s. o.) oder die Injektionsgneise (s. Migmatite S. 313) keine Metamorphite im engeren Sinne des Wortes.

Vorkommen und Verwendung. Gneise sind häufig und in den meisten metamorphen Gesteinsprovinzen weit verbreitet. Als varistische Gneisgebiete in Mitteleuropa sind vor allem zu nennen: Westsudeten, Erzgebirge, Fichtelgebirge, der Bayerische und der Böhmerwald, Odenwald und Spessart sowie die Vogesen. Ein weiteres wichtiges Kristallingebiet ist Skandinavien. Gneise sind schließlich in der Zentralzone der gesamten Alpen das bestimmende Gestein, so z. B. die Biotit-Plagioklas-Gneise der Ötztaler Alpen oder die Zentralgneise der Zillertaler Alpen und der Hohen Tauern.

In Nordamerika findet man Gneise im kristallinen Teil der Appalachen in Neu England und anderen Staaten an der Atlantikküste sowie in weiten Teilen der Rocky Mountains.

Massive Gneise werden als Schotter, Bausteine und sogar als Grenzsteine verwendet. Manche Varietäten spalten so hervorragend, daß Wandplatten, Grabsteine und dergleichen daraus hergestellt werden können. Im Tessin gibt es Gneise, die sich sogar zu Pflastersteinen verarbeiten lassen. Ansonsten werden Gneise meist nur dann dazu herangezogen, wenn besser geeignetes Material, in der Regel Granit, im betreffenden Gebiet fehlt.

Granulite

Der Begriff Granulit findet sich auf recht verschiedene Gesteine angewendet, so daß vorgeschlagen wurde, ihn nicht mehr zu gebrauchen. Da er jedoch einen Faziesbereich kennzeichnet (Abb. 6-2) und nunmehr, z. B. von WINKLER, recht genau definiert wurde, ist er zumindest für Mitteleuropa beizubehalten. Unter *Granulit* versteht man *zunächst alle Gesteine,* die sich durch hoch-gradige Metamorphose bei sehr hoher Temperatur, jedoch nicht nur bei sehr hohen Drücken aus wasserfreien Edukten bilden, Quarz und, neben Klinopyroxen, *als bezeichnendes Mineral Orthopyroxen* enthalten und frei von Glimmer sind. Gesteine mit reichlich Alkalifeldspat sind dann die Granulite im engeren Sinne, solche mit Plagioklas und wenig Quarz deren basische Äquivalente. Das Gefüge der Granulite ist durchwegs gleichkörnig und so gut wie richtungslos.

WINKLER bezeichnet die Granulite in diesem engeren Sinne als «charnockitic granolites» (Charnockit: vgl. S. 147), die basischen als «hypersthene pyroclase granolites». MATHÉ (in PFEIFFER et al.) hat für die letztgenannten den Begriff *Pyriklasit* beibehalten (aus *Py*roxen und *Plagio*klas). – WINKLERs Schreibweise «Granolit» hat sich nicht eingeführt.

Vorkommen. Das sächsische Granulitgebirge enthält die bekanntesten Fundgebiete für (saure) Granulite, in die lagenweise Pyriklasite eingeschaltet sind. Weitere Vorkommen sind im Böhmischen Massiv und in Niederösterreich zu nennen.

Grünschiefer und Grünsteine

Grünschiefer, auch Prasinite genannt, sind niedrig-gradige Metamorphite, die durch Mineralien wie vor allem Chlorit, sodann Epidot oder Aktinolith grün, z. T. typisch gelbgrün gefärbt sind; oft werden sie nach ihren Hauptbestandteilen einfach Chloritschiefer genannt. Den Grünsteinen fehlt das schiefrige Gefüge. Echte Grünschiefer sind arm an Glimmern und enthalten Na-Plagioklas. Zu den Phylliten gibt es Übergänge, z. B. Chloritphyllite, mit zunehmendem Sericitgehalt. Epidot kann als Gemengteil oder in feinen Lagen oder Gängchen auftreten. Verwechslung mit Serpentiniten ist möglich. Chloritschiefer enthalten nicht selten idiomorphe Magnetiteinsprenglinge.

Die Grünschiefer, die aus basaltischen Laven und Pyroklastiten, aber auch aus mergeligen Gesteinen gleicher Pauschalzusammensetzung hervorgehen, sind seltener als Phyllite. Die Grünsteine, charakteristischer Bestandteil präkambrischer Serien («greenstone belts»), sind massig und beruhen auf Magmatiten wie Basalten, Dioriten oder Gabbros.

Vorkommen und Verwendung. Grünschiefer erscheinen in allen Zonen niedriggradiger Metamorphose in Wechsellagerung mit Phylliten, Glimmerschiefern, Quarziten usw., sofern den ursprünglichen Sedimentserien basische Vulkanite zwischengeschaltet waren. Häufig treten sie in den Bündner Schiefern der Westalpen und der Hohen Tauern auf, z. B. ist der Großglockner aus solchen Gesteinen aufgebaut. Auch im Harz sind Grünschiefer, aus Diabas hervorgegangen, bekannt. – Grünsteine im engeren Sinne sind in Europa selten, da hier Äquivalente der greenstone belts stark zurücktreten.

Grüngesteine finden im allgemeinen keine Verwendung, es sei denn, sie enthalten wirtschaftlich interessante Mineralien, wie z. B. Magnetit, angereichert. Zähe Grünsteine dienen gelegentlich als Schottermaterial.

Talkschiefer und Speckstein

Unter ähnlichen Bedingungen wie die Grünschiefer entstehen die überwiegend aus Talk bestehenden Talkschiefer und Specksteine (Steatit). Diese Gesteine sind üblicherweise hell, lichtgrün oder silbrig-grau, die Specksteine lichtgrau. Speckstein kann manchen Serpentinen ähnlich werden, die Härte macht die Unterscheidung jedoch einfach. Von Pyrophyllitgesteinen ist er ohne Röntgenuntersuchung nicht zu unterscheiden.

Talkschiefer führen als weitere Bestandteile Mineralien wie Aktinolith, Apatit, Chlorit (gelegentlich Kaemmererit = Chromchlorit), Chromit, Dolomit, Enstatit, Fuchsit, Magnesit (besonders einen Breunnerit genannten Mischkristall aus der Reihe Siderit-Magnesit), Magnetit, Olivin, Quarz, Serpentin. Speckstein ist meist ziemlich rein.

Ausgangsgesteine sind Ultrabasite wie Peridotit oder Pyroxenit, aber auch dolomitische Mergel. Der Bildungsbereich ist der der niedrig- bis tiefer mittel-gradigen Metamorphose.

Vorkommen und Verwendung. Talkschiefer sind in der Unteren Schieferhülle des

Tauern-Penninikums nicht selten und finden sich auch sonst an vielen Stellen der zentralen Ost- und Westalpen; ein interessantes Vorkommen ist z. B. Scurtaseu im Puschlav (Graubünden). – Talkschiefer sind gleichzeitig Lagerstätten für Talk, der sehr vielseitige Verwendung findet. Große Mengen werden in der Farbenindustrie benötigt. Weiterhin verwendet man ihn als Zusatz für keramische Produkte, als Füllstoff in der Gummiherstellung, in der chemischen Industrie sowie in der kosmetischen Industrie für Puder, Cremes, Schminken und Seifen. Geringere Mengen benötigt man zum Bestäuben von Nägeln, als Poliermittel für Glas, als aufsaugenden Puder in der Medizin, als Grundstoff für die Herstellung von verschiedenen Farbstiften usw. Die größte in Abbau befindliche Talklagerstätte liegt bei Talcville, Saint Lawrence County, New York.

Speckstein wird wegen seiner geringen Härte, seiner guten Formbarkeit sowie Hitze- und Säurebeständigkeit schon seit vorgeschichtlicher Zeit für verschiedene Zwecke verwendet, z. B. für Gefäße und Schmuck. Die Eskimos und afrikanische Künstler gestalten aus Speckstein Statuetten, der chinesische «Bildstein» ist meist dichter Pyrophyllit. Wegen seiner guten Wärmeisolierung verarbeitete man ihn noch vor kurzem für Fußwärmer, als Backblech, als Kochstein und neuerdings wieder zu Öfen. In der Schweiz ist er daher als Topf- und Ofenstein, auch Lavezstein, bekannt. Da Speckstein säure- und hitzebeständig ist, dient er heute zur Herstellung von Brennern, Verschlüssen für Chemikalienbehälter oder von Tischplatten oder Waschbecken für chemische Betriebe und Fotolabors. Ein berühmtes Vorkommen ist Göpfersgrün im Fichtelgebirge; hier ist der Speckstein allerdings metasomatisch aus Dolomit entstanden. Bei Schuyler im Nelson County, Virginia, findet sich eine für Nordamerika bedeutende Lagerstätte.

Amphibolite und andere Hornblendegesteine

Schiefrige Gesteine, die hauptsächlich aus Amphibolen und Feldspat bestehen und sehr wenig oder keinen Quarz enthalten, bezeichnet man als Amphibolite (der Begriff war ursprünglich für diverse gneisartige bis schiefrige Gesteine, die wenig oder keinen Quarz enthalten, eingeführt worden). Bei den Hornblendegneisen tritt Quarz etwas stärker hervor. Außerdem benennt man danach, wie aus Abb. 6-2 ersichtlich, den Bereich der Amphibolitfazies.

Die meisten dieser amphibolreichen Gesteine besitzen eine ziemlich hohe Dichte und eine dunkle Eigenfarbe, die von verschiedenen Grünschattierungen über graugrün bis zu fast schwarz reichen kann. Auf Schieferungsflächen beobachtet man nicht selten einen etwas seidigen Glanz. Die anderen Bestandteile sind oft vollständig von den Amphibolen verdeckt und können dann nur mit der Lupe im frischen Bruch quer zur Schieferung beobachtet werden. Das Gefüge kann fein-, mittel- oder grobkörnig sein, die Schieferung kann fehlen oder schlecht bis sehr gut ausgebildet sein; Lineationen treten gelegentlich hervor. Für gut geschieferte Varietäten sind länglich-nadelige Amphibole charakteristisch, bei Größen von haarfein und wenigen Millimetern bis hin zu Streichholzdicke und 20–30 Millimeter Länge. Gleichkörnige Hornblendekristalle, die durch Verdrängung von Pyroxenen entstanden sind, treten meist in schwach geschieferten bis massigen Amphiboliten auf. Die

Farbe weist darauf hin, daß das häufigste Mineral in diesen Gesteinen die Gemeine Hornblende ist, daneben kommen Aktinolith, seltener Antophyllit und Cummingtonit vor. Die Feldspäte der meisten Amphibolite sind Plagioklase von der Zusammensetzung Andesin bis Labradorit. In den Hornblendegneisen treten Mikroklin, Na-reicher Plagioklas und/oder perthitischer Feldspat auf. Amphibolite und Hornblendegneise können ineinander übergehen. Während die Amphibolite keinen oder nur wenig Quarz führen, ist bei den Hornblendegneisen der Gehalt an Quarz gleich oder höher als der an Feldspat. Wegen der Feinkörnigkeit sind Feldspat und Quarz im allgemeinen schwierig zu identifizieren.

Als Nebengemengteile scheinen eine Reihe von makroskopisch erkennbaren Mineralien auf, wie Calcit, Chlorit, Epidot (oder Klinozoisit), vor allem Granat (besonders der tiefrote Almandin), Magnetit (und andere opake Mineralien), Glimmer (Biotit und/oder Muskovit), Pyroxen (im allgemeinen Diopsid oder Augit), Siderit und Titanit. Quarz und die häufigeren Karbonate können sowohl als Körner als auch in kleinen Klüften auftreten. – Amphibolite werden nach charakteristischen Nebengemengteilen benannt: Beispiele sind Granatamphibolit oder der etwas niedriger-gradige Epidotamphibolit. Ist Plagioklas in deutlichen Lagen sichtbar, so spricht man wohl auch von Plagioklasamphibolit. Gesteine mit erheblichem Gehalt an Granat werden Eklogitamphibolit genannt (s. S. 313).

Amphibolreiche Gesteine gehen aus verschiedenen Edukten durch Regionalmetamorphose (nur selten auch durch Kontaktmetamorphose) unter mäßig niederen bis mäßig hohen Metamorphosebedingungen hervor. Als Ausgangsgesteine kommen in Frage: Diorite und Gabbros, Basalte und deren pyroklastische Äquivalente, kalkreiche und quarzarme Grauwacken sowie kalkige und dolomitische Mergel. Die Herkunft – Vulkanite oder Sedimentite – amphibolreicher Gesteine, die mit Gneisen und Glimmerschiefern wechsellagern, ist oft schwer zu erfassen, selbst mit umfangreichen Laboruntersuchungen. Amphibolite, die andere Gesteine durchschlagen, können mit ziemlicher Sicherheit als ehemalige magmatische Gänge angesprochen werden.

Vorkommen. Amphibolite sind in vielen metamorphen Provinzen verbreitet. Im südlichen Randgebiet der Münchberger Gneismasse (Fichtelgebirge) findet sich eine (mittel-gradige) Amphibolitserie, ein weiteres Vorkommen liegt im Oberpfälzer Wald bei Erbendorf. Im Kristallin des nordwestlichen Vorspessarts sind präkambrische Amphibolite enthalten. Bekannt ist auch der Gabbro-Amphibolit des Hohen Bogens im Böhmerwald, ferner sind die Krumauer Zone und das Waldviertel im Südosten der Böhmischen Masse zu nennen. In den Westsudeten findet man am Ostrand des Striegauer Granits einen aus feinkörnigem Diabas entstandenen Amphibolit. Im Aar-Massiv (Westalpen) treten in der Dachhülle des Aar-Granits Amphibolitserien auf. Besonders eindrucksvolle Beispiele für Plagioklas-, Granat- und Eklogitamphibolite liefert die breite Zone, die bei Längenfeld das Ötztal quert und von der glaziale Geschiebe im Alpenvorland im Bereich des ehemaligen Inn- und Isar-Loisach-Gletschers allenthalben verbreitet sind. In Nordamerika gibt es zahlreiche Vorkommen, wie etwa die Amphibolite im Halliburton-Bancroft District von Ontario, die aus kontaktmetamorphen, unreinen Marmoren entstanden sein sollen – womit auf die Vielfalt der Ausgangsgesteine hingewiesen ist. Ein weiteres Beispiel sind mächtige gangartige Amphibolite in der Blue Ridgeprovinz in Virginia, North Carolina, usw.

Verwendung. Gelegentlich werden diese Gesteine als Straßenschotter genutzt. Gut geschieferte Varietäten kann man spalten und zu Bodenfliesen oder Wandplatten verarbeiten. Im allgemeinen ist die Verwendbarkeit aber gering.

Anhangsweise seien hier noch zwei wichtige, wenn auch mengenmäßig zurücktretende Gesteinstypen genannt.

Glaukophanschiefer. Im Hochdruckbereich der sehr niedrig- und vor allem niedrig-gradigen Metamorphose erscheinen u.a. die namengebenden Blau- oder Glaukophanschiefer (Abb. 6-2). Sie sind durch den blauen Glaukophan (Na-Hornblende) charakterisiert. Weitere Bestandteile sind vor allem Lawsonit, Pumpellyit, Zoisit, Epidot, Jadeit, Albit, Calcit, Aragonit und Quarz, auch Granat. Sie entstehen in Bereichen sehr rascher Versenkung. Ausgangsgesteine sind basische Vulkanite. Vorkommen sind in den Westalpen, auf der Insel Kreta, in Japan und in der Franciscan Formation in Kalifornien zu nennen; sie liegen stets in Bereichen junger Gebirgsbildung.

Kalksilikatfelse. Aus Kalkmergeln und Kieselkalken bzw. aus Kalkphylliten und Kalkglimmerschiefern bilden sich unter steigenden Metamorphosebedingungen zunächst Kalksilikatfelse, die sich von den gleichnamigen Kontaktgesteinen nicht unterscheiden. Sie sind lediglich meist feinkörniger, massig und zeigen oft fließähnliche Faltenstrukturen. Sie treten – untergeordnet – in allen metamorphen Arealen auf.

Eklogite

Der Name Eklogit kommt vom griechischen Wort «eklogae» und bedeutet etwa «Auswahl»; dies bezieht sich auf das ungewöhnliche Zusammenvorkommen von Granat und Augit, die die Hauptbestandteile bilden. Eklogite sind ziemlich seltene, meist typisch regellos körnige Gesteine. Nach der ursprünglichen Definition bestehen Eklogite zum überwiegenden Teil aus Granat (Pyrop + Almandin) und Omphacit, das ist ein Pyroxen von etwa jadeitisch-diopsidischer Zusammensetzung.

In jüngerer Zeit wurde der Begriff Eklogit verschiedentlich auf *alle* aus Granat und Pyroxen bestehenden kristallinen Gesteine ausgedehnt, ohne Berücksichtigung der genauen Zusammensetzung der beiden Mineralien und der Genese; davon sollte abgesehen werden.

Eklogite sind sehr auffallende Gesteine, da in einer meist fein- bis zuckerkörnigen Grundmasse, bestehend aus dunkelgrünen Pyroxenen, rote, beinahe runde Granatkristalle eingesprengt sind. Manchmal ist wegen der Ausrichtung der Pyroxenkristalle eine leichte Schieferung zu beobachten, im allgemeinen sind sie jedoch eher massig.

In manchen Eklogiten kann man makroskopisch Disthen, Rutil, Epidot (oder Zoisit), Hornblende und/oder Plagioklas beobachten. Die letztgenannten drei Mineralien weisen bereits auf eine retrograde Metamorphose hin.

Verschiedene Granat-Pyroxen-Gesteine magmatischer Herkunft werden gelegentlich noch als «Eklogite» bezeichnet: so manche Xenolithe, die z.B. in Kimberliten angetroffen werden («Griquaite»), oder die Ariegite, die in Peridotiten in den

Pyrenäen vorkommen. Im moderneren Sprachgebrauch bleibt der Begriff Eklogit jedoch streng auf metamorphe Gesteine beschränkt. Eklogite im engeren Sinne kommen zusammen mit hochmetamorphen Gneisen und Migmatiten vor, eine andere Varietät ist mit Glaukophangesteinen an den Hochdruckbereich innerhalb der Grünschieferfazies gebunden; als Ausgangsgesteine kommen hier Basalte, z. B. Pillowlaven, in Betracht. Die meisten Eklogite sind wasserfrei und aus «raumsparenden» Mineralien hoher Dichte zusammengesetzt.

Vorkommen und Verwendung. Kleinere Eklogitkörper sind relativ weit verbreitet. Sporadische Einschaltungen von Eklogitlinsen findet man im Hohen Bogen bei Furth im Wald, im Oberpfälzer Wald, im Fichtelgebirge bei Bad Berneck und im Erzgebirge bei Waldheim. Weiterhin sind zu nennen der Zentralteil der Münchberger Gneismasse und die Gersdorfer Gneise in den Westsudeten. Zusammen mit Glaukophanschiefern treten Eklogite in der Franciscan Formation in Kalifornien, in den Penninischen Alpen im nordwestlichen Italien und lokal in den Hohen Tauern auf. Weitere Beispiele für «Eklogite» sind die Einschlüsse in den südafrikanischen und sibirischen Kimberliten (s. o.). Linsenförmig oder lagenartig findet man magmatische «Eklogite» auch in den ultramafischen Magmatitkörpern des Kaledonischen Gebirges im westlichen Norwegen und im nordwestlichen Schottland. Manche Eklogite werden als dekorative Gesteine, z. B. als Tischplatten, zurechtgeschnitten und poliert.

Die Eisenformationen

Die gebänderten Eisenerze, die unter dem Begriff Eisenformationen zusammengefaßt werden, wurden als Sedimentite besonderer Art bereits beschrieben (s. S. 256). Da die wesentlichen Bildungen dieser Art aber nahezu ausnahmslos metamorph verändert sind, seien sie an dieser Stelle nochmals erwähnt. Die wichtigsten sind die Taconite und Jaspilite mit überwiegend Magnetit und die Itabirite mit Hämatit. Teilweise sind diese «Gesteine» (besser eigentlich Erze) feinkörnig bis dicht, teilweise grobkörnig, so besonders die stärker umkristallisierten Itabirite, die daher auch als Eisenglimmerschiefer bezeichnet werden. «Glimmer» bezieht sich hier jedoch auf die glimmerähnlich aussehenden Hämatitschüppchen. – Vorkommen s. S. 257.

RETROGRADE METAMORPHITE

Die bisher beschriebenen Metamorphite gehören der prograden oder aufsteigenden Metamorphose an. Anschließend seien einige Beispiele für retrograde oder absteigende Metamorphose erwähnt.

Geraten höher metamorphe Gesteine oder auch Magmatite unter niedrig-gradige Bedingungen, so werden sie rückläufig oder retrograd verändert (vgl. auch S. 272).

Diaphthorite

Der Begriff *Diaphthorese* wurde in den Ostalpen geprägt und ist aus dem Griechischen, diaphtheiro = ich zerstöre, abgeleitet. Ursprünglich auf kataklastische Vorgänge beschränkt, wird er jetzt für retrograde Metamorphose allgemein verwendet.

Diaphthorite, also Gesteine, die durch Diaphthorese entstanden sind, findet man in den Alpen verbreitet, vor allem an den großen Deckenbahnen in den metamorphen Zonen. Meist sind derartige Gesteine chloritisch-sericitisch und daher grünlich gefärbt, sie fühlen sich gerne schmierig an.

Kelyphitamphibolit

Die oben erwähnten Granat- bzw. Eklogitamphibolite von Längenfeld im Ötztal zeigen fast ausnahmslos deutliche Rinden um die Granatkörner, die als *Kelyphitsäume* bezeichnet werden. Kelyphit besteht aus Hornblende, gegebenenfalls auch Serpentin, Pyroxen, Spinell u.a., und entsteht beim Zerfall von Granatsubstanz. Daraus läßt sich ableiten, daß diese Gesteine großenteils durch retrograde Metamorphose aus ehemaligen Eklogiten hervorgegangen sind.

Die *Serpentinite,* die ebenfalls als retrograde Gesteine anzusehen sind, wurden wegen ihrer engen genetischen Beziehungen zu den Ultramafititen mit diesen zusammen behandelt (s. S. 168).

Die Migmatite

Die Gruppe der Migmatite = «Mischgesteine» stellt ein Bindeglied zwischen den magmatischen und den metamorphen Gesteinen dar. Sie bestehen im allgemeinen aus *hellen, schon magmatischen* und *dunklen, noch metamorphen* Anteilen. Die hellen Partien, meist Feldspat + Quarz *(Neosom* = Neubestand), waren bereits beweglich geworden, die dunklen *(Paläosom* = Altbestand), die basischen Gesteinen entsprechen und oft noch metamorphe Gefüge erkennen lassen, sind gewissermaßen Reste des Ausgangsgesteins. Sie werden auch als *Restite* bezeichnet (vgl. Abb. 6-18).

Die Entstehungsweisen solcher Gesteine und die Erscheinungsformen sind außerordentlich vielfältig, entsprechend umfangreich ist die Nomenklatur.

Am Anfang der Bildungsvorgänge steht zumeist die *Anatexis* = Aufschmelzung, die teilweise (Metatexis) oder ganz (Diatexis) erfolgen kann, oder zumindest die *Mobilisation* eines Teiles der Gesteinsbestandteile. Migmatite, die auf Teilaufschmelzung beruhen, kann man auch als *Anatektite* bezeichnen oder als *Venite* (d.h. das Material stammt aus dem Gestein selbst). Im Gegensatz dazu ist bei den *Arteriten* der Schmelzanteil gewissermaßen von außen her zugeführt. Hierher würden auch die *Injektionsgneise,* denen helles Material «injiziert» ist, gehören. Ist die Anatexis weitgehend vollständig, so daß vom Altbestand nicht mehr viel erkennbar ist, spricht man von *Nebuliten.* Geht die Anatexis so weit, daß eine freibewegliche Schmelze, ein neues, *palingenes Magma* entsteht, kann man die daraus entstehenden Gesteine nicht mehr als Migmatite bezeichnen.

Abb. 6-18   Polierter Block aus präkambrischem Migmatit. Dieses als «Morton Gneis» bezeichnete Gestein wird in den USA gerne in der Architektur verwendet. Minnesota River Valley. (Foto: Dietrich)

Schließlich gibt es migmatitähnliche Gesteine (manche Bändergneise z. B.), deren mobiler Anteil nicht in Form einer Schmelze, sondern metasomatisch zugeführt wird; diese werden *Metasomatite* genannt.

In den meisten Fällen lassen sich über den genauen Bildungsvorgang (oder die -vorgänge!) nur dann Aussagen machen, wenn zu den Feldarbeiten ausführliche Laboruntersuchungen kommen. Deswegen bezeichnet man ein entsprechendes Gestein schlichtweg als Migmatit, auch wenn die Genese nicht offensichtlich ist. Bei der Beschreibung der hellen und dunklen Komponenten eines Migmatits kann man genetisch neutral die hellen Anteile als *Leukosome,* die dunklen als *Melanosome* bezeichnen.

In vielen Migmatiten findet man interessante Gefüge. So versteht man unter *ptygmatischer Faltung* eine gewundene, fließartige Verfaltung granitischen Gesteinsmaterials (Abb. 6-19). *Schlieren* sind flächige bis unregelmäßige, dunkelfarbene Einschlüsse, möglicherweise ehemalige Xenolithe, die durch Imprägnation mit granitischem Material ihr ehemaliges Gefüge verloren haben.

Eine weitere charakteristische Form sind die *Schollenmigmatite,* bei denen beliebig geformte Schollen aus Altgestein in Leukosom «schwimmen».

Solche Schollenmigmatite sollten nicht mit den Erscheinungen im Randbereich von Plutonen verwechselt werden, wenn die eindringende Schmelze Schollen von beliebigen Nebengesteinen aufnimmt und diese nur teilweise assimiliert (auflöst, verdaut), obwohl das Bild dem vieler Migmatite sehr ähnlich ist (vgl. Abb. 4-1, S. 126). Wenn allerdings ein granitisches Magma einen Gneiskomplex in der Tiefe

314

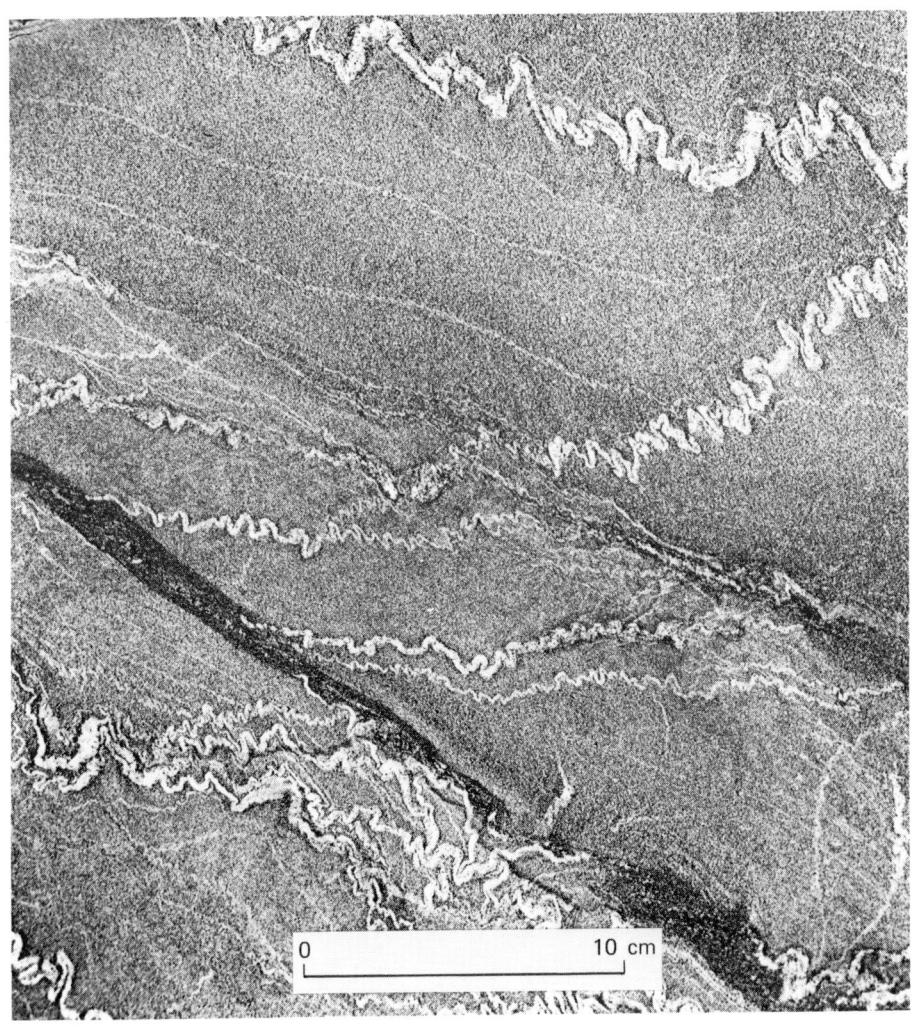

Abb. 6-19   Ptygmatische Faltung. Angeschliffenes Stück von Little Hammond, St. Lawrence Co., New York. (Foto: Dietrich)

der Erdkruste angreift und aufzulösen beginnt, sind die Ergebnisse als Extremfall der Migmatitbildung zu verstehen.

Vorkommen. Migmatite kommen häufig in Gebieten vor, von denen anzunehmen ist, daß sie die tieferen Teile der Erdkruste repräsentieren. Außerdem findet man sie als geschlossene Gesteinskörper in Form migmatischer «Intrusionen». Unter «Migma» versteht man analog zu «Magma» ein mobiles Gemenge aus festem Gestein und Schmelze.

Die Bezeichnung Migmatit wurde zuerst für Gesteine aus dem Präkambrium des südlichen Finnlands verwendet. Seitdem sind Migmatite in allen Teilen der Welt, und keineswegs nur in den präkambrischen Schilden, beschrieben worden. Migmatitgneise kommen in Mitteleuropa in den alten Gebirgsrümpfen vor, man findet sie daher vor allem z.B. im Bayerischen Wald und im Schwarzwald. Aber auch in den zentralen Teilen der Alpen sind solche Gesteine verbreitet, z.B. in den Zentralgneisgebieten der Zillertaler Alpen. In Nordamerika gibt es zahlreiche Migmatitvorkommen im Kanadischen Schild und den nordwestlichen Adirondacks oder in der Umgebung von Litonia, östlich von Atlanta, Georgia usw. Intrudierte Migmatitmassen werden aus dem Ostteil von Grönland genannt.

Verwendung. Wie viele andere Gesteine werden auch die Migmatite als Schotter für den Straßen- und Eisenbahnbau herangezogen. Ansehnliche Varietäten werden als Platten benutzt. Ein Beispiel ist der Morton Gneis, ein Migmatit aus Minnesota, der häufig als polierter Werkstein, auch für Denkmäler verwendet wird (Abb. 6-18). Jedes Stück ist einzigartig und wegen des aus roten, grauen, schwarzen und beinahe weißen Farben zusammengesetzten Musters sehr dekorativ.

Weiterführende Literatur zu den Kapiteln 4, 5 und 6

BARTH, T. F. W., CORRENS, C. W. & ESKOLA, P.: Die Entstehung der Gesteine. – Nachdruck 1960, 422 Seiten. Julius Springer, Berlin 1939. (Älteres deutsches Standardwerk.)

BARTHEL, K. W.: Solnhofen. – 393 Seiten, 80 Tafeln. Ott Verlag, Thun 1978

BRINKMANN, R.: Lehrbuch der Allgemeinen Geologie. – 3 Bände, Band I, 2. Auflage, 520 Seiten, Band II Tektonik, 579 Seiten, Band III, 630 Seiten. Enke Verlag, Stuttgart 1976–1974. (Wesentlich für die Gesteinskunde ist der dritte Band, im ersten werden u.a. die Verwitterungsvorgänge behandelt.)

CARMICHAEL, I. S. E., TURNER, F. J. & VERHOOGEN, J.: Igneous Petrology. – 739 Seiten. McGraw-Hill, New York 1974. (Standardwerk zur Petrographie der magmatischen Gesteine; Vorkenntnisse erforderlich.)

ENGELHARDT, W. v., FÜCHTBAUER, H. & MÜLLER, G.: Sedimentpetrologie. – 3 Bände, 303, 726 und 377 Seiten. Schweizerbart, Stuttgart 1964–1973. (Umfassendes Standardwerk der Sedimentgesteinskunde; hier ist vor allem Band 2, Sedimente und Sedimentgesteine, von Interesse.)

FISHER, R. V. & SCHMINCKE, H.-U.: Pyroclastic Rocks. – 472 Seiten. Springer-Verlag, Berlin Heidelberg New York Tokyo 1984. (Hervorragender Überblick über die Pyroklastite auf neuestem Stand.)

GREENSMITH, J. T.: Petrology of the Sedimentary Rocks. – 6. Edition, 241 Seiten. George Allen & Unwin, London 1978. (Kurz gefaßter Überblick über die Sedimentgesteine.)

HATSCH, F. H., WELLS, A. K. & WELLS, M. K.: Petrology of the Igneous Rocks. – 13. Edition, 551 Seiten. George Allen & Unwin, London 1972. (Kurz gefaßter Überblick über die magmatischen Gesteine.)

HUGHES, C. J.: Igneous Petrology. – 551 Seiten. Elsevier, Amsterdam-Oxford-New York 1982. (Weitgefaßte Darstellung des Gesamtgebietes, keine Gesteinsbeschreibung; Vorkenntnisse Voraussetzung.)

JUBELT, R. & SCHREITER, P. *: Gesteine. Sammeln – Bestimmen – Vorkommen – Merkmale. – 5. Auflage, 198 Seiten. Enke Verlag, Stuttgart 1980. (Allgemein verständliche Einführung, aus PAPE, Leitfaden, übernommene Bestimmungstabellen, Beschreibung der wichtigen Gesteine in alphabetischer Reihenfolge.)

LEITMEIER, H.: Einführung in die Gesteinskunde. – 275 Seiten. Springer Verlag, Wien 1950. (Kurzgefaßte, übersichtliche Beschreibung der Gesteine. Vergriffen.)

LÜSCHEN, H.: Die Namen der Steine. – 2. Auflage, 381 Seiten. Ott Verlag AG, Thun 1979. (Herkunft und Bedeutung der Mineral- und Gesteinsnamen.)

MCKERROW, W. S.: Palökologie. – 248 Seiten. Franckh'sche Verlagshandlung, Stuttgart 1981. (Überwiegend paläontologisches Werk; wichtig für nähere Befassung mit Sedimenten.)

MÄGDEFRAU, K.: Paläobiologie der Pflanzen. – 4. Auflage, 549 Seiten. Gustav Fischer, Jena 1968. (Enthält Kapitel über Gesteinsbildung durch Pflanzen, über den Steinkohlenwald und die Braunkohlenwälder des Geiseltales.)

MASON, R.: Petrology of the Metamorphic Rocks. – 3. Auflage, 254 Seiten. George Allen & Unwin, London 1981. (Kurzgefaßter Überblick über die metamorphen Gesteine.)

MOTTANA, A., CRESPI, R. & LIBORIO, G.: Der große BLV-Mineralienführer. – 608 Seiten. BLV-Verlagsgesellschaft, München Bern Wien 1979. (Enthält neben einer ausführlichen Mineralogie auch Einführung in die Gesteinskunde mit Beschreibung der wichtigsten Gesteine, mit Farbbildern. Keine Vorkenntnisse.)

MURAWSKI, H.: Geologisches Wörterbuch. – 8. Auflage, 281 Seiten. Enke Verlag, Stuttgart 1982. (Enthält auch die wichtigsten Begriffe aus der Gesteinskunde.)

NICKEL, E.: Grundwissen in Mineralogie, Teil 3: Aufbaukursus Petrographie. – 2. Auflage, 300 Seiten. Ott Verlag AG, Thun 1983. (Vgl. S. 108.)

PAPE, H.-G.: Der Gesteinssammler. – 3. Auflage, 100 Seiten. Franckh'sche Verlagshandlung, Stuttgart und Ott Verlag AG, Thun 1978. (Einführung, Anleitung zum Sammeln. Vor allem Sedimentite.)

PAPE, H.-G. *: Leitfaden zur Gesteinsbestimmung. – 4. Auflage, 152 Seiten. Enke Verlag, Stuttgart 1981. (Einführung, Klassifizierung der Gesteine, Bestimmungstabellen.)

PETRASCHECK, W. E. & POHL, W.: Lagerstättenlehre. – 3. Auflage, 341 Seiten. Schweizerbart, Stuttgart 1982. (Einführung in die Lagerstättenkunde, behandelt werden Erze, Industrieminerialien, Steine und Erden, Kohlen und Kohlenwasserstoffe. Geringe Vorkenntnisse erforderlich.)

PFEIFFER, L., KURZE, M. & MATHÉ, G.: Einführung in die Petrologie. – 632 Seiten. Enke Verlag, Stuttgart 1981. (Zur Zeit einzige moderne Einführung in das Gesamtgebiet der Gesteinskunde in deutscher Sprache, durchwegs auch für Anfänger geeignet. Enthält sehr umfangreiche Literaturverzeichnisse.)

RAMDOHR, P. & STRUNZ, H.: Klockmanns Lehrbuch der Mineralogie. – 16. Auflage, 876 + 55 Seiten. Enke Verlag, Stuttgart 1978/1980. (Enthält auch Angaben über Entstehung und Einteilung der Gesteine.)

RITTMANN, A.: Vulkane und ihre Tätigkeit. – 2. Auflage, 336 Seiten. Enke Verlag, Stuttgart 1960. (Einführung in die Vulkan- und Magmenkunde, als solche der völlig umgearbeiteten 3. Auflage vorzuziehen.)

RITTMANN, A.: Vulkane und ihre Tätigkeit. – 3. Auflage, 399 Seiten. Enke Verlag, Stuttgart 1981.

SCHLOSSMACHER, K.: Edelsteine und Perlen. – 5. Auflage, 386 Seiten. Schweizerbart, Stuttgart 1969. (Einführung in die Edelsteinkunde, enthält auch Angaben über Edelsteinführende Gesteine.)

SCHUMANN, W.: Steine + Mineralien. – 5. Auflage, 227 Seiten. BLV Verlagsgesellschaft, München Bern Wien 1977. (Handliches Bestimmungsbuch für Mineralien und Gesteine, keine Vorkenntnisse.)

SCHWARZBACH, M.: Berühmte Stätten geologischer Forschung. – 2. Auflage, 333 Seiten. Wissensch. Verlagsgesellschaft, Stuttgart 1981. (Enthält u.a. viele Einzelheiten über Gesteinsvorkommen, sehr anregend zum Lesen, gerade für Anfänger.)

SEIM, R.: Minerale. – Vgl. S. 109. (Enthält auch ein ausführliches Kapitel über Mineral- und Gesteinsentstehung.)

STRECKEISEN, A.: Die Klassifikation der Eruptivgesteine. – Geolog. Rundschau, *55,* Seite 478–491. Stuttgart 1966.

STRECKEISEN, A.: Classification and Nomenclature of Igneous Rocks. – N. Jahrb. Mineral. Abh. *107,* Seite 144–214. Stuttgart 1967.

STRECKEISEN, A.: Classification and Nomenclature of Plutonic Rocks.– Geolog. Rundschau, *63,* Seite 773–786. Stuttgart 1974.

STRECKEISEN, A.: To each plutonic rock its proper name. – Earth-Science Reviews, *12,* Seite 1–33. Amsterdam 1976.

STRECKEISEN, A.: Classification and Nomenclature of Volcanic Rocks, Lamprophyres, Carbonatites and Melilitic Rocks. – Geolog. Rundschau, *69,* Seite 194–207. Stuttgart 1980.

TRÖGER, W. E.: Spezielle Petrographie der Eruptivgesteine. Mit 1. Nachtrag Eruptivgesteinsnamen. – 360 Seiten und Seite 41–90, 1935 und 1938. Unveränderter Nachdruck, Schweizerbart, Stuttgart 1969. (Unerläßliches Nachschlagewerk für die magmatischen Gesteine.)

TURNER, F. J.: Metamorphic petrology. – 2. Edition, 524 Seiten. McGraw-Hill, New York 1981. (Standardwerk, für Fortgeschrittene.)

WEINSCHENK, E.: Grundzüge der Gesteinskunde I und II. – 2. Auflage, 228 und 331 Seiten. Herder, Freiburg/Breisgau 1906. (Ausgezeichnete Gesteinsbeschreibungen, nur wenig veraltet.)

WEINSCHENK, E.: Petrographisches Vademekum. – 3./4. Auflage, 236 Seiten. Herder, Freiburg/Breisgau 1924. (Ausgezeichnete Gesteinsbeschreibung, Taschenbuchformat. Nach wie vor sehr gut verwendbar.)

WINKLER, H. G. F.: Petrogenesis of Metamorphic Rocks. – 5. Auflage, 348 Seiten. Springer Verlag, New York Heidelberg Berlin 1979. (Behandelt nur die Vorgänge, Reaktionen usw. bei der Metamorphose, keine Gesteinsbeschreibung, nur für Fortgeschrittene.)

Sammlung Geologischer Führer

Die einzelnen Bände dieser Reihe enthalten, abgesehen von Fundortangaben, für die jeweils behandelten Gebiete sehr gute und ausführliche Gesteinsbeschreibungen. Anschließend sind nur einige besonders interessante Titel aufgeführt.

FRECHEN, J.: Siebengebirge am Rhein – Laacher Vulkangebiet – Maargebiet der Westeifel. – 3. Auflage, Band *56,* 209 Seiten. Borntraeger, Berlin Stuttgart 1976.

GEYER, O. & GWINNER, M.: Die Schwäbische Alb und ihr Vorland. – 2. Auflage, Band *67,* 271 Seiten. Borntraeger, Berlin Stuttgart 1979.

NICKEL, E.: Odenwald. – Band *65,* 202 Seiten. Borntraeger, Berlin Stuttgart 1979.

PICHLER, H.: Italienische Vulkangebiete I–III. – Band *51,* 258, *52,* 186 und *69,* 270 Seiten. – Borntraeger, Berlin Stuttgart 1970, 1981.

PURTSCHELLER, F.: Ötztaler und Stubaier Alpen. – 2. Auflage, Band *53,* 128 Seiten. Borntraeger, Berlin Stuttgart 1978.

SCHREINER, A.: Hegau und westlicher Bodensee. – Band *62,* 93 Seiten. Borntraeger, Berlin Stuttgart 1979.

Die mit * gekennzeichneten Titel enthalten auch Bestimmungshilfen für Gesteine.

KAPITEL 7

BESONDERE BILDUNGEN UND KUNSTSTEINE

Eine Reihe von natürlichen Bildungen mit Gesteinscharakter lassen sich nicht in die üblichen Gruppen einfügen, so z. B. die zahlreichen verschiedenen Gangfüllungen oder die Meteorite und Impaktite.

Die Fülle der Kunstprodukte, wie Kunststeine, Glas, Schlacken, ist sehr groß, und die Wahrscheinlichkeit, sie in der Natur z. B. als «Flußgerölle» zu finden, ebenfalls. Es erscheint daher durchaus zweckmäßig, derartige Materialien in ein Buch über Gesteine aufzunehmen.

MINERALGÄNGE

Gänge oder Adern, auch Klüfte, sind flachlinsige, plattige oder unregelmäßige Hohlräume im Gestein, die durch kalte oder heiße Lösungen mit Mineralien verschiedenster Art gefüllt werden. Solche Spalten bilden sich durch Klüftung oder an Bewegungsflächen, es können auch aufgehende Schichtfugen sein; unregelmäßige Hohlräume entstehen durch Lösung. Mineralgänge können ganz kurz sein, aber auch mehrere Kilometer Länge erreichen, bei Mächtigkeiten von Millimetern bis vielen Metern, sie können gleichmäßig oder absätzig sein, einzeln oder in Scharen auftreten, parallel verlaufen oder sich schneiden (Abb. 7-1).

Die Gangbegrenzungen können scharf sein, oder aber der Ganginhalt geht infolge Veränderung oder Verdrängung des Nebengesteins allmählich in dieses über. Die Korngröße der Gangmineralien schwankt zwischen grob und kryptokristallin (z.B. derber Quarz und Chalcedon). In vielen Fällen ist erkennbar, daß ein Teil der Kristalle zunächst frei in Hohlräumen gewachsen ist (meist senkrecht zur Wand stehend) und anschließend von anderen Mineralbildungen umschlossen wurde. Häufig sind wandparallele Bänderungen, wobei diejenige Lage, die zwischen Nebengestein und Gang vermittelt, *Salband* genannt wird. In nicht mehr voll ausgefüllten, also offen gebliebenen Spaltenräumen oder Drusen schließlich sind wohlausgebildete, freistehende Kristalle zu erwarten.

Die meisten Gänge verdanken ihre Füllungen wenig warmen bis heißen Lösungen. Kleinere Bildungen, die z.B. niedrig-gradig metamorphen Gesteinskomplexen in oft riesiger Anzahl eingeschaltet sind, bestehen nur aus Quarz, der aus dem Nebengestein mobilisiert worden ist. Klüfte, die Sedimentite bereits im Handstückbereich oft vielfach durchsetzen, enthalten meist Calcit, seltener Dolomit. Die hydrothermalen Gänge im engeren Sinne weisen in der Regel mehrere Mineralien auf, vor al-

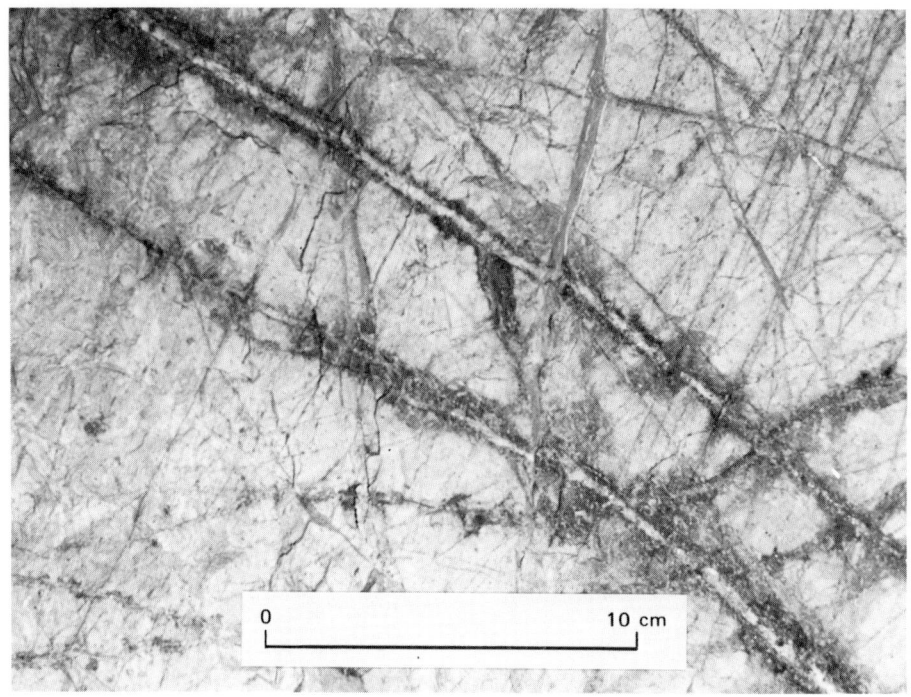

Abb. 7-1 Kleine Gängchen, in deren unmittelbarer Nachbarschaft das Nebengestein (Kalkstein) durch hydrothermale Einwirkung vererzt und verändert ist. Gaspé Copper Mine, Quebeck. (Foto: J. Allcock)

lem Elemente und Sulfide, Halogenide, Oxide, Karbonate und Sulfate sowie Silikate. Der Inhalt kann sich im Verlauf der Erstreckung ändern, z. B. von oben nach unten von Blei-Zink-Sulfiden über Kupferkies zu massivem Pyrit, schließlich kann der Gang vertauben. Die Nichterze bezeichnet man als Gangarten.

Nach dem Mineralbestand erfolgt die Bezeichnung: Quarz-, Calcit-, Flußspat-, Blei-Zink-, Schwerspatgang usw. Die früher übliche Einteilung nach der Bildungstemperatur, etwa heiß-thermal, meso- und epithermal, gilt heute nicht mehr als gesichert, ebenso wie die strenge Anbindung der hydrothermalen Gänge an (Granit-)Plutone.

Nach wie vor bestehen viele Unklarheiten im Zusammenhang mit der Entstehung der Gänge. Für Bildungen aus Lösungen müssen selbstverständlich fluide Phasen vorhanden sein, sodann die Möglichkeit für derlei Lösungen zu zirkulieren und schließlich Raum und geeignete physikalisch-chemische Bedingungen für die Abscheidung von Mineralien. Die exakte Abtrennung gegenüber pneumatolytischen Vorgängen unter stärkerer Beteiligung von Gasphasen und pegmatitischer Mineralbildung aus silikatischen Schmelzen ist jedoch schwierig.

Die Herkunft des Wassers ist verschieden, jedoch überwiegt nach derzeitiger Kenntnis das *vadose* Wasser (also Grundwasser, Meerwasser, das in Sedimenten ent-

320

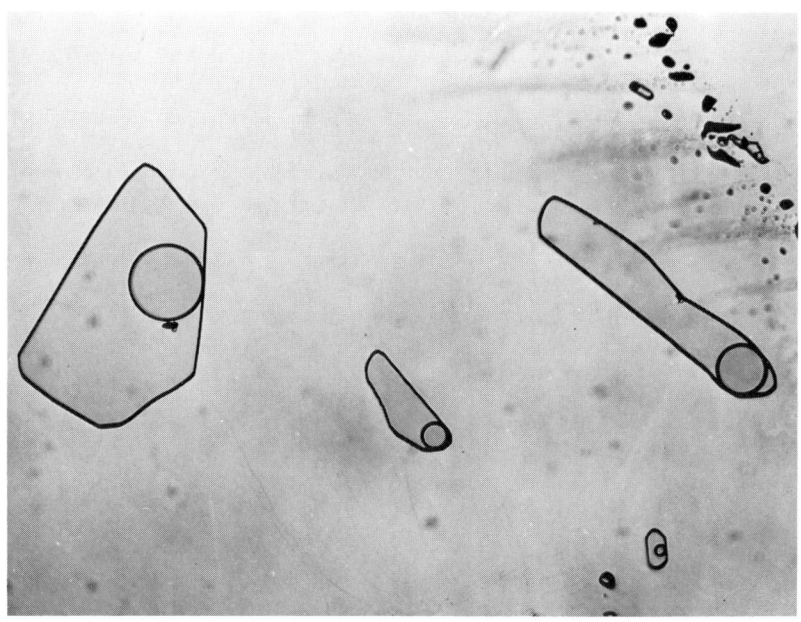

Abb. 7-2   Zinkblende mit Einschlüssen fester, flüssiger und fluider Phasen. Die kleinen Hohlräume enthalten Salzwasser, runde Gasblasen und winzige, aus der Lösung ausgeschiedene Kriställchen. 100fach vergrößert. (Foto: E. Roedder)

halten ist, und letztlich auch Kristallwasser, das in exogen gebildeten Mineralien lose gebunden ist) gegenüber dem *juvenilen,* das etwa abkühlenden Magmen entstammt, bei weitem. Flüssigkeitseinschlüsse in Gangmineralien (Abb. 7-2) erweisen sich als Salzwasser, oft mit höheren Gehalten als Meerwasser. Daß solche Lösungen, zumal bei erhöhter Temperatur, sehr aggressiv sind, ist offensichtlich.

Die Abscheidung kann einfach in offenen Spalten erfolgen, sie ist aber in vielen Fällen auch vom Nebengestein abhängig: Oftmals treten bestimmte Mineralparagenesen da und nur da auf, wo der Gang bestimmte Nebengesteine, eventuell auch andere Gänge, schneidet. Eine ausschlaggebende Rolle spielt sodann die chemische und physikalische Beschaffenheit der Lösungen (Druck, Temperatur, Konzentrationsverhältnisse, pH-Wert).

In vielen Fällen entnehmen die Lösungen Material unmittelbar aus dem Nebengestein; besonders ausgeprägt gilt dies für die alpinen Zerrklüfte, die durch ihren Mineralreichtum weltberühmt geworden sind (Näheres siehe STALDER et al. 1973). – Gänge können in Imprägnationen übergehen, d.h. anstatt einer Mineralabscheidung in offenen Hohlräumen, Spalten usw. werden einfach die Porenräume im Nebengestein erfüllt.

Veränderungen des Nebengesteins. In der Regel werden in einem Gestein, das von hydrothermalen, pneumatolytischen und andersartigen Vorgängen betroffen wird, mehr oder weniger starke Veränderungen eintreten. Dabei kann es sich um eine iso-

Tabelle 7-1 Verschiedenartige Veränderungen an Gesteinen

Bezeichnung des Vorganges	neuentstehende Mineralien	häufig betroffene Gesteine	Art der Veränderungen
Vertonung im weiteren Sinne, Kaolinisierung	Tonmineralien, ± Alunit, Sericit, Pyrit	Gesteine der Diorit-Gruppe Andesite, Granite	Umwandlung von Feldspäten in Tonmineralien
Vergreisung (Greisenbildung)	Topas, Lepidolith, Turmalin, Fluorit	saure Magmatite und Metamorphite	Feldspäte und Muskovit werden umgewandelt
Propylitisierung	Epidot-Gruppe, Karbonate, Chlorit, Serpentin, ± Albit, Quarz, Sericit, Sulfide, Zeolithe	Dacite und Andesite, Diorite	mafische Mineralien werden in Calcit, Chlorit und Serpentin umgewandelt, Plagioklase in Epidot + Albit*)
Sericitisierung	Sericit, ± Quarz, Pyrit, Tonmineralien	Gesteine, die reich an K-Feldspat sind	felsische Mineralien werden in Sericit, Quarz und Tonmineralien umgewandelt
Silifizierung (Verkieselung)	Quarz, Chalcedon, Opalsubstanz	sehr verschiedene Gesteinsarten	Imprägnierung und/oder Verdrängung durch SiO_2

*) siehe auch Saussuritisierung S. 131

chemische Umverteilung handeln, normalerweise wird man aber Stoffzufuhr bzw. -abtransport erwarten dürfen. Einige besonders charakteristische Umwandlungsvorgänge sind eigens benannt worden (Tab. 7-1). Eine genaue Untersuchung solcher veränderter Gesteine läßt unter Umständen vorhersagen, mit welchen Mineralisationen und/oder Lagerstätten zu rechnen ist. Oftmals bestehen solche Veränderungen auch nur aus einer Ausbleichung des Nebengesteins (Abb. 7-3).

Vorkommen und Verwendung. Zahlreiche Gänge stellen wichtige Lagerstätten oder wenigstens wie die alpinen Zerrklüfte interessante Mineralfundstellen dar.

Gangbildungen sind außerordentlich verbreitet. Vor allem Gold und Silber, zahlreiche sulfidische und oxidische Erze sowie Fluorit, Karbonate und Sulfate kommen oder kamen in derartigen Lagerstätten vor – sie sind in alten Bergbauländern heute oft schon erschöpft oder ihrer relativen Kleinheit wegen nicht mehr wirtschaftlich. Manche «gangartige» Lagerstätten haben sich übrigens bei genauerer Untersuchung als sedimentäre oder sonstige Bildungen erwiesen.

Abb. 7-3   Veränderung des Nebengesteins in Form der Ausbleichung eines dunkelgrauen Kalksteins. Gaspé Copper Mine, Quebeck. (Foto: J. Allcock)

Berühmte Gold- bzw. Silbergänge waren der Mother Lode in Kalifornien und der Compstock Lode in Nevada, die Freiberger Gänge im Sächsischen oder die vielen Vorkommen im Siebenbürgener Erzgebirge. Bereits in der Bronzezeit wurde auf dem Kupferkiesgang von Mitterberg am Hochkönig in Salzburg abgebaut. Sehr alt ist der Blei-Zink-Bergbau im Oberharzer Gangrevier, der ebenso wie die zahlreichen ähnlichen Lagerstätten in Wales auch viele hervorragend schöne Mineralstufen geliefert hat. Im Siegerland waren lange Zeit Eisenspatgänge im Abbau, bei Wölsendorf in der Oberpfalz finden sich berühmte Flußspatgänge – die Aufzählung ließe sich beliebig fortsetzen. Eine wegen ihres Topasvorkommens berühmte Greisenbildung ist der Turmalinfels von Schneckenstein in Sachsen. Propylitisierungserscheinungen finden sich sehr verbreitet an den Andesiten und Daciten, an welche die Vererzung z. B. im Siebenbürgener Erzgebirge gebunden ist. Wegen ihres Mineralreichtums weltberühmt sind die alpinen Zerrklüfte in den zentralen Zonen der Ost- und Westalpen, deren Besonderheit darin zu sehen ist, daß der gesamte Stoffbestand aus dem unmittelbaren Nebengestein stammt.

Als Meteorite bezeichnet man extraterrestrische Körper, die aus dem Weltraum auf die Erde fallen. Obwohl dies seit eh und je geschieht, stellte noch 1808 der ansonsten sehr scharfsinnige dritte Präsident der Vereinigten Staaten, Thomas Jefferson, ihre Existenz in Frage. Als er hörte, daß Benjamin Silliman und James L. Kingsley – beide waren Professoren an der Yale Universität – über einen Meteoritenfund bei Weston, Connecticut, berichteten, soll er folgende Bemerkung gemacht haben: «Es ist einfacher zu glauben, daß Yankee-Professoren lügen, als daß Steine vom Himmel fallen.»

Meteorite können von jeder nur möglichen Gestalt sein. Manche sind annähernd konisch geformt und weisen an der Oberfläche Furchen und Narben auf, die während des Fluges durch die Erdatmosphäre entstanden sind (Abb. 7-4). Auf jeden Fall

0   5 cm

Abb. 7-4   Steinmeteorit mit der typisch glattwelligen Ablationskruste, die sich während des Fluges durch die Lufthülle bildet. Die angeschnittene Fläche läßt das innere Gefüge erkennen. (Smithsonian Insitution)

zeigen die meisten Meteorite – auch dann, wenn es sich um Bruchstücke handelt, deren Aufprall nicht beobachtet wurde – so spezifische Merkmale, daß es einfach ist, sie von irdischen Gesteinen zu unterscheiden.

Den verschiedenen Meteoriten hat man in Abhängigkeit von der Zusammensetzung spezielle Namen zugeordnet. Man kann sie in drei Kategorien einteilen.

Eisenmeteorite

Diese Meteorite bestehen fast vollständig aus Eisen-Nickel-Legierungen. Am häufigsten tritt eine Variante auf, bei der Bänder aus *Kamacit* (Balkeneisen, wenig Ni) und *Taenit* (Bandeisen, um 30% Ni) ein Netzwerk bilden, das *Plessit* (Fülleisen, überwiegend Kamacit) umschließt und die WIDMANSTÄTTENschen Figuren (Abb. 7-5) bildet. So sind die häufigsten Eisenmeteorite, die *Oktaedrite,* beschaffen. Sehr

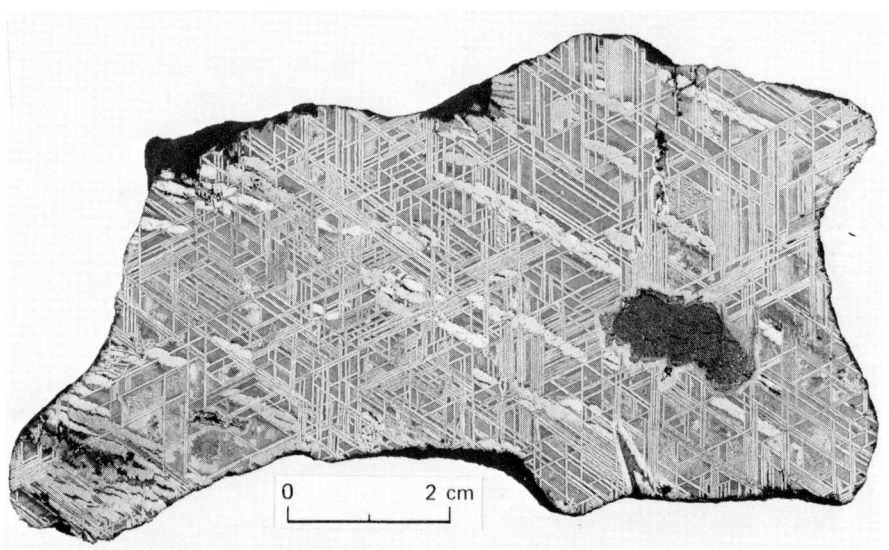

Abb. 7-5   Eisenmeteorit (Oktaedrit), geschnitten, poliert und angeätzt. Dadurch werden die WIDMANSTÄTTENschen Figuren erkennbar. Das Netzwerk aus hellen Bändern wird durch Kamacit + Taenit gebildet, der Raum dazwischen ist mit Plessit gefüllt. (Smithsonian Institution)

viel seltener sind die Ni-ärmeren *Hexaedrite* und die strukturlosen *Ataxite,* die sehr viel Ni enthalten. Nebengemengteile sind Troilit (FeS), Cementit (Fe₃C), Chromit, Graphit und noch andere Mineralien. Anpolierte und leicht geätzte Oktaedrite lassen die WIDMANSTÄTTENschen Figuren und deren oktaedrisches Muster deutlich erkennen.

Eisenmeteorite sind gelegentlich mit einer dünnen (1 mm) Kruste aus bräunlichen Eisenoxiden überzogen. Für gewöhnlich sind Eisenmeteorite größer als Steinmeteo-

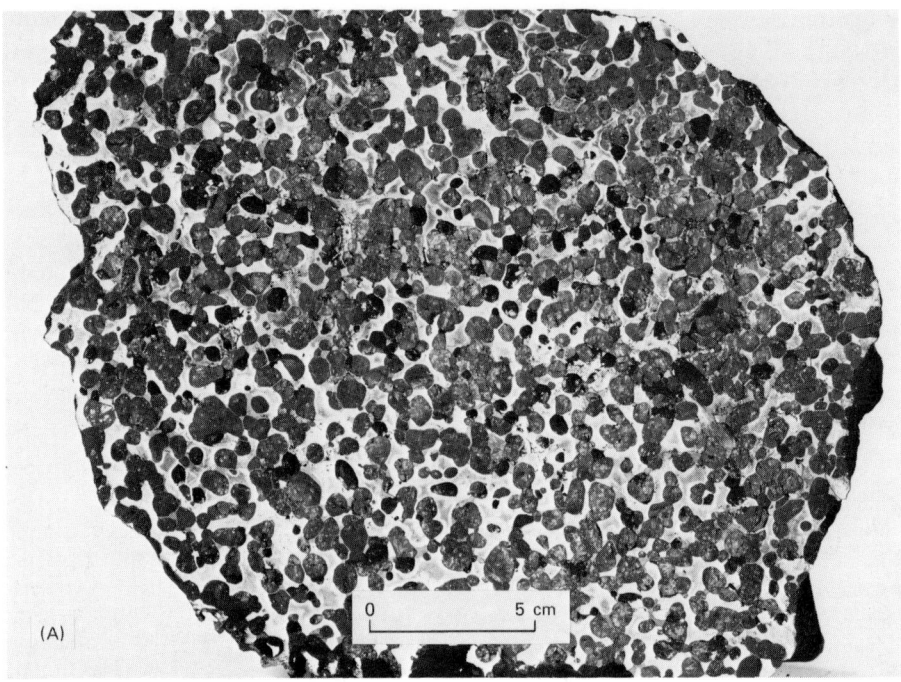

Abb. 7-6 Steineisenmeteorit. (A) Pallasit, geschnitten und poliert. Die runden, grauen bis schwarzen Körner sind Olivin, die Zwischenmasse Nickeleisen. (B) Pallasit, geschnitten und poliert, mit großen, eckigen Olivinbruchstücken, eingebettet in Nickeleisen. (Beide Abb. aus Mason, The Pallasites, American Museum Novitiates, No. 2163, 1963)

rite. So wurden schon viele Exemplare aufgefunden, die mehrere Tonnen wiegen, der größte mit etwa 60 t ist in Südwestafrika niedergegangen.

Steineisenmeteorite

Auch unter dem Namen Siderolith bekannt, bildet diese Kategorie mehr oder weniger einen Übergang zwischen den Eisen- und den Steinmeteoriten. Man unterscheidet zwei Typen: die *Pallasite,* bestehend aus einer oktaedritischen Grundmasse, die mit rundlichen Mineralkörnern gespickt ist (Abb. 7-6) und die selteneren *Mesoiderite;* diese ähneln Breccien aus nichtmetallischen Mineralien und Mineralaggregaten, zwischen denen feinverteiltes Nickeleisen erscheint. Die Mineralien der Pallasite – sie messen im Durchschnitt bis 10 mm – sind vor allem Olivin und Orthopyroxene, ferner Klinopyroxene u. a. Bisher wurden Steineisenmeteorite von maximal einigen hundert Kilogramm Gewicht beobachtet.

Steinmeteorite

Diese Meteorite, man bezeichnet sie gelegentlich auch als Aerolithe, bestehen über-

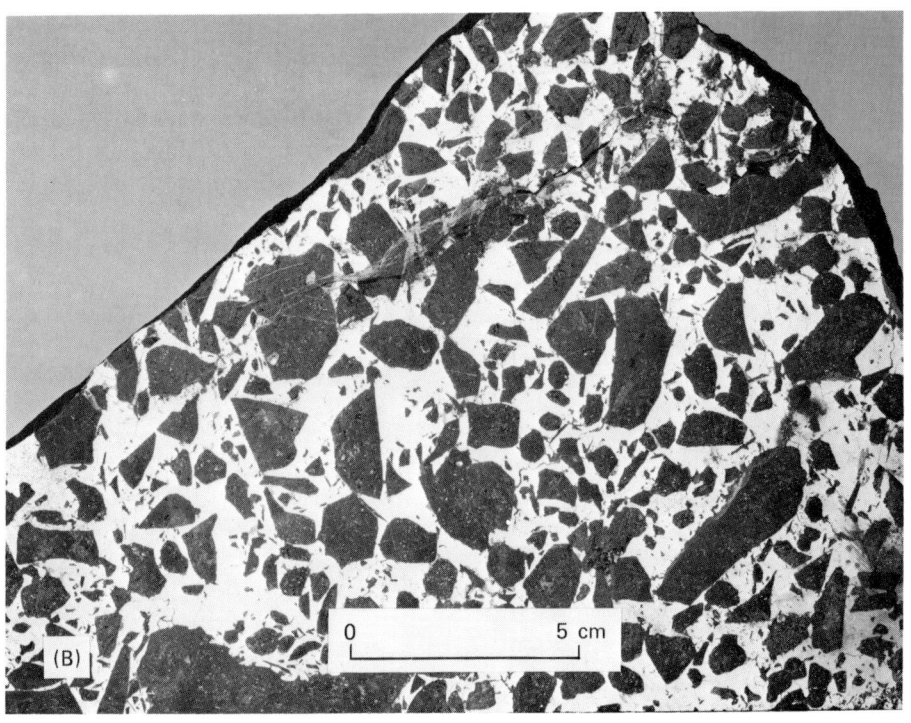

```
                                    0              5 cm
(B)                                 L_____|
```

wiegend aus Silikaten, wie Plagioklas, Klino- und/oder Orthopyroxen und Olivin. Viele enthalten als metallische Komponenten Kamacit und Taenit, ferner Troilit. Selten sind Chromit, Magnetit, Graphit sowie verschiedene Nitride, Phosphide und Karbidmineralien, die in irdischen Gesteinen unbekannt oder extrem selten sind. Steinmeteorite besitzen im allgemeinen eine dünne (1 mm) schwarze Ablationskruste, die sich mit steigender Verwitterung bräunlich färbt. Im Anschlag ist das Gestein hellgrau, mit sporadisch verteilten schwarzen Flecken, glänzenden Butzen von Nickeleisen und stecknadelkopf- bis erbsengroßen braunen bis grauen, rundlichen Aggregaten. Das Gefüge insgesamt ist feinkörnig bis dicht. Die metallischen Butzen sind verformbar und geschmeidig. Die rundlichen Komponenten bezeichnet man als *Chondren* (Abb. 7-7). Sie zerbrechen leicht, die muscheligen Bruchflächen weisen einen hohen Glanz auf. Bei genauer Betrachtung erkennt man verschiedene Interngefüge und diverse Mineralien. Schon mit der Lupe kann man an größeren Stücken radialstrahlige Orthopyroxene beobachten oder mehr oder weniger parallele Olivinplättchen mit zwischengeschaltetem braunem Gesteinsglas. Gelegentlich zeigt sich ein porphyrisches Gefüge mit feinen Olivinkristallen in einer glasigen Grundmasse. Wieder andere bestehen hauptsächlich aus körnigem Olivin.

Steinmeteorite, die Chondren enthalten, bezeichnet man als *Chondrite,* solche ohne Chondren als *Achondrite.* Der Anteil der Chondrite an sämtlichen beobachteten Steinmeteoriten beträgt mehr als 75%. Obwohl viele Steinmeteorite, besonders

327

Abb. 7-7   Steinmeteorit im Dünnschliff. Die rundlichen Körperchen sind die in einer feinkörnigen Matrix eingebetteten Chondren aus Olivin ± Pyroxen. Durchmesser im Schnitt
1 mm. (Smithsonian Institution)

aber die Achondrite, terrestrischen Gesteinen ähneln, ist eine Unterscheidung
anhand der wenigstens vereinzelt vorhandenen Chondren oder verformbarer
Nickeleisen-Partikel leicht möglich.

Eine im allgemeinen anerkannte Hypothese besagt, ein Großteil der auf die Erde
gestürzten Meteoriten stamme von einem ehemaligen, nun zerstörten Planeten, der
jetzt als Asteroidengürtel zwischen Mars und Jupiter liegt. Es gibt jedoch auch
andere Meinungen. – Sieht man von der ursprünglichen Stellung der Meteoriten
innerhalb unseres Sonnensystems ab, so haben doch alle gemeinsam, daß sie die

Sonne umkreisen und in etwa genauso alt sind wie unsere Erde und die anderen Planeten. Wegen ihres hohen Alters (ungefähr 4,6 Milliarden Jahre) und gewisser anderer Eigenschaften nehmen einige Wissenschaftler an, daß es sich bei den nicht-metamorphen Chondriten nicht nur um das älteste Gestein unserer Planeten handelt, sondern möglicherweise um die uranfängliche Materie unseres Sonnensystems.

Aus Berichten geht hervor, daß Meteorite beim Sturz auf die Erde einen leuchtenden Streifen am Himmel erzeugen, der von einer Rauchwolke begleitet ist. Beim Erlöschen oder bei der Landung kann man ein lautes gewehrfeuerartiges Knallen vernehmen. Manchmal zerplatzen die Meteorite kurz vor dem Aufprall mit lauten Zischlauten, die von den auseinanderberstenden Teilen verursacht werden. Wenn auf diese Weise hunderte von Bruchstücken fallen, spricht man auch von einem Meteoritenschwarm. Ein solcher ging im Jahre 1912 in Holbrook, Arizona, in Form von mehr als 14000 Fragmenten mit einem Gesamtgewicht von ungefähr 225 Kilogramm nieder. Die Einzelstücke hatten Durchmesser von 1 bis 15 Zentimetern.

An sich müßte man auch heute noch Meteorite, und zwar besonders Steinmeteorite, auffinden können. Dafür spricht folgendes: Während unter den direkt beobachteten Meteorite die Steinmeteorite weit überwiegen, findet man in den Sammlungen überwiegend Eisenmeteorite; da diese dem normalen Gestein kaum ähnlich sehen, können sie viel leichter entdeckt werden. Steinmeteorite sehen oberflächlich wie «gewöhnliche» Gesteine aus und werden oft nur dann gefunden, wenn ihr Niedergang beobachtet wurde.

Vorkommen. Wegen der Einmaligkeit eines jeden Meteorits ist das Vorkommen eigentlich mehr von historischem Interesse. Man benennt jeden einzelnen nach der Zusammensetzung und nach dem Fundort: ein Beispiel ist der 60 t schwere *Hoba West Eisenmeteorit* aus Südwestafrika. – Bemerkenswert ist, daß vielfach beim Aufprall Krater entstehen. Die kleinen haben nur einige Meter Durchmesser und wenige Zentimeter Tiefe, größere weisen Durchmesser von mehr als einem Kilometer und eine Tiefe von 100–200 Metern auf. Ein weltberühmter Krater dieser Größe ist der von dem Canyon Diablo Meteorit geschaffene Meteor Crater in Arizona mit 1,3 km Durchmesser und 180 m Tiefe. In den Meteoreisenbruchstücken im Kraterbereich wurde Diamant festgestellt, doch gilt dieser als Produkt der Stoßwellenmetamorphose, die durch den Aufschlag verursacht worden ist. Es gibt aber noch weit größere: Der am besten untersuchte ist der Rieskrater mit 24 km Durchmesser, in dem die Stadt Nördlingen liegt (s. bei Impaktiten S. 330). Von ähnlicher Größenordnung ist der Krater des Clearwater Lake in der Nähe der Hudson Bay in Quebec. Zahlreiche weitere runde Hohlformen – meist mit Seen gefüllt – werden neuerdings als Einschlagkrater gedeutet.

Verwendung. Schon lange bevor der Mensch gelernt hatte, Eisen aus Erzen zu erschmelzen, wurden aus Eisenmeteoriten Werkzeuge angefertigt. Außerdem wurden Meteorite schon von jeher als eine Art Heiligtum angesehen. Der schwarze Stein von Kaaba (in Mekka), wahrscheinlich das heiligste Wahrzeichen des Islams, ist möglicherweise ein Meteorit. Auch im Neuen Testament, Psalm 19, 35, findet man Hinweise auf einen Meteorit: «... wer wüßte nicht, daß die Stadt Ephesus Hüter des Tempels ist ... des heiligen Steines, der vom Himmel gefallen ist.» – Als im Jahre

1492 am 7. November bei Ensisheim im Elsaß ein Steinmeteorit niederging – ein 55 kg schweres Reststück ist im alten Rathaus der kleinen Stadt ausgestellt – nahm Kaiser Maximilian, der letzte Ritter, dies als «Zeichen Gottes wider die Türken» (SIMON in METZ ed., Das Nördlinger Ries).

Ab einer gewissen Größe werden Meteorite beim Flug durch die Atmosphäre nicht mehr abgebremst und erreichen die Erdoberfläche mit voller kosmischer Geschwindigkeit (erst recht die Oberfläche der Monde und Planeten ohne Atmosphäre). Beim Aufschlag werden dann kurzfristige, ungeheuer hohe Drücke und Temperaturen erzeugt, die das betroffene Gestein zertrümmern, aufschmelzen und schließlich z. T. verdampfen. Große Meteorite, die Krater wie den des Rieses erzeugen, werden selbst völlig in Gasphasen verwandelt, so daß keine Spur mehr davon aufzufinden ist. Dabei entstehen Glutwolken, die den entsprechenden vulkanischen Erscheinungen vergleichbar sind. – Das ganz oder teilweise aufgeschmolzene Material bildet nach der Erstarrung die *Impaktite*. Die weiteren besonderen Gesteine, die durch einen Impakt entstehen und als Folge der sogenannten *Stoßwellenmetamorphose* Veränderungen bis in das Kristallgitter zeigen, werden gelegentlich, jedoch unkorrekterweise, ebenfalls Impaktite genannt. – Schmelzpartikel, die durch die Luft geschleudert werden oder aus den Glutwolken kondensieren und anderenorts «in Tropfenform abregnen», liefern die *Tektite* (doch ist deren Deutung nicht unumstritten).

Impaktite

Die Gesteinskörper im einzelnen, die man im obigen Sinne als Impaktite bezeichnet, sind im allgemeinen nicht größer als einige Zentimeter bis allenfalls knapp einen Meter. Sie können jedoch zu mehreren 100 Metern Mächtigkeit angehäuft sein und sich über Gebiete bis um 60 km Durchmesser verbreiten. Gegebenenfalls sintern die Einzelpartikel auch zu größeren, kompakten Massen zusammen.

Impaktite finden sich sowohl innerhalb von Meteoritenkratern als auch in deren nächster Umgebung. Es handelt sich zumeist um brecciöse oder schlackige Massen glasig erstarrter Schmelze mit oder ohne Beimengung von zertrümmertem Gesteinsmaterial und, wenn überhaupt, nur chemisch nachweisbarem Meteorit-Material. Megaskopisch erkennt man Impaktite, wie z. B. den Suevit aus dem Ries, ohne weiteres anhand der geologischen Verhältnisse. Rein vom Aussehen her sind jedoch solche Gesteine von vulkanischen Schlacken nicht zu unterscheiden.

Die ursprünglich glasigen Impaktite können entglasen und sind dann dicht oder feinkörnig kristallin. Auch können Stücke der Ausgangsgesteine von einer glasigen Masse überzogen sein. Oft sind die Stücke bimssteinartig aufgebläht. Fließstrukturen wie bei vulkanischen Gläsern beobachtet man kaum. – Die Impaktite können wie erwähnt in Einzelstücken erscheinen, aber auch als Matrix in Breccien und schließlich gangartig in die zerrütteten Massen der Kraterränder eingepreßt worden sein. Schweißschlackenartig flachgepreßte Stücke werden Fladen genannt («Flädli» im Dialekt der Riesbewohner). Gangartige Vorkommen bezeichnet man wohl auch als «Impakt-Schmelzen».

Die nicht aufgeschmolzenen, aber zertrümmerten Massen erinnern an tektonische Breccien. Im Detail enthalten sie jedoch die typischen Erscheinungen im Gefolge einer Stoßwellenmetamorphose, wie Knickfalten, planare Gefüge in Kristallen und Hochdruckphasen wie Coesit, Stishovit und gelegentlich Diamant. Durchweg sind diese Dinge jedoch erst im Dünnschliff erkennbar.

Vorkommen und Verwendung. Wie erwähnt, sind Impaktite und Trümmermassen an Einschlagkrater gebunden, umgekehrt kann man aber auch aus dem Vorhandensein solcher Gesteine auf meteoritische Entstehung solcher Krater schließen. Beim Fehlen echt meteoritischen Materials – das ist bei großen Kratern die Regel – ist freilich stets eine gewisse Unsicherheit in der Einordnung gegeben.

Der bestbekannte Krater in Nordamerika ist der Meteor Crater in Arizona (s. o.), die intensivste Erforschung solcher Gebilde ging jedoch wohl vom Nördlinger Ries (s. u.) aus. Das dort vorkommende Impaktgestein, der Suevit, wurde früher in großem Umfang als Baustein verwendet. – Bis heute sind wohl über 100 einigermaßen gesicherte Einschlagkrater bekannt, eine größere Anzahl findet sich in Nordamerika.

Das Nördlinger Ries. Der Rieskrater mit einem heutigen Durchmesser von etwa 24 km entstand vor etwa 14,6 Millionen Jahren (im jüngeren Miozän) durch den Einschlag eines kosmischen Körpers im Gebiet der heutigen Schwäbisch-Fränkischen Alb. «Als kosmischer Einschlagskörper, der den Rieskrater gebildet hat, kommt ein Stein- oder Eisenmeteorit, unter Umständen auch ein Kometenkern in Frage.» (POHL und GALL in: GALL et al. 1977).

Der Meteorit, oder was es war, erreichte die Erdoberfläche mit einer Geschwindigkeit von über 11 km/sec und verdampfte restlos. Beim Einschlag wurden zwischen 70 und 130 km³ Gestein ausgeworfen, die Tiefe des Kraters betrug 500 m. Da dieser anschließend von einem See eingenommen wurde, der sich dann mit Sedimenten füllte, liegt heute der Krater«boden» nur mehr 200 m tiefer als der Rand. Im unmittelbaren Einschlagsbereich verdampfte das Gestein, in einer nächsten Zone wurde es aufgeschmolzen und außerhalb dieses Bereiches dann von der sogenannten Stoßwellenmetamorphose betroffen. Das aufgeschmolzene Material liegt heute als glasig-schlackiger *Suevit* («Schwabenstein») vor. – Die Stoßwellenmetamorphose kommt vor allem im Auftreten der Hochdruckphasen des SiO_2, Coesit und Stishovit (s. S. 87), zum Ausdruck. Im Bereich und außerhalb des Kraterrandes finden sich in wirrem Durcheinander die «Bunten Trümmermassen», darunter riesige Blöcke, die z. T. *ausgeworfen,* z. T. auch horizontal vom Zentrum weg *geschoben* wurden und dabei charakteristische Schleifspuren auf dem jeweiligen Untergrund hinterlassen haben.

Tektite

Als Tektite bezeichnet man kleine, meistens 1 bis 3 Zentimeter, aber nicht mehr als 7,5 Zentimeter im Durchschnitt haltende, gelbliche bis dunkelgrüne, dunkelbraune oder schwarze Gesteinsgläser, die nur in ganz bestimmten geographischen Bereichen vorkommen. Sie weisen jedoch keinerlei erkennbare Beziehung zu den umge-

Abb. 7-8 Tektite. Die gut erhaltenen Australite zeigen eine Vielfalt von Formen. (Aus Chalmers, Henderson & Mason, 1976, Smithsonian Contribution to Earth Science No. 17)

benden geologischen Formationen auf. Die äußere Gestalt kann sehr stark variieren, neigt aber zu kugeliger, tropfen- oder glockenartiger Form (Abb. 7-8). Die Ureinwohner Australiens nahmen an, daß es sich um Emuaugen handle. Die Oberfläche kann glatt sein oder rauh mit vielen Furchen und Narben. Gestalt und Oberflächenbeschaffenheit lassen auf Entstehungsbedingungen unter dem Einfluß von aerodynamischen Kräften schließen. Da die chemischen Analysen eher denen von Schiefertonen entsprechen als solchen von typischen Obsidianen, ist eine vulkanische Herkunft weniger wahrscheinlich.

Wie erwähnt, kennt man die Genese der Tektite nicht sicher, doch stehen vor allem zwei Hypothesen zur Diskussion. Die eine besteht in der Annahme, daß sich die Tektite durch den Einschlag von Meteoriten hoher Geschwindigkeit *aus terrestrischem Material* gebildet haben. Diese Ansicht wird durch die Tatsache gestützt, daß die Tektite in ihrem Chemismus den Schiefertonen ähnlich sind, die ja zu den häufigsten Sedimentgesteinen auf der Erde zählen. Die zweite Hypothese steht zwar ebenfalls im Zusammenhang mit Meteoreinschlägen, geht aber von einer *extraterrestrischen Herkunft* der Tektite aus. Man denkt da beispielsweise an Mondgesteine, die der Anziehungskraft des Mondes hätten entfliehen können. Im allgemeinen wird zur Zeit der Gedanke einer terrestrischen Herkunft bevorzugt.

Vorkommen. Tektite hat man nur in sehr wenigen, räumlich weit auseinanderliegenden Gebieten gefunden, wie zum Beispiel die Moldavite aus der Gegend um die

Moldau in Böhmen, ČSSR, oder die Indochinite, Philippinite, Australite usw. in einem Nordwest-Südost verlaufenden Gürtel von «Indochina» über Java und die Philippinen bis nach Australien. In Australien sind Millionen von Tektiten über ein Gebiet von ca. 5 Millionen km² verstreut. – Bisher wurden die Entstehung oder der Aufprall der Tektite noch nie beobachtet.

Verwendung. Gelegentlich werden Tektite zu Gemmen geschnitten oder zu einfachen Cabochons für Modeschmuck verschliffen. Der Reiz der Steine liegt eher in ihrer geheimnisvollen Herkunft als in ihrer Wirkung, die sich von Flaschenglas ja kaum unterscheidet.

Fulgurite

Kieselsäuregläser, die durch Blitzeinschlag und daraus resultierende Aufschmelzung und Versinterung entstanden sind, bezeichnet man als Fulgurite. Der Begriff leitet sich vom lateinischen fulgur = Blitz ab. Man unterscheidet zwei verschiedene Typen: röhrenförmige Fulgurite, die sich in losem Sand bilden, und krustenartige auf festem Gestein. Die Blitzröhren sind innen hohl, ungefähr zylindrisch und bestehen aus Glas und Sand (Abb. 7-9). Normalerweise verengen sich die Röhren nach unten. Vielfach kann man jedoch Beulen, Buckel und andere Unregelmäßigkeiten beobachten. Gelegentlich weichen sie auch größeren Komponenten, wie z. B. Kieselgeröllen, aus, andere weiten sich mit zunehmender Tiefe. Die Enden sind meist bröckelig oder taschenartig abgeflacht. Es wird von Fulguriten berichtet, die 20 Meter lang waren und bis zu 7 Zentimeter im Durchmesser hatten. Normalerweise beträgt jedoch der Durchmesser weniger als 3 Zentimeter und die Länge weniger als 1 Meter. Die typische Blitzröhre weist im Innern glattes Glas auf, die Wand ist fast immer sehr dünn (weniger als 2 mm); der üblicherweise rauhen Oberfläche sitzen Sandkörner auf. Solche Fulgurite können beinahe farblos sein, sind aber meist hellgrau bis schwarz oder blaßgelb bis gelblich braun. Die Farbe ändert sich bei den einzelnen Fulguriten mit zunehmender Länge. Hier spiegelt sich wohl auch die unterschiedliche Zusammensetzung der betroffenen Sandlagen wider.

Schlägt ein Blitz in freien Sandsteinfels ein, so bildet sich auf der Oberfläche des betroffenen Gesteins eine glasartige Kruste.

Vorkommen. Fulgurite sind relativ häufig, da die Entstehungsbedingungen gar nicht so selten gegeben sind. Voraussetzung ist lediglich ein loser, trockener Quarzsand über feuchtem, z. B. Grundwasser-führendem Gestein. In Nordamerika entstehen jährlich mehrere Fulgurite entlang der Atlantikküste und am Ufer des Michigan Sees, da hier die Grundwasseroberfläche wenig tief liegt. Eine amüsante Geschichte aus dem Jahre 1790 berichtet von einem Fulgurit, der von Arbeitern unter einem Baum entdeckt wurde, als sie gerade damit beschäftigt waren, dort eine Tafel anzubringen, auf der gewarnt wurde, sich bei Unwettern unter Bäume zu stellen. Krustenartige Fulgurite findet man eher auf den Berggipfeln der großen Gebirgszüge. Ein österreichischer Geologe berichtet von einer Stelle am Kleinen Ararat in der Osttürkei, die durch Blitzeinschläge eine glasartige Kruste bekommen hat. In Nordamerika fanden sich krustenartige Fulgurite am Mount Theilsen in Oregon. – In Mitteleuropa, wo Sand oder Sandsteine in der Regel von Verwitterungsbildungen bedeckt sind, trifft man solche Gebilde eher selten an.

(A)

Abb. 7-9   Fulgurite. (A) Aus einem Sandhügel freigelegter Fulgurit, ca. 4 m lang. Lake Congamond, Connecticut. (Yale Peabody Museum) (B) Teil eines Fulgurites aus dem Küstensand des Michigan Sees. Das aus Quarzglas bestehende Innere ist deutlich sichtbar, die Kruste besteht aus Sandkörnern. (Foto: Dietrich)

Verwendung. Außer dem Museumswert, den Fulgurite selbstverständlich haben, ist nur ein einziger Fall einer «Nutzung» bekannt: Bei einem Gerichtsverfahren wegen angeblicher Brandstiftung wurde durch den Fund eines Fulgurites die Unschuld des Angeklagten nachgewiesen.

KUNSTSTEINE

Viele der von Menschenhand hergestellten Bau- und anderen Materialien ähneln natürlichen Gesteinen. Normalerweise erkennt man sie leicht an ihrer Ausbildung und/oder anhand des Vorkommens. Trotzdem können z.B. gut gerundete Strand- oder Flußgerölle oder einzelne Lesesteine gelegentlich sogar den Experten in Verwirrung bringen. Da eine vollständige Beschreibung aller künstlichen «Gesteine» unverhältnismäßig umfangreich wäre, seien nur einige bezeichnende Merkmale, die sich bei einer Unterscheidung zu natürlichen Gesteinen als wertvoll erweisen können, hervorgehoben.

334

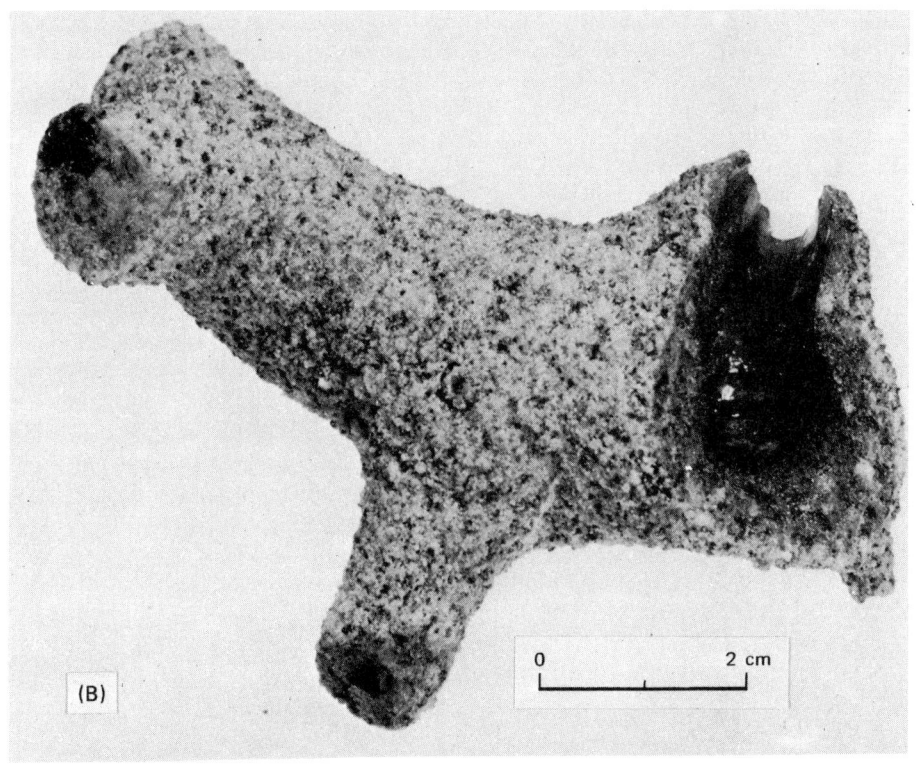

(B)

0   2 cm

Asphalt

Asphalt mit Zuschlägen, wie er für den Straßenbau verwendet wird, kann makroskopisch nicht immer von mit natürlichem Asphalt imprägnierten Sandsteinen oder Kalken unterschieden werden. Letztere bezeichnet man auch als bituminöse Sandsteine, Teersande oder Erdpech usw. Da die teerartige Matrix des künstlichen Asphaltes in organischen Lösungsmitteln, z.B. in Schwefelkohlenstoff, leicht löslich ist und beim Erwärmen sofort weich wird, ist eine Unterscheidung von natürlichen Gesteinen leicht.

Ziegel

Ziegel können Siltsteinen oder feinstkörnigen Tuffen, manchmal sogar Laven ähnlich sehen. Die Farbe und die Struktur ist meist ein hinreichendes Unterscheidungsmerkmal zu dichten Gesteinen, die durch Limonit oder Hämatit gefärbt sind. Gelblich-blasse oder bräunliche Ziegel bereiten manchmal größere Schwierigkeiten. Ziegel und zerbrochene, oftmals glasierte Kacheln weisen einen viel stumpferen Glanz auf als etwa dichte Laven und sind auch leichter. Siltsteine oder Tuffe sind außerdem meistens fein geschichtet oder lamelliert. Gepreßte Ziegel können allerdings ebenfalls ein blättrig-lagiges Gefüge haben. In den meisten Ziegelsteinen findet man sporadisch rundliche Blasen, die für Siltsteine oder auch für porige Laven

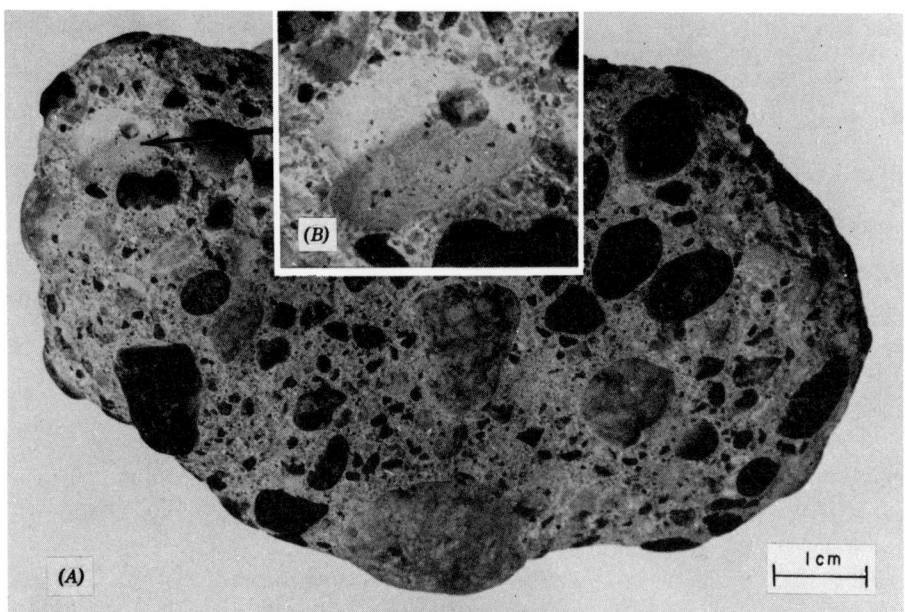

Abb. 7-10   Beton. (A) Das Stück ist einem natürlichen Konglomerat sehr ähnlich. (B) Der Ausschnitt zeigt undeutlich kleine, für den Beton typische Luftbläschen. (Foto: Dietrich)

untypisch sind. Abgerollte Dachziegelbruchstücke zeigen oft noch ihre bezeichnende flache, auch wellige Form.

Beton

Je nach verwendetem Zuschlag erinnert Beton an Sandsteine, Konglomerate oder Breccien, die mit Calcit gebunden sind, manchmal sogar an pyroklastische Gesteine. Der Hinweis «mit Calcit gebunden» ist insofern wichtig, als auch Beton mit verdünnter Salzsäure braust. Im allgemeinen ist Beton jedoch zäher und fester als calcitgebundene natürliche Gesteine. Zusätzlich findet man in beinahe allen Betonarten sporadisch verteilt Hohlräume. Es handelt sich hier um Luftblasen, die sich beim Austrocknen gebildet haben (Abb. 7-10).

Terrazzo

Aus weißen oder farbigen Natursteinen – häufig benützt man Kalk oder Marmor – stellt man mit verschiedenen Bindemitteln Terrazzo her, der z.B. als Estrich direkt aufgetragen und geschliffen wird. Dieses Material kann wie eine Breccie aussehen, seltener auch wie ein Konglomerat. Die Komponenten sind in der Regel eckig und haben üblicherweise einen Durchmesser von weniger als 10 mm; nur manchmal verwendet man Korngrößen bis 25 mm. Sie sind ein- oder mehrfarbig, wobei man meist die Originalfarbe beläßt; man kann sie aber auch färben. Die «Matrix» oder, besser, das Bindemittel ist Zement oder Kunstharz (Epoxidharz oder Polyester u.a.) und nach Belieben gefärbt.

Von den künstlichen Steinen findet sich Terrazzo weniger häufig als Geröll oder in anderen Ablagerungen, da er oft an Ort und Stelle und in geschlossenen Räumen hergestellt und dort gleich weiterverarbeitet wird. Terrazzostücke sind im allgemeinen leicht an eingegossenen Eisen- und Drahtgeflechtverstärkungen erkennbar. Zementgebundener Terrazzo ist nicht sonderlich widerstandsfähig, solcher auf Kunststoffbasis ist zwar reaktionsträge und zäh, aber nicht sehr hart. Kalk- und Marmorkomponenten wittern leicht heraus.

Glas und Porzellan

Verschiedene Glasarten sehen aus wie Quarz, manches Porzellan erinnert an Hornstein. Die meisten farbigen Gläser sind intensiver getönt als Quarz. Gerölle aus Gläsern haben eine charakteristisch mattierte Oberfläche. Die Härte der meisten Gläser liegt unter 5,5, die von Quarz beträgt bekanntlich 7, so daß die Unterscheidung einfach ist.

Bestimmte Porzellansorten sind makroskopisch von manchen Hornsteinen fast nicht zu unterscheiden. Normalerweise ist jedoch der Glanz des Porzellans etwas stumpfer.

Glas und Porzellan bilden meist flache Bruchstücke, bei denen die Ausmaße in einer Richtung bedeutend größer sind als senkrecht dazu (Ausnahmen sind z.B. in der Nähe von Glasfabriken zu erwarten). Quarz und Hornstein neigen eher zu gleichförmigen, kugeligen Geröllen.

Schlacken

Kesselschlacken und Aschen sind u.U. von natürlich vorkommender vulkanischer Asche makroskopisch nicht unterscheidbar. Allerdings enthalten Aschen oft irgendwelche Fremdkörper, wie z.B. Nägel.

Hochofenschlacken ähneln Natursteinen, abgesehen von vulkanischen Schlacken, nur ganz oberflächlich. Gelegentlich werden sie vielleicht einmal mit Meteoriten verwechselt. Schlacken sind dicht bis porös. Sie sind recht verschieden gefärbt, rot, gelb, grün, blau, violett, grau, braun oder bunt angelaufen. Oft beobachtet man auch «Fließgefüge». Bei porösen Varietäten sind die Hohlräume länglich ausgezogen, wiederum so wie bei vulkanischen Schlacken.

Koks

Koks ähnelt eigentlich keinem Gestein, nicht einmal dem natürlichen Koks (s. S. 293). Der künstlich erzeugte, schwammartige Koks ist meist mittelgrau. Die Poren messen von einem halben Millimeter bis zu einem Zentimeter im Durchmesser. Die Bruchflächen besitzen einen stumpfen Glanz, die Innenflächen der Hohlräume dagegen sind perlmuttartig, glasig oder metallisch glänzend.

Weiterführende Literatur

BARNES, V. E. & BARNES, M. A.: Tektites. – 458 Seiten. Academic Press, New York 1973.

BARTHEL, W.: Das Ries und sein Werden. – Band 1, 55 Seiten; Band 2, 112 Seiten. Fränkisch-Schwäbischer Heimatverlag, Oettingen 1965. (Ausführliche, leicht verständliche Darstellung der Geschichte des Nördlinger Rieses.)

BENDER, F.: Angewandte Geowissenschaften. – Band I, 628 Seiten. Enke Verlag, Stuttgart 1981. (Enthält kurze Hinweise zur Gesteinsbestimmung, S. 280 ff.)

CHAO, C. T., HÜTTNER, R. & SCHMIDT-KALER, H.: Aufschlüsse im Ries – Meteoriten – Krater. – 84 Seiten. Bayerisches Geologisches Landesamt, München 1983. (Beschreibung und Exkursionsführer, mit geologischer Karte 1:100000.)

FRANK, M.: Die natürlichen Bausteine und Gesteinsbaustoffe Württembergs. – 340 Seiten. Schweizerbart, Stuttgart 1944. (Enthält auch einige Angaben über Kunststeine.)

GALL, H., HÜTTNER, R. & MÜLLER, D.: Erläuterungen zur Geologischen Karte des Rieses 1:50000. – Geologica Bavarica, Band 76, 191 Seiten; mit Geologischer Karte 1:50000. Bayerisches Geologisches Landesamt, München 1977.

HEIDE, F.: Kleine Meteoritenkunde. – 2. Auflage, Berlin Göttingen Heidelberg 1957.

JUBELT, R. & SCHREITER, P.: Gesteine. – Vgl. S. 316. (Enthält auch Angaben über eine Reihe von Kunststeinen.)

MASON, B.: Meteorites. – 274 Seiten. John Wiley, New York 1962.

METZ, R. (Schriftleitung): Das Nördlinger Ries. Beiträge zur Geologie und Mineralogie von Einschlagskratern. – 86 Seiten. 24. Sonderschrift der Zeitschrift Der Aufschluß. Heidelberg 1974. (Enthält verschiedene Artikel über das Ries und eine kurze Einführung in die Meteoritenkunde.)

MOHR, K.: Geologie und Minerallagerstätten des Harzes. – 388 Seiten. Schweizerbart, Stuttgart 1978. (Ausführliche Behandlung der Harzer Gänge.)

PESCHEL, A.: Natursteine. – VEB Deutscher Verlag für Grundstoffindustrie, Leipzig 1977. (Enthält auch Angaben über Kunststeine.)

PETRASCHECK, W. E. & POHL, W.: Lagerstättenlehre. – Vgl. S. 317.

STALDER, H. A., DE QUERVAIN, F., NIGGLI, E. & GRAESER, St.: R. L. PARKER, Die Mineralfunde der Schweiz. – 433 Seiten, Verlag Wepf & Co, Basel 1973. (Ausführliche Behandlung der alpinen Zerrklüfte.)

KAPITEL 8

DIE BESTIMMUNG DER GESTEINE

Es spielt keine Rolle, ob man ein Gestein makroskopisch und ohne besondere Hilfsmittel direkt im Gelände oder erst zu Hause im Labor «anspricht»; eine derartige Prüfung führt im Regelfall nur zu einer groben, wenn auch zunächst ausreichend genauen Einstufung. Ist eine exakte Bestimmung gefordert, so werden freilich mikroskopische oder andere Untersuchungen unumgänglich.

Mit einiger Erfahrung sind die meisten gängigen Gesteine im Handstück erkennbar. Schwierigkeiten treten auf, wenn ein Gestein Merkmale zeigt, die für verschiedene Gruppen charakteristisch sind. So ist ein reiner, grobkristalliner sedimentärer Kalk oder Dolomit u. U. von dem entsprechenden metamorphen Gestein schwer zu unterscheiden, dasselbe mag für Quarzite gelten. Kennt man die geologischen Verhältnisse, ist die Sache allerdings problemlos. Ob ein «Schieferton» als *noch diagenetisch* oder *schon metamorph* zu gelten hat, ist auch bei Kenntnis der Gegebenheiten im Gelände nicht immer festzulegen. – Glücklicherweise treten solche Fälle nicht allzu häufig auf.

Es gab und gibt viele und nicht immer erfolgreiche Versuche, einen Schlüssel für die Bestimmung und Benennung von Gesteinen ohne Hilfsmittel zu erarbeiten. Dabei spielt mit, daß der erfahrene Geologe und Gesteinskundler im allgemeinen mit Hilfe einer Lupe und allenfalls Salzsäure Gesteine erkennt, *weil er eben weiß, wie sie aussehen.* Anders der Anfänger (in diesem Fach ist man eigentlich viele Jahre lang Anfänger), für ihn sind die Tab. 8-1 und 8-2 sowie die dazu gegebenen Ausführungen sicherlich hilfreich. Übt man sich im Gebrauch, so wird man bald einige Erfahrung erworben haben und die meisten Gesteine einigermaßen einordnen können.

Die Tabellen dürfen selbstverständlich nicht als eine Art Wundermittel betrachtet werden. Sie sind in erster Linie für die häufig vorkommenden Gesteine gedacht. Ferner ist stets zu bedenken, daß viele Gesteinsvarietäten *zwischen* zwei eindeutige Arten fallen, wie etwa ein sandiger Kalkstein oder ein Dolomitmergel. – Bei weniger gängigen Gesteinen ist auch auf die einschlägigen Kapitel zurückzugreifen.

Selbstverständlich ist bei der Probennahme sorgfältig darauf zu achten, daß man *nur unverwitterte Stücke* entnimmt. Dies ist, besonders wenn frische, künstliche Aufschlüsse fehlen, oft gar nicht so einfach.

DIE TABELLEN

Die Tab. 8-1 ist gedacht für Gesteine, deren Hauptbestandteile als deutliche Körner mit unbewaffnetem Auge oder mit einer 10fachen Lupe erkennbar sind, Tab. 8-2 dagegen für dichte Arten.

In beiden Tabellen wird die erste Einteilung nach der *Härte* vorgenommen, die nächste dann nach der *Entstehung* (mit anderen Worten, man muß wissen, ob ein magmatisches, ein sedimentäres oder ein metamorphes Gestein vorliegt). Dementsprechend sind die Tabellen vertikal bzw. horizontal gegliedert. In die Tab. 8-1 sind auch Gefügemerkmale aufgenommen. Die Seitenzahlen verweisen auf die entsprechenden Textstellen.

Von den Porphyren sind nur wenige in die Tabellen aufgenommen, hierzu ist außerdem auf Seite 176 zu verweisen. Gelegentlich läßt sich die Grundmasse mit Hilfe der Tabellen bestimmen, um so wenigstens näherungsweise zu einer Einordnung zu kommen.

Die Einteilung nach der Härte beruht weitgehend auf der des Geologenhammers mit etwa 5, denn dieser ist ja ohnehin mit *das* Werkzeug des Erdwissenschaftlers. Zudem sind die wichtigsten gesteinsbildenden Mineralien oder sonstigen Bestandteile entweder deutlich weicher oder deutlich härter als Stahl. Diese Tatsache wurde von den Autoren für die Aufstellung der Tabellen eigens durch eine große Anzahl von Versuchen erhärtet. Zur Prüfung soll stets versucht werden, den Hammer mit der Probe zu ritzen (nicht umgekehrt!), denn ein Gestein aus locker gebundenen Mineralien, z. B. einen tonigen Quarzsandstein, kann man ohne weiteres mit dem Hammer «ritzen», obwohl Quarz natürlich deutlich härter ist als der Hammer. Weiterhin muß man darauf achten, nicht nur *mit einer einzigen Ecke* den Versuch *nur einmal* zu machen, sondern immer mehrmals, unter Benützung möglichst verschiedener Kanten oder Flächen der Probe (ein einzelnes, zufällig vorhandenes Mineralkorn kann sonst leicht in die Irre führen!). Bei stark bröckelnden Gesteinen wird man mit einer Lupe überprüfen müssen, ob die Oberfläche des Hammers geritzt ist oder nicht. Übrigens empfiehlt es sich, zur Ergänzung ein Glastäfelchen (etwas härter als Stahl) und ein Taschenmesser parat zu haben.

Die Gliederung in den Tabellen nach der Genese entspricht der üblichen Einteilung in die drei Hauptgruppen Magmatite, Sedimentite und Metamorphite; die Pyroklastite sind bei den Magmatiten eingeordnet. Migmatite sind im allgemeinen leicht erkennbar am Wechsel zwischen ausgesprochen dunklen und auffallend hellen Lagen (letztere bestehen fast immer aus Quarz + Feldspat) oder an dunklen Schollen in einer hellen «Matrix». – Die Heranziehung genetischer Gesichtspunkte erfordert natürlich, daß die Art, wie das zu bestimmende Gestein im Felde auftritt, bekannt ist, oder daß die Einreihung in eine der drei Hauptklassen ohne weiteres möglich ist. Diesbezüglich wird man nur in wenigen Fällen im Zweifel sein.

Soweit das Gefüge mit herangezogen wird, sind vor allem die Abbildungen 4-12 (S. 145), 4-19 (S. 160), 6-1 (S. 273), 6-16 (S. 304), 5-17 (S. 224, 225), 5-30 (S. 257) zu beachten.

Die in den einzelnen Spalten der Tabellen enthaltenen Bemerkungen, Hinweise auf einfache Tests usw. sollen weitere Hilfen für die Bestimmung geben. Genannt sind Farben (sofern charakteristisch), Mineralbestand, Verhalten gegen Salzsäure (s. S. 249), Geschmack und Geruch.

Anschließend wird ein Beispiel kurz skizziert:
A. Das Gestein besteht aus sichtbaren Mineralkörnern – siehe Tab. 8-1

B. Die Härte ist geringer als die des Hammers – siehe Tab. 8-1 B

C. Die Körner sind verwachsen, das Gefüge ist richtungslos – siehe die 3 Spalten in Tab. 8-1 B links

D. Das Gestein kann sein
1. Steinsalz: salziger Geschmack
2. Gips: kann mit dem Fingernagel geritzt werden
3. Kalkstein oder Marmor: braust mit verdünnter HCl
    a) Kalkstein: die Körnung ist ungleichmäßig, z.T. verschwommen
    b) Marmor: die Körnung ist sehr gleichmäßig-spätig
4. Dolomit: braust nicht mit verdünnter HCl, desgl. Dolomitmarmor
5. Anhydrit: braust nicht mit verdünnter und auch nicht mit heißer, stärkerer HCl; kommt zusammen mit Gips und/oder anderen Evaporiten vor, vgl. S. 236
6. Karbonatit: sehr selten, Zusammenvorkommen: vgl. S. 169.

Tabelle 8-1A Gesteine mit identifizierbaren Bestandteilen; Härte größer als Hammerstahl oder Glas.

Bestandteile fest miteinander verwachsen, Gefüge richtungslos und mehr oder weniger massig			Gefüge schiefriglagig oder gebändert	Bestandteile ± stark verkittet, Gefüge überwiegend schichtig	
Magmatite	Sedimentite	Metamorphite	Metamorphite	Pyroklastite	Sedimentite
Sobald die Bestandteile erkannt sind, vgl. Abb. 4-8, 4-9, 4-20		(die in der nächsten Spalte aufgeführten Gesteine können auch massig erscheinen)	*Quarz* immer erkennbar (mit Ausnahme der Amphibolite)	durch die Gehalte an Bims, Schlacken, Lapilli und Bomben stets leicht erkennbar; weitere Einteilung mit Hilfe der Abb. 4-36, S. 194	Korngröße meßbar, Quarz stets vorhanden bis vorherrschend
Q – Quarz Alk – Alkalifeldspat Plag – Plagioklas M – mafische Mineralien *Granit-Gr.* S. 145f Q – 20–60% Alk ≳ Plag M – 10–40% *Syenit-Gr.* S. 155 Q – 0–20% Alk – bis 95% M – 5–40% gfs. Foide		*Quarzit* S. 298 glasig durchscheinend, muscheliger Bruch *Eklogit* S. 311 rote rundliche Granate in einer Masse aus grünem Pyroxen *Eklogitamphibolit* S. 310, 313 rote Granate mit grüner Rinde, Amphibole	*Glimmerschiefer* S. 302 Muskovit und/oder Biotit, Schieferung meist sehr deutlich, kein oder nahezu kein Feldspat erkennbar *Amphibolit* S. 309f dunkelgrün bis fast schwarz, feinnadelig bis körnig, z.T. mit hellen Lagen: Plagioklas	*Ignimbrite* S. 201 wie Pyroklastite, jedoch massig, flachlinsige Schlacken vgl. Abb. 4-41 stets in Verbindung mit normalen Pyroklastiten vorkommend	*Sandstein* S. 226 Quarz, Muskovit häufig erkennbar *Arkose* S. 228 Feldspat erkennbar *Grauwacke* S. 228 Quarz, Gehalt an Gesteinsbruchstücken deutlich erkennbar, meist tonhaltig

Bestandteile fest miteinander verwachsen, Gefüge richtungslos und mehr oder weniger massig			Gefüge schiefriglagig oder gebändert	Bestandteile ± stark verkittet, Gefüge überwiegend schichtig	
Magmatite	Sedimentite	Metamorphite	Metamorphite	Pyroklastite	Sedimentite
Diorite S. 157f Q – 0–5% Plag – > 50% M – < 50% (meist Amphibol) *Gabbro* S. 157f Q – 0–5% Plag – < 50% M – > 50% (meist Pyroxen) *Anorthosit* S. 158 Plag – 90–100% blaugrau *Ultramafitite,* *Dunit* usw. S. 164f M – 90–100%		*Granulit* S. 307 granitähnlich, jedoch ohne Glimmer, Pyroxene erkennbar *Migmatite* S. 313f Schollengefüge, Gefüge «wirr», «verschwommen» usw.	*Gneis* S. 305 Feldspat stets überwiegend, Gefüge oft eher körnig *Phyllit bis Quarzphyllit* S. 299f sehr feinkörnig, seidiger Glanz auf den Schieferflächen, Quarzlagen mehr oder weniger deutlich erkennbar (HCl-Probe positiv: Tab. 8-2A) *Metakonglomerat* S. 299 nichtkarbonatische Komponenten in geschieferter Matrix; gneisartig aussehend: Geröllgneis		*Siltstein* S. 231 Quarz überwiegend, Körner mit der Lupe noch erkennbar *Konglomerat* S. 223f *Breccie* S. 223f nichtkarbonatische runde bzw. eckige Komponenten > 2mm deutlich vorherrschend, Matrix sandig bis siltig, Quarz vorherrschend

Tabelle 8-1 B   Gesteine mit identifizierbaren Bestandteilen; Härte kleiner als Hammerstahl.

Bestandteile fest miteinander verwachsen, Gefüge richtungslos und mehr oder weniger massig, Gefüge der Sedimentite z.T. schichtig, z.T. massig			Gefüge schiefrig-lagig oder gebändert	Bestandteile ± stark verkittet, Gefüge überwiegend schichtig	
Magmatite	Sedimentite	Metamorphite	Metamorphite	Pyroklastite	Sedimentite
Karbonatit S. 167 u. 169 HCl-Probe positiv, Einschlüsse verschiedener anderer Mineralien erkennbar; sehr selten	*Steinsalz* S. 238 salziger Geschmack *Gips* S. 236 HCl-Probe negativ, mit dem Fingernagel ritzbar, Spaltbarkeit *Kalkstein* S. 240f HCl-Probe positiv *Dolomit* S. 248 HCl-Probe negativ *Anhydrit* S. 236 HCl-Probe negativ (schwer erkennbar)	*Marmor* S. 295 HCl-Probe positiv: Kalkmarmor; HCl-Probe negativ: Dolomitmarmor; Graphit, Muskovit häufig erkennbar *Speckstein* S. 308 nicht ganz so weich wie Talkschiefer, massig *Serpentin* S. 63 typisch wachsartiger Glanz, grün bis schwarzfleckig, häufig mit Calcit, scherbig zerfallend	*Talkschiefer* S. 308 sehr weich, fühlt sich schmierig an, krummblättrig *Glimmermarmor* S. 295 wie Marmor, jedoch Schieferung u.U. deutlich *Metakonglomerat* S. 299 karbonatische Komponenten meist ausgelängt in geschieferter Matrix	infolge Vertonung und/oder Zerreiblichkeit haben Pyroklastite häufig eine (scheinbar) geringe Härte	*Klastischer Kalk* S. 241f HCl-Probe positiv Fossilschutt, Onkolithe und Oolithe, Intraklaste, Pellets usw. *Dolomit* wie vor: HCl-Probe negativ *Konglomerat* S. 223f *Breccie* S. 223f wie oben, Komponenten aus Karbonaten, Bindemittel karbonatisch

Tabelle 8-2A   Gesteine mit (teilweise) nicht identifizierbaren Bestandteilen.

	Magmatite	Pyroklastite	Sedimentite	Metamorphite
Weicher als Hammerstahl oder Glas	*Rhyolith* S. 175f hell bis rot, Quarz und Feldspateinsprenglinge erkennbar *Trachyt* S. 175f meist hell, Sanidine erkennbar «*Basalt*» * S. 177f dunkelgrau bis schwarz, (wenn grünlich: *Diabas* S. 179), ziemlich schwer, seltener auch blasig oder mandelführend *Phonolith* S. 176 meist dunkel, jedoch Sanidin-Einsprenglinge erkennbar *Obsidian* S. 185 meist dunkelgrau bis schwarz, Aussehen und Glanz wie Glas, in dünn-Splittern durchscheinend (im Gegensatz zu Tachylit, S. 191	*Aschen- und Kristalltuffe* S. 192f am Zusammenvorkommen mit anderen Pyroklastiten erkennbar	*Kieselkalk, Radiolarit, hornsteinführender Kalk* S. 250f Härte 7, glasiger Schimmer, muscheliger Bruch; Bewuchs mit der gelbbraunen Landkartenflechte *Kieselmergel* S. 252 oft leicht zerreiblich, aber doch Glas aufrauhend *Schieferton* S. 231 meist gut spaltend, toniger Geruch *Kieselgur und Diatomit* S. 251 z.T. sehr leicht zerreiblich, aber doch Glas aufrauhend, teilweise leichter als Wasser, klebt an der Zunge	*Tonschiefer* S. 299f sehr deutliche Schieferung, beginnende Sericitbildung erkennbar *Phyllit* S. 299f sehr feinkörnig, seidiger Glanz auf den Schieferflächen, Quarz kaum erkennbar (HCl-Probe positiv s. Tab. 8-2B) *Grünschiefer und Grünstein* S. 308 deutlich geschiefert bis völlig massig, graugrün bis grün, mattschimmernd bis seidig glänzend *Mylonit* S. 287 grobkörnig bis völlig dicht, Härte materialabhängig; wenn deutlich glasig: *Pseudotachylit* S. 287

* Weitergehende Zuordnung (zu Latit, Tephrit, phonolithischer Tepherit usw. s. Abb. 4-9) ist kaum möglich. Ausnahmen: wenn runde, weiße Körner Leucit oder blauer Hauyn erkennbar sind, liegt etwa «Tephrit» (phonolithischer Tephrit usw.) vor.

Tabelle 8-2B   Gesteine mit (teilweise) nicht identifizierbaren Bestandteilen

	Magmatite	Pyroklastite	Sedimentite	Metamorphite
Härter als Hammerstahl oder Glas		*Tuffite* S. 197 wenn anderen Sedimenten zwischen geschaltet, meist nur an der grünen Farbe erkennbar	*Gips* S. 236 HCl-Probe negativ, mit dem Fingernagel ritzbar *Anhydrit* S. 236f HCl-Probe negativ (schwer erkennbar) *Kalk* S. 240f HCl-Probe positiv *Dolomit* S. 248 HCl-Probe negativ *Tonstein* S. 231 HCl-Probe negativ, toniger Geruch *Mergel* S. 249 HCl-Probe positiv, toniger Geruch, tonig verwitternd	*Phyllit = Kalkphyllit* S. 302 wie oben, jedoch HCl-Probe positiv

REGISTER

Die populär-erdwissenschaftliche Reihe aus dem Ott Verlag Thun

Martin A. König / Hans Heierli
▓ Geologische Katastrophen
Geologische Katastrophen haben die Menschheit zu
allen Zeiten begleitet. Vulkanausbrüche und Erd-
beben versetzen mit ihren verheerenden Folgen die
Menschheit in Schrecken-und Staunen.
1994. 2. überarbeitete und erweiterte Auflage,
261 Seiten, zahlreiche Abbildungen (teils farbig),
Zeichnungen und Tabellen, geb.

Martin Stirrup/Hans Heierli
▓ Grundwissen in Geologie
Ein Lehr- und Lernbuch auf elementarer Basis.
Auf den neusten Stand des Wissens gebracht, vermittelt
der leicht verständliche und reich bebilderte Text einen
Geologie-Lehrgang modernster Art.
3. überarbeitete Auflage 1993. 280 S., 223 Abb., 4 Farbtafeln, geb. mit Schutzumschlag

Carlo Maria
Gramaccioli
▓ Die Mineralien
der Alpen
Eine Übersicht über
die aus dem Alpen-
raum bekannten
Mineralien. Die Mi-
neralien werden in
diesem herrlich be-
bilderten Werk in
Wort und Bild be-
schrieben
1978. 503 S.,
368 Farbfotos, 30 far-
bige Landkarten so-
wie 127 zum Teil
mehrfarbige Zeich-
nungen. 2 Bände,
Leinen.

Toni P. Labhart
▓ Geologie der Schweiz
Gemessen an ihrer kleinen Fläche zeigt die Schweiz
eine ausserordentliche Vielfalt geologischer Erscheinungen. Neu und besonders attraktiv sind die gegen 150
mehrheitlich farbigen Illustrationen. 3. überarbeitete Auflage 1995. 211 S., zahlreiche Bilder und Karten, kart.

Die populär-erdwissenschaftliche Reihe aus dem Ott Verlag Thun

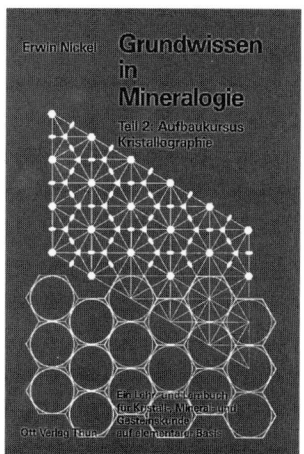

Erwin Nickel
※ **Grundwissen
in Mineralogie**
Teil 1: Grundkursus
Ein Lehr- und Lernbuch für Kristall-, Mineral- und
Gesteinskunde auf elementarer Basis. In 3 Bänden.
4. Auflage 1992. 224 S., 14 Tafeln und 103 Abb. im Text,
geb. mit Schutzumschlag

Teil 2: Aufbaukursus Kristallographie
Nachdem der lernende und interessierte Laie Band 1
durchgearbeitet hat, lernt er hier vertieft die Kristallogra-
phie kennen: Die Geometrie des Makrokristalls – Die
Geometrie des Diskontinuums – Kristallchemie –
Kristalloptik und Röntgenbeugung. 2. Auflage 1984. 312
S., 4 Tafeln, 20 Tabellen und 140 Abb. im Text, Leinen

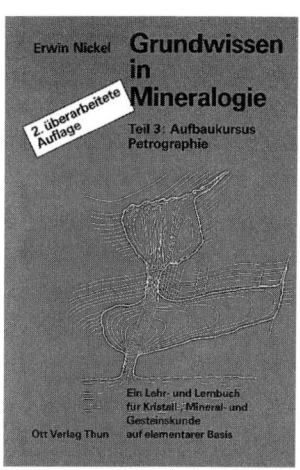

Rudolf Rykart
※ **Quarz-
Monographie**
Eine Beschreibung der Eigen-
arten von Bergkristall, Rauch-
quarz und vieler anderer Va-
rietäten dieser Mineralart in
umfassender Weise, ein-
schliesslich Chalcedon- und
Achatbildungen geschichtlich
Interessantes, Synthese und
Eigenschaften. Der Leser wird
fasziniert von der vielfältigen
Verschiedenartigkeit dieser
Mineralbildungen.
2. überarbeitete Auflage 1995.
Etwa 430 S., ca. 238 Abb. im Text,
24 Schwarzweisstafeln mit
Bildern, 45 Farbtafeln mit
103 Bildern und umfassendem
Literaturverzeichnis, mit
Schutzumschlag

Teil 3: Aufbaukursus Petrographie
Dieser letzte Band des Gesamtwerks umfasst folgende Hauptkapitel:
«Petrogenetische Grossprozesse», «Chemische und physiko-
chemische Gesichtspunkte der Petrogenese» und «Gesteine und Erze
unter dem Mikroskop». In der Neuauflage sind die geologischen
Grossprozesse neu formuliert, die «neue Globaltektonik» wurde nun
systematisch berücksichtigt.
2. überarbeitete Auflage 1983. 328 S., 13 Tafeln sowie 84 Abb., Figuren
und Tabellen, geb. mit Schutzumschlag

Die populär-erdwissenschaftliche Reihe aus dem Ott Verlag Thun

Georg Jung
■ **Seen werden – Seen vergehen**
Eine Landschaftsgeschichte der Seen allgemein, mit
ausgewählten Beispielen aus aller Welt.
Entstehung – Geologie – Gemorphologie – Altersfrage –
Limnologie und Ökologie
1990. 208 S., 100 Abb., davon 34 farbig, geb. mit
Schutzumschlag

Erscheint in Deutschland
beim ecomed Verlag Landsberg.

Eberhard Fraas
■ **Der Petrefaktensammler**
Das Standardwerk der Bestimmungsliteratur.
Reprint der Ausgabe von 1910.
Dieses klassische Fossilienbuch gehört in die Bibliothek
jedes Sammlers.
7. Auflage 1991. 384 S., 139 Zeichnungen und Fotos
im Text, 1168 Zeich. auf 72 Tafeln, geb.

Erscheint im übrigen deutschsprachigen Raum beim
Verlag Franckh-Kosmos, Stuttgart.

René Hantke
■ **Landschaftsgeschichte der Schweiz und ihrer Nachbargebiete**
Erd-, Klima- und Vegetationsgeschichte der letzten 30 Millionen Jahre.
Dieses Werk, wissenschaftlich fundiert, doch allgemeinverständlich, behandelt
die Erdgeschichte «vom Werden der Landschaft zum Wirken des Menschen».
1991. 312 S., 27 farbige Abb. und Karten, 41 Schwarzweissabb., 48 Zeichnungen,
8 Tabellen, geb. mit Schutzumschlag

Erscheint in Deutschland beim ecomed Verlag Landsberg.

Ott Verlag Thun
Postfach 802
3607 Thun 7